JN013224

ユーキャンの

電験三種

独学の電力

合格テキスト&問題集

ユーキャンは よくわかる！工夫がいっぱい

本書のココが特長！

1. 独学者向けに開発した「テキスト＆問題集」の決定版！

本書１冊で、電力科目の知識習得と解答力の養成が可能です。
問題集編は、出題頻度の高い厳選過去問100題を収録。
各問にテキスト編の参照ページつきなので、復習もスムーズです。

2. 電力科目の出題論点を「１レッスン45日分」に収録！ 初学者や忙しい受験生も、計画的に学習できます

「テキスト編は、ちょっとずつ45日で完成！」をコンセプトに、
日々の積み重ね学習で、電力科目の合格レベルへと導きます。
また、各学習項目には３段階の重要度表示つき。効率的に学習できます。

3. 計算プロセスも、省略せず、しっかり解説！

計算問題は、特に丁寧に解説しています。
「補足」「用語」「解法のヒント」「受験生からよくある質問」など、
理解を助ける補足解説も充実しています。

4. 試験に必須の「数学のきほん」「重要公式集」つき！

電力科目合格には、基礎数学の理解と、重要公式の運用力が
必須の要素です。巻頭の「数学のきほん」は基礎数学の復習に、
巻末に収録した「重要公式集」は暗記強化に最適です。

目 次

本書の使い方

Step 1 学習のポイント＆1コママンガで論点をイメージ

まずは、その日に学習するポイントと、ユーニャンの1コママンガから、全体像をざっくりつかみましょう。

●ちょっとずつ「45日」でテキスト編完成！

電力科目の出題論点を「45日分」に収録しました。

●学習のポイント

その日に学習するポイントをまとめています。

Step 2 本文の学習

ページをめくって、学習項目と重要度（高い順に「A」「B」「C」）を確認しましょう。

赤太字や黒太字、図表、重要公式はしっかり押さえ、例題を解いて理解を深めましょう。

●重要公式

電験三種試験で必須の公式をピックアップしています。しっかり覚え、計算問題で使えるようにしましょう。

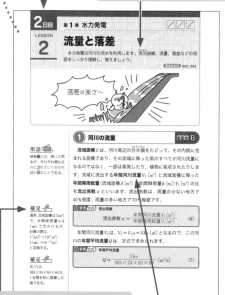

●充実の欄外解説

補足 テキスト解説の理解を深める補足解説

用語 知っておきたい用語をフォロー

解法のヒント 計算問題の着眼点やポイントをアドバイス

プラスワン 本文にプラスして覚えておきたい事項をフォロー

●キーワードは黒太字と赤太字で表記

学習上の重要用語は**黒太字**で、試験の穴埋め問題でよく出る用語は赤太字で表記しています。

●学習を助けるコーナー

受験生が抱きやすい疑問を、Q&Aやコラム形式で解説しています。

●例題にチャレンジ

テキスト解説に関連する例題です。重要公式の使い方や解き方の流れをしっかり把握しましょう。

※ここに掲載した誌面は「本書の使い方」を説明するための見本です。

レッスン末問題で理解度チェック

1日の学習の終わりに、穴埋め形式の問題に取り組みましょう。知識の定着度をチェックできます。

頻出過去問題にチャレンジ

特に重要な過去問題100問を厳選収録しました。すべて必ず解いておきたい問題です。正答できるまで、繰り返し取り組みましょう。

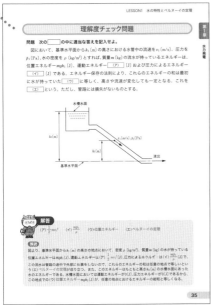

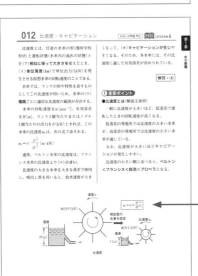

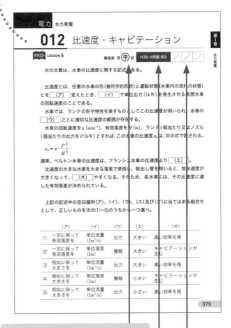

難易度を3段階表示（難易度の高い順から、「高」「中」「低」）

過去問の出題年（H＝平成、R＝令和）・A・B問題の別・問題番号

取り組んだ日や正答できたかどうかをチェックしましょう。

●解答・解説は使いやすい別冊！

頻出過去問100題の解答・解説は、確認しやすい別冊にまとめました。
図版を豊富に用いて、着眼点や計算プロセスを丁寧に解説しています。

資格・試験について

1．第三種電気主任技術者の資格と仕事

「電験三種試験」とは、国家試験の「電気主任技術者試験（第一種・第二種・第三種）」のうち、「第三種電気主任技術者試験」のことであり、合格すれば第三種の電気主任技術者の免状が得られます。

第三種電気主任技術者は、電圧5万ボルト未満の事業用電気工作物（出力5千キロワット以上の発電所を除く）の工事、維持および運用の保安の監督を行うことができます。

■電気主任技術者（第一種・第二種・第三種）の電気工作物の範囲

事業用電気工作物		
第一種電気主任技術者	**第二種電気主任技術者**	**第三種電気主任技術者**
すべての事業用電気工作物	電圧が17万ボルト未満の事業用電気工作物	電圧が5万ボルト未満の事業用電気工作物（出力5千キロワット以上の発電所を除く。）
例：上記電圧の発電所、変電所、送配電線路や電気事業者から上記電圧で受電する工場、ビルなどの需要設備		例：上記電圧の5千キロワット未満の発電所や電気事業者から上記の電圧で受電する工場、ビルなどの需要設備

2．受験資格、試験実施日、受験申込受付期間、合格発表

● **受験資格**：学歴、年齢、経験等の制限はありません。

● **試験実施日**：年1回、例年8月下旬～9月上旬の日曜日に実施されます。

● **受験申込受付期間**：例年5月下旬～6月上旬

● **合格発表**：例年10月下旬頃

※最新情報は、試験実施団体にご確認ください。

3．試験内容

試験科目は、理論、電力、機械、法規の4科目で、マークシートに記入する五肢択一方式です。

試験科目	理 論	電 力	機 械	法 規
範　囲	電気理論、電子理論、電気計測および電子計測に関するもの	発電所および変電所の設計および運転、送電線路および配電線路（屋内配線を含む。）の設計および運用並びに電気材料に関するもの	電気機器、パワーエレクトロニクス、電動機応用、照明、電熱、電気化学、電気加工、自動制御、メカトロニクス並びに電力システムに関する情報伝送および処理に関するもの	電気法規（保安に関するものに限る。）および電気施設管理に関するもの
解答数	A問題　14題 B問題　 3題※	A問題　14題 B問題　 3題	A問題　14題 B問題　 3題※	A問題　10題 B問題　 3題
試験時間	90分	90分	90分	65分

備考：1．解答数欄の※印については、選択問題を含んだ解答数です。
　　　2．法規科目には「電気設備の技術基準の解釈について」（経済産業省の審査基準）に関するものを含みます。

A問題は一つの問に対して一つを解答する方式、B問題は一つの問の中に小問を二つ設けて、それぞれの小問に対して一つを解答する方式です。

4．合格基準、科目合格制度

合格基準は、各科目60点以上が目安ですが、例年調整が入る場合があります。

試験は科目ごとに合否が決定され、4科目すべてに合格すれば第三種電気主任技術者試験が合格になります。また、4科目中一部の科目だけ合格した場合は、「科目合格」となって、翌年度および翌々年度の試験では申請により、当該科目の試験が免除されます。つまり、3年間で4科目に合格すれば、第三種電気主任技術者試験が合格となります。

5．試験に関する問い合わせ先

一般財団法人 電気技術者試験センター

〒104-8584　東京都中央区八丁堀2-9-1　RBM東八重洲ビル8階

ホームページ　https://www.shiken.or.jp/

電験三種試験　4科目の論点関連図

電験三種試験4科目の論点どうしの関連性を図にしています。電験三種試験合格には、まず「理論」科目をマスターすることが大事です。
また、「基礎数学」は4科目学習の「土台」です。しっかりマスターしましょう。

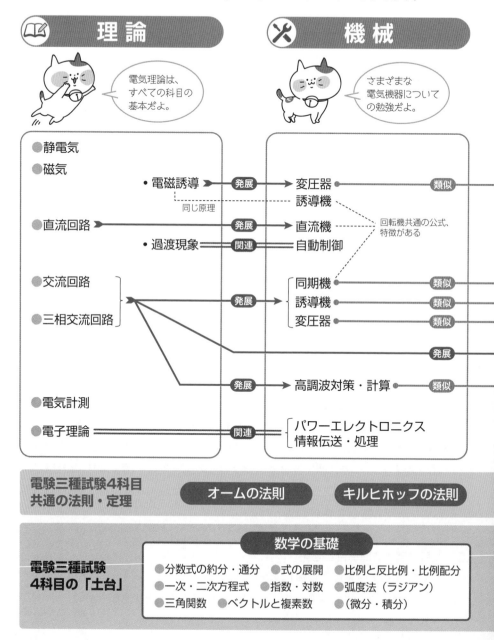

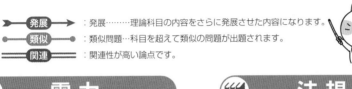

発展 →	：発展………理論科目の内容をさらに発展させた内容になります。
類似	：類似問題…科目を超えて類似の問題が出題されます。
関連	：関連性が高い論点です。

電力

発電、変電、送電、配電について勉強するよ。

法規

電気の保安に関する法律についての勉強だよ。

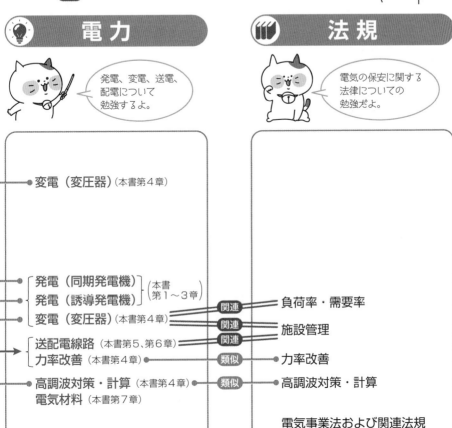

変電（変圧器）(本書第4章)

発電（同期発電機）
発電（誘導発電機）(本書第1〜3章)
変電（変圧器）(本書第4章)

送配電線路 (本書第5、第6章)
力率改善 (本書第4章)

高調波対策・計算 (本書第4章)
電気材料 (本書第7章)

関連 — 負荷率・需要率
関連 — 施設管理
関連
類似 — 力率改善
類似 — 高調波対策・計算

電気事業法および関連法規
電気設備技術基準・解釈

重ね合わせの理　　テブナンの定理　　ミルマンの定理

電験三種試験突破に、数学の基礎は不可欠！
※苦手な受験生は、「数学のきほん」（P17〜）で復習しましょう。

物理・化学の基礎

●力と運動　　●光と熱
●原子・分子　●化学反応

「電力」科目で学ぶ内容

●第1章　水力発電

水力

●第2章　火力発電

火力

●第3章
原子力発電と
その他の発電

原子力

●第5章　送電

●第4章　変電所

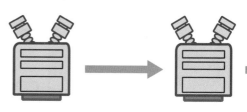

超高圧変電所　　　　　　一次変電所

━━ ：送電線路　　━━ ：配電線路

発電所	変電所	送　電
水力・火力・原子力などの発電所で電気を作ります	変電所で電圧・電流の変成や電力の集中・分配などを行います	送電は電気を送ることです。発電所から各変電所へ送電します

「電力」科目では、主に発電、変電、送電、配電について学びます。下図を確認し、発電所から需要家までの電力が届く一連の流れを把握しておきましょう。

●第6章　配電

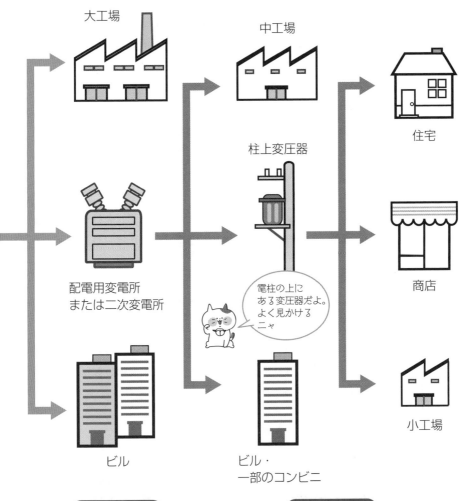

大工場

中工場

住宅

柱上変圧器

配電用変電所
または二次変電所

電柱の上にある変圧器だよ。よく見かけるニャ

商店

ビル

ビル・
一部のコンビニ

小工場

配　電

配電は電気を配ることです。配電用変電所などから、多数の需要地点まで、配電します

需要家

需要家は電気を使うビルや工場、住宅や商店などです

電力科目の出題傾向と対策

 出題傾向

　電力の科目は、発電と変電、送電と配電および電気材料の分野から構成されています。発電と変電の分野は、計算力に加えて、用語の意味を理解しておく知識力も必要になります。また、風力や太陽光を利用する新しい発電方式などのほか、水力発電における比速度、火力発電における熱力学など、比較的難しい知識を必要とする問題も出題されることがあります。

　送電と配電の分野は、毎年複数の問題が出題される重要分野です。電圧降下・送電電力・線路損失、パーセントインピーダンスなどを求める計算問題が出題されています。電気材料からは絶縁材料、導電材料などが毎年1問出題されています。

 対策

　風力や太陽光を利用する新しい発電方式については、環境問題をはじめとする社会問題が存在することから、近年、注目されるようになってきており、押さえておきたい分野です。

　出題形式で見ると、全体の4割以上が計算問題ですので、巻頭の「数学のきほん」も上手に利用し、短時間で計算手順を考えたり、電卓を利用して計算を進めたりすることに習熟する必要があります。

　文章問題は、基礎的な知識で正解できる問題も多く出題されています。巻末の「頻出過去問100題」で実際に出題された問題のレベルや内容を確認しながら、確実に正解できるように学習しましょう。

 本書各章の学習ポイント

第1章　水力発電　　　　　　　　　　　　　　　　例年の出題数：1～3問程度

　ベルヌーイの定理、水力発電の出力計算、各種水車の特徴、キャビテーションとその対策などが、例年出題されています。

　水車出力$P = 9.8QH$は、単位を含め必須公式です。また、速度調定率の公式も重要です。しっかり押さえましょう。

第2章　火力発電

　各種の熱サイクル、汽力発電の出力・熱効率計算、熱効率向上対策、ボイラ・タービン・復水器・空気予熱器・節炭器など、諸設備の概要などが出題されています。

　汽力発電の系統図と諸設備の概要、ランキンサイクルは、必ず覚えておきましょう。

第3章　原子力発電とその他の発電

例年の出題数：1〜3問程度

　原子力発電は、質量欠損と核分裂エネルギー、軽水炉（BWR、PWR）の特徴と構成材料が繰り返し出題されています。

　$E = mc^2$ の公式、BWRとPWRの出力調整方法の違いを覚えておきましょう。

　暗記事項は少なく、落としたくない分野です。

　また、その他の発電では、近年、新エネルギーとして注目されている、太陽光発電、風力発電をしっかり学んでおきましょう。

第4章　変電

例年の出題数：2〜4問程度

　パーセントインピーダンスの計算、変圧器・避雷器・調相設備などの変電機器が出題されています。変圧器の並行運転、結線方式は機械科目でも出題されます。

　また、コンデンサによる力率改善は法規科目でも出題されます。特に力を入れてしっかり理解しておきましょう。

第5章　送電

例年の出題数：3〜5問程度

　第6章の配電と合わせると、電力科目の出題数の5割近くを占める重要分野です。架空送電、地中送電が出題範囲となります。

　電線のたるみの計算、振動対策、雷害対策、誘導障害、中性点接地方式、地中送電方式の特徴など、暗記事項も多い分野です。電圧降下、短絡電流・地絡電流の計算は、理論科目の知識がベースとなります。

第6章　配電

例年の出題数：3〜5問程度

　一般に、配電用変電所から需要家引込口にいたるまでの電線路を配電線路といい、架空配電、地中配電が出題されます。雷害対策、電圧降下、短絡電流、地絡電流の計算などは、第5章の送電と共通項目です。

　磁性材料、絶縁材料、導電材料から出題されています。特に、絶縁材料からの出題が多いです。

　六ふっ化硫黄（SF_6）ガスの特徴は、必ず覚えておきましょう。

 学習プラン

　本書掲載の過去問題は100問あります。過去問題は、内容が各分野をまたいでいる問題も多いため、次のような学習プランをおすすめします。

例1　まずテキスト編の第7章まで学習した後、すべての過去問題に挑戦する

例2　テキスト編の1つの章の学習を終えたら、その章の過去問題に挑戦する、それを繰り返す

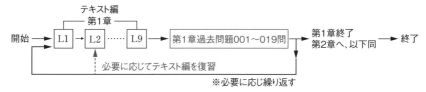

 合格アドバイス

　また、合格アドバイスとしては、基礎的な知識を充実させ、簡単な問題を取りこぼさないこと、試験ではあわてずに短時間で解けるものから着手し、時間配分を間違えないこと、難しそうな計算問題は、より簡単に解ける別解はないかと考える、選択肢の答えを問題に代入し正しいかを判断する、など日頃の学習から訓練しておきましょう。

① 単位・記号

電験三種試験でよく使われる単位や記号を挙げます。

これらの単位や記号は、これからの学習の中で使いながら覚えましょう。

主な量と単位

量	単位	量	単位
長さ	メートル〔m〕	皮相電力	ボルトアンペア〔V・A〕
質量	キログラム〔kg〕	電力量	ワット時〔W・h〕
時間	秒〔s〕	静電容量	ファラド〔F〕
仕事	ジュール〔J〕	インダクタンス	ヘンリー〔H〕
力	ニュートン〔N〕	磁束	ウェーバ〔Wb〕
角	ラジアン〔rad〕	磁束密度	テスラ〔T〕
回転速度	回転毎分〔min^{-1}〕	電束	クーロン〔C〕
電圧	ボルト〔V〕	磁界の強さ	アンペア毎メートル〔A/m〕
電流	アンペア〔A〕	起磁力	アンペア〔A〕
抵抗	オーム〔Ω〕	周波数	ヘルツ〔H_z〕
コンダクタンス	ジーメンス〔S〕	減衰量、利得	デシベル〔dB〕
電荷	クーロン〔C〕	光束	ルーメン〔lm〕
電界の強さ	ボルト毎メートル〔V/m〕	照度	ルクス〔lx〕
電力	ワット〔W〕	光度	カンデラ〔cd〕
無効電力	バール〔var〕	トルク	ニュートンメートル〔N・m〕

単位の接頭語の呼び方と記号

大きさ	名称	記号	大きさ	名称	記号
10^{12}	テラ	T	10^{-1}	デシ	d
10^9	ギガ	G	10^{-2}	センチ	c
10^6	メガ	M	10^{-3}	ミリ	m
10^3	キロ	k	10^{-6}	マイクロ	μ
10^2	ヘクト	h	10^{-9}	ナノ	n
10	デカ	da	10^{-12}	ピコ	p

ギリシャ文字

大文字	小文字	読み方	よく用いられる量	大文字	小文字	読み方	よく用いられる量
A	α	アルファ	角度・抵抗の温度係数	N	ν	ニュー	振動数
B	β	ベータ	角度	Ξ	ξ	クサイ	変位
Γ	γ	ガンマ	角度	O	o	オミクロン	※
Δ	δ	デルタ	損失角、微量	Π	π	パイ	円周率
E	ε	イプシロン	誘電率、自然対数の底	P	ρ	ロー	抵抗率、体積電荷密度
Z	ζ	ゼータ	減衰率	Σ	σ	シグマ	導電体
H	η	イータ	効率	T	τ	タウ	時間、トルク
Θ	θ	シータ	角度、温度	Y	υ	ウプシロン	※
I	ι	イオタ	※	Φ	ϕ	ファイ	磁束、位相差
K	κ	カッパ	磁化力	X	χ	カイ	磁化率
Λ	λ	ラムダ	波長	Ψ	ψ	プサイ	電束
M	μ	ミュー	透磁率	Ω	ω	オメガ	角速度、立体角

※電験ではあまり用いられない

数学に用いられる記号

記号	意味	記号	意味
$+$	プラス、正	∞	相似
$-$	マイナス、負	$\lvert a \rvert$	aの絶対値
$\times$	掛ける	$\sqrt{\ }$	平方根、ルート
$\div$	割る	$\sqrt[n]{\ }$	n乗根
$=$	等しい	j	虚数単位
$\fallingdotseq$	ほぼ等しい		$j^2 = -1$
$\neq$	等しくない	$\log a$	aを底とする対数
$\equiv$	つねに等しい、図形が合同である	$\log$	常用対数
$a > b$	aはbより大きい	$\log_{10}$	
$a < b$	aはbより小さい	$\log_e$	自然対数
$a \geqq b$	aはbより大きいかあるいは等しい	In	
$a \leqq b$	aはbより小さいかあるいは等しい	$n!$	nの階乗
$a \gg b$	aはbより非常に大きい	Σ	総和
$a \ll b$	aはbより非常に小さい	$\lim$	極限
$\propto$	比例する	$a \to b$	aをbに近づける
$\therefore$	ゆえに	∞	無限大
$\because$	なぜならば	$\dot{A}$	ベクトルA
$\perp$	垂直	$\overrightarrow{AB}$	ベクトルAB（始点A、終点B）
$/\!/$	平行		

計算の基本

(1) 実数の四則計算

加法 (足し算)、減法 (引き算)、乗法 (掛け算)、除法 (割り算) の4つの計算を合わせて四則といいます。次の3つの法則は、数や式の計算の基本となるものです。

■ **交換法則** $a+b=b+a$、$ab=ba$

■ **結合法則** $(a+b)+c=a+(b+c)$、$(ab)c=a(bc)$

■ **分配法則** $a(b+c)=ab+ac$、$(a+b)c=ac+bc$

(2) 代数和

$(+a)+(-b)+(+c)$ のことを、$a-b+c$ と書くことがあります。

また、$(+3)+(-4)+(+5)$ のことを、$3-4+5$ と書くことがあります。

これは加法の＋を略したもので、この書き方を代数和といいます。

(3) 分数式の四則計算

〈1〉分数式の約分

分母と分子に共通の文字式や公約数があるときは、それらで分母、分子を割ることができ、このことを約分といいます。

$$\frac{acd}{abc}=\frac{\cancel{a}\cancel{c}d}{\cancel{a}b\cancel{c}}=\frac{d}{b} \qquad \frac{44}{56}=\frac{11\cancel{44}}{14\cancel{56}}=\frac{11}{14}$$

> 分母、分子を4で割る

〈2〉分数式の通分

2つ以上の分数式で分母が異なるとき、それぞれの分数式の分母が同じ整式になるように変形することを、通分といいます。通分するときは、分母がそれぞれの分数式の分母の最小公倍数になるように、分子と分母に同じ整式を掛けます。

$$\frac{b}{a}+\frac{d}{c}=\frac{bc}{ac}+\frac{ad}{ac}=\frac{bc+ad}{ac}$$

$$\frac{1}{4}+\frac{1}{6}=\frac{3}{12}+\frac{2}{12}=\frac{5}{12}$$

または、4と6の最小公倍数の12がすぐに思い浮かばないときは、

$$\frac{1}{4}+\frac{1}{6}=\frac{6}{24}+\frac{4}{24}=\frac{5\cancel{10}}{12\cancel{24}}=\frac{5}{12}$$

> 分母を4×6とする

式の展開 （かっこをはずすことを「展開する」という）

式の展開は、前項で学習した「分配法則」などを繰り返し利用して行います。

■式の展開の公式

1. $(a+b)(c+d) = ac + ad + bc + bd$

2. $(x+a)(x+b) = x^2 + (a+b)x + ab$

3. $(a+b)^2 = a^2 + 2ab + b^2$

4. $(a-b)^2 = a^2 - 2ab + b^2$

 比例式

(1) 比と反比

ある数aが、他の数bの何倍であるかを表す関係を、aのbに対する比または、a

とbの比といい、これを$a:b$、または$\dfrac{a}{b}$と書きます。

また、$a:b$の比に対して、その逆の$b:a$のことを反比（または逆比）といいます。

(2) 比例式

aとbの比が、cとdの比に等しい式を「比例式」といい、これを$a:b=c:d$、ま

たは、$\dfrac{a}{b}=\dfrac{c}{d}$と書きます。

(3) 比例式の性質

比例式で$a:b=c:d$であるとき、$\dfrac{a}{b}=\dfrac{c}{d}$が成立し、次の関係があります。

$$a \quad : \quad b \quad = \quad c \quad : \quad d$$

内項・外項

①内項の積は外項の積に等しい。

$ad = bc$（$\dfrac{a}{b} \diagdown\diagup \dfrac{c}{d}$のように、分子、分母を対角線状に掛けた積は等しい）

②両辺をそれぞれ加えても等しい。

$$\frac{a}{b} = \frac{c}{d} = \frac{a+c}{b+d}$$

(4) 比例と反比例

ともなって変わる2つの変数x、yの関係が、$y = ax$という式で表されるとき、「yはxに比例する」といいます。xが2倍になるとyも2倍に、xが3倍になるとyも3倍になります。

また、ともなって変わる2つの変数x、yの関係が、$y = \dfrac{a}{x}$という式で表されるとき、「yはxに反比例する」といいます。xが2倍になるとyは$\dfrac{1}{2}$倍に、xが3倍になるとyは$\dfrac{1}{3}$倍になります。

比例、反比例のいずれの場合もaは0でない定数で、このaを比例定数といいます。

(5) 比例配分

いま、ある量をMとして、これを2つの量x、yに分けるとき、各々の比が、$m : n$となるように分けることを比例配分といいます。

$$\frac{x}{m} = \frac{y}{n} = \frac{x+y}{m+n} = \frac{M}{m+n}$$

となるので

$$x = \frac{m}{m+n} \times M \qquad y = \frac{n}{m+n} \times M$$

となります。

例1　右図の回路で、抵抗$R_1 = 2〔\Omega〕$、$R_2 = 3〔\Omega〕$に加わる電圧$V_1〔V〕$、$V_2〔V〕$の値を求める。

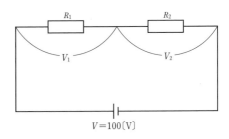

解説　電圧は抵抗に比例して配分されるので、

$$V_1 = \frac{R_1}{R_1 + R_2} \times V = \frac{2}{2+3} \times 100 = 40〔V〕$$

$$V_2 = \frac{R_2}{R_1 + R_2} \times V = \frac{3}{2+3} \times 100 = 60 \, [V]$$

例2　右図の回路で、抵抗$R_1 = 2 \, [\Omega]$、
$R_2 = 3 \, [\Omega]$に流れる電流$I_1 \, [A]$、$I_2 \, [A]$
の値を求める。

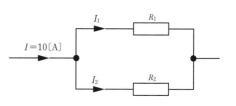

解説　電流は抵抗に反比例して（電流
は抵抗の逆数に比例して）配分される
ので、

$$I_1 = \frac{\dfrac{1}{R_1}}{\dfrac{1}{R_1} + \dfrac{1}{R_2}} \times I = \frac{\dfrac{1}{R_1}}{\dfrac{R_1 + R_2}{R_1 R_2}} \times I = \overbrace{\frac{R_2}{R_1 + R_2}}^{\text{相手側の抵抗}} \times I = \frac{3}{2+3} \times 10 = 6 \, [A]$$

$$I_2 = \frac{\dfrac{1}{R_2}}{\dfrac{1}{R_1} + \dfrac{1}{R_2}} \times I = \frac{\dfrac{1}{R_2}}{\dfrac{R_1 + R_2}{R_1 R_2}} \times I = \overbrace{\frac{R_1}{R_1 + R_2}}^{\text{相手側の抵抗}} \times I = \frac{2}{2+3} \times 10 = 4 \, [A]$$

⑤ 一次方程式の計算

(1) 連立方程式の解き方

連立方程式の解き方には、加減法（消去法）、代入法などがあります。

例　次の連立方程式を解く。

$$\begin{cases} 5x + 3y = 12 \\ 7x + 4y = 15 \end{cases}$$

解説　「代入法」の解き方の一例を示します。

$$\begin{cases} 5x + 3y = 12 \cdots\cdots ① \\ 7x + 4y = 15 \cdots\cdots ② \end{cases}$$

式①より$x = \dfrac{12 - 3y}{5} \cdots\cdots ③$

式③を式②に代入すると、

$$\frac{7(12 - 3y)}{5} + 4y = 15 \cdots\cdots ④$$

式④の両辺に5を掛けて

$7(12-3y)+20y=75$

$84-21y+20y=75$

$-y=-9$

$\therefore y=9\cdots\cdots⑤$

式⑤を式③に代入すると

$x=\dfrac{12-3\times9}{5}=-3 \qquad \therefore x=-3$

したがって、$x=-3$、$y=9$となります。

⑥ 二次方程式の計算

二次方程式$ax^2+bx+c=0$ $(a\neq0$、a、b、cは実数の定数$)$を満たすxの値を、この方程式の解または根といいます。この方程式の解を求めることを、方程式を解くといいます。

(1) 因数分解の公式

因数分解とは、前述の「❸式の展開」で学習した操作を逆にすることで、単項式の和の形を多項式の積の形に戻す操作をすることをいいます。以下に、基本的な因数分解の公式をまとめましたので、使いこなせるようにしておきましょう。

■因数分解の公式

1. $a^2+2ab+b^2=(a+b)^2$
2. $a^2-2ab+b^2=(a-b)^2$
3. $x^2+(a+b)x+ab=(x+a)(x+b)$

例　次の二次方程式を因数分解して、その解を求める。

$x^2-5x+6=0$

解説　$x^2-5x+6=(x-3)(x-2)=0$

$\therefore x-3=0$、$x-2=0$より、

$x=3$、$x=2$

(2) 解の公式

二次方程式は、簡単に因数分解できるとは限りません。そこで、一般の二次方程式の解を導き出しておきましょう。

■解の公式

二次方程式 $ax^2 + bx + c = 0 \, (a \neq 0)$ の解の公式

$$x = \frac{-b \pm \sqrt{b^2 - 4ac}}{2a}$$

⑦ 指数の計算

a^m（aのm乗）のmを指数といい、累乗（同じ数または記号を掛け合わす）した個数を代数の右肩に小さく書きます。次のような指数法則があります。

$a \neq 0$、$b \neq 0$でm、nを実数とすると、

(1) $a^0 = 1 \qquad a^1 = a$

(2) $a^m = \underbrace{a \times a \times a \times \cdots \times a}_{a \text{が} m \text{個}}$

　　　　例　$10^5 = 10 \times 10 \times 10 \times 10 \times 10 = 100000$

(3) $a^{-m} = \dfrac{1}{a^m} = \dfrac{1}{\underbrace{a \times a \times a \times \cdots \times a}_{a \text{が} m \text{個}}}$

　　　　例　$10^{-3} = \dfrac{1}{10^3} = \dfrac{1}{10 \times 10 \times 10} = 0.001$

(4) $a^m \times a^n = a^m \cdot a^n = a^{m+n}$

　　　　例　$10^4 \times 10^2 = \underbrace{10 \times 10 \times 10 \times 10}_{4 \text{個}} \times \underbrace{10 \times 10}_{2 \text{個}} = 10^6 \, (= 10^{4+2})$

(5) $a^m \div a^n = \dfrac{a^m}{a^n} = a^{m-n}$

　　　　例　$10^5 \div 10^3 = \dfrac{10^5}{10^3} = \dfrac{10 \times 10 \times 10 \times 10 \times 10}{10 \times 10 \times 10} = 10^2 \, (= 10^{5-3})$

(6) $(a^m)^n = a^{m \cdot n}$

　　　　例　$(10^3)^4 = 10^3 \times 10^3 \times 10^3 \times 10^3 = 10^{3+3+3+3} = 10^{12} \, (= 10^{3 \times 4})$

(7) $a^{\frac{m}{n}} = \sqrt[n]{a^m}$

　　　　例　$10^{\frac{1}{2}} = \sqrt[2]{10^1} = \sqrt[2]{10} = \sqrt{10}$ ← 一般に $\sqrt[2]{10}$ のような場合、2を省略します。これは2の場合だけです

　　　　例　$10^{\frac{2}{3}} = \sqrt[3]{10^2}$

(8) $(a \cdot b)^m = a^m \cdot b^m$

例　$(2 \times 3)^2 = 6^2 = 36 = 4 \times 9 = 2^2 \times 3^2$

⑧ 平方根の計算

(1) 平方根についての規則と計算

平方 (2乗) すると 0 以上の実数 a になる数 x を a の平方根 (2乗根) といいます。

例えば、$2^2 = 4$ や $(-2)^2 = 4$ のように、2乗すると 4 になる数は 2 と -2 ですから、この 2 や -2 を 4 の平方根といい、$\pm \sqrt{a}$ と書きます。

〈1〉a の平方根は $\pm \sqrt{a}$ である。

例　9の平方根 $\begin{cases} +\sqrt{9} = +3 \cdots\cdots 9 \text{の正の平方根} \\ -\sqrt{9} = -3 \cdots\cdots 9 \text{の負の平方根} \end{cases}$

〈2〉$a > 0$、$b > 0$ のとき、

(イ) $(\sqrt{a})^2 = \sqrt{a^2} = a$ 　　例　$(\sqrt{2})^2 = \sqrt{2^2} = 2$

(ロ) $\sqrt{a}\,\sqrt{b} = \sqrt{ab}$ 　　例　$\sqrt{2}\,\sqrt{3} = \sqrt{2 \times 3} = \sqrt{6}$

(ハ) $\dfrac{\sqrt{a}}{\sqrt{b}} = \sqrt{\dfrac{a}{b}}$ 　　例　$\dfrac{\sqrt{16}}{\sqrt{2}} = \sqrt{\dfrac{16}{2}} = \sqrt{8}$

(2) 根号を含む分数式の分母の有理化

根号を分母に含む式を、次のようにして、分母に根号を含まない形の式に変形することを、分母の有理化といいます。分母の有理化は次のように行います。

$$\dfrac{1}{\sqrt{a}} = \dfrac{1 \times \sqrt{a}}{\sqrt{a} \times \sqrt{a}} = \dfrac{\sqrt{a}}{(\sqrt{a})^2} = \dfrac{\sqrt{a}}{a}$$

例　次の式の分母を有理化する。

$$\dfrac{1}{4\sqrt{3}}$$

$$\dfrac{1}{4\sqrt{3}} = \dfrac{1 \times \sqrt{3}}{4\sqrt{3} \times \sqrt{3}} = \dfrac{1 \times \sqrt{3}}{4(\sqrt{3})^2} = \dfrac{\sqrt{3}}{4 \times 3} = \dfrac{\sqrt{3}}{12}$$

⑨ 対数関数の扱い方

(1) 対数の定義

「⑦指数の計算」では、$a^x = C$ $(a > 0$、$a \neq 1)$ の形の式で a、x を与えたとき、C の

値を求めてきました。ここではa、Cを与えたとき、xはどのように求めればよいかを考えます。

例えば、$2^3 = 8$ですから、8は2の3乗です。これを「2を底<ruby>底<rt>てい</rt></ruby>とする8の対数が3」と表現します。これを一般的に次のように表して扱います。

$3 = \log_2 8$

■対数の定義

$a > 0$、$a \neq 1$、$C > 0$のとき、

$a^x = C \leftrightharpoons x = \log_a C$（logはlogarithmの略で、対数記号として使う）

※10を底とする対数を常用対数、ネイピア数$e \fallingdotseq 2.71828$を底とする対数を自然対数といいます。

（2）対数の計算

対数の計算は次のように行います。

$a > 0$、$a \neq 1$、$M > 0$、$N > 0$のとき、

(1) $\log_a 1 = 0$、$\log_a a = 1$　　**例**　$\log_{10} 1 = 0$、$\log_{10} 10 = 1$

(2) $\log_a (MN) = \log_a M + \log_a N$　　**例**　$\log_{10} (3 \times 2) = \log_{10} 3 + \log_{10} 2$

(3) $\log_a \left(\dfrac{M}{N} \right) = \log_a M - \log_a N$　　**例**　$\log_{10} \left(\dfrac{3}{2} \right) = \log_{10} 3 - \log_{10} 2$

(4) $\log_a M^n = n \log_a M$　　**例**　$\log_{10} 3^2 = 2 \log_{10} 3$

---

⑩ 三角関数の定義と公式

（1）三角関数の定義

直角三角形の一つの角θの大きさによって定まる関数を三角関数といい、sin（サイン：<ruby>正弦<rt>せいげん</rt></ruby>）、cos（コサイン：<ruby>余弦<rt>よげん</rt></ruby>）、tan（タンジェント：<ruby>正接<rt>せいせつ</rt></ruby>）があります。

図において、

$$\sin\theta = \frac{b}{c}、\cos\theta = \frac{a}{c}、\tan\theta = \frac{b}{a}$$

と定義されます。

私たちがよく使う三角定規は直角三角形ですが、これらの角度θは30°、45°、60°です。この場合の三角関数は、

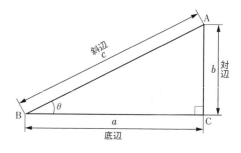

次の表のとおりです。

三角関数 \ θ	0°	30°	45°	60°	90°
$\sin\theta$	0	$\dfrac{1}{2}$	$\dfrac{1}{\sqrt{2}}$	$\dfrac{\sqrt{3}}{2}$	1
$\cos\theta$	1	$\dfrac{\sqrt{3}}{2}$	$\dfrac{1}{\sqrt{2}}$	$\dfrac{1}{2}$	0
$\tan\theta$	0	$\dfrac{1}{\sqrt{3}}$	1	$\sqrt{3}$	

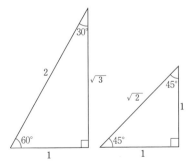

※30°、60°の直角三角形の辺の比1：2：$\sqrt{3}$ はイチニールートサン、45°の直角三角形の辺の比1：1：$\sqrt{2}$ はイチイチルートニと語呂よく覚えましょう。

また、辺の比が3：4：5の直角三角形は力率の問題などで電験三種試験によく出題されます。ミヨコは直角と覚えましょう。

この直角三角形の$\sin\theta$、$\cos\theta$、$\sin\beta$、$\cos\beta$は、次のようになります。

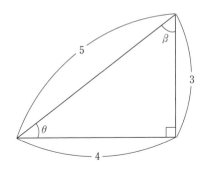

$$\sin\theta = \frac{3}{5} = 0.6$$

$$\cos\theta = \frac{4}{5} = 0.8$$

$$\sin\beta = \frac{4}{5} = 0.8$$

$$\cos\beta = \frac{3}{5} = 0.6$$

$\left(\theta = \tan^{-1}\dfrac{3}{4} \fallingdotseq 37°、\ \beta = \tan^{-1}\dfrac{4}{3} \fallingdotseq 53° となります\right)$※

※ $\sin\theta = \dfrac{b}{c}$、$\cos\theta = \dfrac{a}{c}$、$\tan\theta = \dfrac{b}{a}$のとき、

$\theta = \sin^{-1}\dfrac{b}{c} = \cos^{-1}\dfrac{a}{c} = \tan^{-1}\dfrac{b}{a}$と表すことができます。

それぞれ、アークサイン、アークコサイン、アークタンジェントと読み、直角三角形の各辺の比から角度 θ を求めるときに使用します。特に $\tan^{-1}$（アークタンジェント）はよく使用されます。

$1:2:\sqrt{3}$ の直角三角形を例に sin、cos、tan の覚え方を示します。s、c、t の文字と赤矢印に注目してください。

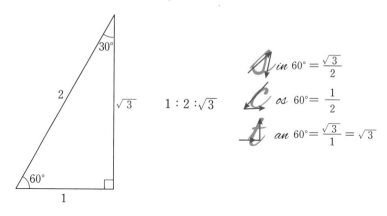

(2) 三角関数のグラフ

三角形の斜辺 c を一定とし、角度 θ を変化させると、a および b が変化し、三角関数のグラフは次のようになります。

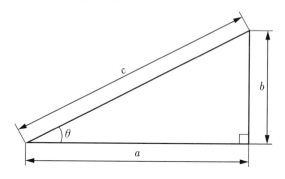

①$\sin\theta$（正弦曲線）　②$\cos\theta$（余弦曲線）　③$\tan\theta$（正接曲線）

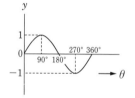
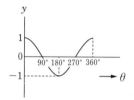
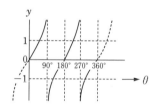

(3) 三角関数の公式

三角関数の主要な公式には、次のようなものがあります。右図の直角三角形や三角関数のグラフから導くことができます。

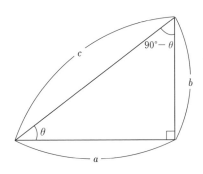

$$\sin^2\theta + \cos^2\theta = 1$$

$$\tan\theta = \frac{\sin\theta}{\cos\theta}$$

$$\sin(90° - \theta) = \cos\theta$$

$$\cos(90° - \theta) = \sin\theta$$

$$\sin(-\theta) = -\sin\theta$$

$$\cos(-\theta) = \cos\theta$$

$$\tan(-\theta) = -\tan\theta$$

$$\sin(\theta + 360° \times n) = \sin\theta$$

$$\cos(\theta + 360° \times n) = \cos\theta$$

$$\tan(\theta + 360° \times n) = \tan\theta$$

(ただし n は任意の整数)

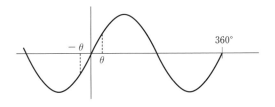

■加法定理

$\sin(\alpha \pm \beta) = \sin\alpha\ \cos\beta \pm \cos\alpha\ \sin\beta$（さいた・こすもす、こすもす・さいた）

$\cos(\alpha \pm \beta) = \cos\alpha\ \cos\beta \mp \sin\alpha\ \sin\beta$（こすもす・こすもす、さかない・さかない（符号が逆（∓）となるので、さかないと覚える））

(4) 弧度法

角の大きさを表すには、一般によく知られている1周を360〔°〕として表す度数法の度〔°〕のほかに、円弧の長さの半径に対する比によって表す弧度法のラジアン〔rad〕が用いられます。

■弧度法

①1つの円で、半径に等しい長さの円弧に対する中心角を1ラジアン〔rad〕といいます。

②半径 r の円で、円弧の長さ l に対する中心角 θ〔rad〕は、

$$\theta = \frac{l}{r}\ \text{〔rad〕}$$

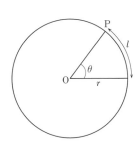

③度数法の角度と弧度法の角との間には、次の関係があります。

　　$360° = 2\pi$ 〔rad〕

■度数法と弧度法の比較

度数法	0°	30°	45°	60°	90°	180°	270°	360°
弧度法〔rad〕	0	$\dfrac{\pi}{6}$	$\dfrac{\pi}{4}$	$\dfrac{\pi}{3}$	$\dfrac{\pi}{2}$	π	$\dfrac{3\pi}{2}$	2π

ユーキャンの電験三種
独学の電力
合格テキスト＆問題集

テキスト編

電力科目の出題論点を「45日分」に収録しました。

1日1レッスンずつ、無理のない学習をおすすめします。

各レッスン末には「理解度チェック問題」があり、

知識の定着度を確認できます。答えられない箇所は、

必ずテキストに戻って復習しましょう。

それでは45日間、頑張って学習しましょう。

水の特性とベルヌーイの定理

水力学の基礎として、連続の定理、ベルヌーイの定理を学びます。水頭（すいとう）という用語をしっかり理解しましょう。

関連過去問 001, 002

位置エネルギーのおかげだよ

① 水の特性

重要度 **B**

（1）連続の定理

管路の中を流れる流水は、管路の断面積の大きい部分では流速が遅く、断面積の小さい部分では流速が速くなります。しかし、管路中のどの部分においても流量は一定です。

図1.1のように、管路の2か所 a、b の断面積をそれぞれ A_a〔m^2〕、A_b〔m^2〕とし、流速をそれぞれ v_a〔m/s〕、v_b〔m/s〕とすると、断面 a、b を通過する流量 Q は等しく、次式が成り立ちます。これを**連続の定理**といいます。

補足

連続の定理は、連続の式とも呼ばれている。

> ！重要 公式 連続の定理
> $$Q = A_a v_a = A_b v_b \ [m^3/s] \tag{1}$$

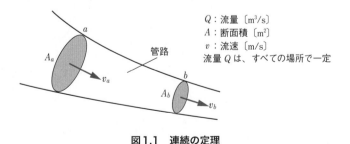

Q：流量〔m^3/s〕
A：断面積〔m^2〕
v：流速〔m/s〕
流量 Q は、すべての場所で一定

図1.1　連続の定理

(2) 水のエネルギー

質量 m〔kg〕の流水が持つエネルギーとして、次の3つを考えます。

1 **位置エネルギー** mgh〔J〕……gは重力加速度で、$g \fallingdotseq 9.8$〔m/s²〕です。h は基準となる水平面からの高さ〔m〕です。

2 **圧力エネルギー** mp/ρ〔J〕……pは圧力〔Pa〕、ρは水の密度〔kg/m³〕です。

3 **運動エネルギー** $\dfrac{1}{2}mv^2$〔J〕……vは流速〔m/s〕です。

② ベルヌーイの定理　重要度 B

管路の中の水が上流から下流へ流れていく過程で、この水は外部に仕事をしていません。したがって、単位体積当たりの水が持つエネルギーは、管路内のどの場所でも等しいことになります。

管路に高低差や、断面積の変化があったとしても、位置エネルギーや圧力エネルギー、運動エネルギーが相補的に増減するだけでその合計は変化しません。図1.2において、次式が成り立ちます。

$$mgH = mgh_1 + \frac{mp_1}{\rho} + \frac{1}{2}mv_1{}^2 = \frac{1}{2}mv_0{}^2 = \text{一定〔J〕} \qquad (2)$$

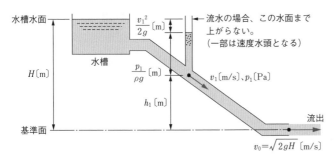

図1.2　ベルヌーイの定理

式(2)は、任意の点の高さをh、その点の速度をv、圧力をpとし、一般に次のように表し、**ベルヌーイの定理**と呼ばれています。

補足
J（ジュール）は、エネルギーの単位。

補足
圧力の単位は、Pa（パスカル）。
1Pa＝1N/m²（ニュートン毎平方メートル）。

補足
ρはローと読む。
水の密度ρは、1.0×10^3〔kg/m³〕として扱う。

> **⚠重要 公式** ベルヌーイの定理
> $$mgH = mgh + \frac{mp}{\rho} + \frac{1}{2}mv^2 = 一定 〔J〕 \qquad (3)$$

※ベルヌーイの定理の水頭値による表現

式(3)の両辺をmgで割ると、次のようになります。

> **⚠重要 公式** ベルヌーイの定理の水頭値による表現
> $$H = h + \frac{p}{\rho g} + \frac{v^2}{2g} = 一定 〔m〕 \qquad (4)$$

式(4)の左辺のHは**全水頭**、右辺の第1項hが**位置水頭**、第2項$\frac{p}{\rho g}$が**圧力水頭**、第3項$\frac{v^2}{2g}$が**速度水頭**と呼ばれます（単位はすべて〔m〕）。

※損失水頭を考慮するとき

管路の**損失水頭**h_lを考慮すると、ベルヌーイの定理は次式で表されます。

全水頭＝位置水頭＋圧力水頭＋速度水頭＋損失水頭

> **⚠重要 公式** 損失水頭を考慮したベルヌーイの定理（水頭値による表現）
> $$H = h + \frac{p}{\rho g} + \frac{v^2}{2g} + h_l = 一定 〔m〕 \qquad (5)$$

この式を**ベルヌーイの実用式**といいます。

例題にチャレンジ！

落差$H = 500$〔m〕のペルトン水車のノズル出口において、全水頭が速度水頭に変わるものとすると、ノズル出口の流速v〔m/s〕はいくらになるか求めよ。ただし、重力加速度は9.8〔m/s²〕とする。

・解答と解説・

ベルヌーイの定理（水頭値による表現）により、全水頭が速度水頭に変わるので、

$$H = \frac{v^2}{2g} 〔m〕$$

$$\therefore v = \sqrt{2gH} = \sqrt{2 \times 9.8 \times 500} ≒ \mathbf{99.0}〔m/s〕（答）$$

補足

水の有するエネルギーは、すべて位置エネルギーに換算することができる。位置エネルギーを表現する水面の高低差を**水頭**と呼び、それぞれ**位置水頭、圧力水頭、速度水頭**という。

補足

水が流れるとき、管面との摩擦などにより損失が発生する。この損失を水頭に換算したものを**損失水頭**という。なお、h_lの添え字は、Loss（損失）のLの小文字である。

補足

ペルトン水車は、LESSON5で学習する。

✋解法のヒント

$mgH = \frac{1}{2}mv^2$

$\therefore v = \sqrt{2gH}$

と導いてもよい。

理解度チェック問題

問題　次の▭の中に適当な答えを記入せよ。

図において、基準水平面からh_1〔m〕の高さにおける水管中の流速をv_1〔m/s〕、圧力をp_1〔Pa〕、水の密度をρ〔kg/m³〕とすれば、質量m〔kg〕の流水が持っているエネルギーは、位置エネルギーmgh_1〔J〕、運動エネルギー　(ア)　〔J〕および圧力によるエネルギー　(イ)　〔J〕である。エネルギー保存の法則により、これらのエネルギーの和は最初に水が持っていた　(ウ)　に等しく、高さや流速が変化しても一定となる。これを　(エ)　という。ただし、管路には損失がないものとする。

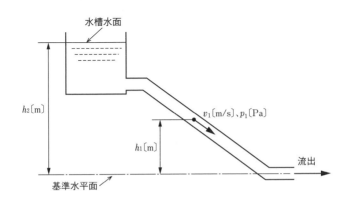

水槽水面

h_2〔m〕

v_1〔m/s〕,p_1〔Pa〕

h_1〔m〕

流出

基準水平面

解答

(ア)$\dfrac{1}{2}mv_1^2$　　(イ)$\dfrac{mp_1}{\rho}$　　(ウ)位置エネルギー　　(エ)ベルヌーイの定理

解説

図より、基準水平面からh_1〔m〕の高さの地点において、密度ρ〔kg/m³〕、質量m〔kg〕の水が持っている位置エネルギーはmgh_1〔J〕、運動エネルギーは(ア)$\dfrac{1}{2}mv_1^2$〔J〕、圧力によるエネルギーは(イ)$\dfrac{mp_1}{\rho}$〔J〕で、この流水は管路の途中で外部に仕事をしないので、これらのエネルギーの和は任意の地点で等しいという(エ)ベルヌーイの定理が成り立つ。また、このエネルギーはもともと高さh_2〔m〕の水槽水面にあった水のエネルギーである。水槽水面においては運動エネルギーが0〔J〕、圧力エネルギーが0〔J〕であるから、この地点での(ウ)位置エネルギーmgh_2〔J〕が、任意の地点におけるエネルギーの総和と等しくなる。

第1章 水力発電

流量と落差

水力発電は河川の流水を利用します。流況曲線、流量、落差などの用語をしっかり理解し、覚えましょう。

関連過去問 003, 004

落差は楽さ〜

① 河川の流量 　　　重要度 **B**

用語

分水嶺とは、降った雨水が、それぞれ異なる川に流れていく分かれ目の嶺のことである。

補足

通常、流域面積は〔km²〕で、年間降雨量 h は〔mm〕で示されるが、計算の際は、
$1〔km^2〕→10^6〔m^2〕$
$1〔mm〕→10^{-3}〔m〕$
と変換する。

補足

式(7)の
$365×24×60×60$ は、
1年間を秒に換算した値である。

　流域面積とは、河川周辺の分水嶺をたどって、その内側に含まれる面積であり、その流域に降った雨のすべてが河川流量になるのではなく、一部は蒸発したり、植物に吸収されたりします。流域に流出する**年間河川流量** V_2〔m³〕と流域面積に降った**年間降雨総量**（流域面積 S〔m²〕×年間降雨量 h〔m〕）V_1〔m³〕の比を**流出係数** $α$ といいます。流出係数は、雨量の少ない地方で40％程度、雨量の多い地方で70％程度です。

> **！重要 公式 流出係数**
> $$流出係数 \ α = \frac{年間河川流量 \ V_2〔m^3〕}{年間降雨総量 \ V_1〔m^3〕} \qquad (6)$$

　年間河川流量 V_2 は、$V_2 = V_1 α = Shα$〔㎥〕となるので、この河川の**年間平均流量** Q は、次式で求められます。

> **！重要 公式 年間平均流量**
> $$Q = \frac{Shα}{365 × 24 × 60 × 60} 〔m^3/s〕 \qquad (7)$$

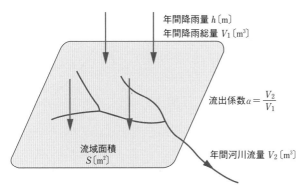

図1.3　流域面積

例題にチャレンジ！

流域面積100〔km²〕、年間降雨量1750〔mm〕の河川に流出する年間平均流量〔m³/s〕を求めよ。ただし、流出係数を0.7とする。

・解答と解説・

流域面積$S = 100 \times 10^6$〔m²〕、年間降雨量$h = 1750 \times 10^{-3}$〔m〕、流出係数$\alpha = 0.7$であるから、年間平均流量Q〔m³/s〕は、

$$Q = \frac{sh\alpha}{365 \times 24 \times 60 \times 60} = \frac{100 \times 10^6 \times 1750 \times 10^{-3} \times 0.7}{365 \times 24 \times 60 \times 60}$$

$$\fallingdotseq 3.88 \text{〔m³/s〕（答）}$$

解法のヒント

100〔km²〕→
100×10^6〔m²〕
1750〔mm〕→
1750×10^{-3}〔m〕
と変換する。

2　流況曲線　重要度 B

　毎日の河川流量を年間（365日）を通して流量の多いものから順に配列したものを**流況曲線**といい、次のように区分されています。

◎**渇水量**‥‥‥‥365日（1年）のうち、**355日**はこれより下回らない（355日は利用可能と見込める）流量

◎**低水量**‥‥‥‥365日のうち、**275日**はこれより下回らない流量

◎**平水量**‥‥‥‥365日のうち、**185日**はこれより下回らない流量

補足

流況曲線は、発電電力量の計画において重要な情報となる。

補足－📎

例えば、豊水量は流況曲線の左から95日目の流量ということになる。

◎**豊水量**⋯⋯365日のうち、**95日**はこれより下回らない流量

◎**高水量**⋯⋯毎年1～2回生じる流量

◎**洪水量**⋯⋯3～4年に1回生じる流量

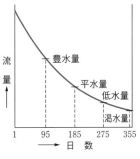

図1.4　流況曲線

③ 落差 重要度 **A**

落差は高低差ですが、「位置水頭の差」と呼ぶこともあります。単位は〔m〕です。落差には、次の3つのものがあります。

◎**総落差** H_0⋯⋯⋯放水口の水位を基準とし、取水口の水位との差を**総落差** H_0 といいます。

◎**有効落差** H⋯⋯⋯総落差 H_0 から損失落差 h_l を引いたものを、**有効落差** H といいます。

◎**損失落差** h_l⋯⋯⋯水路や水圧管の壁と水との摩擦によるエネルギー損失に相当する高さを**損失落差** h_l といいます。

これらを式で表すと、次のような関係になります。

補足－📎

「損失落差＝損失水頭」と考えてかまわない。

> **! 重要 公式** 落差
> 有効落差 H ＝総落差 H_0 －損失落差 h_l〔m〕　(8)

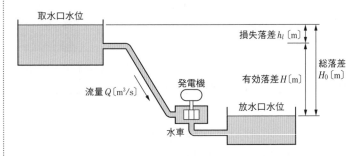

図1.5　落差

理解度チェック問題

問題　次の　　　　**の中に適当な答えを記入せよ。**

1. 毎日の河川流量を　(ア)　を通して流量の　(イ)　ものから順番に配列して描いたものを　(ウ)　といい、発電計画において重要な情報になる。河川の流量を、1日1回365日間測定した結果、多い方から数えて185番目の流量を　(エ)　、275番目の流量を　(オ)　という。

2. 水力発電所の落差は高低差で、「位置水頭の差」と呼ぶこともある。単位は〔m〕である。

　放水口の水位を基準とし、取水口の水位との差を　(カ)　という。　(カ)　から　(キ)　を引いたものを　(ク)　という。

　水路や水圧管の壁と水との摩擦によるエネルギー損失に相当する高さを　(キ)　という。これらを式で表すと、次のような関係になる。

　　　(ク)　＝　(カ)　－　(キ)　〔m〕

解答

1. (ア)年間　　(イ)多い　　(ウ)流況曲線　　(エ)平水量　　(オ)低水量
2. (カ)総落差　　(キ)損失落差　　(ク)有効落差

第1章 水力発電

水力発電の原理と特徴

水力発電は短時間で起動・停止ができ、電力需要の変動に柔軟に対応できることを覚えておきましょう。

関連過去問 005, 006, 007

$Q \times H$が
水力です

① 水力発電の原理 重要度 **A**

有効落差H〔m〕、流量Q〔m³/s〕の水が持っている動力P_0は次式で表され、これを**理論水力**P_0といいます。

> ! 重要 公式 **理論水力**
> 理論水力$P_0 = 9.8QH$〔kW〕　　　　　　　　　　(9)

詳しく解説！

Q〔m³〕の水の質量m〔kg〕は$Q \times 10^3$〔kg〕、この水に働く重力は$9.8Q \times 10^3$〔N〕、この重力によって水がH〔m〕落下したときの仕事の量は、$9.8QH \times 10^3$〔N·m = J〕。

したがって、毎秒Q〔m³/s〕の水が落下するときの動力P_0は、

$P_0 = 9.8QH \times 10^3$〔J/s〕$= 9.8QH \times 10^3$〔W〕$\rightarrow 9.8QH$〔kW〕

実際の出力は、水車や発電機の損失があるので理論出力より小さくなります。**水車効率**をη_t、**発電機効率**をη_gとすると、**発電機出力**Pは次式となります。

> ! 重要 公式 **発電機出力**
> 発電機出力$P = 9.8QH\eta_t\eta_g$〔kW〕　　　　　　(10)

補足 -📎

式(9)の9.8は、重力加速度g〔m/s²〕の値である。

補足 -📎

Q〔m³〕の水の質量m〔kg〕は、水の密度ρ（ロー）$= 1000$〔kg/m³〕であるから、$m = Q \times 10^3$〔kg〕。この水に働く重力は、$mg = 9.8m = 9.8Q \times 10^3$〔N〕

補足 -📎

水車効率η_tは$0.8 \sim 0.9$、発電機効率η_gは$0.9 \sim 0.99$程度になる。
$\eta_t \times \eta_g$は、発電所総合効率という。

補足 -📎

効率ηは、イータと読む。

数学・物理の基礎知識！

重力加速度

　下の図は、真空中で鉄球と羽毛を落下させたときのストロボ写真(イメージ図)です。鉄球、羽毛それぞれの落下間隔がしだいに広くなっていることから、鉄球と羽毛には加速度が生じていることがわかります。

　落下の加速度は、物体の質量と無関係に一定の値となり、この大きさを図から求めると、約9.8m/s²です。

　これを**重力加速度**といい、記号 g で表します。

重力加速度　　$g = 9.8\mathrm{m/s}^2$

　なお、真空中には空気がなく空気抵抗がないので、鉄球、羽毛は同時に落下します。

　また、質量 m〔kg〕の物体にはたらく重力を W〔N〕とすると、$W = mg$〔N〕という関係が成り立ちます。

補足

質量を持つすべての物体は、互いに引き合う力を及ぼし合っている。この力を**万有引力**という。地球が地球上の物体に及ぼす万有引力を**重力**という。

補足

1〔N〕$= 1$〔kg·m/s²〕

補足

自由落下運動

t 秒後の落下距離 x

$$x = \frac{1}{2}gt^2 \text{〔m〕}$$

t 秒後の速さ v

$$v = gt \text{〔m/s〕}$$

t 秒後の平均速さ v'

$$v' = \frac{1}{2}gt^2 \div t$$

$$= \frac{1}{2}gt \text{〔m/s〕}$$

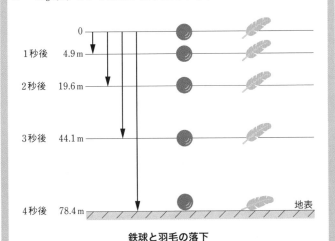

0	
1秒後	4.9 m
2秒後	19.6 m
3秒後	44.1 m
4秒後	78.4 m

地表

鉄球と羽毛の落下

② 水力発電の特徴　重要度 B

水力発電は火力発電と比較して、次の特徴があります。

a. **短時間で起動・停止ができる。**

b. 耐用年数が長い。

c. エネルギーの変換効率が高い。

d. 水車の回転速度は、構造上低いため、発電機の**極数が多い。**

e. 揚水発電（▶LESSON7）とすることで、夜間の余剰電力の有効利用を図れる。

③ 水力発電の位置付け　重要度 B

（1）需要の変化と供給力

年間を通じての電力の需要は、冷暖房などの需要変化に伴い、時季によって変動します。また、1日の間にも図1.6のように、照明や冷暖房の需要の変化に伴って時間帯で大きく変動します。

水力発電には、

①年間を通じて一定の発電量を保てるもの

②需要に応じて発電量を抑制できるもの

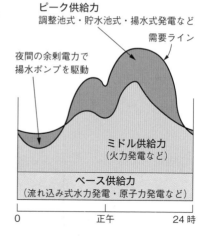

図1.6　1日の間の需要と供給の変化

の2つがあります。電力供給能力の中で、前者は**ベース供給力**、後者は**ピーク供給力**に位置付けられます。特に**揚水発電**は、夜間の余剰電力を利用してポンプで水を汲み上げておき、日中の比較的短時間で（大きな需要に対する）ピーク供給力を分担できる点が特徴です。

(2) 供給力の種類

1. 供給力

図1.6のように変動する**電力需要**に対して、**供給力**を担う電源は次の3つに分類できます。

a. **ベース供給力を担う電源**…1日中ほぼ一定の出力を供給する電源です。常時運転されるので、ランニングコストが低いことが必要になります。**流れ込み式水力発電や大容量高効率の火力発電、原子力発電が該当します**。

b. **ミドル供給力を担う電源**…ベース供給力とピーク供給力との、中間的な役割を担う電源です。**火力発電のうち毎日起動停止できるものが該当します**。

c. **ピーク供給力を担う電源**…電力需要の日中のピークに応じた出力を分担する電源です。短時間での出力変動に適していることが必要になります。**揚水式水力発電、調整池式・貯水池式水力発電が該当します**。また、**火力発電でも短時間始動性と負荷追従性のよいものが該当します**。

2. 供給予備力

供給予備力とは、予備の供給力で、需要の10%程度が必要とされています。供給予備力は、事故や天候の急変などにより供給力不足が生じたときの一時的な増強手段で、次の3つに分類できます。

a. **瞬動予備力**…即時（10秒以内）に供給力を分担でき、b.運転予備力が供給可能になるまでの間継続できるもので、**運転中の発電所の調速機**（ガバナ▶LESSON8）**余力が該当します**。

b. **運転予備力**…10分程度以内に供給力を分担でき、c.待機予備力が供給可能になるまでの数時間程度は運転を継続できるもので、**部分負荷で運転中の発電所の余力が該当します**。

c. **待機予備力**…供給が可能になるまで数時間から十数時間を要するが、長期間継続運転が可能なもので、**停止待機中の火力発電所が該当します**。

第1章

水力発電

用語

負荷追従性とは、負荷の変化に対する供給力の対応の速さをいう。

補足

発電機などの機器を、定格出力で運転することを**全負荷運転**といい、定格出力未満で運転することを**部分負荷運転**という。

　水力発電所において、有効落差 100 [m]、水車効率 90 [%]、発電機効率 95 [%]、定格出力 3000 [kW] の水車発電機を 80 [%] 負荷で運転している。このときの流量 [m³/s] の値を求めよ。

・解答と解説・

発電機出力の式を使う。発電機出力の式 $P = 9.8QH\eta_t\eta_g$ を変形し、以下の値を代入する。

有効落差：$H = 100$ [m]

水車効率：$\eta_t = 0.90$

発電機効率：$\eta_g = 0.95$

発電機出力：$P =$ 定格出力 $3000 \times$ 負荷率 $0.8 = 2400$ [kW]

$$Q = \frac{P}{9.8H\eta_t\eta_g} = \frac{2400}{9.8 \times 100 \times 0.90 \times 0.95} = \frac{2400}{837.9}$$

$$\fallingdotseq 2.86 \, [\text{m}^3/\text{s}] \, (答)$$

理解度チェック問題

問題　次の□□□の中に適当な答えを記入せよ。

1．水力発電は火力発電と比較して、次の特徴がある。

　a.　□(ア)□で起動・停止ができる

　b.　耐用年数が□(イ)□

　c.　エネルギーの変換効率が□(ウ)□

　d.　水車の回転速度は、構造上低いため、発電機の極数が□(エ)□

　e.　□(オ)□発電とすることで、夜間の余剰電力の有効利用を図れる

2．供給予備力は、事故や天候の急変などにより供給力不足が生じたときの一時的な増強手段で、次の3つに分類できる。

　　　□(カ)□予備力…即時(10秒以内)に供給力を分担でき、次項の□(キ)□予備力が供給可能になるまでの間継続できるもので、運転中の発電所の調速機(ガバナ)余力が該当する。

　　　□(キ)□予備力…10分程度以内に供給力を分担でき、次項の□(ク)□予備力が供給可能になるまでの数時間程度は運転を継続できるもので、部分負荷で運転中の発電所の余力が該当する。

　　　□(ク)□予備力…供給が可能になるまで数時間から十数時間を要するが、長期間継続運転が可能なもので、停止待機中の火力発電所が該当する。

解答

1. (ア)短時間　　(イ)長い　　(ウ)高い　　(エ)多い　　(オ)揚水

2. (カ)瞬動　　(キ)運転　　(ク)待機

発電方式と諸設備

水力発電所に必要な流量や落差を得る方法と、それに必要なダムや水路など土木設備について学びます。

関連過去問 008, 009

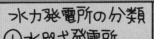
水力発電所の分類
① 水路式発電所
② ダム式発電所
③ ダム水路式発電所

水力発電にも、色々な種類があるんだニャ

① 水力発電所の分類 　重要度 A

水力発電所は、土木設備の構造により、次のように分類されます。

(1) 水路式発電所

流れ込み式発電所ともいい、河川の上流の地点から水路によって水を導き、下流地点との間の**自然の落差を利用**して発電する方式です。下図のような構成となります。

➕ プラスワン

水路式発電所の導水路は**無圧水路**（水面が自由に上下できる水路）。一方、ダム水路式発電所の導水路は**圧力水路**（内部が高圧の水で満たされている水路）。

➕ プラスワン

上水槽（ヘッドタンク）やサージタンク（▶P.48）から水車までの圧力管を水圧管と呼び、支持工作物や地盤まで含めて**水圧管路**と呼ぶ。

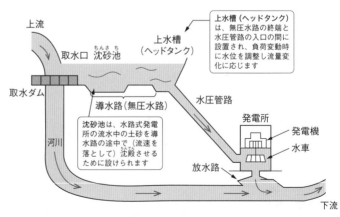

上水槽（ヘッドタンク）は、無圧水路の終端と水圧管路の入口の間に設置され、負荷変動時に水位を調整し流量変化に応じます

上流
取水口　沈砂池
上水槽（ヘッドタンク）
取水ダム
導水路（無圧水路）
水圧管路
発電所
発電機
水車
河川
沈砂池は、水路式発電所の流水中の土砂を導水路の途中で（流速を落として）沈殿させるために設けられます
放水路
下流

図1.7 水路式発電所

ダム取水口→導水路（無圧水路）→沈砂池（ちんさち）→導水路（無圧水路）
→上水槽（ヘッドタンク）→水圧管路→水車→放水路

◎**水路式発電所の特徴**

　a. 取水ダムには調整池としての機能を求めず小容量とすることができ、常時発電するベース供給力に対応する。

　b. 発電量は河川流量に左右される。

　c. 大きな落差を得るためには、長い導水路（無圧水路）が必要になる。

（2）ダム式発電所

　高いダムを設けて上流側を調整池、または貯水池とし、すぐ下流側に発電所を設けます。下図のような構成となります。

ダム取水口→水圧管路→水車→放水路

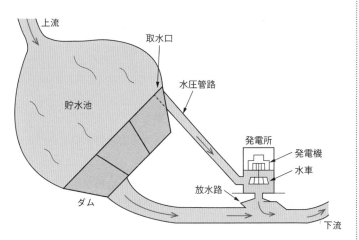

図1.8　ダム式発電所

◎**ダム式発電所の特徴**

　a. ダムが沈砂池やサージタンクの機能を果たすので、取水口から先は直ちに水圧管路になる。

　b. ピーク供給力に対応できる。

　c. ダムの水位によって有効落差が大きく変動する。

➕**プラスワン**

調整池は日間〜週間の比較的短期間の負荷変動に対応、**貯水池**は渇水期に備えた貯水が主目的で、年間を通じての負荷変動に対応する。いずれも日中のピーク供給力に対応できる。

補足🖉

水力発電所を水の利用面から分類すると、流れ込み式、貯水池式、調整池式に分けられる。

(3) ダム水路式発電所

　　ダム式と水路式の併用で、ダムが沈砂池としての機能を果たします。下図のような構成となります。

　　ダム取水口→**導水路**（圧力水路）→**サージタンク**→**水圧管路**→**水車**→放水路

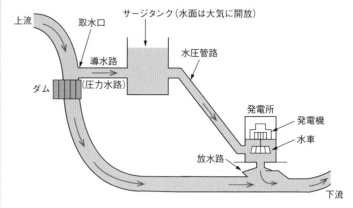

＋プラスワン

サージタンクは圧力水路の終端と水圧管路の入口の間に設置され、負荷の変動時に水位を調整する。また、負荷急減時の**水撃作用**（行き場を失った流水エネルギーによって水圧管路の圧力が上昇する現象。ウォータハンマ（▶LESSON6））による水圧管路の破損を防止する。この目的のため、サージタンク水面は、図に示すように、**大気に開放**してある。
なお、水撃作用は、負荷急増時にも発生する。

図1.9　ダム水路式発電所

◎ダム水路式発電所の特徴

　a. ダムが沈砂池としての機能を果たす。

　b. ダムから水圧管路までの導水路は圧力水路となり、サージタンクが設けられる。

　c. 水路により大きな落差を得るには、長い導水路（圧力水路）が必要になる（自然の落差を利用するため）。

例題にチャレンジ！

次の　　　　の中に適当な答えを記入せよ。

水路式発電所の特徴は、次の通りである。

a. 取水ダムに　(ア)　としての機能を求めず小容量とすることができ、常時発電する　(イ)　供給力に対応する。

b. 発電量は　(ウ)　に左右される。

c. 大きな落差を得るためには、長い　(エ)　が必要になる。

また、ダム式発電所の特徴は、次の通りである。

d. ダムが　(オ)　やサージタンクの機能を果たすので、取水口から先は直ちに水圧管路になる。

e. 　(カ)　供給力に対応できる。

f. ダムの水位によって　(キ)　が大きく変動する。

• 解答 • ・・・

(ア)調整池　　　(イ)ベース　　　(ウ)河川流量

(エ)導水路(無圧水路)　　　(オ)沈砂池　　　(カ)ピーク

(キ)有効落差

・・

理解度チェック問題

問題　次の　　　　の中に適当な答えを記入せよ。

1. ダム水路式発電所は、ダムと水路の両方で落差を得て発電する方式であり、その構成は次の通りである。

ダム取水口→　(ア)　→　(イ)　→　(ウ)　→　(エ)　→放水路

2. 水路式発電所は自然流下する河川流量に応じて発電する方式であり、その構成は次の通りである。

ダム取水口→導水路(無圧水路)→　(オ)　→導水路(無圧水路)→　(カ)　→　(キ)　→水車→　(ク)　

解答

1. (ア)導水路(圧力水路)　　　(イ)サージタンク　　　(ウ)水圧管路　　　(エ)水車

2. (オ)沈砂池　　　(カ)上水槽(ヘッドタンク)　　　(キ)水圧管路　　　(ク)放水路

衝動水車と反動水車

ペルトン水車やフランシス水車、カプラン水車は、出題頻度が高いです。表1.1は、しっかり覚えましょう。

関連過去問 010, 011

何だか怖そうな
名前だけど、
大丈夫かニャー

① 水車の種類と特徴

重要度 **A**

(1) 衝動水車と反動水車

水車は、**衝動水車**と**反動水車**の2種類に分けられます。

衝動水車は、ノズルから水を噴射させ、**ランナ（羽根車）**に取り付けたバケットに衝突させて回転を得ます。水の位置エネルギーをすべて運動（速度）エネルギーに変換して利用します。代表例に**ペルトン水車**があり、**高落差・小水量**に適します。

反動水車は、噴出した水の反動で回転を得ます。圧力エネルギーを持つ流水を**ランナ（羽根車）**に作用させ、これから出る反動力によって回転させる原理の水車です。反動水車は、**フラン**

> **補足–**
> 衝動水車は「運動エネルギー」で駆動し、反動水車は「運動エネルギー」に加えて「圧力エネルギー」で駆動する。試験では、反動水車の「運動エネルギー」は、省略されることが多い。

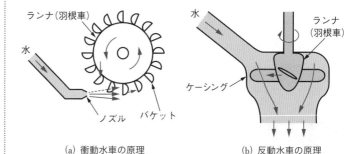

（a）衝動水車の原理   （b）反動水車の原理

図1.10 衝動水車と反動水車の原理

シス水車・斜流水車・プロペラ水車（軸流水車）の3種類に大別できます。プロペラ水車の羽根を可動式にしたものを**カプラン水車**といい、**部分負荷時の効率が良好**です。反動水車は、主に落差によって使い分けます。**フランシス水車は適用落差が広く、プロペラ水車は低落差**に適用することが特徴です。

表1.1に水車の種類と特徴を示します。

表1.1　水車の種類と特徴

水車の種類		適用落差、水量	比速度〔m·kW〕	特　徴	形　状
衝動水車	ペルトン	高落差 300〔m〕以上 小水量	12〜23	ノズルから水を噴射させ、バケットに衝突させて回転を得る。部分負荷時の効率良好。ポンプ水車には原理上適用できない。	
反動水車	フランシス	中、高落差 40〜500〔m〕 中、大水量	60〜340	渦巻状のケーシングを持ち、水はランナ面で90度方向を変え、軸方向に流出する。部分負荷時の効率が悪い。	
	斜流	中落差 40〜180〔m〕 中、大水量	140〜370	軸斜めから水が流入し、軸方向に流出する。可動羽根を持つため、部分負荷時の効率良好。	
	プロペラ	低落差 100〔m〕以下 大水量	250〜850	水は軸に平行に流入、流出する。固定羽根のため、部分負荷時の効率が悪い。	
	カプラン	低落差 100〔m〕以下 大水量	250〜850	プロペラ水車の羽根を可動式にしたもの。部分負荷時の効率良好。ただし、構造は複雑。	

プラスワン 水車の種類は、主として、有効落差と最大使用水量によって決まる。

プラスワン 最も代表的な**衝動水車**は、**ペルトン水車**だが、ほかには**ターゴ水車**などがある。

補足 比速度については、LESSON6で学ぶ。

補足 一般に機器は、全負荷時付近の効率を最も高く設計している。「部分負荷時の効率が良好」とは、全負荷時に比べても効率があまり低くならないという意味である。

用語 **ポンプ水車**とは、回転方向を変えることにより、ポンプにも水車にも使える水力機械。主として揚水発電に用いられる。夜間はポンプとして揚水に用い、昼間は水車として発電に使う。

用語 **ケーシング**とは、入れ物、容器の意味。フランシス水車のケーシングはランナを格納してあり、水の通り道となる渦巻状の鉄管。

第1章 水力発電

次の □ の中に適当な答えを記入せよ。

水車の種類は、主として □(ア)□ と最大使用水量によって決まる。ペルトン水車は、比較的 □(イ)□ ・ □(ウ)□ の地点に適した水車で、流量の変化に対する □(エ)□ の変化が小さい。また、原理上、 □(オ)□ には適用できない。

・解説・

水車の種類は、主として、有効落差と最大使用水量によって決まる。ペルトン水車は、流量が少なく、高落差の発電所で使用され、出力変化（落差一定であれば流量の変化）に対して効率の変化が少ない。

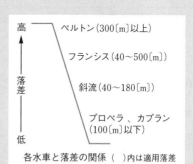

各水車と落差の関係 （　）内は適用落差

高 ← 落差 → 低

ペルトン（300〔m〕以上）

フランシス（40〜500〔m〕）

斜流（40〜180〔m〕）

プロペラ 、 カプラン（100〔m〕以下）

・解答・

(ア)有効落差　　(イ)高落差　　(ウ)小水量　　(エ)効率
(オ)ポンプ水車

解法のヒント

ペルトン水車は、原理上、逆回転させても水を逆流させることはできず、ポンプとして使用することはできない。

2 水車の構造と特徴

重要度 A

(1) ペルトン水車の構造と特徴

　負荷が減少すると、水車は軽くなり、回転速度が上昇します。そのために、**ペルトン水車**は**ニードル弁**を閉じて流量を減少させますが、負荷が急減したときに急に閉じると、**水撃作用**

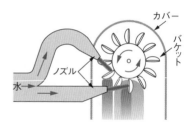

図1.11　横軸二射のペルトン水車

カバー

バケット

ノズル

水

補足

水撃作用は、LESSON6を参照。

（**ウォータハンマ**）が発生します。水撃作用を抑制するためには、弁を閉じる速度を遅くして、代わりにノズルの前に**デフレクタ**と呼ばれる遮へい板を挿入することで流水をバケットからそらします。

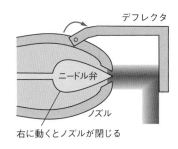

図1.12 デフレクタ

右に動くとノズルが閉じる

(2) フランシス水車の構造と特徴

反動水車として最も普及しているのが、**フランシス水車**です。ランナに取り付けられた羽根を**ランナベーン**といい、この羽根は角度が固定されています。ケーシングに取り付けられている羽根は**ガイドベーン（案内羽根）**と呼ばれ、流入量を調整するため全開から全閉まで可動式となっており、すべての羽根が同時に動くようにできています。ペルトン水車では、負荷の急減時にはデフレクタが作動しますが、フランシス水車ではガイドベーンの閉鎖と連動して別に管路の途中に設けた**制圧機**（▶LESSON 6）と呼ばれる装置で水を外部へ放出して水撃作用を抑制します。

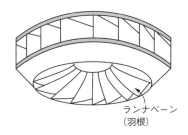

ランナベーン
（羽根）

図1.13 フランシス水車のランナ

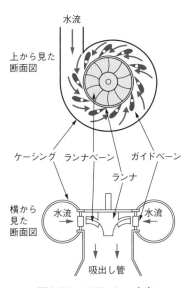

水流

上から見た断面図

ケーシング ランナベーン ガイドベーン

ランナ

横から見た断面図

水流 水流

吸出し管

図1.14 フランシス水車

　ペルトン水車にデフレクタを設置する目的として、正しいのは次のうちどれか。

(1) 負荷遮断時に噴射水をバケットからそらせて、ブレーキをかけやすくする。

(2) 負荷遮断時の噴射水をバケットからそらせて、ランナへの入力を断ち、ノズルの閉鎖時間を長くする。

(3) 負荷遮断時にバケットの背面に水を噴射して、速度上昇を抑制する。

(4) 負荷遮断時にノズルの閉鎖時間を短くし、デフレクタを動作させて回転速度の上昇を抑制する。

(5) 負荷遮断時に振動を防止する。

・解説・・・

デフレクタ (deflector) は折流板（せつりゅうばん）のことで、水の流れを折り曲げる装置のことである。水車負荷が急減した場合、ノズルからの噴射水中に挿入して水流をただちに折り曲げ、バケットに当てずに下方に放水し、その間に、ニードル弁でノズル出口を徐々に閉鎖し、水車の速度上昇と水圧管内の圧力上昇を抑制する。特に、ペルトン水車は高落差で使用されるため水圧管にかかる水圧も大きく、弁の急閉による圧力上昇が大きい。

・解答・・・

(2)

・・

③ 反動水車と吸出し管　　　重要度 A

　衝動水車のペルトン水車では、ノズルから水を大気中に噴出するため、水の運動エネルギーのみがランナに作用します。バケットから流失した水が放水路に落下するまでの高さは、有効に利用できず損失となります。このため、ランナをできるだけ放水路水面近くに据え付けるのが有効となります。

これに対し**反動水車**は、**ランナ下部から放水路水面までの落差を有効に利用**できます。**吸出し管**がこれを可能にしています。

吸出し管は、ランナから出た水を放水路へ導く円形断面の管で、反動水車のみに用いられます。吸出し管内は水で満たされたまま流下させます。先端は放

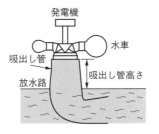

図1.15　エルボ形吸出し管

水路の水中に挿入されており、ランナ下部を大気圧以下に保つことができます。理論上、吸出し管高さがおよそ10mでランナ下部はいわゆるトリチェリの真空となり、完全真空になります。実際の吸出し管高さは**キャビテーション**（▶LESSON6）を防ぐため、6～7mが限度です。ランナ上部の水流は、落下する水の運動エネルギーのほかに圧力エネルギーを有しており、これとランナ下部に作用する大気圧以下の圧力が吸出し力となり、ランナを回転させます。

吸出し管出口の水は流速があるため運動エネルギーを有しており、**廃棄損失（排棄損失）**となりますが、吸出し管出口をゆるやかに広げ流速を小さくすることで、この廃棄損失を小さくして**運動エネルギーを回収**しています。

例題にチャレンジ！

次の　　　　　の中に適当な答えを記入せよ。

フランシス水車の吸出し管は、水車ランナと　(ア)　水面との間の　(イ)　の有効利用およびランナから流出する水の　(ウ)　エネルギーを回収する目的を持っているが、　(エ)　が起こるため、この高さは理論的に許容される限度、およそ　(オ)　より相当低く取る。

・解答・・・・・・・・・・・・・・・・・・・・・・・・・・・・・・・・・
（ア）放水路　　（イ）落差　　（ウ）運動
（エ）キャビテーション　　（オ）10 m
・・・・・・・・・・・・・・・・・・・・・・・・・・・・・・・・・・・・・

プラスワン

吸出し管には、円錐直管形、エルボ形がある。エルボ形は吸出し管さが低くても出口面積を大きくすることができるため、多く採用されている。

補足

トリチェリの真空

上図のように、片端が閉じられた約1mのガラス管に水銀を満たし、管の開いているほうの端を押さえ、管の中に空気が入らないようにしながら容器の水銀に浸し、管の閉じた端を上にして垂直に立てる。すると、水銀は760mmの高さで止まる。これは、管の中の水銀の重さが、容器内の水銀面に働く大気圧力で支えられるからである。このとき、管の上にできる真空を、**トリチェリの真空**という。同じことを水でやれば、水は軽いので10mの高さまで上昇する。汲上ポンプが水面から10mを超える高さでは汲上げができない理由や、反動水車の吸出し管が10mを超える高さになると吸出しができない理由は、このためである。

問題　次の◻︎の中に適当な答えを記入せよ。

水車の種類		適用落差、水量	比速度〔m·kW〕	特　徴	形　状
衝動水車	ペルトン	(ア)落差 300〔m〕以上 (イ)水量	12～23	ノズルから水を噴射させ、バケットに衝突させて回転を得る。部分負荷時の効率 (ウ)。ポンプ水車には原理上適用できない。	ノズル 水流 バケット
反動水車	フランシス	(エ)落差 40～500〔m〕 (オ)水量	60～340	渦巻状のケーシングを持ち、水はランナ面で90度方向を変え、軸方向に流出する。部分負荷時の効率 (カ)。	ランナ 水流 水流 羽根
	斜流	中落差 40～180〔m〕中、大水量	140～370	軸斜めから水が流入し、軸方向に流出する。可動羽根を持つため、部分負荷時の効率 (キ)。	水流 水流 可動羽根
	プロペラ	(ク)落差 100〔m〕以下 (ケ)水量	250～850	水は軸に平行に流入、流出する。固定羽根のため、部分負荷時の効率 (コ)。	水流 水流 固定羽根
	カプラン	(サ)落差 100〔m〕以下 (シ)水量	250～850	プロペラ水車の羽根を (ス)式にしたもの。部分負荷時の効率 (セ)。ただし、構造は複雑。	水流 水流 可動羽根

解答

(ア)高　　(イ)小　　(ウ)良好　　(エ)中、高　　(オ)中、大　　(カ)が悪い　　(キ)良好
(ク)低　　(ケ)大　　(コ)が悪い　　(サ)低　　(シ)大　　(ス)可動　　(セ)良好

6日目

LESSON 6

比速度・キャビテーション

出題頻度の高い比速度、キャビテーションについて学びます。力を入れて取り組みましょう。

関連過去問 012, 013

① 比速度
② キャビテーション
③ 水撃作用

難しい計算はないから、しっかり覚えてニャ

① 比速度　　重要度 A

理論水力 $P = 9.8QH$ 〔kW〕が示すように、水車出力は流量 Q〔m³〕と落差 H〔m〕により決まります。このとき、水車の回転速度は、水車の種類、大きさ、形状などにより異なります。水力立地点に最適な水車を選定するために考えられた指標が、**比速度**です。

水車の比速度とは、水車の形を相似に保って大きさを変え、単位落差1〔m〕で単位出力1〔kW〕を発生させたとき、その水車が回転すべき回転速度のことをいいます。有効落差 H〔m〕、出力 P〔kW〕、回転速度 N〔min⁻¹〕の水車の比速度 N_s〔m·kW〕は、次式で表されます。

> ! 重要 公式　比速度
>
> $$N_s = N \times \frac{P^{\frac{1}{2}}}{H^{\frac{5}{4}}} \ \text{〔m·kW〕} \tag{11}$$

一般的に比速度が大きいほど、低落差で運転したときの回転速度が高くなります。落差の低い発電所では比速度の大きい水車が、落差の大きい発電所では比速度の小さい水車が適しています。

➕ プラスワン

比速度の式で水車出力 P〔kW〕は、ペルトン水車ではノズル1個当たり、反動水車ではランナ1個当たりの出力である。

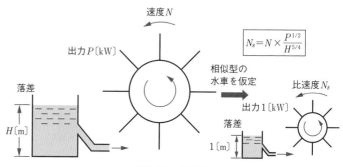

速度 N

出力 P [kW]

$$N_s = N \times \frac{P^{1/2}}{H^{5/4}}$$

相似型の
水車を仮定

落差

H [m]

比速度 N_s

出力 1 [kW]

落差

1 [m]

図1.16　比速度

　比速度の小さい順に、**ペルトン＜フランシス＜斜流＜プロペラ**となります。

　比速度は、水車の種類、落差などによってその値が定まります。一般に、与えられた落差に対して、水車の比速度は大きくしたほうが、小形で機器重量が軽くなり経済的ですが、あまり

表1.2　水車の比速度の限界式

水車の種類	比速度の限界式
ペルトン	$n_s \leqq \dfrac{4300}{H+195} + 13$
フランシス	$n_s \leqq \dfrac{21000}{H+25} + 35$
斜　流	$n_s \leqq \dfrac{20000}{H+20} + 40$
プロペラ（カプラン）	$n_s \leqq \dfrac{21000}{H+17} + 35$

大きくしすぎると、次項で述べる**キャビテーション**が発生しやすくなります。したがって、水車の形によって比速度の限界があります。参考に、比速度の限界式を表1.2に示します。

　また、水車発電機は50Hzまたは60Hzの電力系統に接続されることとなるので、同期速度でなければなりません。いま、極数が2極の発電機においては、1回転に対して起電力を1サイクル生じます。同期発電機の極数を p、毎分の同期速度を N_s、周波数を f [Hz] とすれば、これらの間には次の関係があります。

$$\therefore N_s = \frac{120}{p} f \ [\text{min}^{-1}]$$

　一般に、水車発電機は回転速度が低いため、6極～72極程度の多極機となります。

用語

同期速度とは、同期発電機が商用周波数（東日本50Hz、西日本60Hz）を発生するための回転速度をいう。

例題にチャレンジ！

　水車の比速度に関する次の記述のうち、誤っているのはどれか。

(1) 水車の比速度と回転速度は、水車出力および有効落差が同じであれば、比例関係にある。

(2) 比速度の大きい順に水車の種類を並べると、プロペラ水車、フランシス水車、ペルトン水車の順になる。

(3) 水車の形と運転状態を相似に保って大きさを変え、単位落差で単位出力を発生させたときの相似水車の回転速度は、比速度に一致する。

(4) 有効落差と出力が与えられたとき、比速度の小さい水車を利用したほうが水車・発電機は小形になる。

(5) ペルトン水車の比速度は、ノズル1個あたりの出力を用いて算出される。

- **解答と解説** -

(1)、(2)、(3)、(5)の記述は**正しい**。

(4) **誤り**(答)。比速度の**大きい**水車を利用したほうが、水車・発電機は**小形**になる。

② キャビテーション　重要度 Ⓐ

　運転中の水車の流水経路中のある点で**圧力**が低下し、そのときの**飽和水蒸気圧**以下になると、その部分の水は蒸発して流水中に微細な**気泡**が発生します。その気泡は、**圧力**の高い箇所に到達すると押し潰され崩壊（消滅）しますが、そのときに大きな衝撃を発生します。このような一連の現象を**キャビテーション**といいます。水車にキャビテーションが発生すると、ランナやガイドベーンの**壊食（浸食）**、

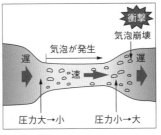

図1.17　キャビテーション

＋1 プラスワン

水が蒸発を始める温度を、その圧力における**飽和温度**といい、逆に、そのときの圧力を、その温度における**飽和水蒸気圧**という。水は1気圧では100℃、約0.6気圧（富士山頂）では87℃、0.023気圧では常温（20℃）で沸騰（蒸発）する。

プラスワン

キャビテーションが発生しやすい場所には、次のようなものがある。
- ペルトン水車のバケット先端部、ノズル、ニードル弁
- 反動水車のランナ、斜流水車やプロペラ水車の羽根の先端部
- 吸出し管の上部、弁の出口、管の曲がり箇所

プラスワン

キャビテーションが起きた場所で部材が破壊・摩耗し、ボロボロになることを**壊食（浸食、エロージョン）**という。

振動や**騒音**の増大など水車に有害な現象が現れます。

　振動や騒音は無駄なエネルギーなので、当然、水車の効率は**低下**します。

　この現象は、水車の比速度が大きいほど、また、吸出し管高さが高いほど発生しやすくなり、あるいは過負荷や部分負荷で運転するときに吸出し管への流入水が乱れ、発生しやすくなります。したがって、**防止対策**を列挙すれば、次のようになります。

a. **適当なランナ形状**とし、ランナの表面仕上げをよくし、耐食性の高いランナを使用する

b. **吸出し管高さを低くし**、吸出し管上部に適量の空気を導入する（沸騰しにくいように、吸出し管内の圧力を高くする）

c. **比速度の小さい水車を選ぶ**

d. 過度の**部分負荷運転**や**過負荷運転**を避ける

③ 水撃作用　　重要度 A

　水車を運転中、送電線路事故などにより発電機負荷遮断した場合、水圧管路下流端の弁で急に閉じ減速すると、水圧管路の中を流れている水の運動エネルギーが圧力エネルギーに変わって、弁の直前の水の圧力が高くなります。その圧力は圧力波となって上流に伝わり、水圧管の入口で反射して、逆に下流のほうに伝わります。下流端の弁に到達した圧力波は反射して再び上流に向かい、上記と同様のことを繰り返します。この現象を**水撃作用**（ウォータハンマ）といい、これによって、水圧管に大きな水撃圧が作用し、管を破壊するおそれがあるので、無圧水路では末端にヘッドタンクを置き、圧力水路では末端にサージタンクを置き、水撃圧を吸収しています。

　水撃作用の**危険を小さくする対策**として、次が挙げられます。

a. **ヘッドタンク**や**サージタンク**による圧力変動の吸収。

b. **水圧管路を短く**する（アリエビの式という計算式で証明されている）。

補足

水撃作用は、発電機負荷急増により、弁（ニードル弁やガイドベーン）を急激に開いた場合も発生する。

第1章

水力発電

c. **弁の閉鎖時間を長く**する（調速機により、**ペルトン水車**では**ニードル弁**、**フランシス水車**では**ガイドベーン**（案内羽根）をゆっくり閉め、流量急変を避ける）。

d. **ペルトン水車**では**デフレクタ**、**フランシス水車**では**制圧機**を設置する（発電機負荷遮断時に、デフレクタや制圧機を動作させ、無負荷になった水車の回転速度上昇を防止し、その間にニードル弁やガイドベーンをゆっくり閉め、水圧管の圧力上昇を抑制する）。

+1 プラスワン

制圧機とは、ケーシングの圧力上昇時に圧力を開放する一種の安全弁のこと。下の図は、フランシス水車の制圧機のイメージである。

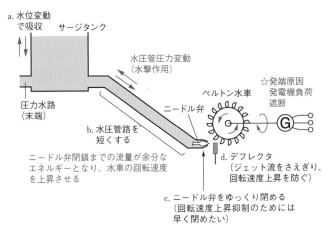

図1.18　水撃作用と危険防止（ペルトン水車の例）

例題にチャレンジ！

　次の　　　　の中に適当な答えを記入せよ。

　水力発電所において、定常運転中に急激な負荷の変動により流量が急変すると、水圧管路や水車のケーシングの圧力が異常に上昇、下降を繰り返す。この激しい過渡的圧力の変動を　(ア)　という。この作用は流速変化が急激なほど、また、水圧管路が　(イ)　ほど大きくなる。この作用を軽減するため、　(ウ)　や　(エ)　を設置し、圧力変動を吸収する。また、水車側の対策として、ペルトン水車では　(オ)　を、フランシス水車では制圧機を用いる。

理解度チェック問題

問題　次の□□□の中に適当な答えを記入せよ。

　運転中の水車の流水経路中のある点で圧力が低下し、そのときの□(ア)□以下になると、その部分の水は蒸発して流水中に微細な気泡が発生する。その気泡は圧力の□(イ)□箇所に到達すると押し潰されて崩壊（消滅）するが、そのときに大きな衝撃を発生する。このような一連の現象をキャビテーションという。水車にキャビテーションが発生すると、ランナやガイドベーンの□(ウ)□、□(エ)□や□(オ)□の増大など水車に有害な現象が現れる。

　□(エ)□や□(オ)□は無駄なエネルギーなので、当然、水車の効率は低下する。

　この現象は、水車の比速度が□(カ)□ほど、また、吸出し管高さが□(キ)□ほど発生しやすくなり、あるいは□(ク)□や□(ケ)□で運転するときに吸出し管への流入水が乱れ、発生しやすくなる。したがって、防止対策を列挙すれば、次のようになる。

a. 適当なランナ形状とし、ランナの表面仕上げをよくし、□(コ)□の高いランナを使用する

b. 吸出し管高さを□(サ)□し、吸出し管上部に適量の□(シ)□を導入する（沸騰しにくいように、吸出し管内の圧力を高くする）

c. 比速度の□(ス)□水車を選ぶ

d. 過度の□(ク)□運転や□(ケ)□運転を避ける

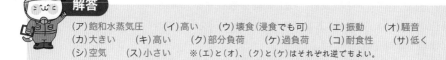

解答

(ア)飽和水蒸気圧　　(イ)高い　　(ウ)壊食（浸食でも可）　　(エ)振動　　(オ)騒音
(カ)大きい　　(キ)高い　　(ク)部分負荷　　(ケ)過負荷　　(コ)耐食性　　(サ)低く
(シ)空気　　(ス)小さい　　※(エ)と(オ)、(ク)と(ケ)はそれぞれ逆でもよい。

7日目

LESSON 7

揚水発電と低落差発電

揚水発電は、深夜の軽負荷時の余剰電力の問題を解決できる、ほぼ唯一の手段です。計算も理解しましょう。

関連過去問 014, 015

揚水

発電

上がっても
下がっても
楽しい！

---

1 揚水発電

重要度 A

揚水発電所は、深夜など軽負荷時の余剰電力を利用してポンプで下部貯水池の水を上部貯水池へ汲み上げ、日中など重負荷時に下部貯水池に落として発電する方式の発電所です。

(1) 揚程

発電に利用する落差に対して、揚水では**揚程**という名称を用います。揚程には、次の3つのものがあります。いずれも単位は〔m〕です。

◎**実揚程H_0**……上部貯水池の水面と下部貯水池の水面との位置水頭の差を**実揚程H_0**〔m〕といいます。これが発電の際の**総落差**になります。

◎**全揚程H_P**……実揚程H_0に損失落差h_Pを加えたものを**全揚程H_P**〔m〕といいます。

◎**損失落差h_P**……揚水途中の管路の壁と水との摩擦によるエネルギー損失に相当する高さを**損失落差h_P**といいます。

これらを式で表すと、次のような関係になります。

> !重要 公式 揚程
> $$全揚程 H_P = 実揚程 H_0 + 損失落差 h_P \text{〔m〕} \quad (12)$$

実揚程と全揚程は、似た用語だけど、違いをしっかり覚えてニャン

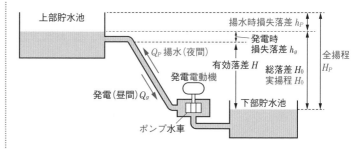

図1.19 揚水発電（赤字：揚水 黒字：発電）

揚水発電に使用する反動水車は、回転方向を変えることによってポンプとなり、揚水することができます。このとき、発電機は端子に電圧を印加することによって電動機となり、ポンプを駆動します。**発電電動機**と**ポンプ水車**の働きは、表1.3のようになります。

表1.3 発電電動機とポンプ水車の働き

	昼間**発電時**	夜間揚水時
発電電動機	**発電機**として働く	電動機として働き、ポンプを駆動する
ポンプ水車	**水車**として働き、**発電機**を駆動する	ポンプとして働き、揚水する

② 揚水発電に関する計算 　重要度 Ⓐ

（1）揚水所要電力と電力量

揚水ポンプ電動機の**揚水所要電力**（電動機入力）P_Pは、**ポンプ効率**をη_P、**電動機効率**をη_mとし、全揚程（＝実揚程H_0＋揚水時損失落差h_P）をH_P〔m〕とすると、次のようになります。

> **！重要 公式 揚水ポンプ電動機の揚水所要電力**
>
> $$P_P = \frac{9.8 Q_P H_P}{\eta_P \eta_m} = \frac{9.8 Q_P (H_0 + h_P)}{\eta_P \eta_m} \ \text{〔kW〕} \quad (13)$$

流量Q_P〔m³/s〕の割合で揚水する場合に、1時間の揚水量は$3600 Q_P$〔m³〕なので、V〔m³〕を揚水するのに必要な時間T_P〔h〕は、

$T_P = \dfrac{V}{3600 Q_P}$ 〔h〕になります。このとき必要な**電力量** W_P は、次のようになります。

$$W_P = P_P T_P = \dfrac{9.8 Q_P H_P}{\eta_P \eta_m} \cdot \dfrac{V}{3600 Q_P} = \dfrac{9.8 V (H_0 + h_P)}{3600 \, \eta_P \eta_m} \text{〔kW·h〕}$$

$$(14)$$

(2) 発電機出力(発電電力)と発電電力量

上部貯水池の水を、流量 Q_g 〔m³/s〕で流して発電を行う場合に、発電時損失落差を h_g 〔m〕とすると有効落差は $H_0 - h_g$ 〔m〕なので、**水車効率**を η_t、**発電機効率**を η_g として、**発電機出力** P_g 〔kW〕は次のようになります。

$$P_g = 9.8 Q_g (H_0 - h_g) \, \eta_t \eta_g \text{〔kW〕} \qquad (15)$$

V 〔m³〕の水を放水するのに必要な時間 T_g 〔h〕は、$T_g = \dfrac{V}{3600 Q_g}$

〔h〕になるので、**発電電力量** W_g 〔kW·h〕は、次のようになります。

$$W_g = P_g T_g = 9.8 Q_g (H_0 - h_g) \, \eta_t \eta_g \cdot \dfrac{V}{3600 Q_g}$$

$$= \dfrac{9.8 V (H_0 - h_g) \eta_t \eta_g}{3600} \text{〔kW·h〕} \qquad (16)$$

(3) 揚水発電所の総合効率

揚水発電所の**総合効率** η は、発電電力量と揚水に要した電力量の比から、次のようになります。

⚠️**重要 公式** 揚水発電所の総合効率

$$\eta = \dfrac{発電電力量}{揚水に必要な電力量}$$

$$= \dfrac{\dfrac{9.8 V (H_0 - h_g) \, \eta_t \eta_g}{3600}}{\dfrac{9.8 V (H_0 + h_P)}{3600 \, \eta_P \eta_m}} = \dfrac{H_0 - h_g}{H_0 + h_P} \eta_t \eta_g \eta_P \eta_m$$

$$(17)$$

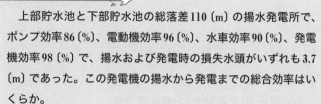

例題にチャレンジ！

上部貯水池と下部貯水池の総落差110〔m〕の揚水発電所で、ポンプ効率86〔%〕、電動機効率96〔%〕、水車効率90〔%〕、発電機効率98〔%〕で、揚水および発電時の損失水頭がいずれも3.7〔m〕であった。この発電機の揚水から発電までの総合効率はいくらか。

・解答と解説・・・・・・・・・・・・・・・・・・・・・・・・

揚水発電所の総合効率は、

$$\eta = \frac{H_0 - h_g}{H_0 + h_P} \eta_t \eta_g \eta_P \eta_m$$

$$= \frac{110 - 3.7}{110 + 3.7} \times 0.9 \times 0.98 \times 0.86 \times 0.96$$

$$\fallingdotseq 0.681 \rightarrow \mathbf{68}〔\%〕（答）$$

・・・

③ 可変速揚水発電　　重要度 **B**

可変速揚水発電は、比較的新しい技術として注目されているものです。

(1) 可変速揚水発電の特徴

ポンプ水車の効率は回転速度と密接な関係があり、回転速度を制御できれば、発電・揚水のいずれにも効率のよい運用が可能になります。また、揚程の変動にも適切に対応することができます。さらに重要なこととして、**ポンプ出力は回転速度の3乗に比例する**ので、回転速度を制御できれば余剰電力の消費を広範囲に制御することができ、系統全体の需給バランスの確保や効率運用に大きく寄与します。

(2) 可変速揚水発電のしくみ

従来使用されている**同期発電機**は、直流により界磁を得てい

補足

・流速（単位時間当たり揚水量）は、回転速度nに比例する。
・単位体積当たりの水の運動エネルギーは、n^2に比例する。
したがって、必要なポンプ出力は$n^3（=n \times n^2）$に比例する。

補足

同期発電機については、LESSON8を参照。

ます。可変速揚水発電では、界磁巻線を三相巻線とし、直流の代わりに低周波の三相交流で励磁します。このようにすると、ポンプ水車の回転速度は系統周波数と励磁周波数とで決定され、励磁周波数を変化させることで**回転速度を制御**できます。

④ 低落差発電・小出力発電　重要度 B

現在の発電方式の主流は大容量火力発電となっていますが、近年の傾向として、新たな大規模立地地点の確保が困難になったことや、地球規模での資源の枯渇、燃料資源を輸入に頼ることによる供給安定性の問題、地球温暖化をはじめとする環境問題などを背景に、新しい種類の電源の模索や、水力発電の再開発が行われています。その中で注目されているものに、**低落差発電**や**小出力発電**があります。

水力発電の一般的な特徴として、エネルギー源を輸入に頼らないので供給安定性がある、発電の際に環境汚染物質の排出がない、運転コストが安いなどが挙げられます。これらの特徴に加えて、低落差・小流量に適応できる発電技術の向上により、今まで未利用であった水源が中小規模の発電用水源として見直されています。

(1) クロスフロー水車

クロスフロー水車は、水が円筒形のランナに軸と直角方向より流入し、ランナ内を貫通して流出する水車で、流量調整できる機構（ガイドベーン）を備えた、**衝動水車および反動水車の特性を併せ持つ水車**で、上下水道・農業用水など低落差・小出力の発電に利用されています。

入口管より流入した水は、ガイドベーン（案内羽根）を抜け、ランナ外周よりランナベーンに作用してランナ内側へ流入することで、ランナが回転します。

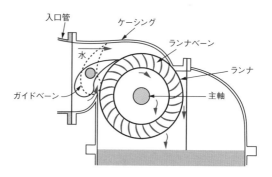

図1.20　クロスフロー水車

(2) チューブラ水車(円筒水車)

　チューブラ水車(円筒水車)は、発電機を円筒形のケーシング内に入れ、反動水車と組み合わせて一体化した水車発電機です。使用される水車は反動水車ですが、渦巻形のケーシングはなく、円筒形のケーシングの内部に発電機を収め、後部まで延長させた発電機軸の先に、可動羽根のカプラン水車を取り付けて一体化した水車発電機です。トンネル状の流水通路内に置き、流水を軸と平行方向に作用させます。構造、設備とも簡単で建設費が安いのと、低落差に対して効率がよいので、上下水道・農業用水など低落差・小出力の発電に適しています。

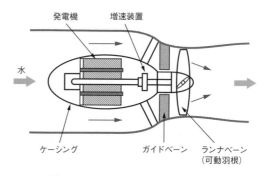

図1.21　チューブラ水車(円筒水車)

理解度チェック問題

問題　次の _____ の中に適当な答えを記入せよ。

1. 揚水発電所は、深夜など軽負荷時の余剰電力を利用してポンプで下部貯水池の水を上部貯水池へ汲み上げ、日中など重負荷時に下部貯水池に落として発電する方式の発電所である。

　　発電に利用する落差に対して、揚水では ___(ア)___ という名称を用いる。いずれも単位は〔m〕である。揚程には、以下のようなものがある。

a. 上部貯水池の水面と下部貯水池の水面との位置水頭の差を ___(イ)___ という。これが発電の際の ___(ウ)___ になる。

b. ___(イ)___ に損失落差を加えたものを ___(エ)___ という。

c. 揚水途中の管路の壁と水との摩擦によるエネルギー損失に相当する高さを損失落差という。

　　a. b. c. の関係を式で表すと、次のようになる。

　　___(エ)___ ＝ ___(イ)___ ＋損失落差

2. クロスフロー水車は、水流が円筒形のランナに軸と直角方向より流入し、ランナ内を貫通して流出する水車で、流量調整できる機構（ガイドベーン）を備えた、___(オ)___ 水車および ___(カ)___ 水車の特性を併せ持つ水車で、上下水道・農業用水など ___(キ)___ ・ ___(ク)___ の発電に利用されている。

解答

1. (ア)揚程　　(イ)実揚程　　(ウ)総落差　　(エ)全揚程
2. (オ)衝動　　(カ)反動　　(キ)低落差　　(ク)小出力
※(オ)(カ)、(キ)(ク)はそれぞれ逆でもよい。

速度制御と速度調定率①

第2章で学ぶ火力発電のタービン発電機と共通項目です。よく理解しておきましょう。

関連過去問 016, 017, 018

速度調定率R

$$= \frac{\dfrac{N_2 - N_1}{N_n}}{\dfrac{P_1 - P_2}{P_n}} \times 100 \, [\%]$$

この式は覚えてしまいましょう。
分母がP、分子がNで、
1と2が逆になります

補足

電磁石（界磁磁極NS）の周囲に3組の導体（電機子コイル）を配置し、電磁石を水車、タービンなどで一定速度（同期速度Ns）で回転させると、電機子コイルに一定周波数（商用では50Hzまたは60Hz）の三相交流電圧Vを発生する。これを**同期発電機**という。

$$Ns = \frac{120f}{p} \, [\text{min}^{-1}]$$

で表される。ただし、pは磁極数。

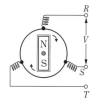

補足

並列とは、発電設備などを商用電力系統に接続することをいう。

---

① 調速機

重要度 **A**

　水車発電機は、ほとんどが**同期発電機**なので、水車の回転速度は**同期速度**を維持し、周波数を**規定値**に保たなければなりません。

　水車発電機が定常状態で運転中、事故などで急に出力が減少すると回転速度が上昇します。また、反対に急に出力が増加すれば回転速度は減少します。

　出力の増減にかかわらず、回転速度を一定に保つためには、出力に応じて**水車の流量を調整**しなければなりません。ペルトン水車ではニードル弁、フランシス水車ではガイドベーンの開度を加減します。これを自動的に行わせる装置を**調速機（ガバナ）**といいます。調速機には電気式と機械式があり、速度検出部、配圧弁、サーボモータ、復元部などにより構成されます。

　調速機には、次の機能があります。

a. 発電機並列前

　回転速度を制御

b. 発電機並列後

　出力を調整

c. 事故時

回転速度の異常上昇を防止

② 速度変動率　重要度 B

定格回転速度N_nのもとで負荷運転中の発電機を急に無負荷にすると、いったん回転速度はN_mまで上昇し、その後、調速機の働きで減速します。この一連の動きの中で、回転速度がどの程度変動するのかを表すのが**速度変動率**δ（デルタ）〔%〕で、次式で表されます。

!重要 公式　速度変動率

$$\delta = \frac{N_m - N_n}{N_n} \times 100 \,〔\%〕 \tag{18}$$

速度変動率を小さくするには、調速機の**不動時間**と**閉鎖時間**を**小さくする**とともに、**はずみ車効果**を**大きく**します。

③ 速度調定率　重要度 A

速度変動率は、負荷が急変したときの過渡的な速度変動を検討する指標でしたが、これから学習する**速度調定率**は、負荷変化の前後それぞれの、定常状態についての速度変動を検討する指標です。

（1）速度調定率の定義

ある出力で運転中の水車の調速機に調整を加えずに、水車発電機の出力を変化させたとき、定常状態における回転速度の変化分と発電機出力の変化分との比を**速度調定率**といい、次式で定義されます。

!重要 公式　速度調定率

$$速度調定率 R = \frac{\dfrac{N_2 - N_1}{N_n}}{\dfrac{P_1 - P_2}{P_n}} \times 100 \,〔\%〕 \tag{19}$$

P_1、P_2：状態変化の前後の出力　　P_n：定格出力
N_1、N_2：状態変化の前後の回転速度　　N_n：定格回転速度

式(19)において、$P_1 = P_n$（定格）、$P_2 = 0$（無負荷）、$N_1 = N_n$（定

用語

不動時間と**閉鎖時間**
発電機を急に無負荷にしても、水口開度（ニードル弁やガイドベーン）が閉鎖し始めるまでには時間遅れがあり、これを**不動時間**という。また、水口開度が閉鎖し始めてから全閉になるまでの時間を**閉鎖時間**という。

はずみ車効果とは、回転体に外乱が与えられたときの、回転体の回転速度の変わりにくさを表す指標。質量が大きいほどはずみ車効果は大きい。

補足

速度調定率は、一般に3～5%程度である。

補足

式(19)において、$P_1 > P_2$なら、$N_2 > N_1$となる（負荷減少で回転速度は上昇する）。したがって、速度調定率Rは必ず正値になる。

格)とおけば、

補足 📎
式(20)の速度調定率
の式は、速度変動率の
式(18)と同じ形にな
る。

⚠ 重要 公式 **速度調定率の別バージョン1**

$$速度調定率 R = \frac{N_2 - N_n}{N_n} \times 100 \; [\%] \tag{20}$$

N_2：状態変化後の回転速度　　N_n：定格回転速度

また、回転速度は周波数に比例するので、

⚠ 重要 公式 **速度調定率の別バージョン2**

$$速度調定率 R = \frac{f_0 - f_n}{f_n} \times 100 \; [\%] \tag{21}$$

f_0：状態変化後の周波数　　f_n：定格周波数

と表すこともできます。

式(21)の速度調定率 $R\,[\%]$ は、定格出力 P_n、定格周波数 f_n で運転中の発電機が無負荷 $(P_n = 0)$ になったとき、周波数が

$f_0 \left[= f_n \left(1 + \dfrac{R}{100} \right) \right]$ まで上昇することを表しており、グラフ化

すると図1.22のようになります。

これを**ガバナ特性**といい、通常は右下がりの直線です。この図において、出力が P_n から P に変化したとき、周波数は f_n から f に変化します。

$a f_n f_0$ と $b f f_0$ の2つの相似三角形から、次式が成り立ちます。

$$\frac{f_0 - f_n}{P_n} = \frac{f_0 - f}{P} \tag{22}$$

例えば図1.23において、定格出力 P_n、定格周波数 $f_n = 60\,[\text{Hz}]$ で運転中の発電機の速度調定率が $R = 5\,[\%]$ なら、発電機が突

然無負荷になったとき周波数は $60 \times \dfrac{5}{100} = 3\,[\text{Hz}]$ 上昇し、$63\,[\text{Hz}]$

となります。速度調定率とはそういう意味です。式で表すと、

$$\Delta f = f_n \times \frac{R}{100} = 60 \times \frac{5}{100} = 3 \; [\text{Hz}]$$

$$\Delta f = f_0 - f_n$$

$$f_0 = f_n + \Delta f = 60 + 3 = 63 \; [\text{Hz}] \;\; となります。$$

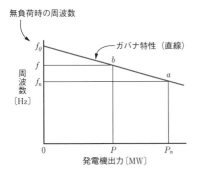

図1.22　ガバナ特性
（発電機出力と周波数の関係）

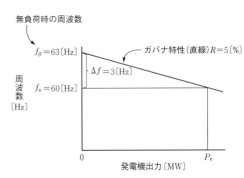

図1.23　ガバナ特性
（$f_n = 60\text{Hz}$、$R = 5\%$の例）

例題にチャレンジ！

定格出力、定格周波数 50〔Hz〕で運転している発電機を無負荷にしたら周波数はいくらになるか求めよ。

ただし、速度調定率を 3〔%〕とし、ガバナ特性は直線とする。

• 解答と解説 •

速度調定率の式(21)に、$R = 3$〔%〕、$f_n = 50$〔Hz〕を代入

$$R = \frac{f_0 - f_n}{f_n} \times 100 \,〔\%〕$$

$$3 = \frac{f_0 - 50}{50} \times 100$$

$$\frac{f_0 - 50}{50} = \frac{3}{100}$$

$$f_0 - 50 = \frac{3 \times 50}{100}$$

$$f_0 = 1.5 + 50 = \mathbf{51.5}\,〔\text{Hz}〕（答）$$

解法のヒント

速度調定率とは、負荷が大きくなれば、回転数(周波数)が下がるという速度垂下特性の度合いを示すもので、速度調定率3〔%〕と示されたら下の図を描くことにより、定格周波数 f_n に3〔%〕を加えたものが無負荷時の周波数 f_0 になることが直ちにわかる。

$(f_0 = f_n + 0.03f_n)$

(2) 速度調定率の使い方

速度調定率は、**複数の発電機が並列**された電力系統を考えるときに重要な意味を持ってきます。2台の発電機 A、B（それぞれの速度調定率を R_A、R_B とする）が定格出力 P_{nA}、P_{nB} で並列運転しているとすると、次のようなグラフが描けます（図1.24）。

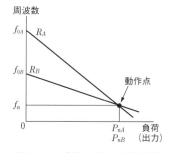

図1.24 系統の最初の運転状態　　**図1.25 負荷減少後の運転状態**

① **系統の最初の運転状態**…無負荷時の周波数 f_{0A}、f_{0B} を計算で求め、直線 R_A、R_B を引きます。最初の運転状態が2台とも定格とすれば、赤い線と交わる動作点で運転されます。

② **負荷減少後の運転状態**…次に、変化後の状態を描きます（図1.25）。系統の負荷が減少して周波数は f に上昇し、発電機の出力は P_A、P_B となります。グラフ上の動作点は、赤い線で示したように変化します。この P_A、P_B を合計した値が、系統全体の負荷と一致することになります。

例題にチャレンジ！

　　定格周波数がいずれも 60〔Hz〕で、定格出力 100〔MW〕の発電機 A と、定格出力 80〔MW〕の発電機 B を、ともに定格状態で並列運転している。負荷が減少して合計 115〔MW〕になったとき、発電機 A と B の出力 P_A、P_B および周波数 f はいくらになるか。

　　ただし、速度調定率は A が 4〔%〕、B が 2〔%〕とし、ガバナ特性は直線とする。

・**解答と解説**・・・

■系統の最初の運転状態（図 a）

〔Hz〕

62.4 ── $R_A = 4$〔%〕
2.4
61.2 ── $R_B = 2$〔%〕
1.2
60 ──

0 　　　　　　　　　　負荷
　　　　　　　P_{nA}　（出力）
　　　　　　　P_{nB}

発電機 A
$f_n = 60$〔Hz〕
P_{nA} 100〔MW〕

負荷
180〔MW〕

発電機 B
P_{nB} 80〔MW〕

系統の最初の運転状態

■負荷減少後の運転状態（図b）

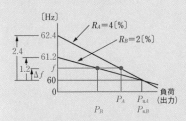

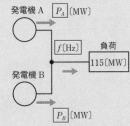

変化後の負担分担

①系統の最初の運転状態

最初の運転状態は、定格出力$P_{nA} = 100$〔MW〕、$P_{nB} = 80$〔MW〕、および定格周波数$f_n = 60$〔Hz〕である。この状態から仮に無負荷になったとすれば、

発電機Aの周波数f_{0A}は、$R_A = 4$〔%〕なので、

$$60 \times \frac{4}{100} = 2.4\text{Hz}\ 上昇し、f_{0A} = 62.4\text{Hz}\ となる。$$

発電機Bの周波数f_{0B}は、$R_B = 2$〔%〕なので、

$$60 \times \frac{2}{100} = 1.2\text{Hz}\ 上昇し、f_{0B} = 61.2\text{Hz}\ となる。$$

したがって、ガバナ特性を表す2本の直線R_A、R_Bは、図aのようになる。

②負荷減少後の運転状態

次に、負荷が$P_{nA} + P_{nB} = (100 + 80)\,\text{MW}$から$P_A + P_B = 115\text{MW}$に減少したときの、それぞれの発電機出力$P_A$〔MW〕、$P_B$〔MW〕および周波数$f$〔Hz〕を求める。

題意より、

$$P_A + P_B = 115\,\text{〔MW〕} \cdots\cdots ①$$

負荷減少後の運転状態（図b）より、R_A、R_Bの傾きを利用して（相似三角形の斜辺を利用して）、$R_A = 4$%の傾きのグラフにおいて次式が成立する。

$$\frac{2.4}{P_{nA}} = \frac{2.4 - \Delta f}{P_A}$$

$$\frac{2.4}{100} = \frac{2.4 - \Delta f}{P_A} \cdots\cdots ②$$

🖐解法のヒント

次のように立式し、解いてもよい。

$$\frac{2.4}{P_{nA}} = \frac{62.4 - f}{P_A}$$

$$\frac{2.4}{100} = \frac{62.4 - f}{P_A} \cdots ②'$$

$$\frac{1.2}{P_{nB}} = \frac{61.2 - f}{P_B}$$

$$\frac{1.2}{80} = \frac{61.2 - f}{P_B} \cdots ③'$$

$R_B = 2\%$ の傾きのグラフにおいて次式が成立する。

$$\frac{1.2}{P_{nB}} = \frac{1.2 - \Delta f}{P_B}$$

$$\frac{1.2}{80} = \frac{1.2 - \Delta f}{P_B} \quad \cdots\cdots③$$

式①②③の連立方程式を解くと、

$\Delta f = 0.6\mathrm{Hz}$

$f = 60 + 0.6 = \mathbf{60.6}〔\mathrm{Hz}〕(答)$

$P_A = \mathbf{75}〔\mathrm{MW}〕(答)$、$P_B = \mathbf{40}〔\mathrm{MW}〕(答)$ が得られる。

・別解・ ・・

連立方程式の解き方(一例)

式②を変形、

$2.4P_A = 240 - 100\Delta f \quad \cdots\cdots④$

式③を変形、

$1.2P_B = 96 - 80\Delta f \quad \cdots\cdots⑤$

Δf 消去のため、式④－式⑤$\times \dfrac{100}{80}$

$$\begin{array}{r} 2.4P_A = 240 - 100\Delta f \\ -\underline{\big)\; 1.5P_B = 120 - 100\Delta f} \\ 2.4P_A - 1.5P_B = 120 \quad \cdots\cdots⑥ \end{array}$$

P_B 消去のため、式①$\times 1.5 +$ 式⑥

$$\begin{array}{r} 1.5P_A + 1.5P_B = 172.5 \\ +\underline{\big)\; 2.4P_A - 1.5P_B = 120} \\ 3.9P_A = 292.5 \end{array}$$

$P_A = \mathbf{75}〔\mathrm{MW}〕(答)$

$P_A = 75$ を式①に代入、

$75 + P_B = 115$

$P_B = \mathbf{40}〔\mathrm{MW}〕(答)$

$P_A = 75$ を式④に代入、

$2.4 \times 75 = 240 - 100\Delta f$

$180 - 240 = -100\Delta f$

$$\Delta f = \frac{-60}{-100} = 0.6$$

$$\therefore f = 60 + \Delta f = 60 + 0.6 = \mathbf{60.6} \,[\mathrm{Hz}]\,(答)$$

....

理解度チェック問題

問題　次の□□□の中に適当な答えを記入せよ。

　ある出力で運転中の水車の調速機に調整を加えずに、水車発電機の出力を変化させたとき、定常状態における回転速度の変化分と発電機出力の変化分との比を速度調定率といい、次式で定義される。

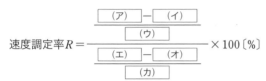

$$速度調定率 R = \frac{\dfrac{\boxed{(ア)} - \boxed{(イ)}}{\boxed{(ウ)}}}{\dfrac{\boxed{(エ)} - \boxed{(オ)}}{\boxed{(カ)}}} \times 100 \,[\%]$$

P_1、P_2：状態変化の前後の出力　　　P_n：定格出力

N_1、N_2：状態変化の前後の回転速度　　N_n：定格回転速度

上の式において、$P_1 = P_n$(定格)、$P_2 = 0$(無負荷)、$N_1 = N_n$(定格)とおけば、

$$速度調定率 R = \frac{\boxed{(キ)} - \boxed{(ク)}}{\boxed{(ケ)}} \times 100 \,[\%]$$

N_2：状態変化後の回転速度　　　N_n：定格回転速度

また、回転速度は周波数に比例するので、

$$速度調定率 R = \frac{\boxed{(コ)} - \boxed{(サ)}}{\boxed{(シ)}} \times 100 \,[\%]$$

f_0：状態変化後の周波数　　　f_n：定格周波数

と表すこともできる。

解答

(ア)N_2　　(イ)N_1　　(ウ)N_n　　(エ)P_1　　(オ)P_2　　(カ)P_n
(キ)N_2　　(ク)N_n　　(ケ)N_n　　(コ)f_0　　(サ)f_n　　(シ)f_n

9日目

第1章 水力発電

LESSON 9

速度制御と速度調定率②

周波数変化と発電機出力の変化に関する計算問題を解く際、系統周波数特性定数を使うと簡単に解けます。

関連過去問 019

系統周波数特性(K)
=
発電機周波数特性(k$_G$)
+
負荷周波数特性(k$_L$)

漢字ばかりの長い名前だにゃ。でも、我慢して覚えるニャン

① 系統周波数特性など

重要度 A

（1）発電機周波数特性

電力系統の負荷減少などにより周波数が上がると、調速機（ガバナ）が働いて発電機出力が減少します。また、電力系統の負荷増加などにより周波数が下がると、発電機出力が増加します。このように、調速機の動作により、周波数変動を抑制するような発電機の運転を**ガバナフリー運転**といいます。

一般に、電力系統の周波数変化量 Δf〔Hz〕に対応する発電機出力変化量を ΔP_G〔MW〕とすると、

> **! 重要 公式** 発電機周波数特性定数
> $$K_G = \frac{\Delta P_G}{\Delta f} \text{〔MW/Hz〕} \tag{23}$$

という関係が成り立ち、K_G を**発電機周波数特性定数**といいます。

※**発電機周波数特性定数 K_G〔MW/Hz〕と速度調定率 R〔%〕の関係**

K_G〔MW/Hz〕と R〔%〕には、次の関係があります。

$$K_G = \frac{P_n}{f_n \times \frac{R}{100}} \text{〔MW/Hz〕} \tag{24}$$

ただし、P_n：発電機定格出力〔MW〕　f_n：定格周波数〔Hz〕

式(24)の証明

発電機が定格出力P_n〔MW〕、定格周波数f_n〔Hz〕で運転中、全負荷が脱落$P=0$〔MW〕となり、$f_n \to f_0$に上昇した場合を想定

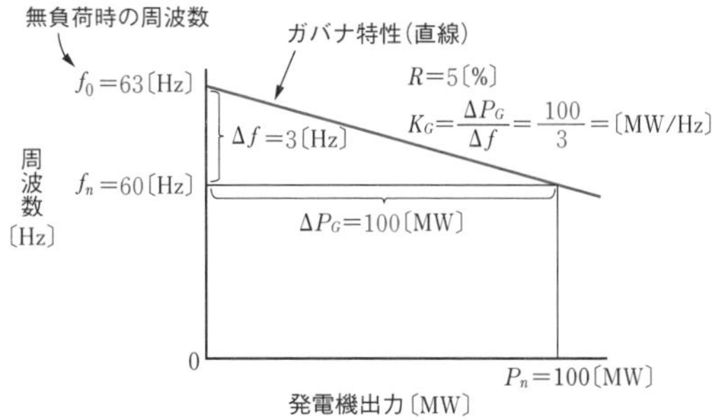

$$R = \frac{f_0 - f_n}{f_n} \times 100$$

$$= \frac{\Delta f}{f_n} \times 100 \ [\%]$$

$$\Delta f = \frac{R \cdot f_n}{100}$$

$$\Delta P_G = P_n - 0 = P_n$$

$$\therefore K_G = \frac{\Delta P_G}{\Delta f} = \frac{P_n - 0}{\dfrac{R \cdot f_n}{100}} = \frac{P_n}{f_n \times \dfrac{R}{100}} \ [\text{MW/Hz}]$$

無負荷時の周波数 ガバナ特性（直線）
$f_0 = 63$〔Hz〕
$R = 5$〔%〕
$\Delta f = 3$〔Hz〕
$K_G = \dfrac{\Delta P_G}{\Delta f} = \dfrac{100}{3} = $〔MW/Hz〕
$f_n = 60$〔Hz〕
$\Delta P_G = 100$〔MW〕
周波数〔Hz〕
$P_n = 100$〔MW〕
発電機出力〔MW〕

図1.26 発電機周波数特性定数K_G〔MW/Hz〕と速度調定率R〔%〕の関係
（$P_n = 100$MW、$f_n = 60$Hz、$R = 5$%の例）

(2) 負荷周波数特性

負荷は、周波数が上がると消費電力が増加し、周波数が下がると消費電力も減少するという**自己制御特性**を持っています。

一般に、電力系統の周波数の変化量Δf〔Hz〕に対応する負荷変化量をΔP_L〔MW〕とすると、

$$K_L = \frac{\Delta P_L}{\Delta f} \ [\text{MW/Hz}] \tag{25}$$

という関係が成り立ち、K_Lを**負荷周波数特性定数**といいます。

(3) 系統周波数特性

電力系統の需給の不均衡が生じると、これに応じて周波数も変化します。この特性を**系統周波数特性**といい、前記の発電機周波数特性と負荷周波数特性を総合したもので、次の関係が成り立ち、Kを**系統周波数特性定数**といいます。

$$K = K_G + K_L = \frac{\Delta P}{\Delta f} \ [\text{MW/Hz}]$$

ただし、ΔP：需給不均衡量〔MW〕

用語

負荷にポンプ、ファン等の回転機負荷を含む場合、その出力Pは、$P = \omega T = 2\pi f T$となり、周波数fに比例する。このため、負荷には周波数変化を抑制する働きがある。これを**負荷の自己制御特性**という。

解法のヒント

1.
LESSON8の2つ目の例題と同一問題であるが、今回は、発電機周波数特性定数を使用して解く。

2.
負荷が減少すると、回転速度が上昇し、周波数は上昇する。これは、自転車の荷物が軽くなると、スピードが上昇することと同じ。

定格周波数がいずれも 60 〔Hz〕で、定格出力 100 〔MW〕の発電機 A と、定格出力 80 〔MW〕の発電機 B を、ともに定格状態で並列運転している。負荷が減少して合計 115 〔MW〕になったとき、発電機 A と B の出力 P_A、P_B および周波数 f はいくらになるか。

ただし、速度調定率は A が 4 〔%〕、B が 2 〔%〕とし、ガバナ特性は直線とする。

・解答と解説・

■系統の最初の運転状態(図a)

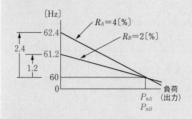

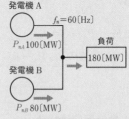

系統の最初の運転状態

■負荷減少後の運転状態(図b)

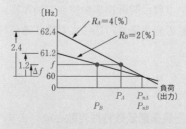

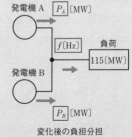

変化後の負担分担

最初の運転状態(定格出力および定格周波数)から無負荷になったとき、発電機Aの周波数は $R = 4\%$ なので、

$$60 \times \frac{4}{100} = 2.4\,\text{Hz 上昇し、62.4Hz となる。}$$

発電機Aの周波数特性定数 K_{GA} は、

$$K_{GA} = \frac{P_{nA}}{\Delta f_A} = \frac{100}{2.4}\ \text{〔MW/Hz〕}$$

$$\left(K_{GA} = \frac{P_{nA}}{f_n \times \dfrac{R_A}{100}} = \frac{100}{60 \times \dfrac{4}{100}} = \frac{100}{2.4}\ \text{〔MW/Hz〕と求めてもよい} \right)$$

第1章

水力発電

発電機Bの周波数は$R = 2\%$なので、

$$60 \times \frac{2}{100} = 1.2\mathrm{Hz} \text{ 上昇し、} 61.2\mathrm{Hz} \text{ となる。}$$

発電機Bの周波数特性定数K_{GB}は、

$$K_{GB} = \frac{P_{nB}}{\Delta f_B} = \frac{80}{1.2} \text{〔MW/Hz〕}$$

発電機A、Bの合成の周波数特性定数K_Gは、

$$K_G = K_{GA} + K_{GB} = \frac{100}{2.4} + \frac{80}{1.2} = \frac{260}{2.4} \text{〔MW/Hz〕}$$

負荷変化後の周波数変化Δfは、負荷変化(減少)量をΔPとすると、

$$K_G = \frac{\Delta P}{\Delta f} \text{ を変形して、}$$

$$\Delta f = \frac{\Delta P}{K_G} = \frac{(100+80)-115}{\dfrac{260}{2.4}} = \frac{2.4 \times 65}{260} = 0.6 \text{〔Hz〕}$$

負荷が減少しているので、周波数は上昇する。

負荷減少後の周波数fは、

$$f = f_n + \Delta f = 60 + 0.6 = \mathbf{60.6} \text{〔Hz〕(答)}$$

発電機Aの出力減少量(負荷分担減少量)ΔP_Aは、

$$K_{GA} = \frac{\Delta P_A}{\Delta f} \text{ を変形して、}$$

$$\Delta P_A = K_{GA} \cdot \Delta f = \frac{100}{2.4} \times 0.6 = 25 \text{〔MW〕}$$

負荷減少後の発電機Aの出力P_Aは、

$$P_A = P_{nA} - \Delta P_A = 100 - 25 = \mathbf{75} \text{〔MW〕(答)}$$

発電機Bの出力減少量(負荷分担減少量)ΔP_Bは、

$$\Delta P_B = K_{GB} \cdot \Delta f = \frac{80}{1.2} \times 0.6 = 40 \text{〔MW〕}$$

負荷減少後の発電機Bの出力P_Bは、

$$P_B = P_{nB} - \Delta P_B = 80 - 40 = \mathbf{40} \text{〔MW〕(答)}$$

問題 次の[   ]の中に適当な答えを記入せよ。

電力系統の負荷減少などにより周波数が上がると、調速機（ガバナ）が働いて発電機出力が [(ア)] する。また、電力系統の負荷増加などにより周波数が下がると、発電機出力が [(イ)] する。このように、調速機の動作により、周波数変動を抑制するような発電機の運転を [(ウ)] 運転という。

一般に、電力系統の周波数変化量 Δf〔Hz〕に対応する発電機出力変化量を ΔP_G〔MW〕とすると、

$$K_G = \frac{[(エ)]}{[(オ)]} \text{〔MW/Hz〕}$$

という関係が成り立ち、K_G を発電機周波数特性定数という。

K_G〔MW/Hz〕と速度調定率 R〔%〕には、次の関係がある。

$$K_G = \frac{[(カ)]}{[(キ)] \times \dfrac{[(ク)]}{100}} \text{〔MW/Hz〕}$$

ただし、P_n：発電機定格出力〔MW〕　f_n：定格周波数〔Hz〕

負荷は、周波数が上がると消費電力が [(ケ)] し、周波数が下がると消費電力も [(コ)] するという自己制御特性を持っている。

一般に、電力系統の周波数の変化量 Δf〔Hz〕に対応する負荷変化量を ΔP_L〔MW〕とすると、

$$K_L = \frac{[(サ)]}{[(シ)]} \text{〔MW・Hz〕}$$

という関係が成り立ち、K_L を負荷周波数特性定数という。

電力系統の需給の不均衡が生じると、これに応じて周波数も変化する。この特性を系統周波数特性といい、前記の発電機周波数特性と負荷周波数特性を総合したもので、次の関係が成り立ち、K を系統周波数特性定数という。

$$K = [(ス)] + [(セ)] = \frac{[(ソ)]}{[(タ)]} \text{〔MW/Hz〕}$$

ただし、ΔP：需給不均衡量〔MW〕

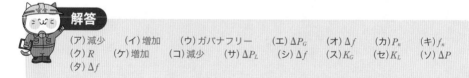

解答

(ア) 減少　　(イ) 増加　　(ウ) ガバナフリー　　(エ) ΔP_G　　(オ) Δf　　(カ) P_n　　(キ) f_n
(ク) R　　(ケ) 増加　　(コ) 減少　　(サ) ΔP_L　　(シ) Δf　　(ス) K_G　　(セ) K_L　　(ソ) ΔP
(タ) Δf

10日目

LESSON

10

第2章 火力発電

火力発電の概要

火力発電の種類と特徴について学習します。また、熱力学の基礎事項について学習します。

関連過去問 020

> ボイラで蒸気を作り、蒸気の力でタービンを回して発電するのが、汽力発電ニャ

① 火力発電の分類　　重要度 **B**

　火力発電とは、化石燃料を燃焼して生じる熱エネルギーを機械的エネルギーに変換して、さらに電気エネルギーに変換する発電方式の総称です。

　また、**汽力発電**とは、火力発電の一種であって、熱エネルギーを機械的エネルギーに変える熱機関に蒸気を利用して発電する方式です。すなわち、ボイラで高温高圧の蒸気を発生させて**蒸気タービン**を回し、発電機を回転させて発電する方式です。

> 今日から、第2章
> 火力発電ニャ

表2.1　火力発電の分類

発電の種類	発電方法
汽力発電	燃料をボイラで燃焼させ、その熱エネルギーを使って、高温、高圧の蒸気を作り、これを蒸気タービンに吹き込んで、タービンを回して発電する。タービンの排気蒸気は復水器により、海水で冷却され水に戻る。この水は、給水ポンプでボイラに戻される。
内燃力発電	内燃機関に燃料を入れ、機関の力で発電機を回して発電する。内燃機関には、ディーゼル機関、ガソリン機関、ガスタービン機関などがある。構造が簡単で扱いやすく、小形になるので、工場などの予備電源、非常用電源、離島の発電用などに使われる。
コンバインドサイクル発電	汽力発電と内燃力発電とを組み合わせた発電方式である。ガスタービンで発電した後の高温の排気ガスを排熱回収ボイラに導き、排気ガスの熱によって蒸気を発生させる。この蒸気を蒸気タービンに導いて、汽力発電を行う。

用語 📻

流体のエネルギーを、回転軸上の機械的エネルギーに変換する装置を、一般に**タービン**という。例えば蒸気タービンは、蒸気をタービン羽根に導いて、タービンを回転させ、熱エネルギーを機械的エネルギーに変換する。火力発電のタービンが、水力発電の水車に相当する。

わが国の火力発電は、その大部分が汽力発電です。通常、火力発電というときは、汽力発電を指す場合が多いです。

火力発電を分類すると、表2.1のようになります。

また、汽力発電を簡単な図で表すと、図2.1のようになります。

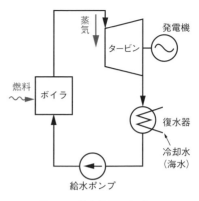

図2.1　汽力発電のしくみ

例題にチャレンジ！

次の $\boxed{}$ の中に適当な答えを記入せよ。

火力発電とは、$\boxed{\text{(ア)}}$ 燃料を燃焼して生じる熱エネルギーを $\boxed{\text{(イ)}}$ エネルギーに変換して、さらに $\boxed{\text{(ウ)}}$ エネルギーに変換する発電方式の総称である。

また、汽力発電とは、火力発電の一種であって、熱エネルギーを $\boxed{\text{(イ)}}$ エネルギーに変える熱機関に蒸気を利用して発電する方式である。すなわち、$\boxed{\text{(ア)}}$ 燃料をボイラで燃焼させ、その熱エネルギーを使って高温、高圧の蒸気を作り、これを蒸気タービンに吹き込んで、タービンを回して発電する。タービンの排気蒸気は $\boxed{\text{(エ)}}$ により、$\boxed{\text{(オ)}}$ で冷却され水に戻る。この水は、給水ポンプでボイラに戻される。

・解答・ ・・

(ア)化石　(イ)機械的　(ウ)電気　(エ)復水器　(オ)海水
・・

② 熱力学の基礎　重要度 B

汽力発電の理論を理解するため、**熱力学**の基礎事項について整理しておきます。

(1) 温度と熱量の単位

①温度

　私たちが日常生活で一般に使用している温度は、**セルシウス温度** t 〔℃〕で、**熱力学温度** (絶対温度) T 〔K〕との間に次の関係があります。

> **① 重要 公式　熱力学温度(絶対温度)**
> $$T = t + 273.15 \, [\mathrm{K}] \tag{1}$$

　式 (1) から、例えば、0 〔K〕＝ － 273.15 〔℃〕であることがわかります。0 〔K〕＝ － 273.15 〔℃〕は**絶対零度**と呼ばれ、物理的にこの温度以下に下がることはありません。

※温度差の単位

　熱力学温度とセルシウス温度は、式 (1) からわかるように、温度の基準点が異なるだけであり、その温度差は同じ値となります。

　1K (温度差) ＝ 1℃ (温度差)

②熱量

　熱エネルギーの量を**熱量**といい、熱量のSI単位 (国際単位)はジュール 〔J〕で表されます。また、**電力量** (電気エネルギー)と熱量 (熱エネルギー) には、次の重要な関係があります。

> **① 重要 公式　電力量と熱量**
> $$\begin{aligned} 1 \, [\mathrm{W \cdot s}] &= 1 \, [\mathrm{J}] \\ 1 \, [\mathrm{kW \cdot h}] &= 3600 \, [\mathrm{kJ}] \end{aligned} \tag{2}$$

(2) 比熱、熱容量

①比熱(比熱容量)

　物質1〔kg〕の温度を、1〔K〕 (＝1〔℃〕) 上昇させるのに必要な熱量を**比熱** (比熱容量) といい、単位は 〔J/(kg・K)〕で表されます。例えば、1013〔hPa〕 (1気圧) のもとで、1〔kg〕の水の温度を1〔K〕 (＝1〔℃〕) 上昇させるときに必要な熱量は 4.186×10^3 〔J〕ですから、水の比熱は、次の値となります。

　4.186×10^3 〔J/(kg・K)〕または、4.186〔kJ/(kg・K)〕

第2章

火力発電

プラスワン

熱力学温度は、温度の最下限を0〔K〕とおき、1〔K〕の温度差を1〔℃〕と同じと定義されている。

プラスワン

1〔J〕とは、1〔N〕の力が、力の方向に物体を1〔m〕動かすときの仕事と定義されている。

プラスワン

1〔W・s〕＝1〔J〕の単純な換算式を覚えておけば、1〔kW・h〕＝3600〔kJ〕は、次のように導ける。

$1 \, [\mathrm{kW \cdot h}]$
$= 1 \, [\mathrm{kW \cdot 3600s}]$
　$(1 \, [\mathrm{h}] = 3600 \, [\mathrm{s}])$
$= 3600 \, [\mathrm{kW \cdot s}]$
$= 3600 \, [\mathrm{kJ}]$

補足

SI単位では、圧力の単位としてPa(パスカル)を用いる。
$1 \, [\mathrm{Pa}] = 1 \, [\mathrm{N/m^2}]$
(ニュートン毎平方メートル)
1〔hPa〕(ヘクトパスカル)＝100〔Pa〕

➕プラスワン

水の状態変化があるときの熱量の計算では、潜熱を忘れないように注意しよう。

なお、融解潜熱≒334〔kJ/kg〕、蒸発潜熱≒2256〔kJ/kg〕の値は問題文中に与えられる場合が多いので、必ずこれを使用しよう。

②熱容量

ある物体の温度を1〔K〕(=1〔℃〕)上昇させるのに必要な熱量を**熱容量**といい、単位は〔J/K〕で表せます。

物体の質量をm〔kg〕とすると、比熱c〔J/(kg・K)〕と熱容量C〔J/K〕には、次式の関係があります。

> ⚠️重要 公式 **熱容量**
> $$C = cm \text{〔J/K〕} \tag{3}$$

また、物体の温度をθ〔K〕上昇させるのに必要な熱量Qは、次式となります。

> ⚠️重要 公式 **熱量**
> $$Q = C\theta = cm\theta \text{〔J〕} \tag{4}$$

なお、物体の密度ρ〔kg/m³〕、体積V〔m³〕が与えられているとき、質量mは、$m = \rho V$〔kg〕と計算します。

(3) 顕熱、潜熱

物質を加熱(冷却)すると、物体の状態や温度に変化が生じます。加熱(冷却)する際に物体の状態に変化がなく、温度変化のみに関係する熱を**顕熱**(けんねつ)と呼び、反対に、温度の変化がなく、物体の状

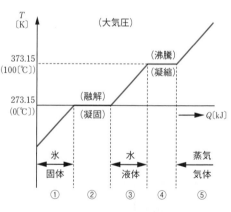

図2.2 水の温度と状態変化

態の変化のみに関係する熱を**潜熱**(せんねつ)と呼びます。

図2.2に、1気圧のもとでの水の温度と状態変化を示します。①から⑤の各部分における熱は、次のようになります。

①の部分に要する熱……顕熱

温度が0〔℃〕以下の氷を加熱すると、温度が上昇し0〔℃〕の氷になります。このとき加えた熱は、状態に変化がなく(固体

（氷）→固体（氷））、温度が上昇する**顕熱**です。

②の部分に要する熱……潜熱

　温度が0〔℃〕の氷を加熱すると、温度が0〔℃〕の水になります。加熱中、温度は0〔℃〕のまま変化がなく、状態が固体（氷）から液体（水）に変化します。すべての氷が水に変わるまで加えた熱は**潜熱**であり、この潜熱を**融解潜熱**（**融解熱**）といいます。冷却の場合の潜熱は、**凝固潜熱**（**凝固熱**）といいます。

　②の部分で、0〔℃〕・1〔kg〕の氷を0〔℃〕・1〔kg〕の水に状態変化させる熱量（融解潜熱）は、約334〔kJ/kg〕です。冷却する場合（凝固潜熱）も同様です。

③の部分に要する熱……顕熱

　温度が0〔℃〕の水を加熱すると、温度が上昇し100〔℃〕の水になります。このとき加えた熱は状態に変化がなく（液体（水）→液体（水））、温度が上昇する**顕熱**です。

　③の部分で、1〔kg〕の水を1〔℃〕だけ温度上昇させる熱量（比熱）は、そのときの温度によって変わりますが、約4.2〔kJ/（kg・K）〕です。冷却する場合も同様です。

④の部分に要する熱……潜熱

　温度が100〔℃〕の水を加熱すると、沸騰して温度が100〔℃〕の蒸気になります。加熱中、温度は100〔℃〕のまま変化がなく、状態が液体（水）から気体（蒸気）に変化します。すべての水が蒸気に変わるまで加えた熱は**潜熱**であり、この潜熱を**蒸発潜熱**（**蒸発熱**、**気化熱**）といいます。冷却の場合の潜熱は、**凝縮潜熱**（**凝縮熱**）といいます。

　④の部分で、100〔℃〕・1〔kg〕の水を100〔℃〕・1〔kg〕の蒸気に状態変化させる熱量（蒸発潜熱）は、約2256〔kJ/kg〕です。冷却する場合（凝縮潜熱）も同様です。

⑤の部分に要する熱……顕熱

　温度が100〔℃〕の蒸気を加熱すると、温度が上昇し、100〔℃〕以上の蒸気になります。このとき加えた熱は状態に変化がなく（気体（蒸気）→気体（蒸気））、温度が上昇する**顕熱**です。

＋1 プラスワン

大気圧（1気圧）のもと、水を加熱すると100〔℃〕で沸騰する。このときの圧力を**飽和圧力**、温度を**飽和温度**（**沸点**）という。また、この状態の水を**飽和水**、蒸気を**飽和蒸気**という。飽和蒸気は水分（細かな水滴）を含んでいる。飽和蒸気をさらに加熱すると温度が上昇し、水分を含まない**過熱蒸気**となる。

(4) 臨界点

　水に圧力を加えて加熱すると、圧力が高いほど沸点（飽和温度）が高くなり、蒸発潜熱は減少しますが、絶対圧力22.1MPaにおいて、飽和温度は374℃となり、このとき蒸発潜熱が0となります。そして、水と蒸気とは同じ状態（同一密度）になって蒸発現象はなくなります。この点を**臨界点**といい、その温度、圧力を**臨界温度**、**臨界圧力**といいます。臨界圧力を超える圧力を**超臨界圧**といい、LESSON12で学ぶ貫流ボイラで使用されています。

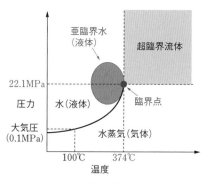

図2.3　臨界点

(5) エンタルピー（全熱量）

　水または蒸気などの保有する全熱量を**エンタルピー**といいます。エンタルピーは、ある物体の内部エネルギーをU〔J〕、体積をV〔m³〕、圧力をp〔Pa〕とすると、$U+pV$〔J〕で定義されます。また、単位質量1〔kg〕当たりのエンタルピーを**比エンタルピー**〔kJ/kg〕といいますが、わかりきったこととして**比**を書かない場合もあります。

理解度チェック問題

問題　次の□の中に適当な答えを記入せよ。

1. 電力量(電気エネルギー)と熱量(熱エネルギー)には、次の関係がある。

$1 [W \cdot s] = \boxed{\quad (ア) \quad} [J]$

$1 [kW \cdot h] = \boxed{\quad (イ) \quad} [kJ]$

2. 物体の質量を $m [kg]$、比熱容量を $c [J/(kg \cdot K)]$ とすると、物体の温度を $\theta [K]$ 上昇させるのに必要な熱量 Q は、

$Q = \boxed{\quad (ウ) \quad} [J]$

となる。

なお、物体の密度 $\rho [kg/m^3]$、体積 $V [m^3]$ が与えられているとき、質量 m は、

$m = \boxed{\quad (エ) \quad} [kg]$

と計算する。

3. 大気圧(1気圧)のもと、水を加熱すると $100 [℃]$ ($\boxed{\quad (オ) \quad} [K]$)で沸騰する。この状態の蒸気を $\boxed{\quad (カ) \quad}$ 蒸気といい、$\boxed{\quad (キ) \quad}$ を含んでいる。この蒸気をさらに加熱すると、$\boxed{\quad (ク) \quad}$ が上昇し、$\boxed{\quad (キ) \quad}$ を含まない $\boxed{\quad (ケ) \quad}$ 蒸気となる。

解答

(ア) 1　　(イ) 3600　　(ウ) $cm\theta$　　(エ) ρV　　(オ) 373.15

(カ) 飽和　　(キ) 水分または細かな水滴　　(ク) 温度　　(ケ) 過熱

熱サイクル

汽力発電は、水と蒸気を介して、エネルギーの伝達を行います。ここでは、ランキンサイクルなどの熱サイクルについて学びます。

関連過去問 021, 022, 023

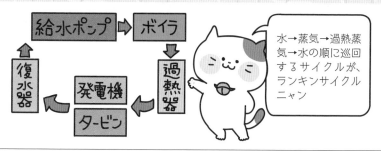

水→蒸気→過熱蒸気→水の順に巡回するサイクルが、ランキンサイクルニャン

① 熱サイクル　　重要度 A

熱エネルギーを機械的エネルギーに変換するものを**熱機関**といい、その間の、状態が変化する周期過程を**熱サイクル**といいます。

(1) ランキンサイクル

汽力発電で使う蒸気の基本的な熱サイクルは、**ランキンサイクル**です。

図2.4に、ランキンサイクルの系統図、T-s（温度−エントロピー）線図、p-V（圧力−体積）線図を示します。

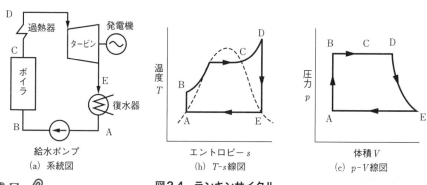

(a) 系統図　　(b) T-s線図　　(c) p-V線図

図2.4　ランキンサイクル

補足

水は、加圧しても体積は変わらないが、温度は上昇する。

① A→B：**給水ポンプ**で水をボイラへ供給（**断熱圧縮**）

② B→C：**ボイラ**で**飽和蒸気**まで加熱（**等圧受熱**）

③C→D：**過熱器**で飽和蒸気を**過熱蒸気**まで過熱（**等圧受熱、等圧過熱**）

④D→E：**タービン**で熱エネルギーを機械的エネルギーに変換（**断熱膨張**）

⑤E→A：**復水器**で冷却し**蒸気を水に戻す**（**等圧放熱、等圧凝縮**）

■エントロピーとは？

エントロピーs〔kJ/K〕とは、**熱の移動の程度**を数値で表したもので、「原子レベル、分子レベルで**乱雑さ（不規則さ）**」という意味です。日常生活レベルの乱雑さという意味からは少し外れます。

例えば、分子が自由に動き回る気体は、分子が結晶格子（けっしょうごうし）に束縛（そく）されている固体より、エントロピーが大きい。このような意味です。

断熱膨張や断熱圧縮においては、外部への熱の移動がないのでエントロピーは不変です。断熱とは、熱を断つということで、温度の変化がないという意味に勘違いしやすいのですが、断熱とは外部からの熱の出入りがないという意味であり、機器内部での温度変化はあります。

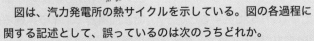

例題にチャレンジ！

図は、汽力発電所の熱サイクルを示している。図の各過程に関する記述として、誤っているのは次のうちどれか。

①A→Bは、等積変化で、給水の断熱圧縮の過程を示す。

②B→Cは、ボイラで加熱される過程を示し、飽和蒸気が過熱器でさらに過熱される過程も含む。

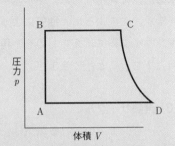

③C→Dは、タービン内で熱エネルギーが機械的エネルギーに変換される断熱圧縮の過程を示す。

補足

加熱と過熱の違い

加熱：熱を加えること。
　例えば、給水加熱器やボイラで、給水を加熱。
　（例）給水加熱器

過熱：熱しすぎること。
　例えば、沸騰した蒸気をさらに過熱。
　（例）過熱蒸気、過熱器

プラスワン

エントロピーの増加量Δsと加えられた熱量ΔQと温度Tには、次の関係がある。

$$\Delta s = \frac{\Delta Q}{T} \text{〔kJ/K〕}$$

プラスワン

断熱膨張の例として、冷却スプレーから出た気体が冷たいこと、また、断熱圧縮の例として、空気を入れているタイヤが熱いことなどが挙げられる。

④D→Aは、復水器内で蒸気が凝縮されて水になる等圧変化の過程を示す。

⑤A→B→C→D→Aの熱サイクルをランキンサイクルという。

問題図のC→Dは、タービン内の**断熱膨張の過程**を表している。したがって、「断熱圧縮の過程」とした選択肢③(答)は誤り。

(2) 再生サイクル

ランキンサイクルでは、ボイラで発生した蒸気はすべてタービンの最終段まで通過し、復水器で復水しますが、復水器で蒸気を復水するのに用いる**冷却水が持ち去る熱量**は、**供給された熱量の約半分**を占め、すべて損失となります。

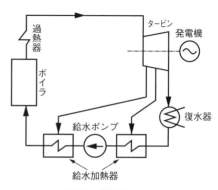

図2.5　再生サイクル

そこで、図2.5のように、タービンの途中から蒸気の一部を抽出し(これを**抽気**するという)、**給水加熱器でボイラへ送る給水の加熱に利用**すれば、復水器中の損失を減少させることができます。このように、**抽気によって給水を加熱する方式**をランキンサイクルに加えたものを、**再生サイクル**といい、熱効率を向上させることができます。

(3) 再熱サイクル

タービンで用いられる蒸気は、通常、過熱蒸気ですが、これが膨張して仕事をすると、温度が降下して**湿り飽和蒸気**となります。この湿り飽和蒸気は**摩擦を増加して効率を低下**させるほか、**タービン羽根を損傷**させるので、**高圧タービンから出た蒸**

気を全部取り出し、ボイラへ戻して再熱器で再熱し、温度を高めたあと、低圧タービンに送り返して仕事をさせます。この方式を**再熱サイクル**といい、熱効率を向上させることができます。

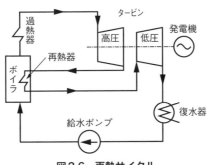

図2.6　再熱サイクル

第2章

火力発電

(4) 再熱再生サイクル

再生サイクルと再熱サイクルを組み合わせたもので、近年建設の大容量汽力発電所は、ほとんどこの**再熱再生サイクル**です。

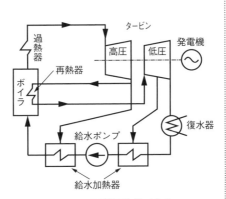

図2.7　再熱再生サイクル

(5) その他の熱サイクル

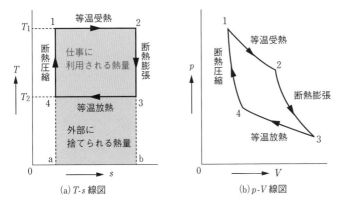

(a) T-s 線図　　　(b) p-V 線図

図2.8　カルノーサイクル

①カルノーサイクル

理想的な熱サイクルで、「等温受熱→断熱膨張→等温放熱→断熱圧縮」の状態変化からなります。すべての熱サイクルの中

で、最高の熱効率を示すサイクルですが、実際の熱機関でこれを行わせることは不可能とされています。

②ブレイトンサイクル

　ガスタービンの基本的な熱サイクルです。

③オットーサイクル

　ガソリンエンジンなどで利用される火花点火の熱サイクルです。

④ディーゼルサイクル

　ディーゼルエンジンで利用される圧縮着火の熱サイクルです。

理解度チェック問題

問題　次の│　　│の中に適当な答えを記入せよ。

1. │(ア)│サイクルでは、ボイラで発生した蒸気はすべてタービンの最終段にいたるまで通過し、復水器で蒸気を復水するのに用いる冷却水が持ち去る熱量は、供給された熱量の│(イ)│を占め、すべて損失となる。そこで、タービンの途中から蒸気の一部を抽出し（これを│(ウ)│するという）、ボイラへ送る給水の加熱に利用すれば、復水器中の損失を減少させることができる。このように、│(ウ)│によって給水を加熱する方式をランキンサイクルに加えたものを、│(エ)│サイクルといい、│(オ)│を向上させることができる。

2. タービンで用いられる蒸気は、通常、│(カ)│であるが、これが膨張して仕事をすると、温度が降下して湿り飽和蒸気となる。この湿り飽和蒸気は摩擦を増加して効率を低下させるほか、タービン羽根を│(キ)│させるので、高圧タービンから出た蒸気を全部取り出し、ボイラへ戻して│(ク)│し、温度を高めたあと、低圧タービンに送り返して仕事をさせる。この方式を│(ク)│サイクルといい、│(オ)│を向上させることができる。

3. │(エ)│サイクルと│(ク)│サイクルを組み合わせたもので、近年建設の大容量汽力発電所は、ほとんどこの│(ケ)│サイクルである。

解答

(ア) ランキン　　(イ) 約半分　　(ウ) 抽気　　(エ) 再生　　(オ) 熱効率
(カ) 過熱蒸気　　(キ) 損傷　　(ク) 再熱　　(ケ) 再熱再生

汽力発電の構成

ここでは、汽力発電の構成設備であるボイラ、復水器などを取り上げます。設備の名称、目的をしっかり押さえましょう。

関連過去問 024, 025, 026

貫流ボイラは、1本の管だけで、スッキリしてるニャ

① 汽力発電所の系統

重要度 **A**

図2.9に汽力発電所の系統図を示します。これは、ランキンサイクルの熱効率を向上させた、**再熱再生サイクル**の系統図です。大容量の汽力発電所は、すべて**再熱再生サイクル**を採用しています。図は、貫流ボイラの場合の例です。

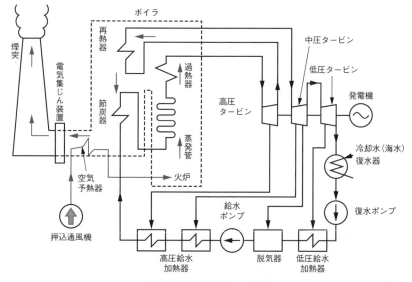

図2.9 汽力発電所の系統

② ボイラとボイラの主要設備　重要度 A

　汽力発電所で、**蒸気を発生させる装置**を、**ボイラ**といいます。

(1) ボイラの分類

　ボイラを、水の循環方式によって分類すると、次の3つに分けられます。

①自然循環ボイラ

　蒸発管と下降水管の密度差(比重差)によって、ボイラ水を自然循環させるものです。

②強制循環ボイラ

　ボイラ水を、強制的に循環させるものです。**循環ポンプ**により水の循環が一様で、熱が均一に伝わり、**蒸発管の径を小さく、肉厚を薄く**できます。水量の調整で**水管の過熱も防止**でき、**始動停止が急速**にできます。また、**ボイラの高さを低く**することができるなどの特徴があります。

③貫流ボイラ

　給水を管の一端からポンプで押し込み、管の他端から蒸気を取り出すものです。**汽水分離ドラムが不要**で、給水をポンプで蒸発管に供給するため、**循環不良による蒸発管の焼損事故を防止**できます。

　また、**蒸発管の径を小さくできる**ため、**構造が簡単**で全体の**重量が軽く**、保有水量が

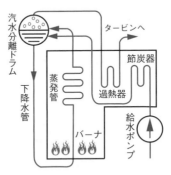

図2.10　自然循環ボイラ

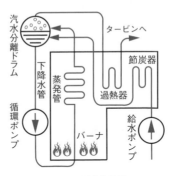

図2.11　強制循環ボイラ

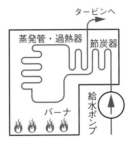

図2.12　貫流ボイラ

用語

密度
物質の質量を体積で割ったものをいう。

比重
ある物質の質量と、その物質と同じ体積を占める標準物質の質量との比のことをいう。通常は、4℃の水を標準にする。4℃の水は、体積$1cm^3$の質量がほぼ1gであるから、比重と密度(単位：g/cm^3)の値は、実用上同じと考えてよい。

補足

同一体積の水は、4℃で最も重い。4℃より温度が上昇すればするほど軽くなる。自然循環ボイラは、これを利用している。なお、4℃より温度が低下しても軽くなる。氷が水に浮くのはこのためである。

少ないので始動時間が短いです。

　半面、負荷変動に対する蒸気温度変化などの応答性に鋭敏であることが求められ、給水・燃料・蒸気温度を高速に制御する必要があり、さらに、給水水質にも特別な注意を要します。

　原理的にはあらゆる圧力で使用でき、**超臨界圧ではすべて貫流ボイラ**が採用されます。

例題にチャレンジ！

　汽力発電所のボイラに関する記述として、誤っているのは次のうちどれか。

(1) 自然循環ボイラは、蒸発管と下降水管中の水の比重差によってボイラ水を循環させる。

(2) 強制循環ボイラは、ボイラ水を循環ポンプで強制的に循環させるため、自然循環ボイラに比べて各部の熱負荷を均一にでき、急速起動に適する。

(3) 強制循環ボイラは、自然循環ボイラに比べてボイラの高さは低くすることができるが、蒸発管の径は大きくなる。

(4) 貫流ボイラは、ドラムや大形管などが不要で、かつ、小口径の水管となるので、ボイラ重量を軽くできる。

(5) 貫流ボイラは、亜臨界圧から超臨界圧まで適用されている。

・**解答と解説**・・・・・・・・・・・・・・・・・・・・・・・・・・・・・・・・

(1)、(2)、(4)、(5)の記述は正しい。**(3)誤り**（答）。
強制循環ボイラは、ポンプ動力によって循環を確保するので、ボイラの高さは低く、管径も小さくできる。したがって、「蒸発管の径は大きくなる」という(3)の記述は誤り。

・・

(2) ボイラの主要設備

　図2.13に、ボイラの主要設備と**熱回収**のイメージを示します。

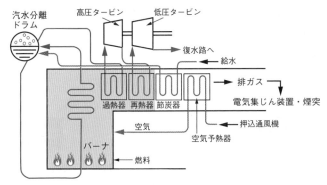

図2.13　熱回収のイメージ

- **過熱器**

ボイラの蒸発管で発生した飽和蒸気を、さらに昇温して**過熱蒸気**を作る設備です。

- **再熱器**

高圧タービンの排気蒸気をボイラに戻し、再び過熱し、過熱蒸気として中圧タービンまたは低圧タービンに送る設備です。

- **節炭器**

ボイラで燃焼した**排ガスの余熱を利用してボイラ給水を加熱**し、熱効率を向上するために設置します。

- **空気予熱器**

ボイラで燃焼した**排ガスの余熱を利用して燃焼用空気を加熱**し、熱効率を向上するために設置します。

用語

節炭器は、石炭を節約する機器ということから名付けられたが、石炭だきボイラ以外でもこの名称を使用している。

エコノマイザとも呼ばれる。

③ 給水設備　重要度 Ａ

ボイラに水を供給するための給水設備は、次のような装置で構成されています。

- **給水加熱器**

再生サイクルにおいては、タービンの抽気で給水を加熱します。復水器で持ち去られる熱量を減らし、熱効率の向上を図る目的で設置します。

- **脱気器**

抽気した蒸気を噴射して給水を直接加熱し、給水中の**酸素**や

用語

抽気とは、タービンで膨張途中の蒸気の一部を取り出すことをいう。

第2章　火力発電

炭酸ガスなどの溶存ガスを分離・除去し、配管やボイラの**腐食を防止**します。

- **ボイラ給水ポンプ**

  給水の圧力を上げてボイラに押し込むためのポンプです。

④ 復水器 重要度 **A**

復水器は、蒸気タービンの**排気蒸気を冷却**し、凝縮して水（復水）にするとともに、復水器内を**真空にする**装置です。蒸気は、凝縮すると体積が著しく減少するので、復水器内は高真空になります。**真空度を高く保持してタービンの排気圧力を低下**させることにより、**熱効率を向上**させることができます。復水は純水であり、再びボイラ給水として使用します。

補足

真空度が高いとは、絶対真空に近いという意味である。これを逆の意味にとってはならない。

復水には大量の冷却水を必要とすることから、多くの発電所では冷却水として海水を使用しています。復水器にはいろいろな種類がありますが、**表面復水器**（タービンからの排気蒸気を、冷却水を通してある冷却管（金属管）に当てて冷却する。

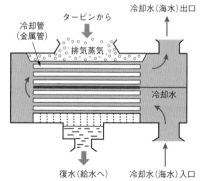

図2.14　表面復水器

図2.14参照）が最も広く使用されています。そのほか、蒸発復水器、噴射復水器などがあります。

復水器の付属設備として、復水器内に漏れ込んだ**不凝縮ガス（空気）**を排出するための**空気抽出器（エゼクタ）**などがあります。

なお、復水器の冷却水（海水）が持ち去る熱エネルギー、すなわち**復水器による熱エネルギー損失は、熱サイクルの中で最も大きく**、最新鋭の汽力発電所でも、熱効率が40％程度と低いのはこのためです（原油などの燃料の持つ熱エネルギーの約半分は、海水を温めて捨てられています）。

理解度チェック問題

問題　次の◻️の中に適当な答えを記入せよ。

①ボイラの蒸発管で発生した飽和蒸気を、さらに昇温して過熱蒸気を作る設備を、
　　(ア)　という。

②高圧タービンの排気蒸気をボイラに戻し、再び過熱し、過熱蒸気として中圧タービンまたは低圧タービンに送る設備を、　(イ)　という。

③ボイラで燃焼した排ガスの余熱を利用してボイラ給水を加熱し、熱効率を向上するために設置する設備を、　(ウ)　という。また、ボイラで燃焼した排ガスの余熱を利用して燃焼用空気を加熱し、熱効率を向上するために設置する設備を、　(エ)　という。

④再生サイクルにおいては、タービンの抽気で給水を加熱する。復水器で持ち去られる熱量を減らし、熱効率の向上を図る目的で設置する設備を、　(オ)　という。

⑤抽気した蒸気を噴射して給水を直接加熱し、給水中の酸素や炭酸ガスなどの溶存ガスを分離・除去し、配管やボイラの腐食を防止する設備を、　(カ)　という。

解答

(ア)過熱器　　(イ)再熱器　　(ウ)節炭器　　(エ)空気予熱器　　(オ)給水加熱器
(カ)脱気器

タービンとタービン発電機

今回は、汽力発電の主要設備であるタービンと、タービン発電機について学びます。発電機の水素冷却の特徴は必ず覚えましょう。

関連過去問 027, 028, 029

風車を動かす流体
のエネルギーは、
風ニャ

① 蒸気タービン

重要度 B

流体のエネルギーを、回転軸上の機械的エネルギーに変換する装置を、一般に**タービン**といいます。

蒸気タービンは、蒸気を**タービン羽根**に導いてタービンを回転させ、熱エネルギーを機械的エネルギーに変換させるものです。

タービンは、高、中、低圧、各車室の相互配列により、タンデム・コンパウンド形とクロス・コンパウンド形に分類されます。

タンデム・コンパウンド形は1軸で構成され、発電機も1台です。一般に大容量機の場合は2軸形である**クロス・コンパウンド形**とし、この場合、発電機は2台となります。

用語 📷

車室とは、タービン羽根車を収めて蒸気を取り入れる容器のこと。

補足 📎

▷、◁、▷は、タービンを表している。

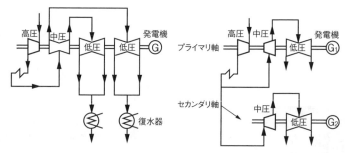

図2.15 タンデム・コンパウンド形　図2.16 クロス・コンパウンド形

(1) 衝動タービンと反動タービン

　蒸気の作用からタービンを分類すると、衝動タービンと反動タービンに分けられます。

①**衝動タービン**：**蒸気が回転羽根に衝突するときに生じる衝動力**によって回転させるタービンです。

②**反動タービン**：固定羽根で**蒸気圧力を降下（減圧・膨張）させて蒸気速度を上げ、蒸気が回転羽根に衝突する衝動力＋蒸気を回転羽根から排気するときの反動力**を利用して回転させるタービンです。

補足

反動タービンは、一般的に出力の50％を衝動力で得て、残る50％を蒸気の排気による反動で得ている。また、最新のタービンにおいては、最適化を進めた結果として、衝動式か反動式かのどちらかに単純に分類することは、難しくなっている。

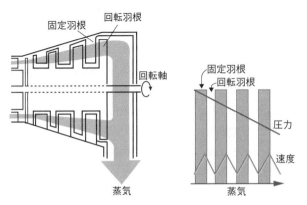

図2.17　反動タービン

(2) 蒸気の使用状態によるタービンの分類

①**復水タービン**：タービンの排気を復水器で復水させて高真空とすることにより、タービンに流入した蒸気をごく低圧まで膨張させるタービンで、発電を目的とします。

②**背圧タービン**：タービンで仕事（発電）をした蒸気を復水器に導かず、工場用蒸気および必要箇所に送気するタービンです。

③**抽気タービン**：タービンの中間段から膨張途中の蒸気を取り出し、工場用蒸気その他に利用するタービンです。

④**再生タービン**：ボイラ給水を加熱するため、タービン中間段から一部の蒸気を取り出すようにしたタービンです。

⑤**混圧タービン**：異なった圧力の蒸気を同一タービンに入れて仕事をさせるタービンです。

汽力発電所における蒸気の作用および機能や用途による蒸気タービンの分類に関する記述として、誤っているものを次の(1)〜(5)のうちから一つ選べ。

(1) 復水タービンは、タービンの排気を復水器で復水させて高真空とすることにより、タービンに流入した蒸気をごく低圧まで膨張させるタービンである。

(2) 背圧タービンは、タービンで仕事をした蒸気を復水器に導かず、工場用蒸気および必要箇所に送気するタービンである。

(3) 反動タービンは、固定羽根で蒸気圧力を上昇させ、蒸気が回転羽根に衝突する力と回転羽根から排気するときの力を利用して回転させるタービンである。

(4) 衝動タービンは、蒸気が回転羽根に衝突するときに生じる力によって回転させるタービンである。

(5) 再生タービンは、ボイラ給水を加熱するため、タービン中間段から一部の蒸気を取り出すようにしたタービンである。

用語

再生タービンは、再生サイクル(▶LESSON 11)で動かすタービンのこと。

・解答と解説・・・・・・・・・・・・・・・・・・・・・・・・

(1)、(2)、(4)、(5)の記述は**正しい**。**(3)誤り**(答)。

反動タービンは、固定羽根で蒸気圧力を**降下**(減圧・膨張)させて蒸気速度を上げ、蒸気が回転羽根に衝突する衝動力と、回転羽根から排気するときの反動力を利用する。よって、「固定羽根で蒸気圧力を**上昇**させ」という記述は誤りである。

② 調速機　重要度Ａ

調速機（ガバナ）についての学習内容は、LESSON8、9で学んだ水車の調速機とほぼ同じですが、次のような点は把握しておきましょう。

調速機は、**タービンの速度制御**を行う装置で、負荷の変動にかかわらず、常に一定の回転速度となるよう、**加減弁開度を変えて蒸気流量を調整**します。ほかの発電機との並行運転時には、設定された**速度調定率により出力の増減**を行うことができます。

出力調節の際の絞り調速による損失を低減する目的で、加減弁は全開とする代わりにボイラの圧力を下げる、**ボイラ変圧運転**が採用されることもあります。

また、回転速度が一定限度以上に上昇した場合の危険を防止するため、**非常調速機**が使用されます。主軸の速度がある限度以上になると、主塞止弁を閉じるようになっています。

蒸気タービンでは、非常調速機が**定格速度の111〔％〕以下で動作**することと定められています。

用語

絞り調速とは、単一または複数の弁を、同時に同じやり方で開閉し、蒸気の流入を加減する方式のこと。

③ タービン発電機　重要度Ａ

火力発電用の**タービン発電機**は、水車発電機に比べ回転速度が**高く**なるため、遠心力の関係から機械的強度が要求されます。**回転子は円筒形**とし、水車発電機よりも直径を小さくしなければなりません。このため、軸方向に長い**横軸形**が採用されます。

大容量の水車発電機は立軸形で、回転子直径が大きく、鉄心の鉄量が多い、いわゆる**鉄機械**となりますが、タービン発電機は上述の構造のため、界磁巻線を施す場所が制約され、大きな出力を得るためには、電機子巻線の導体数が多い、すなわち銅量が多い、いわゆる**銅機械**となります。

水車発電機とタービン発電機の特徴を比較すると、表2.2のようになります。

用語

回転子とは、発電機、電動機などの電気機械の回転する部分の総称。**ローター**ともいう。

表2.2 水車発電機とタービン発電機

	水車発電機	タービン発電機	備考
極数 p	6極〜72極程度	2極または4極	・火力 2極 ・原子力 4極
回転速度 N $N = \dfrac{120f}{p}$	低速 (例) $125\,min^{-1}$	高速 (例) $3000\,min^{-1}$	水車とタービンの特性から、水車は低速、タービンは高速
周波数 f	50Hzまたは60Hz	50Hzまたは60Hz	・東日本 50Hz ・西日本 60Hz
回転子	突極形(直径が大きく、軸方向に短い)	円筒形(直径が小さく、軸方向に長い)	タービン発電機は高速のため、遠心力で電機子巻線が飛び出さないよう直径を小さくする
軸形式	主に立軸形	横軸形	水車の上に発電機を設置、洪水時の水没を防ぐ
種類	鉄機械(磁束を通す鉄量が多い)	銅機械(電流を通す銅量が多い)	出力を大きくするためには、界磁磁束または電機子電流を大きくする
短絡比 K_S	大	小	短絡電流が定格電流の何倍かを表す値(1以下の場合あり)
同期インピーダンス $Z_S = \dfrac{1}{K_S}$〔p.u.〕	小	大	・短絡比の逆数 ・銅量が多いと、同期インピーダンス Z_S も大きい
電圧変動率 ε	小(安定度大)	大(安定度小)	Z_S による電圧降下が小さければ ε も小
線路充電容量	大(Z_S 小のため増磁作用小)	小(Z_S 大のため増磁作用大)	同期発電機に許容される進相負荷容量

④ 冷却媒体と冷却方式　重要度 **A**

　大容量タービン発電機の冷却方式には、冷却媒体に水素ガスを用いる**水素冷却**が多く採用されています。水素冷却発電機は、空気冷却発電機に比べて、次の特徴があります。

a. 水素は、密度(比重)が空気の約7〔%〕ときわめて軽いため、**風損**（ふうそん）が減少する。

b. 水素は、空気より**熱伝導率**および**比熱が大きい**ので、冷却効果が向上する。

c. 水素は、不活性のガスであり、**コロナ発生電圧が高い**ため、**絶縁物の劣化が少ない**。

d. 水素を封入し全閉形となるため、運転中の騒音が少なくなる。

　一方、**水素と空気の混合ガス**は、**引火**、**爆発の危険**があるの

補足

水素の**熱伝導率**は空気の約7倍、**比熱**は空気の14倍と大きく、冷却効果が大きいため、同一出力の機械で、空気冷却機に対し小形とすることが可能である。

用語

風損とは、発電機などの回転部分と空気などとの摩擦抵抗による損失のことをいう。

補足

先のとがった電極の周りに、局部的に高い電界が生じることによって起こる持続的な放電を、**コロナ放電**という。電界の集中する部分に限定された発光部をコロナといい、**水素は空気よりコロナ発生電圧が高い**とは、空気中でコロナが発生する電圧に達しても、水素ガス中ではコロナが発生しないということである。このため、コイル絶縁の寿命が長くなる。

補足

水素と空気の混合ガスは、水素ガスが容積で**4〜70〔%〕の範囲にあると爆発の可能性**がある。水素冷却タービン発電機の水素の純度は**85〔%〕以下で警報**を発することが、電気設備技術基準・解釈に定められている。

で、**水素の純度を常に高く保つ**必要があること、固定子枠を耐爆構造としなければならないこと、**軸貫通部の水素漏れを防止**するために、軸受けの内側に密封油装置を設ける必要があることなど、取り扱いも慎重にしなければなりません。

なお、水素間接冷却方式の発電機の回転子コイルは、水素ガスで間接的に冷却され、固定子コイルは、一般に導体内部に純水を通して冷却されます。

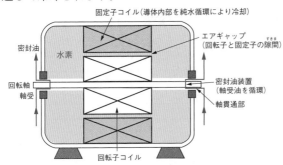

図2.18　水素間接冷却発電機のイメージ

用語

固定子とは、発電機、電動機などの回転電気機械の回転子を内包し、固定して動かない部分の総称。ステーターともいう。
固定子枠とは、固定子の外枠（フレーム）のこと。

+1 プラスワン

直接冷却方式の発電機の冷却媒体は、固定子コイルの導体内部の冷却には水素ガスや純水などが採用され、回転子コイルの導体内部の冷却には水素ガスが採用されている。

理解度チェック問題

問題　次の▢の中に適当な答えを記入せよ。

水素冷却発電機は、空気冷却発電機に比べて、次の特徴がある。

a. 水素は、密度（比重）が空気の約7〔%〕ときわめて軽いため、　(ア)　が減少する。

b. 水素は、空気より　(イ)　および　(ウ)　が大きいので、冷却効果が向上する。

c. 水素は、不活性のガスであり、コロナ発生電圧が　(エ)　ため、　(オ)　の劣化が少ない。

d. 水素を封入して全閉形となるため、運転中の騒音が少なくなる。

一方、水素と空気の混合ガスは、引火、爆発の危険があるので、水素の純度を常に高く保つ必要があること、固定子枠を　(カ)　としなければならないこと、軸貫通部の水素漏れを防止するために、軸受けの内側に　(キ)　を設ける必要があることなど、取り扱いも慎重にしなければならない。

解答

(ア) 風損　　(イ) 熱伝導率　　(ウ) 比熱　　(エ) 高い　　(オ) 絶縁物
(カ) 耐爆構造　　(キ) 密封油装置　　※(イ)、(ウ)は逆でもよい。

第2章 火力発電

燃料と燃焼

燃料の燃焼計算は、時々（定期的に）出題されます。ここでは、発生ガスや所要空気量の計算を重点的に学習します。

関連過去問 030, 031

理論空気量
$$A_0 = \frac{22.4}{0.21}\left(\frac{C}{12} + \frac{H}{4} + \frac{S}{32}\right) \quad [m^3/kg]$$

燃料の燃焼計算は、定期的に出題されるから、この際、頑張って得意分野にしてしまうニャン！

---

① 燃料　　　　　　　　　　　　　重要度 **C**

発電に必要な熱量を発生させるための原料が燃料で、燃料を酸素と化合させ、熱量を発生させることが燃焼です。燃料は使用するときの状態により、固体燃料、液体燃料、気体燃料に分類されます。

火力発電に主として用いられる**固体燃料**は**石炭**で、褐炭、れき青炭、無煙炭が主として用いられます（炭化の程度により呼び方が変わります）。

石炭は、ボイラ燃料としては、粉砕して微粉炭にすることが一般的です。

液体燃料としては、原油、**重油**、ナフサ（粗製ガソリン）、軽油などがあります。

気体燃料には、天然ガス、石油ガス、製鉄所の高炉ガス、コークス炉ガスなどがありますが、**天然ガス**を液化したLNGが最も多く使用されています。

用語

ナフサ
原油を分留して得られる軽質油。

LNG
液化天然ガスの英語（Liquefied Natural Gas）の略語。

② 燃焼　　　　　　　　　　　　　重要度 **A**

燃焼とは、物質中の可燃物が、空気中の酸素（O_2）と化合して、

熱を発生することです。燃料が燃焼するには、**着火に必要な温度**と**十分な空気量**が必要です。燃料が完全燃焼したときに発生する熱量を、その燃料の**発熱量**といいます。

(1) 空気過剰率(空気比)

　実際に燃料を完全燃焼させる場合、理論上必要な空気量 (**理論空気量**) のみでは不完全燃焼となるので、過剰の空気を供給します。理論空気量A_0に対する**所要空気量**(実際の空気量)Aの比μを**空気過剰率**または**空気比**といい、次式で表されます。

> **重要 公式**　空気過剰率(空気比)
>
> $$\mu = \frac{A}{A_0} \tag{5}$$

　空気過剰率(空気比)は、燃料によって変わりますが、空気量を必要以上に多くすることは、排気量が増大し、熱効率の低下につながります。

(2) 燃料の燃焼計算

　燃料が完全燃焼するために必要な理論空気量は、燃料の組成から計算で求めることができます。

①気体状態における化学的基礎知識

　1気圧101.325〔kPa〕、温度0〔℃〕(**標準状態**といいます) における気体1〔kmol〕(キロモルと読みます) の体積は、気体の種類に関係なく22.4〔m³〕で、質量は分子量に〔kg〕の単位を付けたものと同じ値になります。例えば、分子量が2の水素 (H_2) 1〔kmol〕の体積は22.4〔m³〕で、質量は2〔kg〕となります。

■モルの概念

　モルとは、集合体の呼び名です。例えば、鉛筆が12本集まって1ダースと呼ぶように、炭素原子が12〔g〕集まって1〔mol〕と呼びます (12という数字は、炭素原子に含まれる陽子＋中性子の数＝質量数≒原子量)。

　物質は通常、原子、または分子で存在します。水素や酸素、水は、通常H_2やO_2、H_2Oの分子の形で存在しています。原子

補足
一般に発熱量を表すのに、固体燃料と液体燃料に対しては〔kJ/kg〕、気体燃料に対しては〔kJ/m³〕の単位を用いる。

補足
μはミューと読む。

補足
これ以降の燃焼計算の説明では、気体の体積は1気圧・温度0〔℃〕(標準状態)における値とする。

第2章　火力発電

や分子のモル数は、次のように計算します。

C： 　炭素原子Cの原子量は12→12〔g〕で1〔mol〕

H_2： 　水素原子Hの原子量は1→水素分子H_2の分子量は2→2〔g〕で1〔mol〕

O_2： 　酸素原子Oの原子量は16→酸素分子O_2の分子量は32→32〔g〕で1〔mol〕

H_2O： H_2が2〔g〕、Oが16〔g〕、合計18〔g〕で1〔mol〕

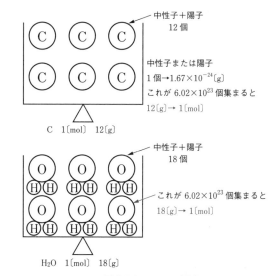

図2.19　モルの概念

■アボガドロ定数とは

物質量1〔mol〕を構成する粒子の個数を示す定数を、アボガドロ定数といい、その値は6.02×10^{23}〔mol^{-1}〕と定義されています。

②燃焼に伴う化学反応式

燃料中の化学成分は、炭素C、水素H、硫黄 $\overset{いおう}{S}$、酸素Oなどが含まれており、それが完全燃焼した場合の化学反応式は、次の通りです。

・炭素　$C + O_2 \rightarrow CO_2$

・水素　$H_2 + \dfrac{1}{2}O_2 \rightarrow H_2O$

・硫黄　$S + O_2 \rightarrow SO_2$

③完全燃焼に必要な理論酸素量

　燃料中の炭素C、水素H、硫黄Sが完全燃焼するために、理論上必要な酸素量を**理論酸素量**といい、次のようにして求められます。なお、炭素C、水素H、硫黄Sの原子量はそれぞれ12、1、32ですから、分子量はそれぞれ12、2、32となります。

◎**炭素**…炭素原子 (C) 1〔kmol〕の質量は、12〔kg〕です。これが完全燃焼するためには、化学反応式から、酸素分子 (O_2) 1〔kmol〕、体積22.4〔m³〕が必要です。したがって、炭素1〔kg〕が完全燃焼するために必要な理論酸素量は、次のようになります。

$$\frac{22.4}{12} \, \text{〔m}^3/\text{kg〕}$$

◎**水素**…水素分子 (H_2) 1〔kmol〕の質量は、分子量2なので2〔kg〕です。これが完全燃焼するためには、化学反応式から、酸素分子 (O_2) $\dfrac{1}{2}$〔kmol〕（＝酸素原子1〔kmol〕）、体積 $\dfrac{22.4}{2}$〔m³〕が必要です。したがって、水素1〔kg〕が完全燃焼するために必要な理論酸素量は、次のようになります。

$$\frac{\left(\dfrac{22.4}{2}\right)}{2} = \frac{22.4}{4} \, \text{〔m}^3/\text{kg〕}$$

◎**硫黄**…硫黄原子 (S) 1〔kmol〕の質量は32〔kg〕です。これが完全燃焼するためには、化学反応式から、酸素分子 (O_2) 1〔kmol〕、体積22.4〔m³〕が必要です。したがって、硫黄1〔kg〕が完全燃焼するために必要な理論酸素量は、次のようになります。

$$\frac{22.4}{32} \, \text{〔m}^3/\text{kg〕}$$

④完全燃焼に必要な理論空気量

　空気中の酸素濃度は容積比で21〔％〕であり、燃料1〔kg〕に含まれる炭素、水素、硫黄の量をそれぞれ C〔kg〕、H〔kg〕、S〔kg〕

燃料の燃焼計算は、しっかり公式を押さえるニャン

とすると、燃料1〔kg〕を完全燃焼するために必要な理論空気量 A_0 は、次のように求められます。

> **⚠重要 公式** 完全燃焼に必要な理論空気量
>
> $$A_0 = \frac{1}{0.21}\left(\frac{22.4}{12}C + \frac{22.4}{4}H + \frac{22.4}{32}S\right)$$
>
> $$= \frac{22.4}{0.21}\left(\frac{C}{12} + \frac{H}{4} + \frac{S}{32}\right)\text{〔m}^3\text{/kg〕} \tag{6}$$

⑤所要空気量の計算

理論空気量 A_0 と空気過剰率（空気比）μ から、所要空気量 A 〔m³/kg〕が計算できます。

$$A = \mu A_0 \text{〔m}^3\text{/kg〕}$$

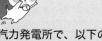

例題にチャレンジ！

重油を燃料とする汽力発電所で、以下の条件のとき、燃焼に必要な空気量〔m³/h〕と、発生する二酸化炭素量〔t/h〕はいくらか。

- 出力　100〔MW〕、定格運転中
- 発電端熱効率　35〔%〕
- 重油の発熱量　44000〔kJ/kg〕で潜熱は無視する
- 重油の化学成分　炭素85%、水素15%
- 炭素の原子量　12、水素の原子量　1
- 空気の酸素濃度　21〔%〕
- 空気過剰率　1.2

・**解答と解説**・・・・・・・・・・・・・・・・・・・・・・・・・

右図に示すように、
1時間当たりの重油
供給量を B〔kg/h〕、
重油発熱量を He
〔kJ/kg〕とすると、
1時間にボイラに供
給される重油の保有
全熱量 Q は、

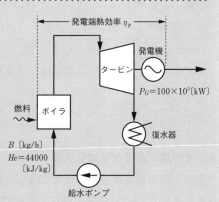

解法のヒント

ここでの空気量とは、1時間当たりの所要量である。1時間当たりの重油使用量〔kg/h〕と重油1〔kg〕当たりの所要空気量〔m³/kg〕を掛けると、
〔m³/kg〕×〔kg/h〕
＝〔m³/h〕
となる。

補足

発電端熱効率については、LESSON15で学ぶ。

$$Q = BHe \,[\text{kJ/h}]$$

電力〔kW〕と熱量〔kJ/h〕の関係は、

$$1\,[\text{kW}] = 3600\,[\text{kJ/h}]$$

であるから、発電端熱効率η_pは、

$$\eta_p = \frac{\text{発電端出力(熱量換算値)}}{\text{重油の保有全熱量}} = \frac{3600 \times P_G}{Q} = \frac{3600 \times P_G}{BHe}$$

1時間当たりの重油供給量Bは、上式を変形し、

100〔MW〕→ 100×10³〔kW〕と変換

$$B = \frac{3600 \times P_G}{He\eta_p} = \frac{3600 \times 100 \times 10^3}{44000 \times 0.35} \fallingdotseq 23377\,[\text{kg/h}]$$

燃料中の炭素Cと水素Hの質量を求めると、

$$C = 23377 \times 0.85 \fallingdotseq 19870\,[\text{kg/h}]$$

$$H = 23377 \times 0.15 \fallingdotseq 3507\,[\text{kg/h}]$$

理論空気量A_0は、

$$A_0 = \frac{22.4}{0.21}\left(\frac{C}{12} + \frac{H}{4}\right)$$

$$= \frac{22.4}{0.21}\left(\frac{19870}{12} + \frac{3507}{4}\right) \fallingdotseq 270142\,[\text{m}^3/\text{h}]$$

必要な空気量Aは、空気過剰率を乗じて、

$$A = A_0 \times 1.2 = 270142 \times 1.2 \fallingdotseq \mathbf{3.24 \times 10^5}\,[\text{m}^3/\text{h}]\,(答)$$

炭素Cの原子量12に対し、二酸化炭素CO_2の分子量は、

$12 + (2 \times 16) = 44$であるから、発生する二酸化炭素量Mは、

$$M = 19870 \times \frac{44}{12} \fallingdotseq 72.9 \times 10^3\,[\text{kg/h}] = \mathbf{72.9}\,[\text{t/h}]\,(答)$$

問題 次の □ の中に適当な答えを記入せよ。

燃料を完全燃焼させる場合、理論上必要な空気量（理論空気量）のみでは不完全燃焼となるので、過剰の空気を供給します。理論空気量 A_0 に対する所要空気量（実際の空気量）A の比 μ を空気過剰率または空気比といい、次式で表される。

$$\mu = \boxed{\quad (ア) \quad}$$

理論空気量 A_0 と空気過剰率（空気比）μ から、所要空気量 A〔m³/kg〕が計算できる。

$$A = \boxed{\quad (イ) \quad}$$

燃料中の化学成分は、炭素C、水素H、硫黄S、酸素Oなどが含まれており、それが完全燃焼した場合の化学反応式は、次の通りである。

・炭素 $C + O_2 \rightarrow \boxed{\quad (ウ) \quad}$

・水素 $H_2 + \dfrac{1}{2}O_2 \rightarrow \boxed{\quad (エ) \quad}$

・硫黄 $S + O_2 \rightarrow \boxed{\quad (オ) \quad}$

空気中の酸素濃度は容積比で21〔%〕であり、燃料1〔kg〕に含まれる炭素、水素、硫黄の量をそれぞれ C〔kg〕、H〔kg〕、S〔kg〕とすると、燃料1〔kg〕を完全燃焼するために必要な理論空気量 A_0 は、次のように求められる。

$$A_0 = \frac{1}{0.21}\left(\frac{22.4}{12}C + \frac{22.4}{4}H + \frac{22.4}{32}S\right)$$

$$= \frac{\boxed{(カ)}}{\boxed{(キ)}}\left(\frac{C}{\boxed{(ク)}} + \frac{H}{\boxed{(ケ)}} + \frac{S}{\boxed{(コ)}}\right)\text{〔m³/kg〕}$$

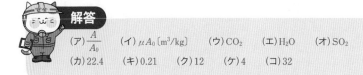

解答

(ア)$\dfrac{A}{A_0}$　　(イ)μA_0〔m³/kg〕　　(ウ)CO_2　　(エ)H_2O　　(オ)SO_2

(カ)22.4　　(キ)0.21　　(ク)12　　(ケ)4　　(コ)32

15日目

LESSON 15

熱効率と向上対策

汽力発電所の各種熱効率およびその向上対策について学びます。熱消費率という用語の意味も大切です。

関連過去問 032, 033, 034

① ボイラ効率 η_B
② 熱サイクル効率 η_C
③ タービン効率 η_t
④ タービン室効率 η_T
⋮

今回は、重要公式が山盛り。頑張ってニャー

1 汽力発電所の熱効率　　重要度 A

汽力発電所の各種効率を図2.20に示します。この図にあるエンタルピーは、ある物体の内部エネルギーを U〔J〕、体積を V〔m³〕、圧力を p〔Pa〕とすると、

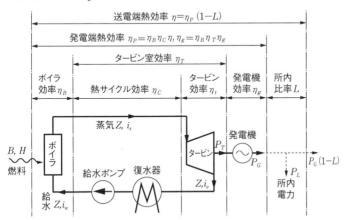

B：燃料供給量〔kg/h〕　　　H：燃料の発熱量〔kJ/kg〕
Z：蒸気・給水流量〔kg/h〕　P_T：タービン出力〔kW〕
P_G：発電機出力〔kW〕　　　P_L：所内電力〔kW〕
i_s：ボイラ出口（＝タービン入口）蒸気のエンタルピー〔kJ/kg〕
i_w：ボイラ入口給水のエンタルピー〔kJ/kg〕
i_e：タービン排気のエンタルピー〔kJ/kg〕

図2.20 汽力発電所の各種効率

エンタルピー i〔J〕＝$U＋pV$〔J〕

で定義付けられます。エンタルピーを簡単にいえば、復水や給水、蒸気などが持つ**熱エネルギー**〔kJ〕のことです。

例えば、**タービン入口蒸気の持つエンタルピーとタービン出口蒸気の持つエンタルピーの差を熱落差**といい、この熱落差が**タービンを回転させる入力**となります。ちょうど、水力発電所の位置エネルギーと有効落差のようなものです。

そして、**単位質量＝1〔kg〕当たりのエンタルピーを比エンタルピー**〔kJ/kg〕といいますが、比を書かない場合もあります。

汽力発電所の効率計算で考慮すべき事項は、次の通りです。

①ボイラ効率 η_B

> **⚠重要　公式　ボイラ効率**
>
> $$\eta_B = \frac{\text{ボイラで吸収した全熱量}}{\text{燃料の保有全熱量}}$$
>
> $$= \frac{Z(i_s - i_w)}{BH} \tag{7}$$

②熱サイクル効率 η_C

> **⚠重要　公式　熱サイクル効率**
>
> $$\eta_C = \frac{\text{タービンで消費した全熱量}}{\text{ボイラで吸収した全熱量}}$$
>
> $$= \frac{i_s - i_e}{i_s - i_w} \tag{8}$$

③タービン効率 η_t

> **⚠重要　公式　タービン効率**
>
> $$\eta_t = \frac{\text{タービンの機械的出力（熱量換算値）}}{\text{タービンで消費した全熱量}}$$
>
> $$= \frac{3600 P_T}{Z(i_s - i_e)} \tag{9}$$

④タービン室効率 η_T

> **!重要 公式　タービン室効率**
>
> $$\eta_T = \frac{タービンの機械的出力 (熱量換算値)}{ボイラで吸収した全熱量}$$
>
> $$= \frac{3600 P_T}{Z(i_s - i_w)} = \eta_C \eta_t \tag{10}$$

⑤発電機効率 η_g

> **!重要 公式　発電機効率**
>
> $$\eta_g = \frac{発電機出力 (=発電端出力)}{タービンの機械的出力} = \frac{P_G}{P_T} \tag{11}$$

⑥発電端熱効率 η_P

> **!重要 公式　発電端熱効率**
>
> $$\eta_P = \frac{発電端出力 (熱量換算値)}{燃料の保有全熱量}$$
>
> $$= \frac{3600 P_G}{BH} \tag{12}$$

⑦送電端熱効率 η

> **!重要 公式　送電端熱効率**
>
> $$\eta = \frac{送電端出力 (熱量換算値)}{燃料の保有全熱量} = \frac{3600(P_G - P_L)}{BH}$$
>
> $$= \frac{3600 P_G}{BH}\left(1 - \frac{P_L}{P_G}\right) = \eta_P(1-L) \tag{13}$$

⑧所内比率 (所内率) L

> **!重要 公式　所内比率 (所内率)**
>
> $$L = \frac{所内電力}{発電機出力} = \frac{P_L}{P_G} \tag{14}$$

補足

タービン軸と発電機軸は直結される。したがって、タービン軸出力＝発電機入力となり、発電機効率 η_g は、

$$\eta_g = \frac{発電機出力}{発電機入力}$$

$$= \frac{発電機出力}{タービン出力}$$

■所内比率 (所内率) とは

　発電機出力の一部は、発電所の補機動力 (循環水ポンプ、給水ポンプなど) や発電所建物の空調、照明などに使用されます。この電力を**所内電力** P_L といい、**発電機出力**(発電機の端子出力、**発電端出力**) P_G **に占める所内電力の比率を所内比率** (所内率) といいます。

発電機出力から所内電力を差し引いた電力が、送電線に送られることになり、この電力を**送電端出力**といいます。

例題にチャレンジ！

汽力発電設備があり、発電機出力が18〔MW〕、タービン出力が20〔MW〕、使用蒸気量が80〔t/h〕、蒸気タービン入口における蒸気の比エンタルピーが3550〔kJ/kg〕、復水器入口における蒸気の比エンタルピーが2450〔kJ/kg〕で運転しているとき、発電機効率〔%〕およびタービン効率〔%〕の値を求めよ。

・解答と解説・・・・・・・・・・・・・・・・・・・・・・・・・・・・・・・・・・・

問題の汽力発電設備は、蒸気量Z〔kg/h〕、タービン入口蒸気の比エンタルピーi_s〔kJ/kg〕、復水器入口蒸気の比エンタルピーi_e〔kJ/kg〕とすると、図aのようになり、発電機効率η_gとタービン効率η_tは次のように求める。

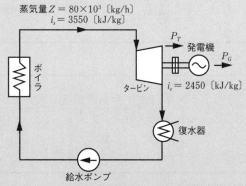

図a　水と蒸気の流れ

・発電機効率η_g

$$\eta_g = \frac{発電機出力}{発電機入力} = \frac{発電機出力}{タービン出力} = \frac{18}{20} = 0.9 \rightarrow \mathbf{90}〔\%〕（答）$$

・タービン効率η_t

$$\eta_t = \frac{タービン出力（熱量換算値）}{タービンで消費した全熱量} = \frac{3600 P_T}{Z(i_s - i_e)}$$

$$= \frac{3600 \times 20 \times 10^3}{80 \times 10^3 \times (3550 - 2450)} \fallingdotseq 0.818 \rightarrow \mathbf{82}〔\%〕（答）$$

👆**解法のヒント**

タービン出力（熱量換算値）は、20〔MW〕→ 20×10^3〔kW〕と換算し、さらに3600倍して〔kJ/h〕に換算する。
$1〔kW \cdot h〕= 3600〔kJ〕$
$1〔kW〕= 3600〔kJ/h〕$

第2章

火力発電

② 汽力発電所の熱効率向上対策　重要度 **A**

汽力発電所の熱効率向上対策には、次のようなものがあります。

a. **再熱再生サイクル**を採用する。

b. **高温、高圧の蒸気**を使用する。

c. 復水器の真空度を高める。

d. ボイラの余熱を排ガスから回収する……**空気予熱器、節炭器**を採用する。

物理・化学の基礎知識！

絶対圧力とゲージ圧力

絶対圧力とは、絶対真空を0(基準)とする圧力

ゲージ圧力とは、大気圧を0(基準)とする圧力

ゲージ圧力(G)＝絶対圧力(abs)－大気圧(101kPa(abs))の関係があります。

絶対圧力とゲージ圧力の関係を、**復水器真空度**の具体例で示すと、次のようになります。

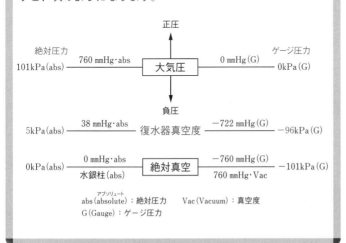

abs(absolute)：絶対圧力　　Vac(Vacuum)：真空度
G(Gauge)：ゲージ圧力

補足

復水器の真空度が高くなると、タービン背圧(排気圧力)が下がり、タービンの熱落差(タービン出入口蒸気のエンタルピーの差)が大きくなって、出力が増す。なお、**真空度が高いとは、絶対真空－101〔kPa〕(G)(－760〔mmHg〕(G))(760〔mmHg・Vac〕)に近づくという意味**であり、これを、真空度が低いという逆の意味にとってはならない。

補足

電験では、圧力の単位はSI単位(国際単位系)であるkPa(キロパスカル)を使用している。

復水器は、蒸気を復水に戻す際の熱量を海水が持ち去るため、大きな損失が生じる。この損失は、熱サイクル中最大で、燃料のエネルギーの約50％である。最新鋭の汽力発電所でも、送電端熱効率が40％程度と低いのはこのためである。燃料の持つエネルギーの約半分は海水中に捨てられている（海水を温めているだけ）。

以下に、汽力発電所の熱損失内訳の一例を示す。

ボイラ損失	12％
復水器損失	47％
タービン損失	2％
発電機損失	1％
所内電力	3％

例題にチャレンジ！

次の ☐ の中に適当な答えを記入せよ。

汽力発電所の復水器は、タービンの （ア） 蒸気を冷却水で冷却凝結し、真空を作るとともに復水にして回収する装置である。復水器によるエネルギー損失は熱サイクルの中で最も （イ） 、復水器内部の真空度を （ウ） 保持してタービンの （エ） を低下させることにより、 （オ） の向上を図ることができる。

・解答と解説・

復水器は、タービンの（ア）**排気**（答）蒸気を冷却するものである。蒸気サイクルでは、復水器の損失が最も（イ）**大きく**（答）、燃料のエネルギーの約50％を失う。復水器内部の真空度を（ウ）**高く**（答）保持して、タービンの（エ）**排気圧力**（答）を低下させることにより、（オ）**熱効率**（答）の向上を図ることができる。

③ 燃料消費率・熱消費率　　重要度 Ⓐ

1〔kW·h〕の電力量を発電するために必要な燃料の量〔kg〕（または〔ℓ〕）を**燃料消費率**F、1〔kW·h〕の電力量を発電するために必要な熱量〔kJ〕を**熱消費率**Jといい、それぞれ次式で表されます。

! 重要 公式　燃料消費率

$$F = \frac{B}{P_G} = \frac{3600}{H\eta_p} \quad \substack{\text{〔kg/(kW·h)〕} \\ \text{（または〔ℓ/(kW·h)〕）}} \tag{15}$$

! 重要 公式　熱消費率

$$J = \frac{BH}{P_G} = \frac{3600}{\eta_p} \text{〔kJ/(kW·h)〕} = FH \tag{16}$$

理解度チェック問題

問題　次の□の中に適当な答えを記入せよ。

1. 下図は、汽力発電所の各種効率を示したものである。

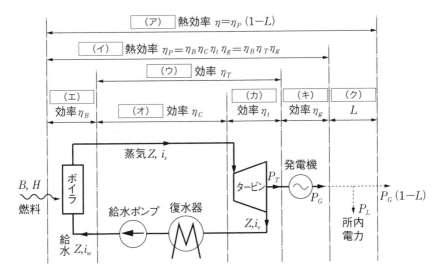

（ア）　熱効率　$\eta = \eta_P(1-L)$

（イ）　熱効率　$\eta_P = \eta_B \eta_C \eta_t \eta_g = \eta_B \eta_T \eta_g$

（ウ）　効率　η_T

（エ）効率 η_B　（オ）効率 η_C　（カ）効率 η_t　（キ）効率 η_g　（ク）L

蒸気 Z, i_s

ボイラ　給水ポンプ　復水器　タービン　発電機

B, H　燃料

給水 Z, i_w　　Z, i_e　　P_T　　P_G　　$P_G(1-L)$

P_L　所内電力

- B：燃料供給量〔kg/h〕
- H：燃料の発熱量〔kJ/kg〕
- Z：蒸気・給水流量〔kg/h〕
- P_T：タービン出力〔kW〕
- P_G：発電機出力〔kW〕
- P_L：所内電力〔kW〕
- i_s：ボイラ出口（＝タービン入口）蒸気のエンタルピー〔kJ/kg〕
- i_w：ボイラ入口給水のエンタルピー〔kJ/kg〕
- i_e：タービン排気のエンタルピー〔kJ/kg〕

2. 汽力発電所の熱効率向上対策には、次のようなものがある。

a．　（ケ）　サイクルを採用する。

b．　（コ）　、　（サ）　の蒸気を使用する。

c．　復水器の真空度を　（シ）　。

d．　ボイラの余熱を排ガスから回収する……　（ス）　、　（セ）　を採用する。

解答

（ア）送電端　　（イ）発電端　　（ウ）タービン室　　（エ）ボイラ　　（オ）熱サイクル
（カ）タービン　（キ）発電機　（ク）所内比率　（ケ）再熱再生　（コ）高温
（サ）高圧　　（シ）高める　　（ス）空気予熱器　　（セ）節炭器
※（コ）、（サ）と（ス）、（セ）は逆でもよい。

第2章 火力発電

環境対策

火力発電では、環境対策も重要な課題で、出題頻度も比較的高いです。
環境対策のテーマと、その対策を把握しておきましょう。

関連過去問 035, 036

① 煤じん対策
② 硫黄酸化物(SO_x)対策
③ 窒素酸化物(NO_x)対策

火力発電所の
大気汚染対策は、
この3つが
ポイントにゃ

① 燃料別の特徴 　　重要度 B

　火力発電に使用される主な燃料の大気汚染に関連する特徴として、次のような傾向があります。

①**石炭**は、大気汚染物質を**多く排出**する。

②**石油**は、大気汚染の面では**中間的**な位置付けになる。

③**LNG**（液化天然ガス）は、大気汚染の面では**比較的良質**な燃料といえる。

② 火力発電所の環境対策事項 　　重要度 B

　火力発電所における環境対策の事項として特に関係があるものは、大気の汚染、水質の汚濁、騒音の3つです。

①**大気汚染**…火力発電所では燃料を燃焼しますが、その際、硫黄酸化物や窒素酸化物、煤じんなどの大気汚染物質が発生します。

②**水質汚濁**…汚染水や温排水が発生します。

③**騒音**…騒音が発生します。

　このLESSONでは、①の**大気汚染対策**について重点的に学習します。

③ 大気汚染の防止対策　重要度 **A**

　使用する燃料と、対策の必要がある大気汚染物質との関係は、次のようになります。

◎**石油・石炭**…**媒じん、硫黄酸化物、窒素酸化物**のすべてについて対策が必要です。硫黄酸化物を除去する**脱硫装置**は、石油のうち、硫黄分が少ないナフサなどでは不要になることがありますが、石炭ではほとんどの場合に必要です。

◎**LNG**…**窒素酸化物**についての対策が必要です。また、**石炭ガス化燃料**も、ガス生成過程で灰分や硫黄分を除去するので、排気ガスに対する対策は窒素酸化物を除去する**脱硝装置**だけとなります。

(1) 媒じん対策

　煙道に**電気集じん装置**（図2.21参照）を設置します。

　電気集じん装置は、直流高電界によるコロナ放電（▶LESSON 13）を利用し、排煙中の媒じんに**負**の電荷を与え、これをクーロン力によって集じんし、槌打ち除去する装置です。

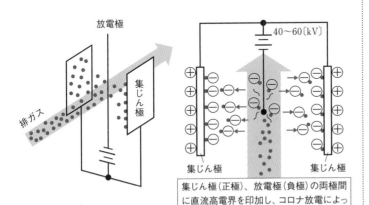

放電極

集じん極

排ガス

40〜60〔kV〕

集じん極　　集じん極

集じん極（正極）、放電極（負極）の両極間に直流高電界を印加し、コロナ放電によって排煙中の媒じんに負の電荷を与える

図2.21　電気集じん装置

補足

物質が電気を帯びた状態を、帯電しているといい、帯電している電気のことを電荷と呼ぶ。その電荷の周りに働く力を**クーロン力**（静電力）といい、クーロン力が働く空間のことを**電界**と呼ぶ。

用語

槌打ち除去とは、集じん極に付着・堆積した煤じんをハンマでたたき落とすこと。

(2) 硫黄酸化物(SO_X)対策

硫黄酸化物(SO_X: ソックスという。SO_2、SO_3などの総称)は、**大気汚染**や**酸性雨**の原因の1つとなります。この対策には、次のようなものがあります。

a. **低硫黄燃料**の使用

b. **硫黄を含まない燃料** LNGなどの使用

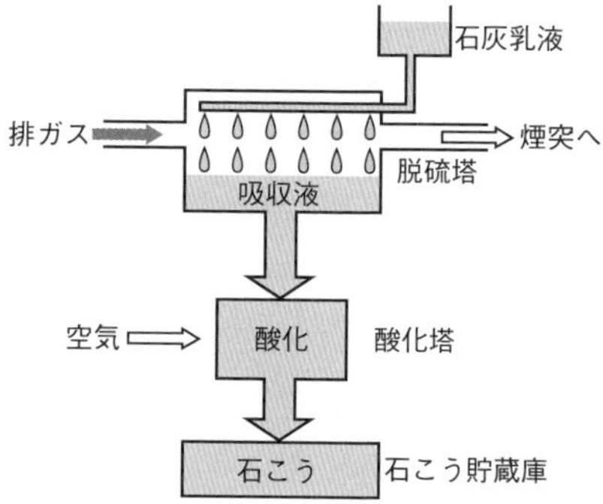

図2.22
排煙脱硫装置(石灰石−石こう法)の概要

c. **排煙脱硫装置**(図2.22参照)の設置(SO_Xを石灰乳液に吸収させる方法など)

(3) 窒素酸化物(NO_X)対策

窒素酸化物(NO_X:ノックスといいます。N_2O_3などの総称)は、**光化学スモッグ**や**酸性雨**などを引き起こす大気汚染原因物質です。

窒素酸化物の生成原因となる**窒素**(N)は、燃料中に含まれるほか、**空気の約80〔%〕**は窒素です。

燃料中に含まれる窒素による窒素酸化物を**フューエルNO_X**(Fuel:燃料)、**燃焼用空気中**の窒素による窒素酸化物を**サーマルNO_X**(Thermal:熱による)といいます。

NO_Xは、高温で、また、過剰酸素で燃焼すると発生しやすいので、**燃焼温度を低く**し、また、**酸素濃度を低く**し発生を抑えます。

この対策には、次のようなものがあります。

a. **低窒素燃料**の使用

b. **二段燃焼法**(燃焼用空気を2段階に分けて供給)

c. **排ガス混合燃焼法**(燃焼用空気に排ガスを混合)

d. **排煙脱硝装置**(図2.23参照)の採用(触媒の存在下でアンモニアによりNO_Xを窒素と水蒸気に還元する方法(アンモニア接触還元法)など。触媒とは、化学反応を速める物質)

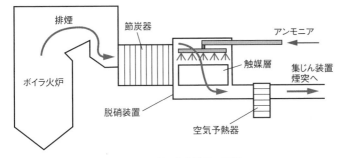

図2.23　排煙脱硝装置の概要

第2章

火力発電

例題にチャレンジ！

次の　　　　の中に適当な答えを記入せよ。

火力発電所から排出される大気汚染物質のうち、硫黄酸化物は、燃料中の硫黄分が燃焼により空気中の酸素と反応して発生するものであり、硫黄分を含まない　(ア)　を燃料として使用することも抑制対策の1つである。また、煙道に　(イ)　を設置する方法がある。

窒素酸化物は、燃料中に含まれる窒素化合物が燃焼時に酸化され生成するものと、　(ウ)　の窒素分が高温条件下で酸素と反応して生成するものがある。抑制対策として、煙道に　(エ)　を設置する方法がある。これは、排ガスに還元剤として　(オ)　を加え、触媒との反応で窒素と水蒸気に分解することで、窒素酸化物発生量の低減を図るものである。

媒じんは、石灰のように灰分を多く含む燃料をボイラで燃焼させると多量に排出される。対策としては、一般に煙道に　(カ)　を設置する。

・解答・

(ア)LNG　　(イ)排煙脱硫装置　　(ウ)焼焼用空気
(エ)排煙脱硝装置　　(オ)アンモニア　　(カ)電気集じん装置

■脱硫と脱硝

　硫黄酸化物（SO_X）対策には排煙脱硫装置、窒素酸化物（NO_X）対策には排煙脱硝装置が使用されるのは、その装置の名称に含まれる文字「硫」「硝」から判断できる。

　すなわち、**脱硫**とは硫黄酸化物である SO_2（亜硫酸ガス）、SO_3（無水硫酸）などを取り除くことを意味し、**脱硝**とは窒素酸化物である NO（一酸化窒素）、NO_2（二酸化窒素）などを取り除くことを意味する。窒素酸化物には N_2O_3（無水亜硝酸）など、「硝」の文字が付くものもある。

　また、窒素酸化物は水と結びつき、HNO_3（硝酸）となり、酸性雨の原因となる。

理解度チェック問題

問題　次の□□□の中に適当な答えを記入せよ。

1. 煤じん対策

　煙道に　(ア)　装置を設置する。

　(ア)　装置は、直流高電界によるコロナ放電を利用し、排煙中の煤じんに　(イ)　の電荷を与え、これをクーロン力により集じんし、槌打ち除去する装置である。

2. 硫黄酸化物(SO_X)対策

　硫黄酸化物(SO_X)は、大気汚染や酸性雨の原因の1つとなる。この対策には、次のようなものがある。

a.　(ウ)　燃料の使用

b. 硫黄を含まない燃料　(エ)　などの使用

c.　(オ)　装置の設置(SO_Xを石灰乳液に吸収させる方法など)

3. 窒素酸化物(NO_X)対策

　窒素酸化物(NO_X)は、光化学スモッグや酸性雨などを引き起こす大気汚染原因物質である。

　窒素酸化物の生成原因となる窒素は　(カ)　に含まれるほか、空気の約80〔%〕は窒素である。

　(カ)　に含まれる窒素による窒素酸化物をフューエルNO_X、　(キ)　の窒素による窒素酸化物をサーマルNO_Xという。

　NO_Xは、高温で、また、過剰酸素で燃焼すると発生しやすいので、燃焼温度を低くし、また、酸素濃度を低くし発生を抑える。この対策には、次のようなものがある。

a. 低窒素燃料の使用

b.　(ク)　燃焼法(燃焼用空気を2段階に分けて供給)

c.　(ケ)　燃焼法(燃焼用空気に排ガスを混合)

d.　(コ)　装置の採用(触媒の存在下でアンモニアによりNO_Xを窒素と水蒸気に還元する方法など)

解答

(ア)電気集じん　　(イ)負　　(ウ)低硫黄　　(エ)LNG　　(オ)排煙脱硫
(カ)燃料中　　(キ)燃焼用空気中　　(ク)二段　　(ケ)排ガス混合　　(コ)排煙脱硝

コンバインドサイクル発電

ガスタービンと汽力発電を組み合わせた、ガスタービンコンバインドサイクル発電の特徴を確実に理解しましょう。

関連過去問 037, 038

ガスタービンコンバインドサイクル発電は、ガスタービンと蒸気タービンなど、異なるサイクルを組み合わせている。

熱効率の飛躍的な向上をねらっているニャ

① ガスタービンコンバインドサイクルとは　重要度 B

用語

コンバインドとは、結び合わせること。結合すること。

＋1 プラスワン

コンバインドサイクル発電は、**排熱回収方式**のほかに、**排気再燃方式**、**排気助燃方式**、**給水加熱方式**がある。

ガスタービンコンバインドサイクル発電とは、**ガスタービン**と**蒸気タービン**など、異なるサイクルを組み合わせ、**熱効率の飛躍的な向上**を図ったものです。コンバインドサイクルの種類は多々ありますが、運用が容易なことから、わが国で多く採用されている**排熱回収方式**を図2.24に示します。

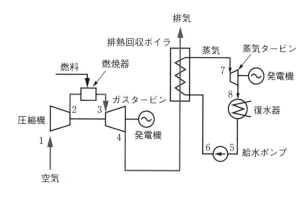

図2.24　排熱回収方式コンバインドサイクル発電の概要

排熱回収方式は、ガスタービンの排気を排熱回収ボイラに導き、その熱で給水を加熱し、蒸気タービンを駆動する方式です。

　排熱回収方式のコンバインドサイクル発電の主な特徴は、次の通りです。

a. **熱効率が高く**（43〜50％）、部分負荷時の**効率低下が少ない**。

b. **始動・停止時間が短い**。

c. 単位出力当たりの復水器冷却水量が、汽力発電に比べ少ない。

d. ガスタービンの出力が**外気温度の影響を受ける**。

e. ガスタービンは高温で燃焼するので、**窒素酸化物（NO_X）対策が必要**となる。

f. 蒸気タービンの単独運転はできない。

g. **騒音が大きく**、対策が必要である。

　ガスタービンの基本熱サイクルは**ブレイトンサイクル**、**蒸気タービン**の基本熱サイクルは**ランキンサイクル**です。

■ブレイトンサイクル（図2.24、25参照）

1→2：圧縮機（断熱圧縮）

2→3：燃焼器（等圧受熱、等圧燃焼）

3→4：ガスタービン（断熱膨張）

4→1：排気（等圧放熱、等圧排気）

■ランキンサイクル

（図2.24、25参照）

5→6：給水ポンプ（断熱圧縮）

6→7：排熱回収ボイラ（等圧受熱、等圧過熱）

7→8：蒸気タービン（断熱膨張）

8→5：復水器（等圧放熱、等圧凝縮）

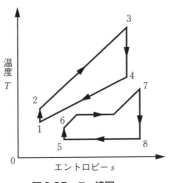

**図2.25　T-s線図
（温度-エントロピー線図）**

補足—
ランキンサイクル、エントロピーについては、LESSON11を参照。

　上記のように、ブレイトンサイクル、ランキンサイクルの各過程を繰り返し、動力を取り出します。

排熱回収方式のコンバインドサイクル発電における燃焼用空気の流れの順序として、正しいのは次のうちどれか。

(1) 燃焼器−ガスタービン−圧縮機−排熱回収ボイラ

(2) 圧縮機−燃焼器−ガスタービン−排熱回収ボイラ

(3) 圧縮機−ガスタービン−排熱回収ボイラ−燃焼器

(4) ガスタービン−燃焼器−圧縮機−排熱回収ボイラ

(5) ガスタービン−排熱回収ボイラ−燃焼器−圧縮機

・解答と解説・・

(1)、(3)、(4)、(5)の記述は誤り。

(2)正しい(答)。図2.24参照

・・

② 軸構成による分類　　　　　重要度 B

コンバインドサイクル発電を、軸構成から分類すると、ガスタービン1台に蒸気タービン1台を機械的に直結した**一軸形**と、複数台のガスタービンと1台の蒸気タービンを組み合わせた**多軸形**に分類できます。

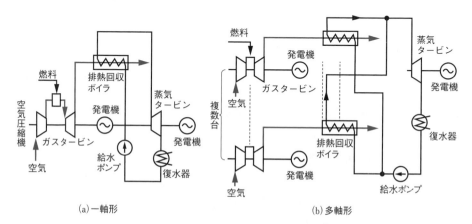

図2.26　軸構成によるコンバインドサイクルの違い

それぞれの特徴は、次の通りです。

(1) 一軸形の特徴

蒸気タービンが大容量となり、高出力時の熱効率が高いので、**ベース供給力**に適している。

(2) 多軸形の特徴

a. 定期点検など1台ごとに行えるため、平均利用率を高くできる。

b. 運転台数の切換えにより、部分負荷運転が行えるので、**ミドル供給力**に適している。**部分負荷効率は高い**。

c. 蒸気タービンが小容量であるため、一軸形に比べ始動時間が短い。

用語

ベース供給力
1日中ほぼ一定の出力を供給する電源である。

ミドル供給力
負荷変動に対応し、毎日起動停止できる電源である。

---

③ コンバインドサイクル発電の熱効率　重要度 B

コンバインドサイクル発電の熱効率 η は、ガスタービンの熱効率を η_G、蒸気タービンの熱効率を η_S とした場合、入力を1とすると、ガスタービンの出力が η_G、汽力発電は残りの $(1-\eta_G)$ を入力として出力を取り出すので $(1-\eta_G)\cdot\eta_S$ となります。

これを合わせた $\eta_G + (1-\eta_G)\cdot\eta_S$ が、コンバインドサイクル発電の熱効率 η になります。

①重要 公式　コンバインドサイクル発電の熱効率

$$\eta = \eta_G + (1-\eta_G)\cdot\eta_S$$
$$= \eta_G + \eta_S - \eta_G\cdot\eta_S \qquad (17)$$

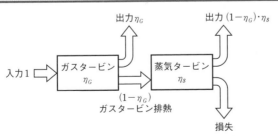

$$熱効率\,\eta = \frac{ガスタービン出力 + 蒸気タービン出力}{入力}$$
$$= \eta_G + (1-\eta_G)\cdot\eta_S$$

図2.27　コンバインドサイクル発電の熱効率

問題　次の□□□の中に適当な答えを記入せよ。

　コンバインドサイクル発電の排熱回収方式は、[(ア)]の排気を[(イ)]に導き、その熱で給水を加熱し、[(ウ)]を駆動する方式である。

　排熱回収方式のコンバインドサイクル発電の主な特徴は、次の通りである。

a. 熱効率が[(エ)]、部分負荷時の効率低下が少ない。

b. 始動・停止時間が[(オ)]。

c. 単位出力当たりの復水器冷却水量が、汽力発電に比べ少ない。

d. ガスタービンの出力が[(カ)]の影響を受ける。

e. ガスタービンは高温で燃焼するので、[(キ)]対策が必要となる。

f. 蒸気タービンの単独運転は[(ク)]。

g. [(ケ)]が大きく、対策が必要である。

解答

(ア)ガスタービン　　(イ)排熱回収ボイラ　　(ウ)蒸気タービン　　(エ)高く
(オ)短い　　(カ)外気温度　　(キ)窒素酸化物(NO_x)　　(ク)できない　　(ケ)騒音

18日目

LESSON 18

原子力発電の概要

質量欠損によるエネルギー E は、$E = mc^2$ 〔J〕であることを必ず覚えておきましょう。

関連過去問 039, 040, 041

質量欠損
$E = mc^2$〔J〕

しっかり覚えるにゃん！

① 原子の構造　　重要度 A

今日から、第3章原子力発電とその他の発電ニャ

物質を形作っている単位は**原子**で、原子は原子核とその周りを回る電子からできています。さらに、**原子核**は陽子と中性子からできており、原子の質量は、**陽子と中性子の数の和（質量数）**で決まります。陽子は正の電荷を持っており、中性子は電荷を持ちません。また、電子は負の電荷を持っており、質量はほとんどありません。

これから学ぶ**核分裂**には、主に次のような質量数の大きい原子が関係してきます。

①**ウラン**……… $^{235}_{92}$U、$^{238}_{92}$U は、それぞれ、**ウラン235**、**ウラン238**と表すこともあります。ウラン235とウラン238は、質量数の異なる**同位体**です。

②**プルトニウム**……… $^{239}_{94}$Pu は、**プルトニウム239**と表すこともあります。ほかに、質量数240や241などの同位体もあります。

※**ウラン235（$^{235}_{92}$U）原子とは**

ウラン（U）は、原子核の中に92個の陽子があります。逆に言えば、原子核の中に92個の陽子がある原子をウラン（U）といいます。

補足

$^{235}_{92}$U
記号（U）の左下に書かれた数値（92）のことを**原子番号**といい、原子核が持っている陽子の数と一致する。原子番号92とはウランUのことで、記号（U）の左上の数値（235）は質量数である。

用語

同じ原子であれば陽子数は同じだが、同じ原子でも中性子の数が異なる原子があり、これを**同位体**という。

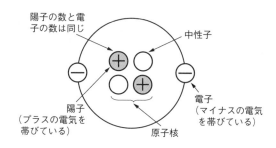

図3.1　原子の構造

　例えば、原子核の中に94個の陽子がある原子をプルトニウム（Pu）といいます。原子核の中に79個の陽子がある原子は金（Au）です。このように、**物質（原子）の名称**は、**原子核の中にある陽子の数＝原子番号**で決まります。

不安定な原子核が、粒子を放出（これが放射線として観測される）することを**放射性崩壊**といい、放射性崩壊をするものを**放射性物質**という。また、放射線を出す能力を**放射能**という。放射性物質が1秒間に1個の割合で崩壊することを**放射能1**〔Bq〕（ベクレルと読む）といい、放射性原子核の数が統計的に半分になるまでに要する時間を**半減期**という。

補足

ウラン235を1〔g〕核分裂させたとき発生するエネルギーは、石炭数トンの発熱量に相当する。

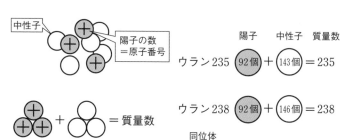

(a)原子番号と質量数　　　　(b)ウランの同位体

図3.2　原子核の構成

② 原子力発電の特徴　　重要度 Ａ

　原子力発電は、ウラン、プルトニウムなどを原子炉内で**核分裂**させ、このとき発生する**熱を利用**し、直接または間接的に蒸気を発生させて、汽力発電（▶LESSON10）と同じように**蒸気タービンを回転させて発電する方式**です。

　運転時に地球温暖化で問題視されているCO_2を発生しない利点がありますが、人体に影響のある**放射能**の問題（特に事故時）があり、この対策や放射性廃棄物の処理が汽力発電と比べ大きく異なります。

③ 質量欠損とエネルギーの発生　重要度 A

　ウラン235に中性子が当たると**核分裂**し、2個の**核分裂生成物**と2〜3個の中性子が放出されます。これを**核反応**と呼び、核分裂前のウラン235とそれに当たった中性子1個との質量合計と、核分裂後の2個の核分裂生成物とそのとき放出される2〜3個の中性子の質量合計には差があり、核分裂後のほうが質量が小さくなります。

　これを**質量欠損**といい、失われた質量はエネルギーに変換されます。

補足
核分裂生成物には、ヨウ素131、セシウム137などがある。

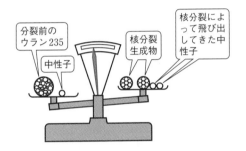

図3.3　核分裂と質量欠損

　m〔kg〕の質量欠損により生じるエネルギーE〔J〕は、cを光速(＝3×10^8〔m/s〕)とすると、次式で表されます。

> **⚠重要 公式　質量欠損により生じるエネルギー**
> $$E = mc^2 \text{〔J〕} \tag{1}$$

　ウラン235を**核分裂**させる中性子は、**熱中性子**と呼ばれる速度の遅い中性子です。

　核分裂の際放出する高速中性子が水(減速材)分子にぶつかり、減速して熱中性子となります。この熱中性子がほかのウラン235の原子核に分裂を起こさせ、これを繰り返すことで、連続的な分裂が行われます。この現象を**連鎖反応**と呼び、連鎖反応が一定の割合で持続することを**臨界**といいます。
※ウラン鉱山で採取される天然ウランは核分裂を起こさないウラン238がほとんどで、核分裂を起こすウラン235は**約0.7%**しか含まれていません。このため、軽水炉(▶LESSON19)

光速の式
$c = 3 \times 10^8$〔m/s〕
は暗記しよう！

補足
核分裂を起こす物質はウラン(U)のほかにトリウム(Th)、プルトニウム(Pu)があるが、プルトニウム(Pu)は自然界にほとんど存在しない。

では、ウラン235の濃度を**3〜5%程度**まで高めた**低濃縮ウラン**を使用しています。

　なお、ウラン238も中性子を吸収してウラン239になった後に、放射性崩壊を経て、核分裂を起こすプルトニウム239に転換されます。ウラン238は核分裂性物質の元となる物質なので、**親物質**と呼ばれます。

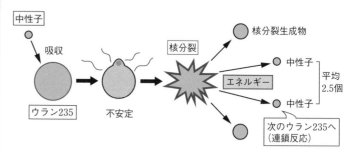

図3.4　ウラン235の核分裂

補足

原子核内の陽子(⊕)と中性子(⊕)の数
ウラン238
(⊕92 +⊕146)
　↓　⊕1個吸収
ウラン239
(⊕92 +⊕147)
　↓　⊖1個放出
ネプツニウム239
(⊕93 +⊕146)
　↓　⊖1個放出
プルトニウム239
(⊕94 +⊕145)

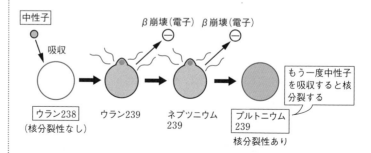

図3.5　ウラン238の転換

用語

β崩壊とは、原子核内の中性子が電子を放出して、中性子が陽子に変化する現象。飛んでいる電子を β線という。

※核融合による質量欠損

　原子核の質量は、その陽子や中性子がバラバラに存在しているときの質量の合計よりもわずかに少なく、これも原子核として結合(**核融合**)するときに**質量欠損に相当するエネルギーを放出**したものと説明されます。

結合による質量欠損、分裂による質量欠損のいずれも、過去の電験三種試験で出題されているニャン。

例題にチャレンジ！

1〔g〕のウラン235が核分裂し、0.09〔%〕の質量欠損が生じたとき、発生するエネルギーを石炭に換算した値〔kg〕として求めよ。

ただし、石炭の発熱量を26000〔kJ/kg〕とする。

・**解答と解説**・・・・・・・・・・・・・・・・・・・・・・・・・・・・・・

質量欠損 m は、

$$m = 0.001 \times \frac{0.09}{100} = 9 \times 10^{-7} \text{〔kg〕}$$

これにより発生するエネルギー E は、光速 $c = 3 \times 10^8$〔m/s〕とすると、

$$E = mc^2 = 9 \times 10^{-7} \times (3 \times 10^8)^2 = 9 \times 10^{-7} \times 9 \times 10^{16}$$
$$= 8.1 \times 10^{10} \text{〔J〕}$$

これと同等の熱エネルギー E を得るために必要な石炭の質量 M〔kg〕は、石炭の発熱量を $H = 26000 \times 10^3$〔J/kg〕とすると、

$$E = HM \text{〔J〕} \quad \text{となるので、}$$

$$M = \frac{E}{H} = \frac{8.1 \times 10^{10}}{26000 \times 10^3} ≒ \textbf{3115}\text{〔kg〕（答）}$$

・・・・・・・・・・・・・・・・・・・・・・・・・・・・・・・・・・・・・・・

解法のヒント

1〔g〕→ 0.001〔kg〕
26000〔kJ/kg〕
→ 26000 × 10³〔J/kg〕
と変換する。
※ $E = mc^2$ の
　 m の単位は〔kg〕、
　 E の単位は〔J〕。
　 注意しよう。

問題 次の □ の中に適当な答えを記入せよ。

　原子核は、正の電荷を持つ陽子と電荷を持たない □（ア）□ とが結合したものである。

　原子核の質量は、陽子と □（ア）□ の個々の質量の合計より □（イ）□ 。この差を □（ウ）□ といい、結合時にはこれに相当する結合エネルギーが放出される。この質量の差を m〔kg〕、光の速度を c〔m/s〕とすると、放出されるエネルギー E〔J〕は □（エ）□ に等しい。

　原子力発電は、ウランなど原子燃料の □（オ）□ の前後における原子核の結合エネルギーの差を利用したものである。

解答

（ア）中性子　　（イ）小さい　　（ウ）質量欠損　　（エ）mc^2　　（オ）核分裂

解説

　原子核は、正の電荷を持つ陽子と電荷を持たない（ア）**中性子**とが結合したものである。この原子核の質量は、陽子や中性子がバラバラに存在しているときの個々の質量の合計より（イ）**小さい**。これは結合時にエネルギーとして放出されたと説明される。結合の前後の質量差 m〔kg〕に対して、結合時に観測されるエネルギーは（エ）mc^2〔J〕であり、核分裂の際の（ウ）**質量欠損**によるエネルギーと同じ式になる。また、原子力発電は、ウランなど原子燃料の（オ）**核分裂**の前後における原子核の結合エネルギーの差を利用したものである。

19日目

LESSON 19

第3章 原子力発電とその他の発電

原子力発電の設備

原子力発電は汽力発電の一種で、火力発電のボイラの代わりに原子炉を使うことが重要な特徴です。

関連過去問 042, 043

どちらも、熱で水蒸気を作って、タービンを回して発電するニャン

① 原子炉　　　重要度 A

(1) 原子炉の構造

原子炉には研究中のものを含めたくさんの種類がありますが、国内の商用原子力発電所では**軽水炉**の**加圧水型**（PWR）と**沸騰水型**（BWR）が用いられています。**軽水**を**減速材**と**冷却材**とに兼用しています。燃料はともに濃縮度3～5％程度の低濃縮ウランです。

(2) 加圧水型原子炉（PWR）

原子炉で発生した熱は、冷却材を沸騰させることなく取り出され、**蒸気発生器**を介してタービン系統に伝達されます。一次系統の放射能がタービン系統に移行せず、点検保守が容易となりますが、系統構成はやや複雑になります。

出力の調整は、主として冷却材中の**ほう素濃度**の調整により行いますが、起動または停止時のような**大幅な出力調整**は、**制御棒**の調整で行います。

(3) 沸騰水型原子炉（BWR）

炉心で蒸気を発生させて直接タービン系統に送るため、熱効

用語

軽水
普通の水（H_2O）のこと。重水（D_2O）と区別するときに特に軽水という。

減速材
核分裂で飛び出す高速の中性子を減速させ、ウラン235に吸収されやすい**熱中性子**を作るためのもの。

補足

PWRは、Pressurized Water Reactorの略。
BWRは、Boiling Water Reactorの略。

用語

制御棒とは、中性子を吸収して核分裂を起きにくくするもの。制御棒を核燃料間に挿入すると出力は下降し、引き抜くと出力は上昇する。

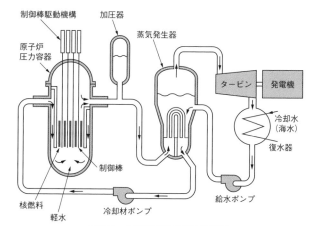

率は高くなりますが、放射能を帯びた蒸気がタービンに送られるので、タービンを遮へいする必要があります。**出力の調整**は、主として**再循環流量**の調整により行います。流量が増加すれば炉心の蒸気泡（じょうきほう）の量が減少し、炉心反応度が増加して出力が増大します。起動または停止時のような**大幅な出力調整**は、**制御棒**の調整で行います。

※再循環流量の調整による出力調整

再循環流量を増加→炉心流量増加→蒸気泡が炉心上部へ追いやられる→炉心の水の密度が高くなる→中性子が水分子に当たり減速し、**熱中性子**になりやすい→核分裂しやすくなる→炉心反応度増加

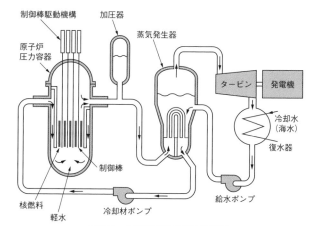

図3.6　加圧水型原子炉（PWR）

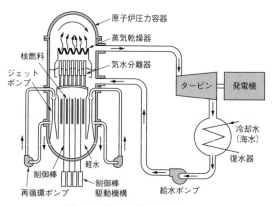

図3.7　沸騰水型原子炉（BWR）

プラスワン

従来型であるBWRの再循環ポンプは原子炉外に配置されているが、**改良型BWR（ABWR）**に再循環ポンプはなく、直接炉内に配置した**インターナルポンプ**で炉心流量を制御する。

プラスワン

沸騰水型では、炉心で発生した水滴を含む蒸気から、炉内上部に設置してある**気水分離器**で蒸気を分離しタービンに送る。

補足

その他の原子炉
重水炉
減速材として重水を使用する。
ガス冷却炉
冷却材として、炭酸ガスやヘリウムなどの気体を使用する。
高速増殖炉
高速中性子によるウラン238のプルトニウム239への転換を利用した原子炉。技術の困難さから実用化は中止されている。

(4) 原子炉の自己制御性

　軽水炉においては、出力の増加に対し、**負の反応度フィードバック特性**を持つように設計します。このような特性を、**原子炉の自己制御性**あるいは**固有の安全性**といいます。

　自己制御性には、以下の効果があります。

①**ドップラー効果（燃料温度効果）**‥‥‥‥燃料の温度が上昇すると、燃料中の核分裂を起こさないウラン238が中性子を吸収しやすくなります。これを**ドップラー効果（燃料温度効果）**といい、燃料全体として反応度が低下します。

②**減速材温度効果**‥‥‥‥減速材（軽水）の温度が上昇すると、軽水の密度が減少して中性子の減速効果が低下し、反応度が低下します。これを**減速材温度効果**といいます。

③**ボイド効果**‥‥‥‥**ボイド効果**は、沸騰水型原子炉の出力制御で利用されています。再循環流量が減少するとボイド（気泡）が増加して、反応度が低下します。

例題にチャレンジ！

　原子力発電に用いられる軽水炉には、加圧水型（PWR）と沸騰水型（BWR）がある。この軽水炉に関する記述として、誤っているものを次の(1)～(5)のうちから一つ選べ。

(1) 軽水炉では、低濃縮ウランを燃料として使用し、冷却材や減速材に軽水を使用する。

(2) 加圧水型では、構造上、一次冷却材を沸騰させない。また、原子炉の反応度を調整するために、ホウ酸を冷却材に溶かして利用する。

(3) 加圧水型では、高温高圧の一次冷却材を炉心から送り出し、蒸気発生器の二次側で蒸気を発生してタービンに導くので、原則的に、炉心の冷却材がタービンに直接入ることはない。

(4) 沸騰水型では、炉心で発生した蒸気と蒸気発生器で発生した蒸気を混合して、タービンに送る。

🔥**解法のヒント**

一次冷却材とは、蒸気発生器の一次側の冷却材のことである。

(5) 沸騰水型では、冷却材の蒸気がタービンに入るので、タービンの放射線防護が必要である。

・解答と解説・・・・・・・・・・・・・・・・・・・・・・・・・・・・・・・・

(1)、(2)、(3)、(5) の記述は**正しい**。なお (2) のホウ酸とは、ホウ素(ほう素)の酸化物である。

(4) **誤り**(答)。沸騰水型では、炉心で発生した水滴を含む蒸気から気水分離器で蒸気を分離し、そのままタービンに送る。蒸気発生器があるのは加圧水型である。

・・・・・・・・・・・・・・・・・・・・・・・・・・・・・・・・・・・・・・

② 核燃料サイクル　　　重要度 **C**

　使用済の核燃料は、核分裂生成物の崩壊によって発生する崩壊熱のため、取り出した後もしばらく熱を発生し続けるので、発電所内の貯蔵プールの中で冷却されます。

　使用済核燃料の中には、燃え残りのウランやウラン238が中性子を吸収してできたプルトニウム239が生じています。この貴重なウラン資源を有効に使うため、再処理工場で化学処理してウランとプルトニウムを取り出し、ウランは濃縮のため転換工場へ、プルトニウムは加工工場へ送られ、再び燃料として生まれ変わります。このようなウランの一生を図で表すと、図3.8のように一連の輪ができます。これを**核燃料サイクル**と呼びます。

補足−

プルサーマルとMOX燃料

わが国では、原子炉で生成されるプルトニウムを再利用する計画がある。プルトニウムを熱中性子炉(軽水炉などの、熱中性子を利用する原子炉)で使用することを「**プルサーマル**」という。現在稼働している軽水炉で使えるように、プルトニウムを、ウランとプルトニウムの混合酸化物燃料(**MOX燃料**)として利用する。

製　錬	鉱石からウランをイエローケーキとして回収する
↓	
転　換	イエローケーキを濃縮しやすい六フッ化ウラン（気体状）に変える
↓	
濃　縮	六フッ化ウランのウラン235の濃度を高める
↓	
再転換	濃縮された六フッ化ウランを燃料となる二酸化ウラン（固体状）に変える
↓	
加　工	二酸化ウランを焼き固めてペレットを作り、燃料棒（燃料集合体）に加工する
↓	
再処理	使用済燃料を、燃え残ったウランと新しく生まれたプルトニウムと放射性廃棄物に分離する

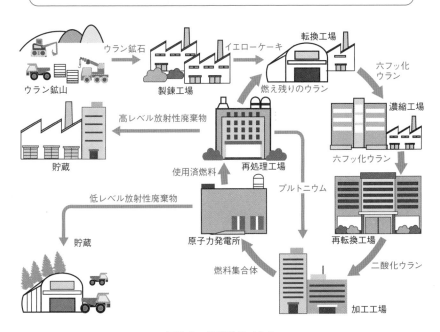

図3.8　核燃料サイクル

問題 次の □ の中に適当な答えを記入せよ。

1. わが国の商業発電用原子炉のほとんどは、軽水炉と呼ばれる型式であり、それには加圧水型原子炉（PWR）と沸騰水型原子炉（BWR）の2種類がある。PWRの熱出力調整は、主として炉水中の （ア） の調整によって行われる。一方、BWRでは主として （イ） の調整によって行われる。なお、両型式とも起動または停止時のような大幅な出力調整は制御棒の調整で行い、制御棒の （ウ） によって出力は上昇し、 （エ） によって出力は下降する。

2. わが国の原子力発電所で用いられる軽水炉では、水が （ア） と減速材を兼ねている。もし、何らかの原因で核分裂反応が増大し、出力が増大して水の温度が上昇すると、水の密度が （イ） し、中性子の減速効果が低下する。その結果、核分裂に寄与する （ウ） が減少し、核分裂は自動的に （エ） される。このような特性を、軽水炉の固有の安全性または自己制御性という。

解答

1. (ア)ほう素濃度　(イ)再循環流量　(ウ)引抜き　(エ)挿入
2. (ア)冷却材　(イ)減少　(ウ)熱中性子　(エ)抑制

20日目

LESSON 20

太陽光発電・風力発電

ここでは、これまでに学習した以外の発電方式として、太陽光発電と風力発電について学習しましょう。

関連過去問 044, 045, 046

1 太陽光発電

重要度 A

(1) 太陽電池の動作原理

太陽電池は、シリコンなどの**半導体**に光が当たると電気が発生する**光電効果**(光起電力効果)を利用した電池です。**太陽光発電**は、太陽電池により光エネルギーを直接電気エネルギーに変換する発電方式です。

p、n形接合半導体に太陽光が入射すると、電子と正孔(せいこう)が発生し、内部電界により電子が**n形半導体**に、正孔が**p形半導体**に引き寄せられ、それぞれ負極、正極となり、その間に直流電圧を生じ、電極に外部負荷を接続することにより、光エネルギーの強さに応じた電力を供給します。

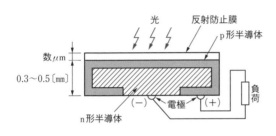

図3.9 太陽電池

+1 **プラスワン**

p形半導体の表面は通常、**反射防止膜**で覆われており、太陽光を可能な限り内部に取り入れている。

補足

μm(マイクロメートル)は、1000分の1mm。

シリコン太陽電池には、結晶系の**単結晶太陽電池、多結晶太陽電池**および非結晶系の**アモルファス太陽電池**があります。アモルファス太陽電池は、光の吸収率が高いため、シリコンの厚さを極端に薄くできるため、高価なシリコンを節約し、製造工程を少なくできる利点がありますが、単結晶、多結晶に比べ、変換効率が低く、初期劣化が大きいという欠点があります。なお、**アモルファス**とは、非結晶質という意味です。

(2) 太陽光発電の特徴

太陽光発電の特徴は、次の通りです。

a. 光から電気への直接変換であるため、騒音も少なく、保守が容易で、**環境汚染物質の排出がない**クリーンな発電方式である。

b. 太陽光エネルギーは無尽蔵であり、**非枯渇エネルギー**である。

c. 発電が気象条件(日照)に左右される。

d. ほかの発電方式に比べ**エネルギー密度が低い**(晴天時、約1〔kW/m²〕)ので、大出力を得るには広い面積が必要になる。

e. **エネルギーの変換効率(熱効率)** が、火力発電などほかの発電方式に比べ7〜20〔%〕程度と**低い**。

f. 電池出力が直流であるため、交流として電気を供給するには**インバータ(直流-交流変換装置)** や系統連系保護機能を備えた**パワーコンディショナ**が必要となる。

g. 出力は**周囲温度の影響を受ける**。

h. 太陽光発電の普及に伴い、**日中の余剰電力は揚水発電の揚水**に使われているほか、**大容量蓄電池への電力貯蔵に活用され**ている。

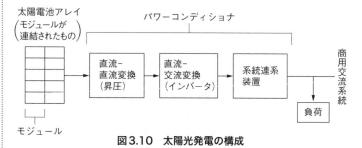

図3.10　太陽光発電の構成

例題にチャレンジ！

　太陽光発電に関する記述として、誤っているのは次のうちどれか。

(1) システムが単純であり、保守が容易である。

(2) 出力の変動が大きい。

(3) 出力が直流である。

(4) エネルギーの変換効率が高い。

(5) 出力は周囲温度の影響を受ける。

・解答と解説・・

(1) **正しい。**太陽光発電システムは単純なので、保守が容易である。

(2) **正しい。**太陽光発電の出力は天候や時間帯に大きく左右され、安定しない。

(3) **正しい。**太陽光発電の出力は直流である。

(4) **誤り**(答)。現在主流となっているシリコン太陽電池による太陽光発電システムの発電効率は、7～20%程度であり、これは発電効率として低い値である。最新鋭の火力発電(コンバインドサイクル発電方式)は60%を超えている。

(5) **正しい。**太陽電池は半導体の光起電力効果を利用した発電方式で、出力は周囲温度の影響を受ける(半導体〔シリコン〕が高温に弱いためである。最も効率のよいパネル温度は25℃)。

・・

② 風力発電　重要度 A

(1) 風力発電の原理

　風車は、風の運動エネルギーを、風車の回転運動に変換して取り出します。質量 m 〔kg〕の空気のかたまりが、速度 v 〔m/s〕で流れると、単位時間当たりの風の持つ運動エネルギー P_0 は、次式で表されるように、風速 v の2乗に比例します。

風車の出力係数 C_p とは、風車が風のエネルギーを力学的エネルギーに変換できる効率のことをいう。風の持つ運動エネルギーの利用には限界があり、理想的な風車で、理論的に

$$C_p = \frac{16}{27} \fallingdotseq 0.593$$

（約 60 〔%〕）であることが証明されており、これを**ベッツの限界値**という。100 〔%〕変換できないことは、風車を通り抜けた風がまだエネルギーを持っていることから容易に推測できる。もし 100 〔%〕変換できるとすれば、風車出口の風速は 0 でなければならない。

C_p は、最適設計されたプロペラ形風車で、45 〔%〕程度の値となる。さらに、機械損や発電機効率などを考慮すると、風力エネルギーから最終的な電気エネルギーまでの変換効率は、20〜40〔%〕程度の値となる。

🔲**プラスワン**

同期発電機は、励磁を変えることにより、無効電力を自在に制御できる。しかし、**誘導発電機**は、系統から励磁のための遅れ無効電力を受け取るだけである。言い換えれば、系統へ進み無効電力を供給する運転しかできないということである。

$$P_0 = \frac{1}{2}mv^2 \text{〔J/s〕} (= \text{〔W〕}) \tag{2}$$

空気の密度を ρ 〔kg/m³〕、風車の受風面積（回転面積）を A 〔m²〕とすれば、単位時間では $m = \rho Av$ 〔kg/s〕となるので、風車面を通過する単位時間当たりの空気の量 m は風速 v に比例します。

風車の出力係数（風車ロータのパワー係数）を C_p とすると、風車で得られる単位時間当たりのエネルギー P は、

> ⚠️**重要** **公式** **風車で得られる単位時間当たりのエネルギー**
>
> $$P = \frac{1}{2}C_p\rho Av^3 \text{〔W〕} \tag{3}$$

で表されます。

つまり、「風車から取り出せる単位時間当たりのエネルギー P は、空気の密度 ρ、風車の受風面積 A に比例し、風速 v の**3乗**に比例する」ことがわかります。単位面積（$A = 1$〔m²〕）当たりのエネルギーを、**風力エネルギー密度**といいます。

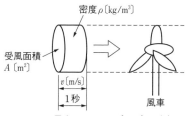

図3.11 風のエネルギー

(2) 風力発電の特徴

風力発電の特徴は、次の通りです。

a. **環境汚染物質の排出がない**クリーンな発電方式である。

b. 風力エネルギーは無尽蔵であり、**非枯渇エネルギー**である。

c. 風向、風速に季節的、時間的変動があり、**発電電力が不安定**である。

d. 火力発電に比べ**エネルギー密度が低い**ので、大出力を得るには巨大な風車が必要となる。

e. 誘導発電機を使用する場合、系統並列時に大きな突入電流が流れる。また、無効電力を制御できない。

（3）風車の制御

　風車には、発電に必要な**最低風速**と安全のため停止すべき**最大風速**が設定されています。また、**定格風速**は年間の発電量が最大となるように設計され、おおむね年間平均風速の1.3～1.5倍とされます。定格風速を超えたものに関して、出力は一定に保たれます。

　その他の風速には、以下のものがあります。

①**カットイン風速**………有効な出力が得られる風速で、これ以上になると発電を開始します。2～5〔m/s〕程度です。

②**カットアウト風速**………強風による破損を避けるため、風車を停止する風速です。24～25〔m/s〕程度です。

（4）風車の発電機

　風力発電では、一定の回転速度を得ることが難しいなどの理由から、中小容量の発電機には、一般に**誘導発電機**が採用されます。これは誘導電動機と同じ原理を発電に利用するもので、誘導発電機を風車で回転させ、同期速度よりも高速にして有効電力を電力系統へ供給します。

　誘導発電機には、次のような特徴があります。

①**誘導発電機の長所**

a. 同期速度を維持する必要がないので、**始動や系統への並列が簡単**。

b. 励磁装置が必要ないので、**建設や保守のコストが安い**。

②**誘導発電機の短所**

a. 励磁装置がないので、系統から励磁のための**遅れ無効電力を供給する必要がある**。また、発電機の主回路が消費する遅れ無効電力も系統から供給する必要がある。したがって、誘導発電機は進み力率運転をすることになる。

b. 励磁装置がないので、**単独では発電できない**。

c. 並列時に大きな突入電流が流れる。

補足

同期とは、タイミングが合うことをいい、**同期速度**とは、回転磁界の速度と回転子の回転速度が一致することをいう。ただし、回転磁界の速度を同期速度と呼ぶことが多い。

補足

同期発電機は、回転子に直流電流を流すための装置（励磁装置）が必要で、回転子の構造が複雑になり、高価で、励磁装置等の保守点検が必要となる。一方で、発電機の外部から励磁を行うため、その励磁を調整することによって発電機の電圧を調整することができ、電力会社の送配電網に接続することなく、需要家へ電力の供給が可能である。電力会社の送配電線に接続する系統連系の場合は、系統側と発電機側の電圧と周波数を合わせてから連系するため、系統への影響が少ないこともメリットになる。

補足

系統とは、電力系統のこと。商用電力系統という呼び方もある。

Q 誘導発電機が無効電力を制御できず、進み力率運転しかできない理由は何ですか？

A 誘導電動機を同期速度以上で回転させると、誘導発電機となります。

誘導電動機の力率が遅れ力率であることは、巻線が誘導リアクタンスを持つことから容易に推測できます。

このことを詳しく見ると、出力等価抵抗が有効電力を消費し、励磁回路や漏れリアクタンスが遅れ無効電力を消費しているので、誘導電動機は遅れ力率となっています。

この有効電力と遅れ無効電力は、系統から誘導電動機へ供給しています。

次に、誘導発電機はどうか考えます。

滑りが負値のため、出力等価抵抗は有効電力を発生し、系統へ供給します。

励磁回路や漏れリアクタンスは誘導電動機と同じで、遅れ無効電力を消費しています。

無効電力の性質として、遅れ無効電力の消費＝進み無効電力の供給なので、次のように言えます。

①誘導発電機は、系統へ有効電力および進み無効電力を供給する機器である。そして、この無効電力は制御できない。

②誘導発電機の端子へ力率計を設置すれば、当然進み力率を指示する。

次のように考えても理解しやすいでしょう。

①ある地点の有効電力潮流と同じ向きに取った無効電力潮流が遅れ無効電力潮流なら、その地点の力率は遅れである（ある地点の電流は電圧より遅れている）。

②ある地点の有効電力潮流と同じ向きに取った無効電力潮流が進み無効電力潮流なら、その地点の力率は進みである（ある地点の電流は電圧より進んでいる）。

図3.12に誘導電動機と誘導発電機の力率の考え方を示します。

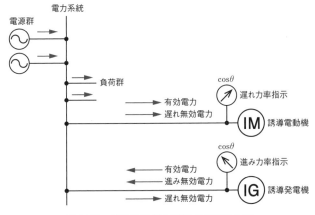

図3.12　誘導電動機と誘導発電機の力率

例題にチャレンジ！

　ロータ半径が40〔m〕の風車がある。風車が受ける風速が10〔m/s〕で、風車のパワー係数が50%のとき、風車のロータ軸出力〔kW〕を求めよ。

　ただし、空気の密度を1.2〔kg/m³〕とする。ここでパワー係数とは、単位時間当たりにロータを通過する風のエネルギーのうち、風車が風から取り出せるエネルギーの割合である。

・解答と解説・

風車のロータ軸出力P〔W〕は、次式で表される。

$$P = \frac{1}{2}C_p \rho A v^3 \ \text{〔W〕} \cdots (1)$$

ただし、C_p：風車のパワー係数（小数）、ρ（ロー）：空気の密度〔kg/m³〕、A：風車の受風面積〔m²〕、v：風速〔m/s〕

ロータ半径$r = 40$〔m〕であるので、風車の受風面積Aは、

$$A = \pi r^2 = \pi \times 40^2 = 1600\pi \ \text{〔m²〕}$$

与えられた数値を式(1)に代入する。

$$P = \frac{1}{2} \times 0.5 \times 1.2 \times 1600\pi \times 10^3$$

$$\fallingdotseq 1508 \times 10^3 \ \text{〔W〕} \rightarrow \textbf{1508}\ \text{〔kW〕（答）}$$

問題 次の 　　　 の中に適当な答えを記入せよ。

1. 太陽光発電の特徴は、次の通りである。

a. 光から電気への直接変換であるため、騒音も少なく、 (ア) 物質の排出がない
クリーンな発電方式である。

b. 太陽光エネルギーは無尽蔵であり、 (イ) エネルギーである。

c. 発電が気象条件(日照)に左右される。

d. ほかの発電方式に比べてエネルギー密度が (ウ) 。

e. エネルギーの変換効率(熱効率)が、火力発電などほかの発電方式に比べ (エ) 。

f. 電池出力が直流であるため、交流として電気を供給するには (オ) が必要となる。

g. 出力は、周囲温度の影響を受ける。

2. 風力発電の特徴は、次の通りである。

a. (カ) 物質の排出がないクリーンな発電方式である。

b. 風力エネルギーは無尽蔵であり、 (キ) エネルギーである。

c. 風向、風速に季節的、時間的変動があり、発電電力が不安定である。

d. 火力発電に比べエネルギー密度が (ク) 。

e. 誘導発電機を使用する場合、系統並列時に大きな突入電流が流れる。また、
(ケ) を制御できない。

解答

1. (ア)環境汚染　　(イ)非枯渇　　(ウ)低い　　(エ)低い
(オ)インバータ(直流-交流変換装置)

2. (カ)環境汚染　　(キ)非枯渇　　(ク)低い　　(ケ)無効電力

21日目

LESSON 21

第3章 原子力発電とその他の発電

燃料電池・地熱発電・その他の発電

ここでは、燃料電池、地熱発電、その他の発電方式について学習しましょう。

関連過去問 047, 048

① 燃料電池
② 地熱発電
③ バイオマス発電
④ 廃棄物発電

いろいろな方式があって、面白そうにゃね

① 燃料電池 　　重要度 A

燃料電池は、水などの電気分解と逆反応であり、化学エネルギーを電気エネルギーに変換し、取り出すものです。電気量と物質の析出量の関係は、電気分解においても電池においても同じであり、ファラデーの法則により求めることができます。燃料電池の出力は**直流**であり、交流で使用するために**インバータ**（**直流-交流変換装置**）などの周辺装置が必要となります。特に用途として、需要場所の近くに設置できる**分散形電源**として期待されています。

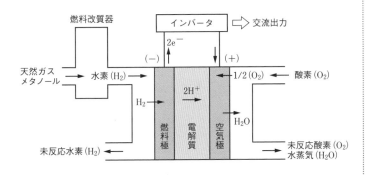

図3.13　リン酸形燃料電池の原理

補足

燃料電池は従来の電池と異なり、電池本体内部に燃料（水素、天然ガス、メタノール）や活物質（負極水素、正極酸素）を貯蔵せず、外部から供給し、反応生成物の水を除去しているので、電池本体に何ら変化を生じない電池である。電池というよりは、むしろ**回転部分を伴わない発電設備**と捉えることが適切である。

用語

析出とは、液状の物質から結晶または固体状の成分が分離して出てくることをいう。

補足

電気分解における**ファラデーの法則**とは、電気分解において、通過した電気量と電極に析出する物質の量との関係を示す法則。

(1) 燃料電池の種類と用途

表3.1に燃料電池の種類と用途を示します。

表3.1　燃料電池の種類と用途

種類	低温作動形			高温作動形	
	アルカリ形	固体高分子形 （PEFC）	リン酸形 （PAFC）	溶融炭酸塩形 （MCFC）	固体酸化物形 （SOFC）
電解質	水酸化 カリウム	高分子イオン 交換膜	リン酸 水溶液	アルカリ 炭酸塩	安定化 ジルコニア
イオン 導電種	OH^-	H^+	H^+	$CO_3{}^{2-}$	O^{2-}
運転温 度〔℃〕	常温〜200	常温〜100	150〜220	600〜700	900〜1000
燃料	純水素	水素、 天然ガス	天然ガス、 LPG、メタ ノールなど	天然ガス、石炭ガス、 メタノール、LPGなど	
発電効 率〔%〕	〜60	45〜60	40〜45	45〜60	50〜60
排熱 利用	給湯、低・高温水、蒸気			蒸気タービン、 ガスタービン発電	
用途	宇宙・軍事 などの特殊 要素	電気自動車、 可搬型電源	小中規模電 源、コージェ ネレーショ ン	中大規模分散形電源、 コンバインドサイクル	

(2) 燃料電池の特徴

燃料電池の特徴は、次の通りです。

a. 電池の主要部分に燃焼や回転部分などがないので、**環境汚染物質**の排出や**振動**、**騒音**がほとんどないクリーンな発電方式である。

b. 燃料の化学エネルギーを、直接、電気エネルギーとして取り出すことができるので、**カルノーサイクル**の制約を受けず、**熱効率（発電効率）が高い**。

c. 電池出力が**直流**であるため、交流として電気を供給するには**インバータ**が必要となる。

d. 発電に伴って発生する水蒸気などの排熱を利用して、総合熱効率の向上を図れる。

② 地熱発電　　重要度 C

(1) 地熱発電の各方式

　地熱発電とは、地下に存在する熱エネルギーを利用して発電を行うことです。

　地熱発電は、建設地点によって地熱流体の性状や成分が異なり、流体の性質に適した各種発電方式があります。

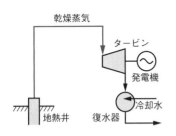

(a) ドライスチーム方式

地熱井から得られた蒸気が、ほとんど熱水を含まない場合、簡単な湿分除去を行うのみで、蒸気をタービンに送り発電する方式。

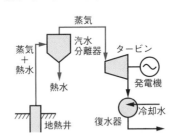

(b) シングルフラッシュ方式

地熱井から得られる地熱流体が、蒸気と熱水の2相流の場合、**汽水分離器 (セパレータ)** で分離し、蒸気のみをタービンへ送り発電する方式。

> **補足**
> 地熱流体(蒸気、熱水)を取り出す井戸を、地熱井という。蒸気井、生産井ともいう。

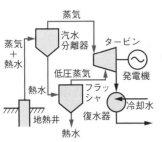

(c) ダブルフラッシュ方式

地熱井から得られる地熱流体が、蒸気と熱水の2相流で、熱水が多い場合、蒸気を分離した後の熱水を弁や絞りで**減圧蒸発**させ、その発生蒸気をタービンの中段に送り、出力を増加させる方式。

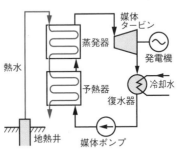

(d) バイナリー方式

地熱井から得られる熱水の温度が低い場合、熱水を熱源として低沸点のアンモニアなどを熱交換器で蒸発させ、タービンに送り発電する方式。バイナリーとは「2つの」という意味。地熱流体と作動流体の2つの循環系があることからの命名。

> **補足**
> バイナリー方式において、媒体ポンプ→予熱器(熱交換器)→蒸発器(熱交換器)→媒体タービン→復水器→媒体ポンプ、と循環している系統が、タービン作動流体(アンモニアなど)の循環系である。

(2) 地熱発電の特徴

地熱発電の特徴は、次の通りです。

a. **自然エネルギーの有効利用**であり、環境にやさしいクリーンなエネルギーである。

b. 蒸気の圧力と温度は一般の火力発電より低く、**熱効率も低い**（蒸気圧力：数気圧〜10気圧、蒸気温度：140〜250℃程度）。

c. 一般に蒸気中に**硫化水素**が含まれるため、金属材料の**腐食対策が必要**である。

d. **立地面での制約が多い**（観光地や温泉地が多く、風光明媚な場所で規制が多い）。

③ その他の発電　　重要度 **C**

(1) バイオマス発電

バイオマスは、「一定量集積した**動植物由来の有機性資源で、化石燃料を除いたもの**」をいいます。これには、さとうきびから得られるエタノール、家畜の排泄物や生ごみなども含まれます。バイオマス発電は、これらの有機性資源を用いた発電と定義できます。

バイオマスは、以下の2つに大別できます。

①**穀物などを、エネルギー利用の目的で生産する、生産資源系**

…国内では現在ほとんど生産されていない。

②**現状では未利用のままごみとなっている、未利用資源系**

…国内のごみの約半分が該当すると考えられている。

(2) 廃棄物発電

廃棄物発電は、ごみ（バイオマスおよび、プラスチックなどバイオマス以外のごみを含む）を焼却する際の熱を利用して発電するもので、「ごみ発電」ともいう。従来方式、RDF発電方式、スーパーごみ発電などの種類があります（図3.14参照）。

🔲 **プラスワン**

バイオマスは、産生の過程で大気中の二酸化炭素を吸収しているので、これを燃やす際に二酸化炭素が排出されても、環境への影響はない（カーボンニュートラルである）とされている。

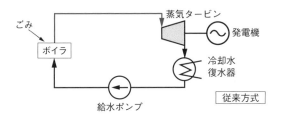

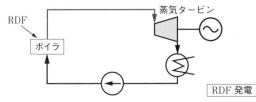

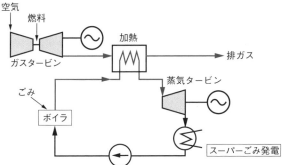

図3.14　廃棄物発電の方式

RDFとは、Refuse Derived Fuelの略で、ごみを乾燥・成形した固形燃料のこと。

スーパーごみ発電は、ガスタービン発電の排熱で、従来形設備で発生した蒸気を加熱する発電方式。

第3章

原子力発電とその他の発電

例題にチャレンジ!

　各種の発電に関する記述として、誤っているのは次のうちどれか。

(1) 燃料電池は、振動や騒音が少ない、大気汚染の心配が少ない、熱の有効利用によりエネルギー利用率を高められるなどの特長を持ち、分散形電源の一つとして注目されている。

(2) 水の電気分解と逆の化学反応を利用した発電方式である溶融炭酸塩形燃料電池は、電極触媒劣化の問題が少ないことから、石炭ガス化ガス、天然ガス、メタノールなど多様な燃料を容易に使用することができる。

(3) わが国は火山国でエネルギー源となる地熱が豊富であり、地熱発電の商用発電所が稼働している。

(4) 地熱発電所においては、蒸気井から得られる熱水が混じった蒸気を、直接蒸気タービンに送っている。

(5) 廃棄物発電は、廃棄物を焼却するときの熱を利用して蒸気を作り、蒸気タービンを回して発電をしている。

・解答と解説・・

(1) **正しい**。燃料電池は、「振動・騒音・環境汚染物質の排出がほとんどない」「発電に伴って発生する水蒸気などの排熱を利用して総合熱効率の向上を図れる」などの特長を持ち、分散形電源の一つとして注目されている。

(2) **正しい**。溶融炭酸塩形燃料電池は、燃料電池の中でも比較的高温の650〔℃〕程度で運転することから、電極における化学反応に高価な白金触媒を必要とせず、電極劣化の問題が少ないことから、石炭ガス化ガス、天然ガス、メタノールなど多様な燃料を容易に使用することができる。

(3) **正しい**。わが国は世界有数の火山国であり、地熱発電のエネルギー源となる地熱資源は豊富であり、現在国内の複数の地点で地熱発電所が運転されている。このうちの一部は自家用発電所であるが、電力会社による商用発電所も多数運転されている。

(4) **誤り**(答)。現在の地熱発電では、蒸気井(地熱井)から得られる熱水が混じった蒸気から、汽水分離器により蒸気を取り出してタービンへ送り、残りの熱水は還元井を通じて地下へ戻している。熱水が混じった蒸気を直接タービンへ送れば、蒸気タービンが破損するおそれがある。したがって、(4)の記述は誤りである。

(5) **正しい**。廃棄物発電は、廃棄物を焼却するときの熱を利用して蒸気を作り、蒸気タービンを回して発電をしている。

・・・

理解度チェック問題

問題　次の□**の中に適当な答えを記入せよ。**

1. 燃料電池の特徴は、次の通りである。

　a. 電池の主要部分に燃焼や回転部分などがないので、　(ア)　物質の排出や振動、　(イ)　がほとんどないクリーンな発電方式である。

　b. 燃料の化学エネルギーを直接電気エネルギーとして取り出すことができるので、　(ウ)　の制約を受けず、熱効率(発電効率)が　(エ)　。

　c. 電池出力が直流であるため、交流として電気を供給するには、　(オ)　が必要となる。

　d. 発電に伴って発生する排熱を利用して、総合熱効率の向上を図れる。

2. 地熱発電の特徴は、次の通りである。

　a. 自然エネルギーの有効利用であり、環境にやさしい　(カ)　なエネルギーである。

　b. 蒸気の圧力と温度は一般の火力発電より　(キ)　、熱効率も　(ク)　。

　c. 一般に蒸気中に　(ケ)　が含まれるため、金属材料の　(コ)　対策が必要である。

　d. 立地面での制約が　(サ)　。

解答

1. (ア)環境汚染　　(イ)騒音　　(ウ)カルノーサイクル　　(エ)高い
　　(オ)インバータ(直流-交流変換装置)
2. (カ)クリーン　　(キ)低く　　(ク)低い　　(ケ)硫化水素　　(コ)腐食　　(サ)多い

第3章
原子力発電とその他の発電

変電所の機能

変電所は、送配電線路の途中に設けられ、電圧の変成や電力を集中・分配する等の役割を担います。

関連過去問 049

変電所には、たくさんの機能があるにゃ

1 変電所の機能

重要度 C

今日から第4章、変電所ニャ

　水力・火力などの発電所で発電した電気は、電圧を昇圧して、送電線路によって変電所に送られ、そこで電圧を降圧し、送電線路でさらにほかの変電所に送電したり、送電線路や配電線路を通して需要家に送り届けられます。

　このように、変電所では、発電所から送電線によって送られてきた電気の電圧、電流の変成や集中、分配を行うほか、電圧の調整や無効電力の調整ならびに送配電線路や変電所機器の保護が行われます。送配電線路の電圧が高いのは、送配電線路の抵抗による電力損失をできるだけ小さくするためです。

　変電所の機能とそのための設備・技術は、次の通りです。

表4.1　変電所の機能とそのための設備・技術

機能	設備・技術
電圧・電流の変成	主変圧器
電力の集中・分配	母線と開閉設備（断路器、遮断器）
送配電線路と変電所機器の保護	保護継電器、計器用変成器、遮断器、保護協調に基づいた設計
電圧調整・無効電力調整	負荷時タップ切換変圧器、調相設備
中性点接地	変圧器の中性点接地
絶縁保護	架空地線（遮へい線）・避雷器、絶縁協調に基づいた設計

用語

変圧器（▶LESSON27）で電圧を上げたり、下げたりすることを**電圧の変成**という。このとき同時に電圧に反比例して電流も変化する。これを**電流の変成**という。

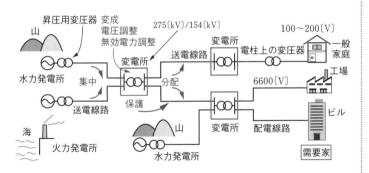

図4.1　変電所の役割

② 変電所の分類　重要度 B

変電所の分類は、次の通りです。

(1) 用途による分類

①電力用変電所

- **送電用変電所**…送電線路の途中に設けられて、特別高圧 – 特別高圧の変成をします。

- **配電用変電所**…特別高圧から、需要場所への配電に適した特別高圧または高圧に変成します。需要場所近くに設けられ、送電線路の末端に位置します。なお、需要家へ低圧で供給するときは、変電所ではなく、需要地点の近くの配電線路上で変成しています。

- **周波数変換所**…周波数の異なる電力会社相互の送電線路を引き込み、電力を相互融通するための施設です。

- **交直変換所**…交流 – 直流交換や直流 – 交流交換をする施設です。

- **BTBによる連系所**…周波数変換所と似ていますが、同一周波数間の相互融通をするための施設です（BTBは、Back To Back〈背中合わせ〉の略）。

②電気鉄道用変電所

③自家用変電所

補足-✐

変電所形式による分類

◎**屋外変電所**…主要機器を屋外に設置しているもの

◎**屋内変電所**…主要機器を屋内に設置するもので、塩害地域や、用地確保が困難であったり、騒音対策が必要な市街地で採用される

◎**半屋内変電所**…主要機器の一部を屋内に設置するもの

◎**地下式変電所**…都心部など、特に用地確保が困難な地点で、ビルの地下などに変電所を設けるもの

◎**移動式変電所**…変電設備一式を車載するなどして移動できるもの

監視制御方式による分類

変電所に駐在員が常駐して監視制御をする常時監視制御方式から、変電所を無人化する遠方監視制御方式、さらに、それらを複数集約した集中監視制御方式へと、自動化・無人化が進んでいる。

(2) 電圧階級による分類

現在わが国で採用されている**電圧階級**の最高は、**500〔kV〕**です。500〔kV〕、275〔kV〕を扱う変電所を、**超高圧変電所**と呼ぶことがあります。そのほかに、便宜上の名称として、**一次変電所・二次変電所・三次変電所**などと呼ぶことがあります。

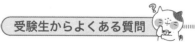

受験生からよくある質問

Q 送・配電電圧が高いと送電損失が小さいのはなぜですか？

A 送電線の送電電圧をV〔V〕、電流をI〔A〕とすると、送電電力は$P = V \cdot I$〔W〕で表されます。

このとき、送電線の抵抗をR〔Ω〕、送電している時間をt秒とすると、ジュールの法則により$W = I^2 \cdot R \cdot t$〔J〕のジュール熱が発生し、空中に逃げてしまいます。つまり、送電損失Wは、電流Iの2乗に比例します。

送電電力Pを一定とすると、送電電圧Vを高くすると電流Iは小さくて済みます。つまり、**送電損失は送電電圧が高いほうが小さくなる**ということです。

このため、発電機で発生した電圧を発電所の主変圧器（昇圧用変圧器）で昇圧し、高い電圧（例えば275〔kV〕や154〔kV〕）で送電しています。配電電圧についても同様です。しかし、工場や一般住宅など需要家で電気を使用するときは、電圧が高いと電気機器の絶縁の問題や安全性の問題から、配電用変電所の変圧器で工場用には6600〔V〕などに、一般住宅ではさらに電柱上の柱上変圧器で200〔V〕/100〔V〕に降圧して使用しています。

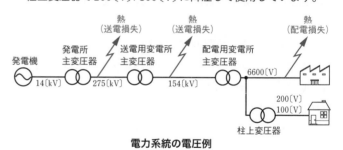

電力系統の電圧例

③ 周波数変換所・交直変換所　重要度 C

特殊な変電所として、**周波数変換所・交直変換所**の連系所があります。これらは、交流の系統間の**直流連系**（交流-直流-交流の変換）を行う点で共通しています。

①**周波数変換所**…わが国では、商用電力の周波数が50〔Hz〕と60〔Hz〕の2種類存在しており、**東日本は50〔Hz〕**、**西日本は60〔Hz〕**と分かれています。周波数の違う電力系統で相互に電力を融通するためには、同一地点で**交流-直流-交流**の変換を行い、かつ周波数を変換する**周波数変換所**を介する必要があります。例えば、西日本の60〔Hz〕の電力を、周波数変換所で60〔Hz〕→直流→50〔Hz〕の電力に変換して東日本へ送ります。

周波数変換所

60〔Hz〕——　交流-直流変換　　直流-交流変換　——50〔Hz〕

図4.2　周波数変換所

②**交直変換所**…**直流ケーブルの両端**に設けられるものです。例えば、北海道-本州間（50〔Hz〕どうし）では、海底を直流ケーブルで横断していて、陸上で交直変換を行っています。北海道の50〔Hz〕の電力を**交直変換所**で直流に変換し、直流ケーブルで本州に送り、本州側で直流を50〔Hz〕の電力に変換します。

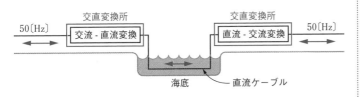

交直変換所　　　　　　　　交直変換所

50〔Hz〕——　交流-直流変換　　　　直流-交流変換　——50〔Hz〕

海底　　直流ケーブル

図4.3　交直変換所

第4章

変電所

補足

直流で連系すると、直流は無効電力を通さないため送電損失が小さいという利点がある。また、本州側の事故が北海道側に波及しないなどの利点もある。

用語

がいし（碍子）とは、電気を絶縁し、電線を支えるための器具のこと。磁器やポリマーなどから作られる。

用語

がいしの表面に沿った導電路の距離を、**沿面距離**という。がいしの表面のひだは、沿面距離を増やすためにある。

補足

コロナ障害は、LESSON32「架空送電線路の障害と対策①」で学ぶ。

用語

電線や電気機器は、本来、接地（アース）部分以外の電気回路を絶縁物で覆い、完全に大地と絶縁されていなければならない。しかし、予定外に、電気回路が大地と電気的に接続されてしまった状態のことを、**地絡**と呼ぶ。

補足

がいしの塩害による地絡事故は、落雷による地絡事故と違い、永久事故となりがちで、再閉路に失敗することが多くなる。

補足

活線洗浄装置は、がいしの汚損度の高まりや、台風など急速な汚損進行の原因となる事象に対応して、注水洗浄する装置である。

④ がいしの塩害　重要度 **B**

　発電所や変電所では、電路の絶縁のために多数のがいしを使用します。がいしは、表面の**沿面距離**によって対地絶縁を確保しており、表面が汚損すると、絶縁性能が低下します。

　絶縁性能が低下すると、間欠的な部分放電が起きるようになり、送電線のコロナ障害と同様に音を発したり、ラジオの雑音など電波障害の原因になります。放置するとがいし表面に徐々に導電路が形成され、やがて**地絡**に至ります。これを**沿面フラッシオーバ**といいます。

　がいしの汚損の原因としては、沿岸地帯での塩分の付着のほか、工場地帯や幹線道路周辺での塵埃（ちりやほこり）の付着が挙げられますが、これらの汚損と、汚損により発生する害を総称して**塩害**といいます。

　塩害対策には、次のものがあります。

a. 絶縁を強化（がいしの**連結数**を増やしたり、**沿面距離の長い**がいしを使用）する。

b. 機器を建屋に格納する。

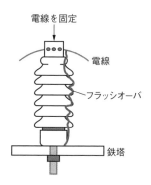

図4.4　がいしの沿面フラッシオーバ

c. がいし表面に定期的に**はっ水性物質（シリコンコンパウンドなど）**を塗布する。

d. がいしを定期的に**洗浄**する。屋外変電所では、停電を伴わずにがいしの洗浄を行うために、**活線洗浄装置**を設置する。

例題にチャレンジ！

　変電所に関する記述として、誤っているのは次のうちどれか。

(1) がいしの塩害対策として、絶縁電線の採用やがいしの洗浄、がいし表面へのはっ水性物質の塗布等がある。

(2) 活線洗浄装置は、屋外に設置された変電所のがいしを常に一定の汚損度以下に維持するため、台風が接近している場合や汚損度が所定のレベルに達したとき等に、充電状態のまま注水洗浄が行える装置である。

(3) 周波数変換装置は、周波数の異なる系統間において、系統または電源の事故後の緊急応援電力の供給や電力の融通等を行うために使用する装置である。

(4) 変電所は、構外から送られる電気を、変圧器やその他の電気機械器具等により変成し、変成した電気を構外に送る。

(5) 変電所は、送電線路で短絡や地絡事故が発生したとき、保護継電器により事故を検出し、遮断器にて事故回線を系統から切り離し、事故の波及を防ぐ。

・解答と解説・

(1) 誤り（答）。がいしの塩害対策は、がいしの汚損度を低く維持することや、がいしの絶縁性能を維持することを指す。がいしへのはっ水性物質の塗布は該当するが、絶縁電線の採用は該当しない。したがって(1)の記述は誤りである。

(2) 正しい。がいしの汚損度が高まると、がいしの絶縁性能が損なわれ、地絡事故に至る。これを防ぐための対策として、定期的にがいしを洗浄し、汚損度を低い状態に維持することが必要になる。活線洗浄装置は、停電を伴わずにがいしの洗浄を行う装置で、汚損度が高まったり、台風が接近している場合に使用する装置である。

(3) 正しい。わが国では、商用電力の周波数が50〔Hz〕と60〔Hz〕の2種類存在しており、東日本は50〔Hz〕、西日本は60〔Hz〕と分かれている。周波数の違う電力系統で相互に電力を融通するためには、周波数変換所を介する必要がある。周波数変換所は、周波数変換装置で交流-直流-交流

用語

構外とは、変電所の外のことをいう。

短絡は、ショートとも呼ばれ、2点間を抵抗が小さい導体（電線など）で接続することをいう。

の変換を行う。電力の融通は、一方の電力系統が電源事故などにより供給力不足に陥った場合などに、他方の電力系統から電力を送り込むことで行われる。

(4) **正しい。** 変電所における電力の変成には、変圧器をはじめ、さまざまな機械器具を使用する。また、変電所は発電の機能は持たず、構外から送られてくる電力を変成して構外へ送り出す。

(5) **正しい。** 変電所には、送配電線路の短絡や地絡などの事故を検出して、速やかに事故点を分離して設備の保護と事故の波及を防ぐ役割がある。事故の検出は保護継電器により行い、遮断器引き外し装置を動作させて遮断器で事故回線を分離する。

・・・

理解度チェック問題

問題　次の◯◯◯の中に適当な答えを記入せよ。

発変電所の塩害対策として、次のようなものが挙げられる。

a. 絶縁を強化 (がいしの ◯(ア)◯ を増やしたり、 ◯(イ)◯ 距離の長いがいしを使用) する。

b. 機器を建屋に格納する。

c. がいし表面に定期的に ◯(ウ)◯ を塗布する。

d. がいしを定期的に ◯(エ)◯ する。屋外変電所では、停電を伴わずにがいしの洗浄を行うために、 ◯(オ)◯ 装置を設置する。

解答

(ア) 連結数　　(イ) 沿面　　(ウ) はっ水性物質 (シリコンコンパウンドなど)
(エ) 洗浄　　(オ) 活線洗浄

23日目

LESSON 23

第4章 変電所

母線と開閉設備

送配電線の集約と分配の機能を担うのが母線と開閉設備です。遮断器と断路器および GIS の特徴について、しっかり理解しましょう。

関連過去問 050, 051

①遮断器
②断路器
③ガス絶縁開閉装置

似たような名前でややこしいニャー

1 母線と開閉設備

重要度 C

　一般的な変電所の構成として、複数の主変圧器があり、複数の送配電線が引き込まれています。それらの接続・切り離しをするために、**母線と開閉設備**が設置されます。**母線は、主変圧器と送配電線の間の電力を流通させる**能力を持った導体で、**開閉設備は、複数の変圧器や送配電線を選択的に接続・切り離し**するための遮断器・断路器などの設備のことです。

　母線や開閉設備は、主変圧器と同様に高い信頼

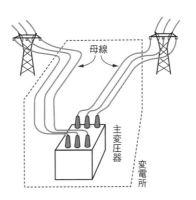

図4.5　母線のイメージ
（開閉設備その他は省略）

性が要求されます。そのため、**重要な変電所の母線**は、故障時や点検時に停電箇所を局限化する目的で、二重化など冗長性（余裕）を持たせた設計が行われます。

（1）母線方式

　変電所の母線・主回路の接続方式は、その変電所の重要度、系統運用の融通性、運転保守の容易さ、経済性などを総合的に検討して決定しますが、できる限り**簡素化**することが、誤操作防止の面から必要です。基本的な母線方式は次の通りです。

①**単母線方式**

　単一の母線を持つ最も簡単な方式です。信頼度をあまり要求されない変電所に広く採用されています。母線および母線側遮断器障害事故の際には全停となります。

②**複母線方式**（二重母線、三重母線など）

　重要度の高い変電所や異系統の受電が必要な場合に採用されます。1つの母線が故障の場合、他の母線に切り換えて送電でき、両母線間の連絡用遮断器によって無停電で他系統に切り換えられます。

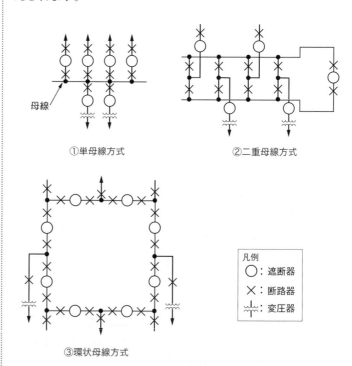

①単母線方式 ②二重母線方式

③環状母線方式

凡例
○：遮断器
×：断路器
⊥⊥⊥：変圧器

図4.6　基本的な母線方式

③環状母線方式

　異系統の受電用としては二重母線方式より便利ですが、制御、保護回路が複雑になります。

　母線に用いられる導体としては、銅帯、銅パイプ、アルミ棒、アルミパイプなどがあります。

② 遮断器・断路器・ガス絶縁開閉装置 　重要度 B

(1) 遮断器

　遮断器は、送配電線や変電所母線、機器などの**故障時に回路を自動遮断する**ために施設されますが、**常時は回路の開閉操作**に用いられ、以下のような種類があります。

①ガス遮断器 (GCB)

　ガス遮断器 (GCB) は、絶縁性能ならびに**消弧**性能が優れた**六ふっ化硫黄 (SF$_6$) ガス**を消弧媒質に用いた遮断器で、消弧方式により、二重気圧式と単一気圧式 (パッファ形) があります。

　この遮断器に用いられる六ふっ化硫黄 (SF$_6$) ガスの特徴は、次の通りです。

a. **無色、無臭、無毒、不燃**で化学的に安定な**不活性ガス**であり、火災の心配がない。

b. ハロゲン元素のふっ素を含むため、電子親和力の強い電気的負性ガスで、空気、窒素などに比べ、**絶縁耐力が高い** (大気圧で空気の2～3倍、3気圧で絶縁油と同等)。また、遮断後の絶縁回復特性からみた消弧能力は、空気の百倍以上である。

c. ガス圧を高めて使用するため、ガス漏れに注意しなければならない。

d. ガス中の**アーク**は、中心部が電気伝導度の高い部分、外周が熱伝導度の高い冷却されやすい部分になるので、電流零点付近まで極細アークが維持され、変圧器励磁電流のような**遅れ小電流遮断**でも**電流裁断**になりにくく、**異常電圧の発生**や**再点弧**を生じない。

第4章　変電所

➕プラスワン

現在、一般的には小形で高い絶縁耐力と遮断能力を有し、かつ操作時の**騒音が小さいガス遮断器**が高電圧回路に使用されている。また、小形で遮断能力・保守性に優れた**真空遮断器**が比較的電圧の低い配電用変電所や調相設備用に使用されている。

➕プラスワン

無負荷の変圧器励磁電流のような、遅れ小電流を消弧力の強い空気遮断器や真空遮断器でアークを強制的に遮断すると、電流の零点以前に**アーク**が消弧されて電流が遮断されることがある。これを**電流裁断現象**といい、異常電圧の発生や再点弧を生じる (交流電流はプラスマイナスを繰り返し、電流 0 〔A〕の瞬間が必ずあるが、この 0 〔A〕以外の点で電流を切ってしまうことを**電流裁断**という)。

用語

電極間の気体の絶縁破壊により、電極間に高熱と強い光を伴った電流が流れることを**アーク** (アーク放電。電弧) という。また、アークを消すことを**消弧**という。

用語

再点弧とは、遮断器の極間が再びアークでつながること。

用語 🔖

自力消弧形

遮断時における自身の
アークまたはアークエ
ネルギーを利用するも
ので、遮断力は遮断時
の電流の大きさに関係
する。

他力消弧形

別の装置に蓄えられた
油や空気、ガスのエネ
ルギーを利用して遮断
時のアークを強制的に
切る方法で、遮断電流
の大きさに関係なく、
同じ強さの消弧力を持
たせることができる。

②真空遮断器（VCB）

真空遮断器（VCB）は、高真空中で接点を開き、アークの荷電粒子を拡散させて消弧するもので、**自力消弧形**です。この遮断器の特徴は、真空容器内で電流遮断を行うため、火災の心配がないこと、コンプレッサなどの付帯設備が不要で、保守点検が容易であることなどで、電圧66〔kV〕以下で広く採用されています。

③空気遮断器（ACB）

空気遮断器（ACB）は、アークに圧縮空気を吹き付けて、冷却作用などによって消弧を行う**他力消弧形**の遮断器です。

④磁気遮断器（MBB）

磁気遮断器（MBB）は、アークに直角に磁界を加えて引き延ばし、これを絶縁物によるギャップ内に押し込み、冷却作用または壁面による消イオン作用によって消弧する**自力消弧形**の遮断器です。

⑤油入遮断器（OCB）

油入遮断器（OCB）は、絶縁油中で接触子を開閉する遮断器です。油の使用による**火災の危険**、保守の難しさ、性能が劣るなどの欠点があり、最近は**新設されていません**。

※遮断器開路時の異常電圧

遅れ小電流遮断時の電流裁断現象のほか、**進み小電流遮断時にも異常電圧を発生**することがあります。

無負荷の送電線の電源側端子やコンデンサ回路に流れるような**進み小電流**を遮断器が**電流零点で消弧**すると、線路側の電極には系統電圧の波高値に相当する電位が残留します。線路側の電極と電源側の電極との極間電位差により、遮断器の極間絶縁の破壊が生じてアークが再点弧すると、非常に高い**異常電圧が発生**することがあります。

(2) 断路器

断路器は、遮断器のような**消弧能力を持たない**開閉器です。わずかでも電流が流れている線路においては、開路だけではなく閉路も行わないことを建前としています。つまり、**断路器では負荷電流の開閉を行いません**。

遮断器の一次側に直列に接続して、開路時は先に遮断器で開路して無負荷にしてから断路器を開路する一方、閉路時は無負荷の状態で先に断路器を閉じ（＝投入し）て、その後に遮断器を投入します。

断路器は、直列に接続されている遮断器によって電路が開放されていないと操作できない機能（**インタロック機能**）を持たせる場合もあります。

(3) ガス絶縁開閉装置 (GIS)

ガス絶縁開閉装置 (GIS) は、絶縁耐力および消弧能力に優れた**六ふっ化硫黄** (SF_6) **ガス**を金属容器に密閉し、この中に母線、断路器、遮断器および接地装置などが組み合わされ、一体構成されたもので、$66 \sim 500$ 〔kV〕回路まで幅広く採用されています。充電部を支持するスペーサなどの絶縁物には、主に**エポキシ樹脂**が用いられます。ガス絶縁開閉装置 (GIS) の特徴は、次の通りです。

a. **設備の縮小化**ができる。

b. 充電部が密閉されており、安全性が高い。

c. 不活性ガス中に密閉されているので、装置の劣化も少なくなり、信頼性が高い。

d. 機器を密閉かつ複合一体化しているため、万一の事故時の**復旧時間は長くなる**。

e. **ガス圧**、**水分**などの**厳重な監視**が必要である。

f. SF_6 ガスは地球温暖化の原因となる温室効果ガスであるため、点検時には SF_6 **ガスの回収**を確実に行う必要がある。

補足

断路器の一次側が充電されていても二次側が遮断器により開放されていれば無負荷である。断路器は開閉できる。勘違いしないように。

＋1 プラスワン

断路器の開閉は無負荷で行うのが基本だが、断路器の種類によっては、短い線路の充電電流程度は開閉可能なものもある。

補足

SF_6 ガスは、絶縁性能を増すため、大気圧（約 0.1 〔MPa〕）を超えた $0.3 \sim 0.5$ 〔MPa〕程度の圧力で密閉する。

用語

エポキシ樹脂とは、分子内にエポキシ基を有する化合物の総称。機械的性質が優れ、耐化学薬品性が大きく、電気絶縁性も大きい。

＋1 プラスワン

SF_6 ガス中に水分があると、結露が発生しやすくなり、絶縁物や金属を劣化させる原因となる。タンク内で放電を生じると、分解ガスと生成物を生じるが、この分解ガスと生成物を**ガスチェッカー**や**ガスクロマトグラフ**を用いて測定することにより、部分放電の有無を知ることができる。

第4章 変電所

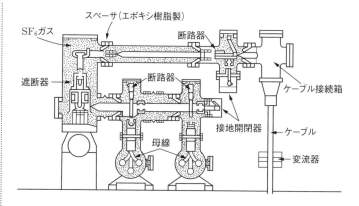

図4.7 ガス絶縁開閉装置(GIS)

例題にチャレンジ！

変電所の母線と開閉設備に関する記述として、誤っているのは次のうちどれか。

(1) 送変電設備の局部的な過負荷運転を避けるため、開閉装置により系統切換を行って電力潮流を調整する。

(2) 遮断器は、短絡電流などの開閉に用いる装置で、遮断時に発生するアークを消弧するため、SF_6ガスや真空などが活用される。

(3) ガス絶縁開閉装置 (GIS) は、遮断器、断路器、母線等を金属容器に収納し、SF_6ガスを封入して小形化した高信頼度の装置である。

(4) 断路器は、母線や変圧器などの切り離しや接続替えをするための装置で、短絡電流は開閉できないが、負荷電流は開閉可能なものが多い。

(5) 遮断器は、負荷電流の開閉を行うだけではなく、短絡や地絡などの事故が生じたとき、事故電流を迅速・確実に遮断して、系統の正常化を図る機器である。

・解答と解説・

(1)、(2)、(3)、(5)の記述は正しい。

(4) 誤り (答)。断路器は、遮断器のような消弧能力を持たない

開閉器である。無負荷線路の開閉を行うだけで、短絡電流や**負荷電流の開閉はできない**。したがって、「**負荷電流は開閉可能なものが多い**」という(4)の記述は誤り。もし誤って負荷電流を開閉すると、接点極間が光と熱を放ちながらアークで接続され、断路器が焼損するばかりでなく、操作した人間自身も大変危険となる。

第4章

変電所

理解度チェック問題

問題　次の□□□□の中に適当な答えを記入せよ。

　ガス絶縁開閉装置(GIS)は、絶縁耐力および消弧能力に優れた六ふっ化硫黄(SF_6)ガスを　(ア)　に密閉し、この中に母線、断路器、　(イ)　および接地装置などが組み合わされ、一体構成されたもので、充電部を支持するスペーサなどの絶縁物には、主に　(ウ)　が用いられる。ガス絶縁開閉装置(GIS)の特徴は、次の通りである。

①設備の　(エ)　ができる。

②充電部が密閉されており、安全性が高い。

③不活性ガス中に密閉されているので、装置の劣化も少なくなり、信頼性が高い。

④機器を密閉かつ複合一体化しているため、万一の事故時の復旧時間は　(オ)　なる。

⑤　(カ)　、　(キ)　などの厳重な監視が必要である。

⑥SF_6ガスは　(ク)　の原因となる温室効果ガスであるため、点検時にはSF_6ガスの回収を確実に行う必要がある。

解答

(ア)金属容器　　(イ)遮断器　　(ウ)エポキシ樹脂　　(エ)縮小化　　(オ)長く
(カ)ガス圧　　(キ)水分　　(ク)地球温暖化　　※(カ)、(キ)は逆でもよい。

計器用変成器と保護継電器

「変流器の二次側は絶対に開放してはならない」ことを、その理由とともに必ず覚えておきましょう。

関連過去問 052

(1) 計器用変成器

(2) 保護継電器

何だか
ユニークな
名前だニャ

1 計器用変成器 重要度 B

計器用変成器とは、**計器用変圧器（VT）**と**変流器（CT）**の2つの機器の総称です。これらは、原理上は2巻線変圧器と同じものです。電力系統で扱う高電圧・大電流は、直接計測することが難しいので、計器用変成器により絶縁するとともに、**低電圧・小電流に変成**します。

①計器用変圧器（VT）

計器用変圧器（VT）は、回路の電圧をそれに比例した**低い電圧に変成**するもので、計器用変圧器の**二次側**には、**電圧計**や**表示灯**などの**負荷**が接続されます。なお、計器用変圧器の二次側を短絡してはいけません。短絡すると、大きな二次短絡電流が流れ、二次巻線を焼損するおそれがあります。

②変流器（CT）

変流器（CT）は、線路に流れている**大電流を**それに比例した**小電流に変成**するものです。

変流器は、一次側電流に比例した二次側電流を流すようにできているので、二次側を開放するなど、電流が流れるのを妨げると、二次側巻線に大きな電圧が発生し危険なので、二次側を**低インピーダンス**に保つ必要があります。

用語

2巻線変圧器とは、1相当たり入力側一次巻線と出力側二次巻線の、2つの、それぞれ絶縁された巻線を持つ変圧器のことをいう。

補足

計器用変圧器VTは、Voltage Transformerの略。
変流器CTは、Current Transformerの略。

補足

インピーダンスについては、LESSON28を参照。

変流器の二次端子には、通常、電流計や継電器などの**低インピーダンス**の負担が接続されており、一次電流に比例した二次電流が流れています。一次電流が流れている状態では、**絶対に二次回路を開放してはなりません**。二次回路を開放すると、**一次電流はすべて励磁電流**となって**過励磁**となるため、**鉄損**が過大となります。また、二次側に大きな**異常電圧**を発生し、変流器を焼損するおそれがあります。

第4章

変電所

受験生からよくある質問

Q 変流器の二次側を開放すると、一次電流がすべて励磁電流になるとは、どういうことですか？

A **励磁電流**とは、変流器の一次、二次間に電力を伝達するための磁束を作るための電流です。変流器の二次側を短絡または電流計など低インピーダンスの負担を接続している状態、いわゆる正常な使用状態では、変流器二次側には一次電流に比例した二次電流が流れています。この二次電流が作る磁束は、一次電流の作る磁束のほとんどを打ち消し、変流器の一次側に流れる励磁電流成分はごくわずかです。しかし、ここで二次側を開放すると、一次電流の作る磁束を打ち消すものがなくなり、一次電流のすべてが励磁電流となって過励磁となります。

---

③零相変流器（ZCT）

零相変流器は、三相回路の3線を一括して一次入力とした変流器です。通常の使用状態（三相回路が平衡している状態）では、この変流器二次側

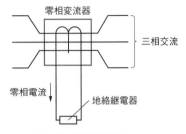

図4.8　零相変流器

には電流が流れませんが、1線地絡事故などで一次側の3線の電流のベクトル和が0でなくなると、**零相電流**が流れ、変流器

175

二次側に電流が流れます。このため、地絡の検出に用いられます。なお、三相短絡事故の検出はできません。三相が過電流となっても、各相120°の位相差があるため、電流のベクトル和は0のままであり、零相電流が流れないためです。

受験生からよくある質問

Q 零相電流とは何ですか？

A 三相回路の故障計算法に**対称座標法**という考え方があります。対称座標法によれば、**事故などにより不平衡（非対称）となった三相回路**は、**正相回路**と**逆相回路**と**零相回路**の3つの対称分回路を合成した回路で表すことができます。

正相回路は、故障のないときの回路で、各相120°の位相差を持つ普通の三相平衡回路です。

逆相回路は、断線事故などのときに現れる回路で、逆相電流は三相誘導電動機を逆回転させる力を発生します。

零相回路は、地絡事故などのときに現れる回路で、各相の位相差がない回路です。この回路を流れる電流が零相電流です。つまり、零相電流とは、三相回路を流れる各相の位相差がない単相交流電流です。したがって、地絡電流はこの零相電流の3倍の大きさとなりますが、一般には地絡電流そのものを零相電流と呼んでいます。

② 保護継電器　　重要度 C

　保護継電器は、発変電所や送配電線路などで発生する**短絡**や**地絡**などの事故を、**計器用変成器を介して検出**し、同時に、他所への影響を最小限に抑えるため、故障区間を特定し、速やかに電力系統より**切り離すよう**、**制御信号を遮断器へ送る**といった役割を担っています。

　保護継電器の代表的なものは、次の通りです。

(1) 過電流の検出

①**過電流継電器**…線路の電流が異常に大きくないかを監視します。

②**地絡過電流継電器**…地絡が起きていないかを監視します。線路の地絡電流を、零相変流器、あるいは接地線に取り付けた変流器を介して監視します。

③**地絡方向継電器**…線路の電圧と電流を監視し、自身の保護範囲内で地絡事故が起きていないかを監視します。電圧位相と電流位相とを比較し、線路のどちら側で事故が起きているか判定します。

(2) 電圧の異常の検出

①**過電圧継電器**…線路の電圧が異常に高くないかを監視します。

②**不足電圧継電器**…線路の電圧が異常に低くないかを監視します。

③**地絡過電圧継電器**…中性点電位を監視することで、線路に地絡が起きていないかを監視します。

(3) 変圧器の異常の検出

①**差動継電器・比率差動継電器**…変圧器の一次側と二次側とで電流を比較し、内部で巻線の故障が起きていないかを監視します。比率差動継電器は、差動継電器の動作特性を改善したものです。

②**ブッフホルツ継電器**…油入変圧器で内部故障が起きていないかを監視します。内部短絡などの故障により発生するアークの熱で絶縁油の分解ガスが発生して膨張し、変圧器内部の油流が異常に増加することを機械的に検出します。

③**衝撃油圧継電器**…油入変圧器の内部故障で、内部の圧力が急激に上昇することを機械的に検出します。

[+1] プラスワン

保護継電器による保護は、事故を確実に検出して事故区間を迅速に切り離すことはもちろん、停電範囲の局限化も実現できるように、電力系統全体の保護システムとして設計されなければならない。これには、保護継電器相互の感度や動作時間を適切に設計することが必要である。このように、保護システムが適切な性能を発揮できるように協調をとる考え方を**保護協調**という。

第4章

変電所

177

Q VT、CT、ZCTと保護継電器について、原理をわかりやすく説明してください。

A 具体的な数値を例に原理を説明します。

VT：計器用変圧器

巻数比 $\dfrac{N_1}{N_2}$＝変圧比 $\dfrac{V_1}{V_2}$＝$\dfrac{440}{5}$ とすることにより、一次側440Vで、二次側に5Vの低電圧を誘起する。VTに接続する電圧計Ⓥには5Vが印加されるが、指示目盛は440Vとする。

CT：変流器

貫通形CTにおいて、巻数比の逆数 $\dfrac{N_2}{N_1}$＝変流比 $\dfrac{I_1}{I_2}$＝$\dfrac{100}{1}$ とすることにより、主回路（赤線）の1線を貫通させると、一次側（赤線）に100Aの電流が流れ、二次側に1Aの小電流が流れる。この1Aは、過電流継電器OCR、電流計Ⓐを通過するが、電流計の指示目盛は100Aとする。なお、一次側の1線の貫通回数を2回とすれば、巻数比の逆数 $\dfrac{N_2}{N_1}$＝変流比 $\dfrac{I_1}{I_2}$＝$\dfrac{100}{2}$ ＝$\dfrac{50}{1}$ の変流器となる。

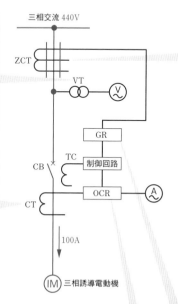

三相交流 440V

ZCT
VT
Ⓥ
GR
CB
TC
制御回路
OCR
Ⓐ
CT
100A
ⒾⓂ 三相誘導電動機

ZCT：零相変流器

貫通形ZCTの一次側に三相主回路（赤線）の3線を通す。1線または2線に地絡があると、二次側に零相電流が流れる。健全時には3線を流れる電流により、二次巻線に発生する磁束ϕ_A、ϕ_B、ϕ_Cのベクトル和が零となる。このため、二次側に起電力を誘起しないので、零相電流は流れない。

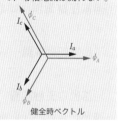

健全時ベクトル

OCR：過電流継電器

短絡や過負荷により、過電流の値が整定値以上となったとき動作し、遮断器を自動開放（トリップ）する。

GR：地絡過電流継電器

地絡電流（零相電流）の値が整定値以上となったとき動作し、遮断器CBのトリップコイルTCに電流を流し、遮断器を自動開放（トリップ）する。

CB：遮断器 Circuit Breaker（サーキットブレーカ）の略

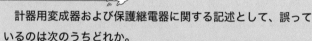

例題にチャレンジ！

　計器用変成器および保護継電器に関する記述として、誤っているのは次のうちどれか。

(1) 計器用変成器には、計器用変圧器と変流器がある。計器用変圧器の二次側は短絡してはならず、変流器の二次側は開放してはならない。

(2) 短絡、過負荷、地絡を検出する保護継電器は、系統や機器に事故や故障等の異常が生じたとき、速やかに異常状況を検出し、異常箇所を切り離す指示信号を遮断器に送る機器である。

(3) 零相変流器は、三相の電線を一括したものを一次側とし、三相短絡事故や1線地絡事故が生じたときのみ二次側に電流が生じる機器である。

(4) 事故を検出したとき、事故部分を速やかに分離するとともに、なるべく停電範囲が狭くなるように保護継電器相互の感度や動作時間を適切に設計することが必要である。

(5) 比率差動継電器は、変圧器の内部事故検出に用いる。

・解答と解説・

(1)、(2)、(4)、(5)の記述は**正しい**。

(3) **誤り**（答）。欄外の🖐解法のヒントを参照。

　三相短絡事故では、二次側に電流は流れない。したがって、(3)の記述は誤りである。

🖐解法のヒント

三相短絡事故で流れる電流は、各相120°位相の異なる電流である。これを一括して零相変流器の一次側に流しても、二次側では各相で打ち消し合うため電流は流れない。零相変流器は零相電流を検出するためのもので、正相電流や逆相電流は検出できない。

第4章

変電所

理解度チェック問題

問題　次の□□□の中に適当な答えを記入せよ。

　変流器の二次端子には、通常、電流計や継電器などの　(ア)　負荷が接続されており、一次電流に比例した二次電流が流れている。一次電流が流れている状態では、絶対に二次回路を　(イ)　してはならない。二次回路を　(イ)　すると、一次電流はすべて　(ウ)　電流となって　(エ)　となるため、　(オ)　が過大となる。また、二次側に大きな　(カ)　を発生し、変流器を焼損するおそれもある。

解答

(ア)低インピーダンス　　(イ)開放　　(ウ)励磁　　(エ)過励磁　　(オ)鉄損

(カ)異常電圧

調相設備

ここでは、分路リアクトルと直列リアクトルの目的の違いをしっかり確認しましょう。

関連過去問 053, 054

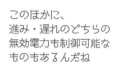

調相設備
進相設備
電力用コンデンサ
遅相設備
分路リアクトル

このほかに、進み・遅れのどちらの無効電力も制御可能なものもあるんだね

① 調相設備

重要度 **A**

電力系統の**無効電力を調整**することを**調相**といい、そのための設備を調相設備といいます。調相設備は、**負荷と並列に接続**されます。力率を進み方向に調整する働きをするものを**進相設備**といい、**電力用コンデンサ**などがあります。力率を遅れ方向に調整する働きをするものを**遅相設備**といい、**分路リアクトル**などがあります。

(1) 電力用コンデンサ

電力用コンデンサは、**進み無効電力の負荷設備**です。日中重負荷時など、**負荷が遅れ力率のとき投入**し、電流の位相を進めて**力率を改善**し、**線路損失の低減、電圧降下の低減**を図ります。

①電力用コンデンサによる力率改善の計算

負荷が有効電力P_L〔kW〕一定で、力率を$\cos\theta_1$から$\cos\theta_2$まで改善するのに要するコンデンサ容量Q_C〔kvar〕は、図4.9より次式で求められます。

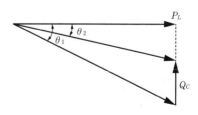

図4.9 コンデンサによる力率改善

<table>
<tr><td colspan="2">⚠️ 重要 公式 コンデンサ容量</td></tr>
<tr><td>$$Q_C = P_L(\tan\theta_1 - \tan\theta_2) \text{ (kvar)}$$</td><td>(1)</td></tr>
</table>

②直列リアクトルについて

直列リアクトルは、**電力用コンデンサに直列に常時接続**されるもので、次のような目的があります。

a. コンデンサ投入時に、大きな**突入電流が流れ込むこと**を防ぐ。

b. **高調波電流による基本波波形のひずみを防ぐ。**

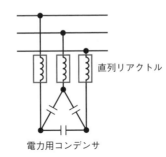

図4.10　電力用コンデンサと直列リアクトル

直列リアクトル / 電力用コンデンサ

高調波対策の観点から、直列リアクトルは基本波周波数に対して、コンデンサの**6〔%〕以上のリアクタンス〔Ω〕**とします。

(2) 分路リアクトル

分路リアクトルは、**遅れ無効電力**の**負荷設備**です。深夜軽負荷時など、**負荷が進み力率のとき投入**し、電流の位相を遅らせ、**フェランチ効果による電圧上昇を抑制**します。

※フェランチ効果

フェランチ効果（フェランチ現象▶LESSON30）とは、図4.11の (c) に示すように、負荷が進み力率負荷 (容量性負荷) のとき、負荷の進み電流により、**送電端電圧** $\dot{V}_s$ **より受電端電圧** $\dot{V}_r$ **が高くなる**現象です。送電端電圧 $\dot{V}_s$ は通常一定ですから、

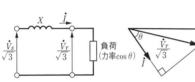

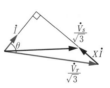

(a) 送配電線路の回路
モデル (1相分)

(b) 遅れ力率負荷 (通常負荷) 時のベクトル図

(c) 進み力率負荷時の
ベクトル図

図4.11　フェランチ効果

➕1 プラスワン

コンデンサ (容量性負荷) は、第5高調波電流を拡大し、基本波の波形をひずませる。第5高調波に対し誘導性とするために、**理論上4〔%〕を超えるリアクタンス〔Ω〕が必要**（下記計算式参照）。**実用上は6〔%〕以上**のリアクタンスを用いている。

$$5\omega L - \frac{1}{5\omega C} > 0$$

$$\omega L > 0.04\frac{1}{\omega C}$$

用語

リアクトル
力率改善や高調波の抑制などを目的とした誘導性リアクタンスを持つコイル。

リアクタンス
交流回路のコイルやコンデンサにおける電圧と電流の比のこと。電気抵抗と同じ次元を持ち、単位はΩで、電流の通しにくさを表すものだが、エネルギーを消費しない。**誘導抵抗**ともいう。
また、コイルのリアクタンスは誘導性リアクタンス、コンデンサのリアクタンスは容量性リアクタンスである。

補足
電力用コンデンサと直列に接続する**直列リアクトル**と、負荷と並列に接続する**分路リアクトル**を混同しないように注意すること。

第4章
変電所

用語

送電端電圧とは、送電線路の発電所側、つまり、電気を送り出す側の端子電圧のこと。
受電端電圧とは、送電線路の負荷側、つまり、電気を受ける側の端子電圧のこと。

受電端電圧 $\dot{V}_r$ が上昇すると、負荷に悪影響を与えます。この電圧上昇を防ぐため、負荷と並列に**分路リアクトル**を投入します。

(3) 同期調相機

同期調相機は、**無負荷運転の同期電動機**で、励磁制御により、進み・遅れのどちらの無効電力も制御できます。

[+1] **プラスワン**

同期調相機の励磁を強めると、進相運転となりコンデンサの働きをし、励磁を弱めると遅相運転となり分路リアクトルの働きをする。

違いに注意！

同期**発電機**→励磁を**強める**→**遅相**運転→**コンデンサ**と同じ働き
同期**調相機**→励磁を**強める**→**進相**運転→**コンデンサ**と同じ働き

(4) 静止形無効電力補償装置（SVC）

静止形無効電力補償装置（**SVC**）は、リアクトルやコンデンサの容量をパワーエレクトロニクスを用いて制御することにより、進み・遅れのどちらの無効電力も制御できます。

用語

サイリスタとは、半導体素子の1つ。p形半導体とn形半導体の4層構造で、アノード、カソード、ゲートからなり、ゲートに信号を送ると動作し、小電流で大電流を制御するスイッチ機能を持つ。

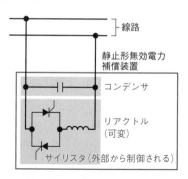

線路
静止形無効電力補償装置
コンデンサ
リアクトル（可変）
サイリスタ（外部から制御される）

図4.12　静止形無効電力補償装置の例（単相回路で表示）

(5) 直列コンデンサ

直列コンデンサは、線路に直列に挿入されるもので、進相コンデンサとは別の目的のものです。長距離の架空送電線路のように、距離に比例する誘導性リアクタンスが大きい線路に直列に挿入して、線路の距離が短くなったのと同様の効果（電圧降下や電圧変動の改善）を得るためのものです。

補足

直列コンデンサについては**あまり出題されない**が、「電力用コンデンサ」と名前が似ていて間違えやすいので、注意する。

182

受験生からよくある質問

Q 日中重負荷時、電力系統が遅れ力率となり、受電端電圧が低下するのはなぜですか？

また、深夜軽負荷時、電力系統が進み力率となり、受電端電圧が上昇するのはなぜですか？

A 日中は、多くの工場が稼働しています。工場では、照明や電熱のための電灯負荷および空調や製品製作のためのモータ（動力負荷）を使用しています。

実際に多く使用されるモータは、三相誘導電動機です。三相誘導電動機の一次巻線、二次巻線には誘導性リアクタンスがあるので、有効電力とともに遅れ無効電力を消費します。三相誘導電動機の力率は、遅れ力率の0.7〜0.8程度です。

工場の稼働状況により、平日の日中は有効電力、遅れ無効電力がともに多く、重負荷となる場合があります。重負荷時には、送電線路の誘導性リアクタンスの電圧降下により、受電端電圧が低下します（図4.11（b）ベクトル図参照）。このとき、この受電端（需要家）に電力用コンデンサ（力率改善用コンデンサ）を接続して、遅れ無効電力を供給して力率を改善するとともに、電圧降下を抑制します。

深夜は、多くの工場が稼働を停止しています。工場の三相誘導電動機は停止しており、軽負荷となっています。受電端（需要家）に設置される力率改善用コンデンサの普及や送電線路の静電容量により、電力系統は進み力率となることがあります（工場操業停止時、力率改善用コンデンサを切ればよいが、切り忘れが多い）。深夜軽負荷時で進み力率となった場合は、フェランチ効果（送電線路の誘導性リアクタンスに進み無効電流が流れることによる電圧上昇）により、受電端電圧が上昇します（図4.11（c）ベクトル図参照）。このとき、この受電端（需要家）に分路リアクトルを接続して、進み無効電力を供給して、力率を遅れ側に改善するとともに、電圧上昇を抑制します。

---

② 負荷時タップ切換変圧器 　重要度 C

　負荷側(受電端)の電圧をある範囲に維持するために、変電所において電圧調整を行います。この装置として、負荷に電力を供給しながら電圧タップの切り換えを行える、**負荷時タップ切換変圧器**が一般に用いられます。

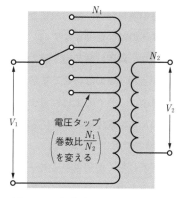

図4.13　負荷時タップ切換変圧器

例題にチャレンジ!

　電力系統における電圧と力率の調整に関する記述として、誤っているのは次のうちどれか。

(1) 負荷時タップ切換変圧器は、電源電圧の変動や負荷電流による電圧変動を補償して、負荷側の電圧をほぼ一定に保つために、負荷状態のままタップ切り換えを行える装置を持つ変圧器である。

(2) 静止形無効電力補償装置(SVC)は、電力用コンデンサと分路リアクトルを組み合わせ、電力用半導体素子を用いて制御し、進相から遅相までの無効電力を高速で連続制御する装置である。

(3) 無効電力調整のため、重負荷時には分路リアクトルを投入し、軽負荷時には電力用コンデンサを投入して、電圧をほぼ一定に保持する。

(4) 同期調相機は同期電動機を無負荷で運転するものであり、界磁を強めると進相負荷となる。

(5) 送電端と受電端の電圧をある範囲に維持するためには、負荷時タップ切換変圧器と調相設備を使用する。

・解答と解説・・・・・・・・・・・・・・・・・・・・・・・・・・・・・・・

(1)、(2)、(4)、(5)の記述は**正しい**。

(3) **誤り**(答)。無効電力調整のため、**重負荷時には電力用コン**
デンサを投入し、軽負荷時には分路リアクトルを投入する。
したがって、(3)の記述は誤りである。

・・・

理解度チェック問題

問題　次の◻◻◻**の中に適当な答えを記入せよ。**

　電力用コンデンサは、送配電系統の負荷力率を改善して送電 (ア) の低減を図る
とともに、系統電圧の (イ) を抑制するために設置される。

　電力用コンデンサには、通常、直列にリアクトルが接続される。これは電力用コン
デンサ設置点から見た系統側の高調波インピーダンスが (ウ) のときに、電力用コ
ンデンサによる電圧波形ひずみの拡大を防止するためである。一般に、三相回路の高
調波は第5高調波が主で、以下、第7、第11、第13…などの高調波がある。原理的に
第5高調波に対して同調するのは、直列リアクトルのリアクタンスが電力用コンデン
サのリアクタンスの (エ) 〔%〕のときであるが、実際には経済性や周波数の低下な
どに対する安全率を考え、直列リアクトルのリアクタンスを (オ) 〔%〕以上に選定
するのが一般的である。

　また、直列リアクトルには、このほかにも、電力用コンデンサ投入時の (カ) の
抑制などの効果もある。

解答

　(ア)損失　　(イ)低下　　(ウ)誘導性　　(エ)4　　(オ)6　　(カ)突入電流

第4章 変電所

耐雷設備・絶縁協調

　ここでは、発変電所、送配電線を含めた、電力系統に設置される架空地線、避雷器などについて学習します。

関連過去問 055, 056, 057

進行波

※電荷のカタマリが送配電線路を移動するイメージ

サージ性過電圧って、ホントに一過性の爆弾みたいニャ

① 異常電圧　　　　　　　　　　　重要度 A

　発変電所、送配電線を含めた電力系統には、**直撃雷、誘導雷**をはじめ、**遮断器や断路器の開閉**に伴って発生する**開閉サージ（開閉過電圧）**など、さまざまな**異常電圧**が発生します。

　異常電圧を分類すると、次のようになります。

(1) 外部異常電圧（外部過電圧、外雷）

①直撃雷により発生する**サージ性過電圧**

②送電線鉄塔の逆フラッシオーバにより発生する**サージ性過電圧**

③誘導雷により発生する**サージ性過電圧**

(2) 内部異常電圧（内部過電圧、内雷）

①遮断器や断路器の開閉に伴って発生する**サージ性過電圧**（開閉過電圧）

②運転に伴って発生する**短時間交流過電圧**（商用周波数で、持続性がある）

　・1線地絡事故時の健全相に現れる過電圧

　・フェランチ効果（現象）による受電端の過電圧

　・同期発電機の自己励磁による過電圧

用語

誘導雷とは、雷雲の静電誘導によって、電線に電荷が誘導され、ほかへの落雷などにより、雷雲の電荷が消失し、電線に取り残された電荷が電線の両側に雷サージとなって流れる現象をいう。

用語

サージとは、過度的な過電圧や過電流全般を意味する。

外部異常電圧の原因のうち、**直撃雷**や**逆フラッシオーバ**は、周囲の地形や樹木・建造物に対して、地上高が高い架空送電線路に発生しがちです。一方、地上高があまり高くない配電線路では、これらの現象は発生頻度が低く、相対的に**誘導雷**による異常電圧の発生頻度が高くなっています。

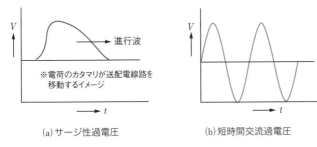

(a) サージ性過電圧　　(b) 短時間交流過電圧

図4.14　過電圧波形例

波形的特徴から見た場合、外部過電圧や開閉過電圧は**サージ性過電圧**に分類されます。

また、1線地絡やフェランチ効果に伴うものなどは、**短時間交流過電圧**に分類されます。

② 耐雷設備　重要度 A

発変電所、送配電線を含めた電力系統には、異常電圧から機器を保護する設備として、**架空地線**、**避雷器**などが施設されます。

(1) 架空地線

発変電所機器の絶縁性能を**直撃雷**に対応させることは経済的ではないので、発変電所などへの直撃雷に対しては、**架空地線**を施設することで保護します。架空地線は、発変電所施設の上部や鉄塔の電線の上部に施設される接地線（導線を接地したもの）です。

誘導雷に対しては、**避雷器**を設けることで保護します。

第4章
変電所

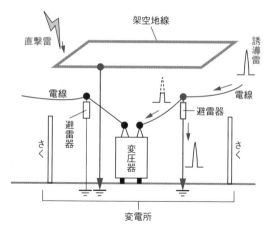

図4.15 架空地線と避雷器

　図4.16の鉄塔の架空地線は、電線への直撃雷を防止するため施設されます。

　図4.16 (b) において、架空地線と送電線を結ぶ線が架空地線から下ろした鉛直線（えんちょくせん）となす角θを**遮へい角**といい、**遮へい角が小さいほど遮へい効果が高く**なります（架空地線直下に雷は落ちにくい。架空地線に落ちる）。

用語

鉛直とは、重りを糸でつり下げたときに、糸が示す方向のこと。水平面に対して垂直の方向。

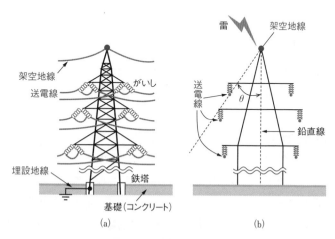

図4.16 鉄塔の避雷設備

188

(2) 埋設地線（カウンタポイズ）

埋設地線（カウンタポイズ）（図4.16 (a)参照）とは、鉄塔の塔脚接地抵抗を小さくするため、鉄塔脚部から接地用導体を地中に埋設したものです。これにより、鉄塔に雷撃を受けた場合の鉄塔の電位上昇を抑制し、鉄塔からの逆フラッシオーバを防止します。

(3) 避雷器

①避雷器の特性と絶縁協調

避雷器は、保護される機器の電圧端子と大地との間に設置され、避雷器の**特性要素**の**非直線抵抗特性**により、過電圧サージに伴う電流のみを大地に放電させ、機器に加わる過電圧の波高値を低減して機器を保護します。

避雷器が放電を開始する電圧を**放電開始電圧**といい、避雷器が放電中に避雷器の端子に現れる電圧を**制限電圧**といいます。電圧レベルが商用周波電圧に戻れば、放電を終了し速やかに**続流**を遮断します。

このため、避雷器は、電力系統を地絡状態に陥れる<ruby>おとしい<rp>(</rp><rt></rt><rp>)</rp></ruby>ことなく、過電圧の波高値をある抑制された電圧値（制限電圧）に低減することができます。

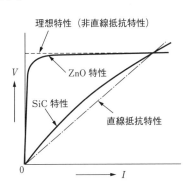

図4.17　避雷器の特性要素の特性

一般に、発変電所避雷器の処理の対象となる過電圧サージは、**誘導雷の過電圧**と回路の開閉などによって生じる**開閉過電圧**です。

避雷器で保護される機器の絶縁は、当該避雷器の制限電圧を基準にして、それより高い電圧に耐えられるように設計します。

各機器の**絶縁強度**の設計のほか、発変電所構内の機器配置などを、最も経済的かつ合理的に決定し、設備全体の絶縁の調和

補足

避雷器には、**非直線抵抗特性**（低電圧のときにはほとんど電流を流さず、高電圧のときのみ電流を流す特性）を持った素子が組み込まれている。これを**特性要素**という。特性要素としては、従来は**炭化けい素**（SiC）が用いられていたが、最近では、優れた非直線抵抗特性を持った**酸化亜鉛**（ZnO）素子が採用されている。

用語

特性要素とは、炭化けい素（SiC）素子や酸化亜鉛（ZnO）素子のこと。

補足

特性要素の特性が直線抵抗特性だった場合、電線の対地電圧が通常の値でも大地へ電流が漏れてしまう。雷のような高電圧が印加された場合にだけ放電するような非直線抵抗特性が理想である。

を図ることを**絶縁協調**といいます。

②避雷器の種類と用途

避雷器には、**直列ギャップ付き避雷器**と**ギャップレス避雷器**があります。

直列ギャップ付き避雷器は、図4.18 (a) に示すように、直列ギャップといわれる放電電極と、炭化けい素 (SiC) 素子や酸化亜鉛(ZnO)素子でできた**特性要素**で構成されています。

ギャップレス避雷器は、図4.18(b)に示すように、直列ギャップではなく、酸化亜鉛(ZnO)素子だけで構成されています。

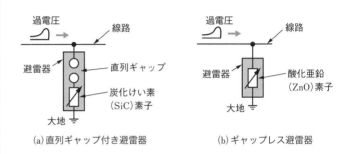

(a) 直列ギャップ付き避雷器 　　　　(b) ギャップレス避雷器

図4.18　避雷器の種類

発変電所用避雷器には、過電圧サージを抑制する効果が大きく、保護特性に優れている**酸化亜鉛形ギャップレス避雷器**が主に使用されています。

一方、**送配電用避雷器**は、避雷器の設置数が多くなり、ギャップレス避雷器を用いると、電線路の対地静電容量が大きくなることを考慮して、また、ZnO素子が劣化してもギャップで絶縁を確保し、送配電可能なように、**酸化亜鉛形直列ギャップ付き避雷器**が多く使用されています。

(4) 不平衡絶縁方式の採用

2回線併架鉄塔では、送電停止を防ぐ目的で、それぞれの回線のがいし個数や**フラッシオーバ電圧**に差を付け、2回線とも同時に事故に陥る可能性を小さくします。この方式を**不平衡絶縁方式**といいます。

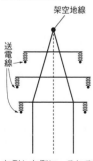
190

例題にチャレンジ！

　次の◯◯◯の中に適当な答えを記入せよ。

　変電所では、主要機器をはじめ、多数の電力機器が使用されているが、変電所に異常電圧が侵入したとき、避雷器は直ちに動作して大地に放電し、異常電圧をある値以下に抑制する特性を持ち、機器を保護する。

　この抑制した電圧を、避雷器の◯（ア）◯と呼んでいる。この特性をもとに、変電所全体の◯（イ）◯の設計を、最も経済的、合理的に決めている。これを◯（ウ）◯という。

・解答と解説・

　避雷器は異常電圧をある値以下に抑制する特性を持ち、機器を保護する。この抑制した電圧を、避雷器の**(ア)制限電圧**(答)と呼んでいる。変電所には、多数の電力機器が設置されており、すべての機器に適切な**(イ)絶縁強度**(答)が必要である。変電所機器の絶縁設計は、避雷器の制限電圧を基準とする**(ウ)絶縁協調**(答)という考え方のもとに経済的・合理的に行われる。そして、その前提として、直撃雷は架空地線で遮へいできること、送配電線路から侵入する誘導雷の過電圧を避雷器で制限電圧以下に抑制できることを想定している。

理解度チェック問題

問題　次の[　　]の中に適当な答えを記入せよ。

　発変電所機器の絶縁性能を直撃雷に対応させることは経済的ではないので、発変電所などへの直撃雷に対しては、[　(ア)　]を施設することで保護する。[　(イ)　]に対しては、避雷器を設けることで保護する。

　鉄塔の[　(ア)　]は、電線への直撃雷を防止するために施設される。[　(ア)　]と電線を結ぶ線が[　(ア)　]から下ろした鉛直線となす角を遮へい角といい、遮へい角が[　(ウ)　]ほど遮へい効果が高くなる。

　鉄塔の塔脚接地抵抗を小さくするために、鉄塔脚部から接地用導体を地中に埋設したものを、[　(エ)　]という。

　これにより、鉄塔に雷撃を受けた場合の鉄塔の電位上昇を抑制し、鉄塔からの[　(オ)　]を防止する。

解答

(ア)架空地線　　(イ)誘導雷　　　(ウ)小さい　　　(エ)埋設地線(カウンタポイズ)
(オ)逆フラッシオーバ

27日目

第4章 変電所

LESSON

27

主変圧器

変電所の最も重要な機能は、電力の変成です。このレッスンでは、主変圧器の結線方式について学習します。

関連過去問 058, 059, 060

第4章

変電所

変圧器は、
Y結線や△結線が
仕事をしているん
だニャ

---

① 主変圧器の結線方法　重要度 A

わが国の送配電方式の多くは**三相3線式**です。これに対応する**主変圧器の結線方式**には、以下のようなものがあります。

（1）Y-Y結線

Y-Y結線は、一次巻線と二次巻線をY-Y結線としたもので、図4.19の例（例1・例2図は同じ結線）に示すような結線をいいます。

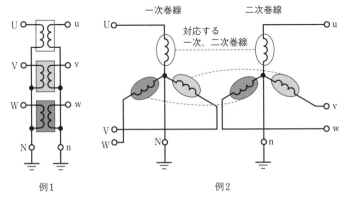

例1　　　例2

図4.19　Y-Y結線図

補足 ✏️

変圧器の励磁電流は、鉄心の磁気飽和現象およびヒステリシス現象のため、ひずみ波となる。このため、Y-Y結線で中性点が接地されているときには、線路に第3高調波を主とする充電電流が流れ、電磁誘導障害（通信障害）を与えることがある。したがって、この結線は、ほとんど用いられない。

また、**中性点**Nおよびnを中心にして、各端子の電圧をベクトルで表すと、図4.20のようになります。

Y-Y結線には、次のような特徴があります。

a. 一次側、二次側とも、中性点を取り出して接地することができる。

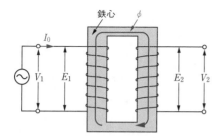

図4.20　Y-Y結線の各端子の電圧ベクトル図

b. 一次側と二次側とが同位相になる。これを**角変位がない**という。

c. 1相の巻線に加わる電圧が線間電圧の$\dfrac{1}{\sqrt{3}}$となって、絶縁に有利になる。

d. △巻線がないので、**第3高調波電流を変圧器内で環流できない**ため、誘起電圧が歪む。

詳しく解説！

変圧器の励磁電流波形が歪む理由と第3高調波

図aに示すように、単相変圧器の一次端子に正弦波電圧V_1を加えると、これと平衡を保つ一次誘導起電力E_1も正弦波でなければなりません。したがって、これを誘導する磁束ϕも正弦波でなければなりません。

鉄心　ϕ

I_0

V_1　E_1　E_2　V_2

V_1：一次端子電圧（電源電圧）
V_2：二次端子電圧
E_1：一次誘導起電力（ϕにより誘起される）
E_2：二次誘導起電力（ϕにより誘起される）
I_0：励磁電流（変圧器鉄心内に磁束ϕを作る）
ϕ：鉄心内の磁束

図a　変圧器

変圧器鉄心には、磁気飽和現象およびヒステリシス現象があるため、正弦波の磁束ϕを生じるための励磁電流I_0は、図bに示すようにひずみ波とならざるを得ません。

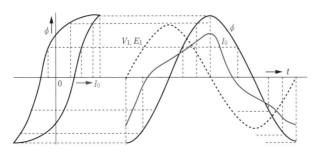

図b　鉄心のヒステリシスによる励磁電流波形のひずみ

　このひずみ波交流は、50Hzまたは60Hzの基本波と、基本波の3倍の150Hzまたは180Hzの第3高調波および基本波の5倍の第5高調波を多く含んでいます。

　このうち、第3高調波は図cに示すように、各相同相（各相とも同一波形すなわち各相同一位相、同一周波数）となります。三相変圧器のa相を基準にすると、各相の基本波および第3高調波の相電圧は次のようになります。

a相の基本波

$$Ea = \sqrt{2}\,E \cdot \sin\omega t$$

a相の第3高調波

$$E_3a = \sqrt{2}\,E_3 \cdot \sin 3\omega t$$

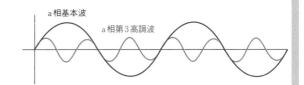

b相の基本波

$$Eb = \sqrt{2}\,E \cdot \sin\left(\omega t - \frac{2}{3}\pi\right)$$

b相の第3高調波

$$\begin{aligned}
E_3b &= \sqrt{2}\,E_3 \cdot \sin 3\left(\omega t - \frac{2}{3}\pi\right)\\
&= \sqrt{2}\,E_3 \cdot \sin(3\omega t - 2\pi)\\
&= \sqrt{2}\,E_3 \cdot \sin 3\omega t
\end{aligned}$$

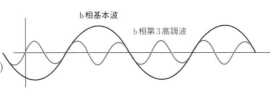

c相の基本波

$$Ec = \sqrt{2}\,E \cdot \sin\left(\omega t - \frac{4}{3}\pi\right)$$

c相の第3高調波

$$\begin{aligned}
E_3c &= \sqrt{2}\,E_3 \cdot \sin 3\left(\omega t - \frac{4}{3}\pi\right)\\
&= \sqrt{2}\,E_3 \cdot \sin 3(\omega t - 4\pi)\\
&= \sqrt{2}\,E_3 \cdot \sin 3\omega t
\end{aligned}$$

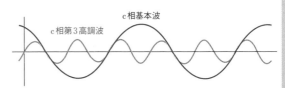

図c　各相の基本波および第3高調波

各相同相の交流電圧は、ある瞬時を捉えてみると、直流電源（電池）と同じなので、この単相変圧器を3台組み合わせY-Y結線とすると、図dの回路と等価となるので、第3高調波電流は外部の負荷回路に流れません（このとき、基本波の電流は各相$\frac{2}{3}\pi$〔rad〕（＝120°）の位相差があるので、外部負荷回路に流れます）。外部負荷回路に流れない理由は、この回路にキルヒホッフの法則や重ね合わせの理を適用すれば明らかです。

　Y回路の中性点が接地されている状態で外部回路に地絡事故があった場合、図dからわかるように、第3高調波が外部へ流出し電磁誘導障害（通信障害）を起こすおそれがあります。このため、この結線方式はほとんど用いられません（Y回路は2次側だけを示します）。

　なお、このとき、線間電圧は電源電圧に対抗するため正弦波となりますが、相電圧は第3高調波を含んだひずみ波となります（各相の相電圧は同相であるから、互いに打ち消し合って、線間には現れません）。

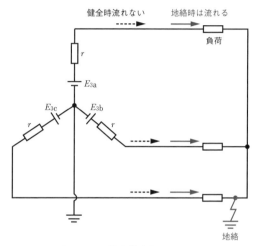

図d　Y回路中性点接地の場合

補足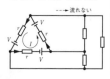

第3高調波は、各相同相のため、△結線では、△回路内を環流し、外部に流出しない。各相同相とは、ある瞬時を捉えると、直流電源と同じで、下の図のようなイメージとなる。△の頂点にキルヒホッフの第1法則を適用すると、電流が外部に流出しないことがわかる。

(2) Y-Y-△結線

　Y-Y-△結線は、Y-Y結線に△結線した三次巻線を加えたものです。(1) のY-Y結線と同様の特徴を持つほか、**三次巻線**には次のような効用があります。

a. △結線で**第3高調波電流を環流**できるので、誘起電圧を**正弦波**とすることができる。

b. **調相設備**を接続することができる。

c. 変電所の**所内負荷**を接続することができる。

　また、負荷を接続しない場合、この△巻線のことを、特に**安定巻線**といいます。一般に、Y-Y-△結線の変圧器は、中性点接地ができることと経済的な絶縁設計ができることから、**特別高圧**や**超高圧**の送電用変電所に適した方式といえます。

(3) Y-△結線(△-Y結線)

　Y-△結線は、一次巻線をY結線、二次巻線を△結線とした
もの、**△-Y結線**は、一次巻線を△結線、二次巻線をY結線と
したもので、次のような特徴があります。

a. △結線で**第3高調波電流を環流できる**ので、誘起電圧を**正弦
波**とすることができる。

b. 一次側と二次側では、30〔°〕$(\dfrac{\pi}{6}$〔rad〕$)$ の位相差がある。

　このような変圧器一次側と二次側との間に生じる位相差のこ
とを**角変位**という。

第4章

変電所

詳しく解説！ 角変位

　例えば、一次側△結線と二次側Y結線との位
相関係をベクトル図で示すと、下の図のように
なります(赤矢印 🖋 は、一次、二次の対応する巻線に加わる
電圧で同相)。

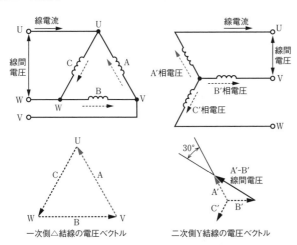

一次側△結線の電圧ベクトル　　二次側Y結線の電圧ベクトル

図　一次側△結線と二次側Y結線との位相関係図

　図を見ればわかるように、二次側Y結線の線間電圧A′-B′ は、
一次側△結線の線間電圧Aより 30〔°〕$(\dfrac{\pi}{6}$〔rad〕$)$ 進んでいる。
これを**角変位**といいます。

Y結線は、1相の巻線に加わる電圧が線間電圧の$\dfrac{1}{\sqrt{3}}$になる

ことから、各相巻線の絶縁設計上、Y結線を高圧側、△結線を低圧側とすることが一般的です。したがって、**Y-△結線**の変圧器は、受電端変電所の**降圧用変圧器**に採用され、**△-Y結線**の変圧器は、**昇圧用**変圧器として発電所の主変圧器に広く用いられています。

(4) △-△結線

　△-△結線は、一次巻線・二次巻線ともに△結線としたもので、次のような特徴があります。

a. △結線で、**第3高調波電流を環流できる**ので、誘起電圧を**正弦波**とすることができる。

b. **角変位がない。**

c. 一次側・二次側とも、中性点を接地することができない。中性点は、別に設けた**接地変圧器**（**EVT**）で接地する。

d. 単相変圧器3台で△-△結線とした場合、1台の変圧器が故障しても、残りの2台で**V-V結線**（▶LESSON40）として運転できる。

　一般に、△-△結線の変圧器は、33〔kV〕以下の低電圧・小容量の変成に適します。特に、6.6〔kV〕の配電系統では、**中性点非接地方式**であることから、広く用いられます。

(5) V-V結線

　V-V結線は、△-△結線された単相変圧器3台のうち1台が故障したときに、応急的に使用されることがある結線方式です。

　△-△結線と比較して、**出力が**$\dfrac{1}{\sqrt{3}}≒0.577$倍と小さくなり、

変圧器利用率は、△-△結線の1に比べ$\dfrac{\sqrt{3}}{2}≒0.866$倍に低下します。

補足

接地変圧器は、中性点を直接接地できない場合に使われる。回路で地絡事故が発生した場合に、零相電流または零相電圧を検出することが目的で、この検出により保護装置が動作し、回路が遮断される。接地変圧器EVTは、Earthed Voltage Transformerの略。GVT、GPTとも略される。

補足

V-V結線は、変圧器を設置したとき、初期負荷が軽い場合にも用いられるときがある。負荷を増設したとき、△-△結線に変更する。

用語

設備の容量に対し、実際に電力供給に使われる容量の割合を**利用率**という。

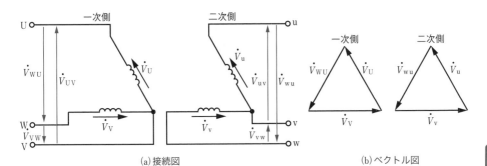

(a)接続図 (b)ベクトル図

図4.21 V-V結線

例題にチャレンジ！

　三相交流回路に使用する変圧器の結線方式に関する記述として、誤っているのは次のうちどれか。

(1) Y-△結線では、一次側と二次側との間に角変位が生じる。

(2) △-△結線は、中性点を接地できない。

(3) 三巻線変圧器を使用する場合は、一般に、一次側および二次側をY結線、三次側を△結線とする。三次側に調相設備を接続すれば、送電線の力率調整を行うことができる。

(4) 一次側をY結線、二次側を△結線とすると、第3高調波電流の環流路ができ、昇圧に適する。

(5) 同じ変圧器を2台使ってV-V結線としたものは、変圧器の利用率が低くなる。

・解答と解説・・・・・・・・・・・・・・・・・・・・・・・・・・・・・

(1) **正しい。** Y-△結線は、一次側と二次側との間に角変位が生じることが特徴の1つである。

(2) **正しい。** △結線は、中性点端子が取り出せないので、一次側、二次側とも中性点を接地できない。

(3) **正しい。** 三巻線変圧器は、一次側および二次側をY-Y結線とするのが一般的である。このとき、変圧器内に第3高調波電流の環流路として必要な△結線を、三次巻線で構成できる。三次巻線は、負荷を接続しない安定巻線とするほか、変電所所内負荷を接続したり、調相設備を接続して、

用語

一次巻線、二次巻線、三次巻線がある変圧器を、**三巻線変圧器**という。

送電線の力率調整を行うこともある。

(4) **誤り**（答）。三相変圧器では、巻線のいずれかを△結線とすることで、第3高調波電流の環流路とすることが一般的で、この部分の記述は正しい。しかし、Y-△結線は、絶縁設計の観点から、Y結線を高圧側とし、△結線を低圧側とするのが有利である。したがって、昇圧には低圧側である一次側を△結線とするほうが適切であるから、誤った記述である。

(5) **正しい**。V-V結線は、同じ変圧器を3台使った△結線と比較して、出力が $\dfrac{1}{\sqrt{3}}$ に、変圧器利用率が $\dfrac{\sqrt{3}}{2}$ に低下する。

・・

② 三相変圧器　重要度 C

　1台で三相分の変成を行う変圧器を、**三相変圧器**といいます。三相交流の変成を行うには、単相変圧器を3台（V-V結線の場合は2台）使用するか、三相変圧器1台を使用するかのいずれかの方法をとります。変圧器内部では、Y-Y結線・Y-Y-△結線・Y-△結線（△-Y結線）・△-△結線のいずれかが構成され、外部には必要な端子だけが取り出されます。

　三相変圧器は、単相変圧器を3台使用する場合と比べて、次のような特徴があります。

a. 価格が安くなり、裾付面積が縮小でき、損失が少なくなる。

b. 故障時の予備容量としては、単相変圧器3台で構成する場合は、**バンク容量**（三相変圧器1組分容量）の $\dfrac{1}{3}$ である単相変圧器1台で済むが、三相変圧器では、バンク容量に等しい1台が必要になる。

補足-🖉
バンクについては、
LESSON37を参照。

理解度チェック問題

問題　次の□**の中に適当な答えを記入せよ。**

Y-Y結線には、次のような特徴がある。

①一次側、二次側とも、中性点を取り出して　(ア)　することができる。

②一次側と二次側とが同位相になる。これを　(イ)　がないという。

③1相の巻線に加わる電圧が線間電圧の　(ウ)　となって、絶縁に有利になる。

④△巻線がないので、　(エ)　電流を変圧器内で環流できないため、誘起電圧が歪む。

Y-Y-△結線は、Y-Y結線に△結線した三次巻線を加えたものである。上記Y-Y結線と同様の特徴を持つほか、三次巻線には次のような効用がある。

①△結線で　(エ)　電流を環流できるので、誘起電圧を正弦波とすることができる。

②　(オ)　を接続することができる。

③変電所の　(カ)　を接続することができる。

また、負荷を接続しない場合、この△巻線のことを、特に　(キ)　という。

解答

(ア)接地　　(イ)角変位　　(ウ)$\dfrac{1}{\sqrt{3}}$　　(エ)第3高調波

(オ)調相設備　　(カ)所内負荷　　(キ)安定巻線

変圧器のインピーダンス

変圧器のインピーダンスに関する計算問題は、頻出です。パーセントインピーダンスを使った計算方法を確実にマスターしましょう。

関連過去問 061, 062

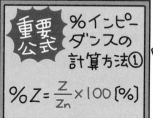

久しぶりに、重要公式が出てくるニャ。どれもしっかり覚えてくれニャ

① 変圧器のインピーダンス　重要度 A

変圧器には、磁束を作るために流れる励磁電流がありますが、ここでは、励磁電流は負荷電流に比べ非常に小さいので、**励磁電流は考慮しない**ことにします。また、最初は単相変圧器について検討し、三相変圧器については、二次側の1相分を検討します。

変圧器の巻線のインピーダンスとして考慮するのは、次の2点です。

①変圧器の巻線導体には、巻線抵抗がある。

②一次巻線と二次巻線は、磁気回路で結合されているが、結合に寄与しないわずかな漏れ磁束がある。漏れ磁束は、回路素子のコイルによる磁束と同じものといえる。すなわち、巻線には漏れリアクタンスがある。

これらにより、変圧器内部には、負荷電流に比例する電圧降下が生じるので、図4.22に示すような巻線のインピーダ

用語

インピーダンスとは、交流の電流を妨げるもので、抵抗、誘導性リアクタンス、容量性リアクタンスの3種類がある。また、この3種類を組み合わせたものも、インピーダンスまたは合成インピーダンスと呼ぶ。

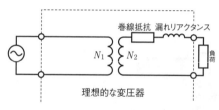

図4.22　変圧器のインピーダンス

ンスと負荷インピーダンスが直列接続されているイメージで捉えてください。簡単にするために、二次側に巻線抵抗と漏れリアクタンスを集約しています。

ここで、巻数比 $a = \dfrac{N_1}{N_2}$ とすると、一次側のインピーダンス $Z_1 \, [\Omega]$ を二次側へ換算（$Z_2' \, [\Omega]$ とする）すると、$Z_2' = \dfrac{1}{a^2} Z_1 \, [\Omega]$ となります。

また、図4.23に示すように、変圧器に定格電流が流れているときに、巻線のインピーダンスによって生じる電圧降下の大きさ $[V]$ を、**インピーダンス電圧**といいます。

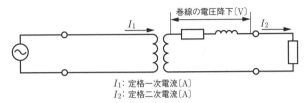

I_1：定格一次電流 $[A]$
I_2：定格二次電流 $[A]$

図4.23　インピーダンス電圧（巻線の電圧降下）

② パーセントインピーダンスの導入　重要度 Ⓐ

(1) パーセントインピーダンスとは

ある巻線のインピーダンス $Z \, [\Omega]$ は、基準インピーダンス Z_b $[\Omega]$ の何 $[\%]$ か？
を表したものが、$Z \, [\Omega]$ のパーセントインピーダンス（以下、%インピーダンス）、$\%Z \, [\%]$ です。基準インピーダンス $Z_b \, [\Omega]$ は、通常、定格インピーダンス $Z_n \, [\Omega]$ とします。%インピーダンスは、一般的に次のように表現します。

%インピーダンス、$\%Z \, [\%]$ とは、交流機に定格電流 I_n を流した場合に、その巻線によるインピーダンス降下 $Z \cdot I_n$ を定格電圧 E_n に対する百分率で表したものである。

三相変圧器二次側の1相分を次のようにとります。

第4章

変電所

補足
インピーダンス電圧の測定方法は、二次側端子を短絡して、一次側に試験電圧を印加しながら測定する短絡試験といわれる方法なので、インピーダンス電圧とは、通常は一次側に印加した試験電圧のことをいう。この説明では、二次側に換算した電圧をインピーダンス電圧としている。

補足
パーセントインピーダンスは、**パーセントインピーダンス降下**、**百分率インピーダンス**、**百分率短絡インピーダンス**などとも呼ばれる。また、その抵抗成分を**百分率抵抗降下**、リアクタンス成分を**百分率リアクタンス降下**などという。

補足
基準インピーダンス Z_b $[\Omega]$ の%インピーダンスが $\%Z_b = 100 \, [\%]$ であることはいうまでもないが、計算問題では明示されない。常に頭の片隅に入れておこう。

用語

等価回路とは、電源か
ら見た回路の合成抵抗
が、元の回路と等しく、
電源から流出する電流
が等しい回路のことで
ある。

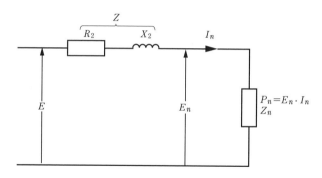

図4.24　三相変圧器二次側1相分等価回路

E ：一次電圧(二次換算値)〔V〕

E_n：定格電圧〔V〕

I_n ：定格電流〔A〕

Z_n：定格インピーダンス(基準インピーダンス)〔Ω〕

P_n：定格容量(基準容量)〔V・A〕

　　　$(P_n = E_n \cdot I_n)$

Z ：二次側から見たインピーダンス〔Ω〕

　　　(一次巻線抵抗＋一次漏れリアクタンス)の二次換算値

　　　＋(二次巻線抵抗＋二次漏れリアクタンス)

$\%Z$：Z〔Ω〕の%インピーダンス値〔%〕

基準インピーダンス$Z_b = Z_n = \dfrac{E_n}{I_n}$〔Ω〕となります。

　%インピーダンスの計算方法は各種ありますが、その言葉の
意味からいえば、

> **!重要 公式　%インピーダンスの計算方法①**
>
> $$\%Z = \frac{Z}{Z_n} \times 100 \,〔\%〕 \tag{2}$$

　%インピーダンス降下の意味からは、定格電圧E_nに対するZ
の電圧降下$Z \cdot I_n$の割合という意味なので、

> **!重要 公式　%インピーダンスの計算方法②**
>
> $$\%Z = \frac{Z \cdot I_n}{E_n} \times 100 \,〔\%〕 \tag{3}$$

　その他、上式の分子、分母にE_nを乗じ、

> ⚠️ 重要 公式 ％インピーダンスの計算方法③
>
> $$\%Z = \frac{Z \cdot P_n}{E_n{}^2} \times 100 \,(\%) \tag{4}$$

という表し方もあります。

　％インピーダンスは、送配電線路などの短絡故障計算などに使用されます。Ω値のままでは変圧器の一次側、二次側など、電圧階級が変わるたびに、その電圧に合ったΩ値に換算しなければなりませんが、％値だと、同じ値のまま使用できます（Z〔Ω〕の電圧換算値が電圧の2乗に比例するため、このようになります）。

　ここで注意しなければならないことは、**基準容量を合わせなければならない**ということです。％インピーダンスは、電圧一定のもとで基準容量に比例します。同一電圧の箇所で、ある基準容量P（旧基準容量とする）の旧％インピーダンス％Zを、新基準容量P'の新％インピーダンス％Z'に換算すると、次のようになります。

> ⚠️ 重要 公式 基準容量の合わせ方
>
> $$\%Z' = \%Z \times \frac{P'}{P} \,(\%) \tag{5}$$

　新基準容量に統一した各箇所の％インピーダンスは、電圧換算なしに直並列計算をすることができます。

＋1 プラスワン

％インピーダンスは、**実用的**に

$$\%Z = \frac{Z \cdot P_{3n}}{10 \cdot V_n{}^2} \,(\%)$$

で計算する場合もある。ただし、この場合のP_{3n}は3相の定格容量で、単位を〔kV・A〕、V_nは線間電圧で単位を〔kV〕とし、100を乗じる必要がない。使いこなせば便利な式だが、単位など、注意事項が多いのであまりおすすめできない。

第4章

変電所

例題にチャレンジ！

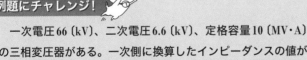

　一次電圧 66 〔kV〕、二次電圧 6.6 〔kV〕、定格容量 10 〔MV・A〕の三相変圧器がある。一次側に換算したインピーダンスの値が 32.7 〔Ω〕のとき、二次側に換算したインピーダンスの値、および％インピーダンスの値を求めよ。ただし、インピーダンスはリアクタンス成分のみとする。

・解答と解説・・・・・・・・・・・・・・・・・・・・・・・・・・・・・・・・・・・・・・・・

1相当たりの、一次側から見た等価回路、および二次側から見た等価回路は、次のようになる。

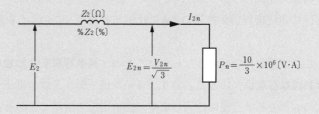

図a　一次側から見た等価回路

図b　二次側から見た等価回路

$$巻数比\ a = \frac{N_1}{N_2} = \frac{V_{1n}}{V_{2n}} = \frac{66}{6.6} = 10$$

よって、二次側に換算したインピーダンスの値Z_2は、

$$Z_2 = \frac{1}{a^2} \times Z_1 = \frac{1}{10^2} \times 32.7 = \mathbf{0.327}\ 〔Ω〕（答）$$

次に、二次側から見た等価回路から、%インピーダンス、%Z_2〔%〕を求める。

「変圧器巻線のインピーダンスZ_2〔Ω〕は、基準インピーダンス（定格インピーダンス）Z_{2n}〔Ω〕の何〔%〕か」を表したものが、%インピーダンス、%Z_2〔%〕である。

定格二次電圧（線間電圧）をV_{2n}〔V〕、定格二次電圧（相電圧）をE_{2n}〔V〕、定格二次電流をI_{2n}〔A〕、1相分の定格容量を、

$$P_n = \frac{10}{3} \times 10^6 〔\text{V·A}〕とすれば、$$

$$P_n = E_{2n} \cdot I_{2n} 〔\text{V·A}〕となるので、$$

$$I_{2n}=\frac{P_n}{E_{2n}}=\frac{P_n}{\frac{V_{2n}}{\sqrt{3}}}=\left(\frac{\frac{10\times10^6}{3}}{\frac{6.6\times10^3}{\sqrt{3}}}\right)\quad\underset{\text{内側の積}}{\text{外側の積}}$$

$$=\frac{\sqrt{3}\times10\times10^6}{3\times6.6\times10^3}\fallingdotseq874.8\,\text{(A)}$$

したがって、基準インピーダンスZ_{2n}〔Ω〕は、

$$Z_{2n}=\frac{E_{2n}}{I_{2n}}=\frac{\frac{V_{2n}}{\sqrt{3}}}{I_{2n}}=\frac{V_{2n}}{\sqrt{3}\,I_{2n}}=\frac{6.6\times10^3}{\sqrt{3}\times874.8}\fallingdotseq4.356\,\text{(Ω)}$$

よって、求める％インピーダンス、$\%Z_2$〔％〕は、

$$\%Z_2=\frac{Z_2\text{〔Ω〕}}{Z_{2n}\text{〔Ω〕}}\times100=\frac{0.327}{4.356}\times100$$

$$\fallingdotseq\textbf{7.5}\,\text{〔％〕(答)}$$

・別解 その1・

％インピーダンスは、定格二次電圧（相電圧）E_{2n}に対する$Z_2\cdot I_{2n}$の電圧降下の割合なので、

$$\%Z_2=\frac{Z_2\cdot I_{2n}}{E_{2n}}\times100=\frac{0.327\times874.8}{\frac{6.6\times10^3}{\sqrt{3}}}\times100$$

$$=\frac{\sqrt{3}\times0.327\times874.8}{6.6\times10^3}\times100\fallingdotseq\textbf{7.5}\,\text{〔％〕(答)}$$

・別解 その2・

一次側から見た等価回路から求める。

％インピーダンスは、定格一次電圧（相電圧）E_{1n}に対する$Z_1\cdot I_{1n}$の電圧降下の割合なので、

$I_{1n}=\frac{P_{n3}}{\sqrt{3}\,V_{1n}}$より求める

$$\%Z_1=\frac{Z_1\cdot I_{1n}}{E_{1n}}\times100=\frac{32.7\times87.48}{\frac{66\times10^3}{\sqrt{3}}}\times100$$

$$=\frac{\sqrt{3}\times32.7\times87.48}{66\times10^3}\times100\fallingdotseq\textbf{7.5}\,\text{〔％〕(答)}$$

※％インピーダンスは、**一次側から見ても、二次側から見ても同じ値になる**という重要な性質がある。

解法のヒント

6.6〔kV〕→6.6×10^3〔V〕と変換する。

第4章 変電所

解法のヒント

$$I_{1n}=\frac{P_{n3}}{\sqrt{3}\,V_{1n}}$$
$$=\frac{10\times10^6}{\sqrt{3}\times66\times10^3}$$
$$\fallingdotseq87.48\,\text{〔A〕}$$
ただし、P_{n3}は定格容量10〔MV・A〕→10×10^6〔V・A〕

(2) 変圧器の並行運転

①並行運転の条件

変圧器を2台以上並行運転する場合は、各変圧器がそれぞれの容量に比例した電流を分担し、**循環電流**を実用上支障のない程度に小さくすることが必要です。

そのためには、次の条件が満足されなければなりません。

a. 各変圧器の**極性**が一致していること。

b. 各変圧器の**巻数比（変圧比）**が等しく、一次および二次の**定格電圧**が等しいこと。

c. 各変圧器の**自己容量基準（定格容量基準）の%インピーダンス**が等しいこと。

（各変圧器のオーム値で表したインピーダンス比が定格容量の逆比に等しいこと。言い換えれば、各変圧器の基準容量を統一した%インピーダンス比が定格容量の逆比に等しいこと）

d. 各変圧器の**抵抗とリアクタンスの比**が等しいこと。

e. 三相の場合は**角変位**（▶LESSON27）と**相回転**が等しいこと。

②並行運転の負荷分担

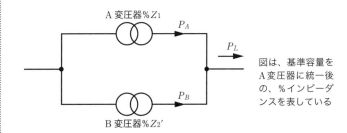

図は、基準容量をA変圧器に統一後の、%インピーダンスを表している

図4.25　並行運転の負荷分担

図4.25のように、A変圧器の容量、%インピーダンスをP_1〔kV・A〕、$\%Z_1$〔%〕およびB変圧器の容量、%インピーダンスをP_2〔kV・A〕、$\%Z_2$〔%〕とすると、この2台の変圧器が負荷P_L〔kV・A〕をかけて並行運転している場合、それぞれの変圧器が分担する負荷P_A〔kV・A〕およびP_B〔kV・A〕を求めます。いま、A変圧器の容量を基準容量とすれば、この基準容量に換算したB変圧器の%インピーダンス、$\%Z_2{}'$〔%〕は、$\%Z_2{}' = \%Z_2 \times$

用語 📷

循環電流とは、2台の電気機器間を循環して流れる電流。2台の変圧器の巻数比（変圧比）が異なると、各変圧器間に循環電流が流れる。

補足 📎

通常、断りのない限り、変圧器の%インピーダンスは、自己容量基準（定格容量基準）である。

用語 📷

巻数比

変圧器に巻かれている一次側（電源側）と二次側（負荷側）の巻数の比のこと。巻数比を変えることで、二次側の電圧と電流の値を変えられる。

相回転

三相交流回路の三相の電圧または電流位相の順序をいう。それぞれの回路を呼ぶのに、a相、b相、c相といった名前を付ける。各回路の電圧または電流の位相が a→b→c の順で遅れているとき、相回転がabcであるという。相回転のことを相順ともいう。

$\dfrac{P_1}{P_2}$〔%〕となるので、求めるP_A〔kV·A〕およびP_B〔kV·A〕は、次のようになります。

> **(!)重要 公式** 2台の変圧器が負荷P_L〔kV·A〕をかけて並行運転している場合、それぞれの変圧器が分担する負荷P_A〔kV·A〕
>
> 分子は相手側のB
>
> $$P_A = P_L \times \frac{\%Z_2'}{\%Z_1 + \%Z_2'} = P_L \times \frac{\%Z_2\left(\dfrac{P_1}{P_2}\right)}{\%Z_1 + \%Z_2\left(\dfrac{P_1}{P_2}\right)}$$
>
> $$= \frac{\%Z_2 P_1}{\%Z_1 P_2 + \%Z_2 P_1} P_L \text{〔kV·A〕} \tag{6}$$

> **(!)重要 公式** 2台の変圧器が負荷P_L〔kV·A〕をかけて並行運転している場合、それぞれの変圧器が分担する負荷P_B〔kV·A〕
>
> $$P_B = P_L - P_A = \frac{\%Z_1 P_2}{\%Z_1 P_2 + \%Z_2 P_1} P_L \text{〔kV·A〕} \tag{7}$$

　これらの負荷分担式から、自己容量基準（定格容量基準）の％インピーダンスが等しい（$\%Z_1 = \%Z_2$）と、各変圧器が定格容量に比例した負荷分担ができることがわかります。

受験生からよくある質問

(Q) 変圧器の極性とは何ですか。

(A) 変圧器の極性とは、単相変圧器の一次・二次両端子間に現れる誘導起電力の方向を表す用語で、減極性と加極性があります。
　減極性とは、次ページの図a、図bのように、一次巻線のU（＋）端子と二次巻線のu（＋）が同じ側にあり、両巻線に誘起される電圧の方向E_1、E_2が同じ向きになります。
　一方、加極性は、U（＋）とu（＋）は対角線上にあり、両巻線に誘起される電圧の方向は反対になります。
　国内の変圧器では減極性を標準としています。
　変圧器の極性は、単独で使用する場合には問題になりませんが、並行（並列）運転をする場合、必ず極性を一致しなければなりません。U（＋）はU（＋）どうし、V（－）はV（－）どうしを接続します。

(+1)プラスワン

2台の変圧器の自己容量基準の％インピーダンスが等しいと、変圧器容量に応じた負荷分担ができる。異なる場合は、負荷を零から増加させていったとき、自己容量基準の％インピーダンスの小さい変圧器が先に定格容量に達する。これは、％インピーダンスが、定格電流が流れたときの電圧降下の％を表しているからである。

第4章

変電所

電池の並列接続と同じです。極性を誤ってU（＋）とV（－）を接続すると短絡状態となり、巻線を損傷するおそれがあります。

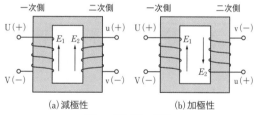

(a) 減極性　　　　　　　　　(b) 加極性

図a　変圧器の極性

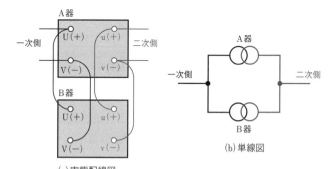

(a) 実態配線図
（上から見た図。A器、B器とも減極性）

(b) 単線図

図b　並行運転

例題にチャレンジ！

　定格容量10〔kV·A〕、％インピーダンス3〔％〕のA変圧器と、定格容量30〔kV·A〕、％インピーダンス6〔％〕のB変圧器を、並行運転している。基準容量20〔kV·A〕に対する合成の％インピーダンス〔％〕を求めよ。

　ただし、各変圧器の抵抗とリアクタンスの比は等しいものとする。

・解答と解説・

各器の抵抗とリアクタンスの比が等しいので、負荷はインピーダンスの逆比で分担することになる。

基準容量が20〔kV·A〕であるから、定格容量10〔kV·A〕器について、

$$\%Z_{10} = 3 \times \frac{20}{10} = 6 \,(\%)$$

定格容量30〔kV·A〕器について、

$$\%Z_{30} = 6 \times \frac{20}{30} = 4 \,(\%)$$

並行運転時の合成の％インピーダンス、$\%Z'$は、

$$\%Z' = \frac{4 \times 6}{4 + 6} = 2.4 \,(\%) \,(答)$$

> 2個の抵抗の並列回路の合成抵抗を求める式 $\left(\dfrac{積}{和}\right)$ と同じ。
> なお、各変圧器の負荷分担は2個の抵抗の並列回路の分流計算と同じで、基準容量を揃えた％インピーダンス値に逆比例して配分させればよい。

第4章

変電所

理解度チェック問題

問題　次の☐**の中に適当な答えを記入せよ。**

　変圧器を2台以上並行運転する場合は、各変圧器がそれぞれの容量に比例した電流を分担し、 (ア) を実用上支障のない程度に小さくすることが必要である。

　そのためには、次の条件が満足されなければならない。

a. 各変圧器の (イ) が一致していること

b. 各変圧器の巻数比（変圧比）が等しく、一次および二次の定格電圧が等しいこと

c. 各変圧器の (ウ) が等しいこと

d. 各変圧器の抵抗と (エ) の比が等しいこと

e. 三相の場合は (オ) と相回転が等しいこと

解答

(ア)循環電流　　(イ)極性　　(ウ)％インピーダンス　　(エ)リアクタンス　　(オ)角変位

解説

c. 通常、断りのない限り、変圧器の％インピーダンスは、自己容量基準（定格容量基準）である。この例題で示した (ウ) の％インピーダンスにも、断り書きは入っていない。

第5章 送電

電力系統

ここでは、送電方法の交流方式と直流方式の得失、および送配電線路の線路定数について学びます。

関連過去問 063, 064

送電方法
① 交流方式
② 直流方式

日本の電力系統の大部分は交流方式だけど、一部に直流方式が使用されているんだニャ

① 電力系統

重要度 B

今日から、第5章、送電の始まりニャ！

　電力系統とは、電力需要に応じるため、電気が発電所から需要家に至るまでの間を、密接に連系した電力設備の全般をいいます。その一例を図で表すと、図5.1のようになります。

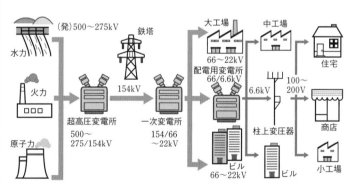

（発）：発電所　▬▬▬：送電線路　──：配電線路

図5.1　電力系統構成例

　次に、わが国の電力系統を構成する送電線路と配電線路について見てみましょう。送電線路と配電線路の多くの部分に、**三相3線式**が採用されています。

①**送電線路**…発電所から、超高圧変電所、一次変電所を経由し

て、需要地の配電用変電所に至る線路をいいます。学習上は、長距離の輸送のための電圧・電力に関すること、特に、架空送電では、山間部や沿岸部を通過することから、**自然の事象から受ける影響と対策**に関することが重要になります。

②**配電線路**…配電用変電所から、面的に広がる多数の需要地点までの線路をいいます。学習上は、電圧が安定している・停電が起きにくい・停電時間が短いなど、**高品質な電力供給**を実現するための技術に関することが重要になります。

② 送電方式　重要度 Ⓐ

　送電方式の分類としては、交流か直流かで分類する方法があります。わが国の電力系統の大部分は交流方式ですが、一部に直流方式が使用されています。それぞれの特徴は次の通りです。

(1) 交流方式

a. 変圧器により、比較的簡単・高効率で**大電力の変成**ができる。

b. 交流は、電流が零になる瞬間があり、これを利用して**比較的容易に大電流を遮断**できる。

(2) 直流方式

a. 作用インダクタンスと作用静電容量の線路定数の影響を受けないので、**安定度の問題がなく**、電線の許容電流の限度まで送電可能。また、力率は1なので、**調相設備が必要ない**。

b. 交流方式の電圧は、波高値が実効値の$\sqrt{2}$倍だが、直流では1倍と小さいので、**コロナ障害 (▶LESSON32) 対策や絶縁設計の面で有利**になる。

c. 直流方式では、線路に無効電力の流通がないので、交流よりも電流が小さくなって、**電圧降下と線路損失を低減**できる。

d. **周波数が異なる交流系統どうしを連系**(直流連系)する用途に用いるときに、それぞれの交流系統の短絡容量を大きくしない効果がある。一方、両端の交流系統には、交直変換設備と調相設備、高調波対策設備が必要になる(図5.2参照)。

補足

送電線路も配電線路も、ともに電力の伝送路であり、本質的にはその区別はない。

用語

作用インダクタンス、作用静電容量、線路定数については、次の項を参照。安定度については、LESSON30で学ぶ。

用語

線路損失とは、送電線路で電力を送る場合に、受電端まで達しないで、途中で失われてしまう電力のこと。抵抗損、コロナ損などがある。

用語

短絡容量とは、電力系統の強さを示す尺度。短絡故障が発生したときに流れる短絡電流と回路電圧との積で表される。短絡電流の供給源は同期発電機であり、発電機の容量が大きく、台数が多くなるほど短絡容量は大きくなる。

第5章

送電

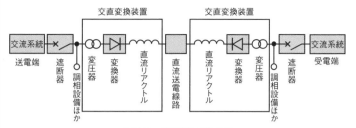

図5.2　直流連系構成例

e. 交流と比較して、高電圧・大電流の変成は難しい。

f. 交流と比較して、大電流の遮断は難しい。

g. 直流電流は、使用方法（大地帰路方式）によっては、地中に埋設された金属構造物に**電食**を発生させる。

　以上のことから、送電方式に直流方式を採用することは、送電能力の増大に効果があるといえますが、現状では、**大電力変成の容易さなどから交流方式**が主流となっています。

例題にチャレンジ！

　直流送電に関する記述として、誤っているのは次のうちどれか。

(1) 交流送電と比べて、送電線路の建設費は安いが、交直変換所の設置が必要となる。

(2) 交流送電のような安定度の問題がないので、長距離送電に適している。

(3) 直流の高電圧大電流の遮断は、交流の場合より安易である。

(4) 直流は、変圧器で簡単に昇圧や降圧ができない。

(5) 交直変換器からは高調波が発生するので、フィルタ設置等の対策が必要である。

・解答と解説・

(1) **正しい**。直流送電は、絶縁設計・送電安定度・調相設備などの点で交流送電に対する優位性があり、これらの点に関しては送電線路の建設費は安くなるが、交流系統との連系には交直変換所の設置が必要となる。

(2) **正しい**。交流の安定度は、線路のリアクタンスの影響を受

けるので、長距離では不利になる。一方、直流送電では交流のような安定度の問題がないため、長距離送電に適している。

(3) **誤り**（答）。直流の大電流の遮断は、交流の場合より困難である。これは、交流ではどんなに大電流でも瞬時値が零となる瞬間があるのに対し、直流にはそれがないためである。したがって、誤った記述である。

(4) **正しい**。直流は、交流のように変圧器で簡単に昇圧や降圧ができないことが欠点の一つである。

(5) **正しい**。交直変換器からは高調波が発生するので、高調波フィルタ設置等の対策が必要である。また、調相設備も必要になる。

··

③ 線路定数　重要度 **B**

送配電線路は、こう長（全体の距離）が長いので、**線路定数**と呼ばれる電線の**抵抗**や**インダクタンス**などの要素を、現実的に無視できない場合が多くあります。

また、試験でも、さまざまな形で線路定数に関する問題が出題されます。

(1) 線路定数の等価回路モデル

送配電線路の電気回路の**線路定数**として、次のようなものがあります。

- 線路導体の**抵抗** r〔Ω/m〕
- **作用インダクタンス** l〔H/m〕
- **作用静電容量** c〔F/m〕
- **漏れコンダクタンス** g〔S/m〕

線路定数は、線路上に均等に分布しているものと考えられ、線路こう長 x〔m〕を微小区間 Δx〔m〕に細分化した図5.3のような等価回路（分布定数回路）で表現されることがあります。しか

用語
インダクタンスとは、コイルを流れる電流を変化させたとき、電磁誘導により、そのコイルあるいはほかのコイルに発生する起電力の大きさを表す量。

補足
作用インダクタンス、作用静電容量の「作用」は、1線当たりのインダクタンス、静電容量という意味に用いられる。

用語
こう長とは、電線路のある2点間の線路に沿った水平距離のこと。架空電線路の支持物相互間距離を指す場合は、径間（スパン）という。

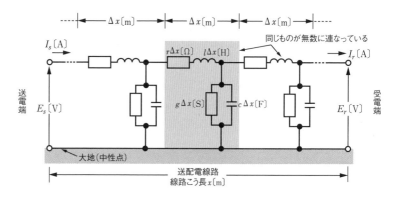

図5.3　一般的な送配電線路の等価回路（1相分）

し、学習上は、簡単なモデル（集中定数回路）で検討することがほとんどですから、分布定数回路についての説明は省略します。

線路定数のモデルは、線路の距離によって、次のように違ってきます。

①短距離の線路の場合

線路のこう長が20〔km〕程度までの短距離の場合は、作用静電容量と漏れコンダクタンスが無視（$c=0$〔F/m〕、$g=0$〔S/m〕）されて、図5.4のような線路導体の抵抗と作用インダクタンスだけの簡単な等価回路で検討されます。

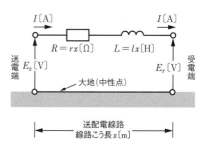

図5.4　短距離線路の等価回路

短距離線路では、電流I〔A〕は、送電端・受電端で同じ値となります。

R〔Ω〕は線路損失W〔W〕を発生させる原因で、三相3線式では次のようになります。

$$W=3I^2R \text{〔W〕} \tag{1}$$

線路の送電能力を検討する際には、抵抗R〔Ω〕よりも、誘導

性リアクタンス$X = j\omega L$〔Ω〕(Lは作用インダクタンス）が支配的になる場合が多く、$R = 0$〔Ω〕とみなすこともあります。

②中距離の線路の場合

　線路のこう長が200〔km〕程度までの中距離の場合、作用静電容量が無視できなくなるとして、次のような等価回路のいずれかで検討されます。このときも漏れコンダクタンスは無視されることがほとんどです。

　作用静電容量が線路の中間地点に集中していると考える場合は、**線路定数**の配置がT形になっていることから、T形等価回路と呼ばれ、作用静電容量が線路の両端に$\dfrac{1}{2}$ずつ集中していると考える場合は、線路定数の配置がπ形になっていることから、π形等価回路と呼ばれます。

線路定数に関する出題の大部分が、**短距離の線路の場合**です。図5.4のような、図が簡単な等価回路について、しっかり理解しておくことが大切ニャン

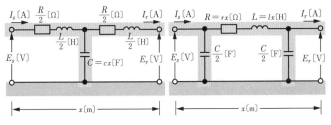

図5.5　T形等価回路　　　**図5.6　π形等価回路**

③長距離の線路の場合

　長距離の線路の場合は、線路を図5.3に示したように、分布定数回路として取り扱う必要が出てきます。これは、線路を伝搬する交流の波長（線路定数と周波数によって決まる）に対して線路の距離が無視できないほど長い場合であり、200〔km〕程度以上が該当するとされています。

(2) 線路定数の発生原因

①抵抗

　線路1〔m〕当たりの抵抗r〔Ω/m〕は、導体の**抵抗率**ρ〔Ω・mm^2/m〕と**断面積**A〔mm^2〕とで決まり、次のような関係になります。

$$r = \frac{\rho}{A} \ 〔\Omega/\mathrm{m}〕$$

　こう長 x〔m〕の線路では、抵抗は $R = rx$〔Ω〕となります。この線路の電流が I〔A〕であれば、1線当たりの線路の**抵抗損失**は RI^2〔W〕となり、三相3線式線路で平衡状態であれば、損失はこの3倍になります。実用上1〔m〕当たりの抵抗〔Ω/m〕の代わりに、1〔km〕当たりの抵抗〔Ω/km〕が示されることもあります。

　抵抗損失を低減するためには、**抵抗率 ρ が低い材料**を使用するか、**断面積 A を大きくする**ことが必要です。材料は、**銅またはアルミニウム**が使われていますので、断面積を大きくすることが現実的な対策となります。ただし、ある程度以上の太線化は、交流に対する**表皮効果**により、抵抗の低減効果が低下します。また、導体材料の抵抗率は、温度上昇に従って大きくなります。

②作用インダクタンス

　線路に交流電流が流れるときには、導体自身の自己インダクタンス・導体間の相互インダクタンスの影響を受けます。これらを総称して、電線1条当たりの**作用インダクタンス**といいます。導体と大地の間の相互インダクタンスは、地絡事故時以外は大地に電流が流れないので、ここでは考慮しません。

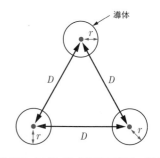

図5.7　三相3線式等間隔配置の場合

　1km当たりの作用インダクタンス L は、導体中心間の距離を D〔m〕、導体半径を r〔m〕とすると次式で表され、

$$L = 0.05\mu_\mathrm{s} + 0.4605 \log_{10} \frac{D}{r} \ 〔\mathrm{mH/km}〕 \tag{2}$$

　ただし、μ_s：導体の比透磁率

$\frac{D}{r}$ が大きいほど作用インダクタンスが**大きく**なります。

ケーブル（▶LESSON34）を使用する場合は、導体間の距離D〔m〕はほぼ均一になりますが、**架空送電線路**では、適当な距離ごとに配置を入れ替える**ねん架**を行って、作用インダクタンスが均一になるようにします。

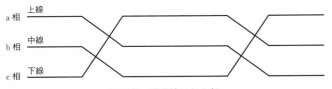

図5.8　送電線のねん架

架空送電線路において、**多導体**（▶LESSON31）を用いると、見かけ上の導体の半径r〔m〕を大きくする効果があり、作用インダクタンスを低減するのに有効です。

③作用静電容量

導体間と、導体と大地（中性点）との間には、それぞれ静電容量が存在します。これらを合計して、導体と中性点との間の静電容量に換算したものを、電線1条当たりの**作用静電容量C**〔F〕といいます。導体間の静電容量C_m・導体－大地間の静電容量C_sと作用静電容量Cとの間には、図5.9のように、

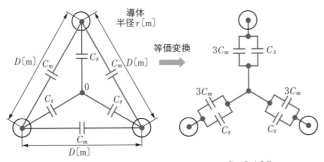

0：大地（中性点）
C_s：導体－大地間の静電容量
C_m：導体間の静電容量

$C = C_s + 3C_m$〔F〕
C：作用静電容量

図5.9　作用静電容量

> **❶重要　公式　作用静電容量**
> $$C = C_s + 3C_m \text{〔F〕} \tag{3}$$

の関係があります。

補足

導体配置が正三角形でない場合は、各導体どうしの中心間距離D_1、D_2、D_3から、次のようにDを算出する。
$D = \sqrt[3]{D_1 D_2 D_3}$

用語

架空送電線路とは、空中に張り渡された送電線路のこと。

用語

静電容量とは、導体やコンデンサなどが、どれくらい電荷を蓄えられるかを表す量のこと。

第5章

送電

架空線路ではC_mが、ケーブルではC_sが支配的になります。また、1km当たりの**作用静電容量**Cは次式で表され、

$$C = \frac{0.02413\,\varepsilon_s}{\log_{10}\dfrac{D}{r}}\ (\mu\mathrm{F/km}) \tag{4}$$

ただし、ε_s：絶縁物の比誘電率

$\dfrac{D}{r}$**が大きいほど作用静電容量が小さくなります。**

④漏れコンダクタンス

　漏れコンダクタンスの発生要因として、架空送電線路では、導体を支持するがいし（碍子）の表面の漏れ電流や、導体表面で発生するコロナ放電による損失が挙げられます。これらは、雨天のときに増加する傾向がありますが、ほかの線路定数と比較して充分小さいとして無視されることがほとんどです。

　地中送電線では、ケーブルの誘電損失が、漏れコンダクタンスに該当します。

理解度チェック問題

問題　次の◯◯◯の中に適当な答えを記入せよ。

　送配電線路の線路定数には、抵抗、インダクタンス、静電容量などがある。導体の抵抗は、その材質、長さおよび断面積によって定まるが、　(ア)　が高くなれば大きくなる。また、交流電流での抵抗は、　(イ)　効果により、直流電流での値に比べて増加する。インダクタンスと静電容量は、送電線の長さ、電線の太さや　(ウ)　などによって決まる。一方、各相の線路定数を平衡させるため、　(エ)　が行われる。

解答

　　(ア)温度　　(イ)表皮　　(ウ)配置　　(エ)ねん架

解説

(ア)抵抗は、導体の材料と長さおよび断面積で決まる。導体材料は、温度が高いと抵抗率が大きくなる傾向がある。

(イ)交流に対する電線の実効抵抗は表皮効果により、直流に対する抵抗よりも大きくなる。

(ウ)インダクタンスと静電容量は電線の太さ(半径 r)と配置(電線どうしの中心間距離 D)の関数となっており、$\dfrac{D}{r}$ が大きいほどインダクタンスは大きく、静電容量は小さくなる。

(エ)三相交流系統においては、一般的に不平衡状態は好ましくなく、線路定数も各相が平衡していることが望まれるが、架空送電線路のインダクタンスや静電容量は電線の地上高や相互距離の違いによって差異があるため、均一化させるためにねん架が行われる。

安定度

電力系統の安定度、フェランチ効果などについて学びます。いずれも重要項目です。しっかり覚えましょう。

関連過去問 065, 066

発電機が同期を保ち安定運転できる度合いを、安定度というニャン

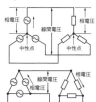
① 電力系統の安定度

重要度 A

(1) 簡単な線路モデルによる送電電力の計算

三相3線式の1相当たりの送電線路は、図5.10のようなY結線1相分モデルで表すことができます。

ただし、$\dot{E}_s$、$\dot{E}_r$は送電端および受電端の相電圧〔V〕、$jX = j\omega L$〔Ω〕は線路のリアクタンスです。また、$\dot{E}_s$と$\dot{E}_r$との位相差δは**相差角**といいます。電流を$\dot{I}$〔A〕とし、負荷の力率角をθとすると、ベクトル図は図5.11のようになります。

ベクトル図から、負荷の1相当たり消費電力は$P' = E_r I \cos\theta$〔W〕ですが、幾何学的に検討して、次の関係があることがわかります。

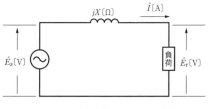

図5.10 送電線路のモデル（1相分）

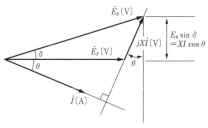

図5.11 送電線路モデルのベクトル図

$$E_s \sin \delta = XI \cos \theta \qquad \therefore I \cos \theta = \frac{E_s}{X} \sin \delta$$

この関係を用いると、**送電電力**は次のようになります。

> **⚠ 重要 公式　送電電力**
>
> 1相当たり　　$P' = E_r I \cos \theta \,[\mathrm{W}] = \dfrac{E_s E_r}{X} \sin \delta \,[\mathrm{W}]$　　　　(5)
>
> 3相分　　　　$P = 3P' = 3\dfrac{E_s E_r}{X} \sin \delta = \dfrac{V_s V_r}{X} \sin \delta \,[\mathrm{W}]$　(6)

ただし、V_s、V_rは送電端および受電端の線間電圧で、相電圧 E_s、E_r の $\sqrt{3}$ 倍です。

3相分の送電電力 P は、

$$P = 3P' = 3E_r I \cos \theta \,[\mathrm{W}] = \sqrt{3}\, V_r I \cos \theta \,[\mathrm{W}]$$

と表すこともできます。

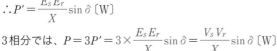

送電電力の導出その2（参考）

送電電力は、次のように求めることもできます。

1相当たりの送電電力は、

$$P' = E_s I \cos(\delta + \theta) \,[\mathrm{W}]$$

です。

ベクトル図2より、

$$E_r \sin \delta = XI \cos(\delta + \theta)$$

$$I \cos(\delta + \theta) = \frac{E_r}{X} \sin \delta$$

$$\therefore P' = \frac{E_s E_r}{X} \sin \delta \,[\mathrm{W}]$$

$E_r \sin \delta = XI \cos(\delta + \theta)$　$\dot{E}_s\,[\mathrm{V}]$　$XI\,[\mathrm{V}]$　$\dot{E}_r\,[\mathrm{V}]$　$\delta + \theta$　$\dot{I}\,[\mathrm{A}]$

送電線路モデルのベクトル図2

3相分では、$P = 3P' = 3 \times \dfrac{E_s E_r}{X} \sin \delta = \dfrac{V_s V_r}{X} \sin \delta \,[\mathrm{W}]$

送電電力の上限 $P_{\max}$ は、$\delta = \dfrac{\pi}{2} \,[\mathrm{rad}]\,(90\,[°])$ のときに最大となり、$P_{\max}$ は**定態安定極限電力**と呼ばれます。

> **⚠ 重要 公式　定態安定極限電力**
>
> $$P_{\max} = \frac{V_s V_r}{X} \,[\mathrm{W}] \qquad (7)$$

補足

式(5)、(6)の送電電力の式は、送電線路の抵抗を無視した式であり、送電損失がないので、受電電力（負荷の消費電力）の式でもある。

補足

3相分の送電電力（＝受電電力）P の導出

$P = 3P'$

$\quad = 3 \times \dfrac{E_s E_r}{X} \sin \delta$

$E_s = \dfrac{V_s}{\sqrt{3}}$、$E_r = \dfrac{V_r}{\sqrt{3}}$ であるから、

$P = 3 \times \dfrac{(V_s/\sqrt{3})(V_r/\sqrt{3})}{X} \sin \delta$

$\quad = 3 \times \dfrac{(V_s V_r/3)}{X} \sin \delta$

$\quad = \dfrac{V_s V_r}{X} \sin \delta$

また、

$P = 3P' = 3E_s I \cos(\delta + \theta)$

$E_s = \dfrac{V_s}{\sqrt{3}}$ であるから、

$P = 3 \times \dfrac{V_s}{\sqrt{3}} I \cos(\delta + \theta)$

$\quad = 3 \times \dfrac{\sqrt{3}\, V_s}{\sqrt{3} \times \sqrt{3}} I \cos(\delta + \theta)$

$\quad = 3 \times \dfrac{\sqrt{3}\, V_s}{3} I \cos(\delta + \theta)$

$\quad = \sqrt{3}\, V_s I \cos(\delta + \theta)$

第5章　送電

負荷が増して、δ が $\dfrac{\pi}{2}$ 〔rad〕を超えると、送電電力は低下するので、安定した送電を続けることは困難になります。

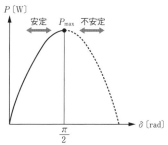

図5.12　定態安定極限電力

(2) 安定度

電力系統に並列している発電機は、**電圧、位相、周波数**を同じ値に保って運転しています。この状態を、**同期を保って運転している**といいます。**発電機が同期を保ち、安定運転できる度合い**を、**安定度**といいます。

大きな負荷変動などじょう乱があると、相差角 δ が大きくなり、同期がはずれ、**脱調**します。

送電能力を大きくし、安定度を向上させるためには、式 (7) の送電電力 P の V_s、V_r を大きくし、X を小さくします。

安定度は、次の3つに分類する場合があります。

①定態安定度

定態安定度は、負荷変化や事故の発生などによる、**系統の需給バランスの変動 (じょう乱) が、きわめて小さい状態**を想定して検討されます。ここで決定される最大送電電力は、**定態安定極限電力**といわれます。

②過渡安定度

脱調を防ぐには、**過渡安定度**といわれる、発電機の慣性や事故の復旧時間などを含めた総合的な安定度の検討が必要です。ここで決定される最大送電電力は、**過渡安定極限電力**といわれます。

③動態安定度

発電機の自動電圧調整器 (AVR) などを考慮した安定度は、**動態安定度**といわれます。

(3) 安定度向上対策

　電力系統の**送電能力**は、**安定度**という観点で検討されます。
安定度の向上対策には、次のようなものがあります。

a. **電圧階級を格上げ**する。

b. 送電線の**太線化**および**多導体**（▶LESSON31）**化**により、また、**発電機、変圧器のリアクタンスを軽減**し、系統のリアクタンスを小さくする。

c. 線路に**直列コンデンサ**を設置して、リアクタンスを低減する。

d. 発電機に**速応励磁装置**を採用する。

e. **制動抵抗**を設置する。

f. **高速度保護継電器、高速遮断器を採用**し、系統の事故を高速で除去する。

g. 線路の中間点にSVC（静止形無効電力補償装置）など調相設備（**中間調相設備**）を設置する。

h. 交流系統間を**直流連系**（▶LESSON29）とする。

例題にチャレンジ！

　　次の交流三相3線式1回線の送電線路があり、受電端に遅れ

力率角$\theta = \dfrac{\pi}{6}$〔rad〕の負荷が接続されている。送電端の線間電

圧を$V_s = 6600$〔V〕、受電端の線間電圧を$V_r = 5940$〔V〕、その

間の相差角は$\delta = 0.153$〔rad〕である。受電端の負荷に供給され

ている三相有効電力〔kW〕を求めよ。

　　ただし、送電端と受電端の間における電線1線当たりの誘導

性リアクタンスは$X = 5$〔Ω〕とし、線路の抵抗、静電容量は無

視するものとする。なお、$\sin \delta = \delta = 0.153$とする。

・**解答と解説**・・・・・・・・・・・・・・・・・・・・・・・・・・・

有効電力P〔W〕は、受電端の電圧V_r〔V〕、線電流I〔A〕、力率

$\cos \theta$を用いて

　$P = \sqrt{3}\, V_r I \cos \theta$〔W〕

と表すが、ベクトル図を検討して、次のように表すこともできる（本文を参照）。

用語

直列コンデンサ
線路の誘導性リアクタンスを打ち消し、電圧降下を減少させ、かつ電圧変動を小さくするために、送配電線に直列に挿入する電力用コンデンサのこと。同一線路、同一負荷で直列コンデンサを設置すれば、電圧降下は小さくなる。

速応励磁装置
電力系統のじょう乱に対応して、急速に界磁磁束を制御して系統の安定を保つ装置。

➕プラスワン

制動抵抗は、系統事故により負荷が遮断されたとき投入し、発電機の加速脱調を防止する。

➕プラスワン

中間調相設備を設けると、線路を2分することになり、それぞれの線路はリアクタンスが小さくなるので、安定度が向上する。

第5章

送電

解法のヒント

三相有効電力 P は、相電圧を用いると、

$P = 3E_r I \cos\theta$

$= \dfrac{3E_s E_r}{X} \sin\delta\,[\text{W}]$

線間電圧を用いると、

$P = \sqrt{3}\,V_r I \cos\theta$

$= \dfrac{V_s V_r}{X} \sin\delta\,[\text{W}]$

である。

線間電圧 $=\sqrt{3}\times$ 相電圧であること、力率角 θ と相差角（負荷角）δ の使い分けをしっかり理解しよう。

なお、この受電（端）電力 P は、線路損失がない（線路抵抗を無視している）ので、送電（端）電力に等しい。

用語

充電電流とは、無負荷の送電線を加圧する時に流れる電流のこと。無負荷でも、送電線と大地間の静電容量によって、電源電圧より $90°$ 進んだ電流が流れる。そうした場合、発電機が過励磁となり、電圧上昇が起こるおそれがあるので、注意が必要。

$$P = \sqrt{3}\,V_r I \cos\theta = \dfrac{V_s V_r}{X} \sin\delta\,[\text{W}]$$

上式に数値を代入すると、

$$P = \dfrac{6600\times5940}{5} \times 0.153 \fallingdotseq 1199642\,[\text{W}] \rightarrow \mathbf{1200}\,[\text{kW}]（答）$$

---

2 フェランチ効果　重要度 A

フェランチ効果（フェランチ現象）は、系統の内部異常電圧の要因です。現象と問題点・対策を把握してください。

(1) フェランチ効果とは

フェランチ効果とは、送配電線路の**充電電流**により、負荷が進み力率となり、**受電端電圧が送電端電圧よりも高くなる**現象をいいます。

一般的な負荷は、遅れ力率です。これを受電端に接続すると、受電端電圧は送電端電圧より低くなります。ところが、夜間の軽負荷時に、受電端負荷に進相コンデンサやケーブルの静電容量の影響が出てくると、これらに対する電流は、充電電流（$\theta=90°$ の進み電流）となり、これらを含めた負荷の力率は進み力率となり、受電端の電圧を上昇させます。負荷の力率による送受電端電圧の大きさの違い

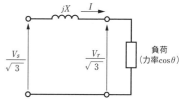

図5.13
送配電線路の回路モデル（1相分）

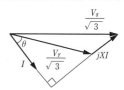

図5.14　遅れ力率負荷（通常負荷）時のベクトル図

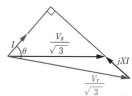

図5.15　進み力率負荷時のベクトル図（フェランチ効果）

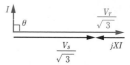

図5.16　進み力率（$\theta=90°$）時のベクトル図（フェランチ効果）

は、図5.13、図5.14、図5.15のようになり、進み力率の電流により、受電端電圧V_r〔V〕が送電端電圧V_s〔V〕よりも大きくなっていることがわかります。

(2) フェランチ効果の問題点

フェランチ効果による受電端の電圧上昇は、送電線路のこう長が長く、誘導性リアクタンスX〔Ω〕が大きい場合に特に顕著で、電圧の上昇が過大だと、設備の絶縁を脅かす場合があります。

充電電流は、フェランチ効果と同時に、同期発電機の**自己励磁現象**（❸参照）の原因にもなります。自己励磁現象により送電端（発電機）の電圧V_s〔V〕も上昇するので、フェランチ効果と自己励磁現象が同時に起きると、受電端電圧は異常に高くなるおそれがあります。

(3) フェランチ効果の抑制対策

フェランチ効果の抑制対策としては、受電端の力率を遅れ力率側に改善することが挙げられます。この場合は、進み力率負荷が原因なので、次のような**遅相設備**（▶LESSON25）を受電端に接続します。

- **分路リアクトル**
- **同期調相機**（遅相設備として運転する）
- **静止形無効電力補償装置**（遅相設備として運転する）

❸ 自己励磁現象　重要度 A

同期発電機が、無負荷の高圧長距離送電線路（容量負荷など）に接続されている場合、無励磁のまま定格速度で運転しても、残留磁気による誘導電圧により、静電容量を充電する**進み電流**が流れます。この進み電流による電機子反作用は**増磁作用**となり、発電機の端子電圧が上昇します。すると、進み電流はさらに増加し、端子電圧もさらに上昇することになります。このような「進み電流が増加→端子電圧が上昇→進み電流がさらに増

用語
同期発電機の電機子反作用
電機子（発電機などで、起電力を発生するコイルとその鉄心）導体が、界磁が作る界磁磁束を切ると、電機子に電圧が発生し、電流が流れる。このとき負荷の力率により、電機子電流が作る磁束が、界磁磁束を強めたり（増磁作用）、弱めたり（減磁作用）する。負荷力率が進みのときに増磁作用になり、負荷力率が遅れのときに減磁作用になる。これらの作用を電機子反作用という。

加」という繰り返しによって、端子電圧が上昇していき、図5.17のaの充電特性曲線とbの無負荷飽和曲線の交点Mで落ち着きます。この現象を**自己励磁現象**といい、交点Mの電圧が定格電圧よりも非常に大きければ、**巻線の絶縁破壊を起こすおそれ**があります。

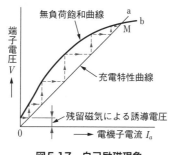

図5.17　自己励磁現象

> **自己励磁現象の防止対策**としては、充電特性曲線の勾配が無負荷飽和曲線の勾配より大きいことが必要であり、次のものがある。
> 1. 短絡比の大きな発電機で充電する。
> 2. 充電容量に比べ発電機容量を大きくする。
> 3. 発電機を複数台並列にして、充電電流を分担する。
> 4. 分路リアクトルによって進み電流を補償する。

理解度チェック問題

問題　次の □ の中に適当な答えを記入せよ。

電力系統の安定度向上対策には、次のようなものがある。

a. □(ア)□ を格上げする。

b. 送電線の □(イ)□ および □(ウ)□ により、また、発電機、変圧器の □(エ)□ を軽減し、系統の □(エ)□ を小さくする。

c. 線路に □(オ)□ を設置して、リアクタンスを低減する。

d. 発電機に □(カ)□ 装置を採用する。

e. □(キ)□ を設置する。

f. 高速度保護継電器、□(ク)□ を採用し、系統の事故を高速で除去する。

g. 線路の中間点にSVC（静止形無効電力補償装置）など調相設備（中間調相設備）を設置する。

h. 交流系統間を □(ケ)□ とする。

解答

(ア)電圧階級　　(イ)太線化　　(ウ)多導体化　　(エ)リアクタンス
(オ)直列コンデンサ　　(カ)速応励磁　　(キ)制動抵抗　　(ク)高速遮断器
(ケ)直流連系　　※(イ)と(ウ)は逆でもよい。

第5章 送電

架空送電線路

このレッスンでは、架空送電線路の電線とその付属品、電線の実長とたるみの計算を中心に学習します。

関連過去問 067, 068

電線のたるみを
計算できるなんて、
すごいニャー

1 架空送電線路の概略　　重要度 B

架空送電線路は、図5.18のように**鉄塔**で支持された送電線路で、発電所や変電所の間を結ぶものです。

鉄塔は、堅牢な基礎の上に接地された鋼材を組み上げてできており、鉄塔と電線とは、**がいし**（碍子）によって**絶縁**されています。図5.19は、三相送電線を2回線架線（縦に3つ、左右に2つの電線で三相2回線）した鉄塔の例で、国内では最も一般的に見られるものです。鉄塔の形状や回線数は、ほかにもさまざまなものがあります。

補足 🖇
架空地線については、
LESSON33で学ぶ。

図5.18　架空送電線路

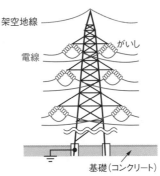

架空地線

電線

がいし

基礎（コンクリート）

図5.19　鉄塔の例

用語

裸電線とは、絶縁被覆を施していない導線を電線としたもの。現在では、**配電線**は原則として**絶縁被覆**を施すことになっている。

架空送電線路は、鉄塔との絶縁はがいしによって確保し、それ以外の絶縁は空気の絶縁に頼るので、電線には裸電線を使用しています。また、多くの架空送電線路で、鉄塔の頂部には電線への直撃雷を防止する目的で**架空地線**を施設します。

② 電線と付属品 　重要度 **A**

前述のように、架空**送電用**電線には**裸電線**を使用します。現在は、鋼心アルミより線（ACSR）およびACSRの特性を向上させた電線が使用されています。付属品はここに挙げたもののほか、電線の振動対策に使用するアーマロッドやダンパがあり、それらについては、次のLESSON32で取り上げます。

（1）鋼心アルミより線（ACSR）

隣接する鉄塔間の距離を、**径間**（スパン）といいます。架空送電線路では、径間が数百〔m〕にもなり、電線に加わる張力は非常に大きなものになります。これは、電線、がいし、鉄塔、基礎のすべてに高い強度を要求することになるので、架空送電線には、軽量・高耐張力の特性を持つ**鋼心アルミより線（ACSR）**、およびACSRの特性を向上させた**鋼心耐熱アルミ合金より線（TACSR）**が広く使用されています。

鋼心アルミより線は、**中心部の亜鉛めっき鋼線が耐張力を負担します。周囲には、硬アルミ線をより合わせて高い導電率を得ています。**このような電線を使用することは、次のような得失があります。

a. アルミ線は、導電率では銅線より劣るものの、非常に軽いので、同一抵抗値を得るために断面積を大きくしても、銅線よりも軽くなる。

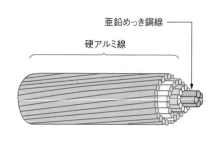

亜鉛めっき鋼線

硬アルミ線

図5.20　鋼心アルミより線（ACSR）

b. 交流電流の表皮効果（▶LESSON29）の観点からは、導電率が低く透磁率が高い鋼線を中心部に配置し、外周部に導電率が高く、透磁率が低いアルミ線を配置することは合理的であるといえる。ただし、鋼線を使用することで鉄損は増加する。

c. 断面積を大きくすることは、電線の外径を大きくすることになり、コロナ障害対策と作用インダクタンス（▶LESSON29）の低減には効果がある。一方、作用静電容量（▶LESSON29）は増加し、風圧や積雪の影響は大きくなる。

補足

鉄損とは、鋼線のような強磁性体に交流電流が流れることにより発生する損失。ヒステリシス損と過電流損からなる。

(2) 多導体方式

許容電流を増大する方法として、導体断面積を大きくすることが挙げられますが、極端な太線化は技術的に限度があることと、高電圧化に伴い**コロナ障害**対策が必要となってきたので、大容量・高電圧の送電には、一般に、**多導体方式**が採用されます。

多導体とは、図5.21のように、複数の電線を**スペーサ**で適当な間隔（30～60〔cm〕程度）に保持するものです。多導体の電線どうしでは、同一方向に電流が流れることによる電磁的な吸引力が働くほか、風雪の影響を受けることから、間隔を維持するため、適当な距離ごとにスペーサを取り付ける必要があります。

補足

コロナ障害については、次の LESSON32 で学ぶ。

用語

スペーサとは、電磁力などによる電線相互の衝突を防ぎ、間隔を維持する装置。

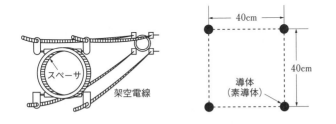

図5.21　多導体方式（4導体方式）

多導体方式の特徴は、次の通りです。

a. 導体相互は、図5.21のように**スペーサ**を用いて、導体間隔を保持する。

用語

素導体とは、多導体のうちの1本の導体のこと。元から1本の導体は、単導体と呼ぶ。

補足 📎

等価半径については、次のページで学ぶ。

b. 多導体は、同一断面積の単導体に比べて、等価半径が大きくなるため、**電線表面の電位傾度**（電位の傾き、電界の強さ）が**小さくなる**。

c. コロナ障害は、電線表面の電位傾度が大きいほど発生しやすく、逆に電位傾度が小さいほど、発生しにくい。多導体方式の場合、電位傾度が小さくなるため、**コロナ臨界電圧**（コロナ発生電圧。▶LESSON32）は**高く**なり、コロナ障害が発生しにくくなる。

d. 多導体は、同一断面積の単導体と比べると、各素導体内部を電流が均一に流れる。したがって、多導体方式のほうが**表皮効果**は**小さい**。

e. 多導体方式は等価半径が大きくなるため、送電線の**作用インダクタンス**は**小さく**なる。また、送電線の送電電力Pは、送受電端電圧（線間電圧）をV_s、V_r、内部相差角をδ、送電線のリアクタンスをXとすると、$P = \dfrac{V_s V_r}{X} \sin\delta$で表すことができる。リアクタンス$X$は、$X = 2\pi f L$であるから、送電線の**インダクタンス**$L$が小さいほど送電電力が大きくなり、系統の**安定度向上**につながる。

補足 📎

サブスパン振動については、次のLESSON32で学ぶ。

f. 多導体方式に特有の、**サブスパン振動**がある。

太い電線と細い電線の比較

１．**太い電線**は、細い電線に比べて、

①**抵抗Rは小さい**。$R = \rho\dfrac{l}{S}$で示されるように、電線の断面積Sが大きいため。ただし、ρは抵抗率、lは電線の長さ。

②**作用インダクタンスLは小さい**。コイルにはインダクタンスが存在するが、電線のような直線導体にも電流が流れると磁束が発生するので、インダクタンスが存在する。

（断面積Sが大きくなるとLは小さくなる。この証明式は難しく、覚える必要はない。）

③**作用静電容量Cは大きい。** 電線と大地、電線相互間に静電容量が存在する。

（断面積Sが大きくなるとCは大きくなる。この証明式は難しく、覚える必要はない。）

④**電線表面の電位傾度Eは小さい**（断面積Sが大きくなるとEは小さくなる）。電線を流れる電流が等しいとき、その電線の電荷の数は等しい。太い電線と細い電線の表面の**電気力線密度**（＝電位傾度＝電界の強さ）Eは、下図から明らかなように太い電線の方が小さい。

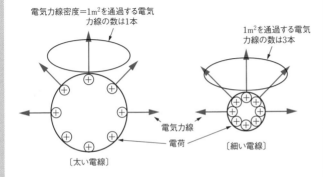

電気力線密度＝1m²を通過する電気
力線の数は1本

1m²を通過する電気
力線の数は3本

電気力線

電荷

〔太い電線〕

〔細い電線〕

図5.22　電気力線密度のイメージ

２．多導体と同一断面積の単導体の比較

（素導体の断面積が$100mm^2$、**合計断面積が$400mm^2$の多導体**（4導体）と**断面積$400mm^2$の単導体**を比較）

多導体は、等価的に導体半径が大きくなります。

多導体の等価半径とは、多導体を単導体とみなしたときの半径の大きさをいいます。

上記の例でいうなら、素導体の断面積が$100mm^2$、**合計断面積が$400mm^2$の多導体**（4導体）は、等価的に**断面積$400mm^2$を超える断面積を持つ単導体**に相当します。

したがって、**多導体と、多導体と同一断面積の単導体の線路定数などの比較**では、**多導体**が、先に述べた**太い電線と細い電線の比較①～④のすべてに当てはまります。**

第5章

送電

補足

多導体の等価半径r'は、
$r' = \sqrt[n]{rd^{n-1}}$〔m〕
ただし、
n：素導体数、
r：素導体半径〔m〕、
d：素導体間隔〔m〕

(3) 架空送電線の支持と接続

架空送電線の付属品として、**クランプ**、**ジャンパ**、**スリーブ**があります。架空送電線の支持や接続を行う付属品は、電線を強力に把持(しっかり保持)するために、構造に工夫がなされています。共通する点として、電線の側面を広範囲に押さえつけることで、電線の極端な変形を避けながら、把持に必要な摩擦力を得ています。

①電線の支持

電線は、がいし装置を介して鉄塔に支持されます。このとき、電線を把持する機構を総称して、**クランプ**といい、懸垂箇所で使用するものは**懸垂クランプ**といいます。電線が振動で疲労断線するのを防ぐために保護するものを、**アーマロッド**といいます。

補足

アーマロッドについては、次のLESSON32で学ぶ。

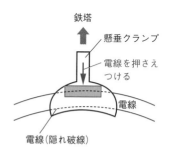

図5.23　懸垂クランプの概要

耐張箇所で使用するものは**耐張クランプ**といい、大きな張力が加わるので、懸垂クランプよりも高い把持力・強度が必要です。図5.24に示すように、径間側の電線と耐張クランプとの間に張力が加わります。一方、耐張クランプよりも鉄塔側へたるむ電線は張力が加わらず、適当に取り回すことができます。この部分の電線を**ジャンパ**(ジャンパ線)といいます。

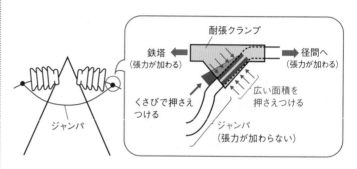

図5.24　耐張クランプ(くさび形)の概要

②電線の接続

架空送電線を径間の途中で接続することは好ましくないので、あらかじめ、必要な長さの電線を用意して架線することが普通です。しかし、やむを得ず接続する場合は、専用の**スリーブ**と工具を用いて、圧縮接続（スリーブに電線を挿入しておいて外周を加圧し、一緒に潰す）をします。鋼心アルミより線では、張力を負担する鋼心と導電を負担するアルミ導体を個別に接続します。

用語

スリーブとは、服の袖など筒状のものを指す一般的な呼称。電気設備においてもさまざまな用途にさまざまな「スリーブ状の部品」が使用されている。

第5章

送電

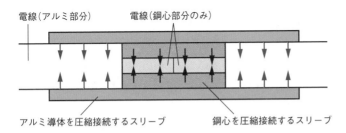

電線（アルミ部分）　　電線（鋼心部分のみ）

アルミ導体を圧縮接続するスリーブ　　鋼心を圧縮接続するスリーブ

図5.25　電線の接続

例題にチャレンジ！

架空送電線路の付属品に関する記述として、誤っているのは次のうちどれか。

(1) スリーブ　電線相互の接続に用いられる。

(2) ジャンパ　電線を保持し、がいし装置に取り付けるために用いられる。

(3) スペーサ　多導体方式において、強風などによる電線相互の接近・衝突を防止するために用いられる。

(4) アーマロッド　懸垂クランプ内の電線に巻き付けて、電線振動による応力の軽減やアークによる電線損傷の防止のために用いられる。

(5) ダンパ　電線の振動を抑制して、断線を防止するために用いられる。

補足

ダンパについては、次のLESSON32で学ぶ。

付属品の名称は、一般的な形状や目的を指す呼称がそのまま用いられているものもあるので、架空送電線路に関連する用途を知っておく必要がある。

(1) **正しい。**架空送電線路では、電線相互の接続に専用のスリーブを使用する。

(2) **誤り。(答)** 架空送電線路では、張力が加わっている電線どうしを接続するために鉄塔の周囲を引き回す導体をジャンパという。電線を保持し、がいし装置に取り付けるために用いられるものの呼称はクランプである。したがって、誤った記述である。

(3) **正しい。**架空送電線路では、多導体方式における電線相互の間隔を保持して、接近・衝突を防止する部品をスペーサという。

(4) **正しい。**架空送電線路では、微風振動などによる電線の疲労断線を防止する目的で、懸垂支持箇所周囲の電線を補強する。この目的で電線に巻き付ける部品をアーマロッドという。アーマロッドは、振動により電線支持点に加わる応力を分散させる。なお、副次的な結果として、アークによる電線表面の損傷を防ぐことができる。

(5) **正しい。**架空送電線路で、電線の振動エネルギーを消費させて振動を抑制し、断線を防止する目的の部品をダンパという。

③ 電線実長とたるみ　　重要度 Ⓐ

架空送電線路では、鉄塔間の径間が数百〔m〕と長く、径間の中間部分はたるんで低くなっています。このため、電線の実長は径間よりも少し長くなります。

(1) たるみ（弛度）と実長の計算式

①水平弛度

電線のたるみ（弛度）D〔m〕は、支持点の高さが等しいときは径間の中央部の値で代表します。このとき、支持点間の電線が形作る曲線は**懸垂曲線**（**カテナリー曲線**）といわれるもので、たるみDが十分小さいときは放物線に近くなり、径間をS〔m〕、支持点の水平方向の張力をT〔N〕、電線1〔m〕当たりに加わる合成荷重をW〔N/m〕とすると、たるみDは、次の式で近似されます。

> **⊕重要 公式** 架空送電線のたるみ
>
> $$D = \frac{WS^2}{8T} \text{〔m〕} \tag{8}$$

＋1 プラスワン

支持点の高さが等しいときのたるみを**水平弛度**という。支持点に高低差があるときのたるみを**斜め弛度**といい、径間の中央部での斜め弛度は、式(8)で近似される。

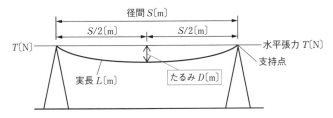

図5.26　電線のたるみ

②電線の実長

電線の実長Lは、次の式で近似されます。

> **⊕重要 公式** 電線の実長
>
> $$L = S + \frac{8D^2}{3S} \text{〔m〕} \tag{9}$$

(2) 温度変化による電線の実長の変化

ある温度t_1〔℃〕における電線の長さL_1〔m〕がわかっている場合、温度がt_2〔℃〕に上昇すると電線実長L_2は、電線材料の線膨張率（線膨張係数）α〔1/℃〕を用いて、次の式で近似できます。

> **⊕重要 公式** 温度変化による電線の実長の変化
>
> $$L_2 = L_1 \{1 + \alpha (t_2 - t_1)\} \text{〔m〕} \tag{10}$$

径間 50〔m〕で、たるみ 1〔m〕に架線した架空電線路がある。大気温度が 35℃降下した場合、この線路のたるみ〔m〕を求めよ。

ただし、電線の線膨張係数は、1℃につき 0.000017、張力による電線の伸縮は無視する。

・解答と解説・・・・・・・・・・・・・・・・・・・・・・・・・・・・・・・・・・・・

温度が $t_1 = 35$℃降下前の電線実長 L_1

$$L_1 = S + \frac{8D_1{}^2}{3S} = 50 + \frac{8 \times 1^2}{3 \times 50} = 50 + \frac{8}{150} \fallingdotseq 50.0533 〔m〕$$

温度が $t_2 = 35$℃降下すると、電線実長 L_2 は、

$$L_2 = L_1 \{1 + \alpha (t_2 - t_1)\} 〔m〕$$

ただし、 α：線膨張係数〔1/℃〕

L_1： t_1〔℃〕における電線の長さ〔m〕

L_2： t_2〔℃〕における電線の長さ〔m〕

上式に数値を代入すると、

> 温度降下前後の温度差
> $t_2 - t_1 = -35$℃である

$$L_2 = 50.0533 \times \{1 + 0.000017 \times (-35)\}$$
$$= 50.0533 \times (1 - 0.000595) \fallingdotseq 50.0235 〔m〕$$

> 温度が降下したので、電線実長
> L_2 は L_1 より小さくなっている

したがって、35℃降下したときのたるみ D_2 は、

$$L_2 = S + \frac{8D_2{}^2}{3S} \text{ を変形して、} \frac{8D_2{}^2}{3S} = L_2 - S$$

両辺に $3S$ を乗ずると、

$$8D_2{}^2 = 3S(L_2 - S)$$

$$D_2{}^2 = \frac{3S(L_2 - S)}{8}$$

$$D_2 = \sqrt{\frac{3S(L_2 - S)}{8}} = \sqrt{\frac{3 \times 50 \times (50.0235 - 50)}{8}}$$

$$= \sqrt{\frac{3 \times 50 \times 0.0235}{8}} \fallingdotseq 0.664 〔m〕(答)$$

・・・

理解度チェック問題

問題　次の◯◯◯の中に適当な答えを記入せよ。

1. 高電圧送電線に多導体方式を採用する場合、同一断面積の単導体方式と比較して、次の特徴がある。

　a. インダクタンスが　(ア)　する。

　b. 静電容量が　(イ)　する。

　c. 線路抵抗が　(ウ)　する。

　d. コロナ臨界電圧が　(エ)　する。

　e. 送電容量が　(オ)　する。

　f. 多導体方式に特有の　(カ)　振動がある。

2. 送電線路の電線のたるみ、実長は、次式で近似される。

　電線のたるみ(弛度)D〔m〕は、放物線に近くなり、径間をS〔m〕、支持点の水平方向の張力をT〔N〕、電線1〔m〕当たりに加わる合成荷重をW〔N/m〕とすると、たるみDは、次の式で近似される。

　　$D =$　(キ)　〔m〕

　電線の実長Lは、次の式で近似される。

　　$L =$　(ク)　〔m〕

　ある温度t_1〔℃〕における電線の長さL_1〔m〕がわかっている場合、温度がt_2〔℃〕に上昇すると電線実長L_2は、電線材料の線膨張率α〔1/℃〕を用いて、次の式で近似される。

　　$L_2 =$　(ケ)　〔m〕

解答

1. (ア)減少　　(イ)増加　　(ウ)減少　　(エ)上昇　　(オ)増加　　(カ)サブスパン

2. (キ)$\dfrac{WS^2}{8T}$　　(ク)$S + \dfrac{8D^2}{3S}$　　(ケ)$L_1\{1 + \alpha(t_2 - t_1)\}$

第5章

送電

架空送電線路の障害と対策①

架空送電線路の障害と対策①として、コロナ障害と電線の振動について学びます。試験の頻出事項です。しっかり理解しましょう。

関連過去問 069, 070, 071

雪に降られたり、
風に吹かれたり、
電線は大変ニャ

① 架空送電線路の障害と対策①　重要度 **A**

(1) コロナ障害

高電圧を使用するには、高い絶縁耐力が必要で、架空送電線路ではこれを空気に頼っています。雨天時など絶縁が不足すると、電線の表面付近で**空気が絶縁破壊**する**コロナ放電**という現象が起きます。

コロナ放電は、導体表面の電位傾度（電位の傾き、電界の強さ）が大きいほど発生しやすくなります。導体表面に傷や突起などがあるとその部分に電界が集中し、電位傾度が大きくなり、コロナを発生しやすくなります。また同様に、**導体の半径が小さいほどコロナ放電が発生しやすく**なります。

コロナ放電は、次のようなさまざまな障害を引き起こします。これらの障害を総称して、**コロナ障害**といいます。

a. 放電により損失が発生し、送電効率が低下する（**コロナ損失**）。

b. 発光と可聴騒音（**コロナ騒音**）が発生する。

c. 導体表面の雨滴の先端から強いコロナ放電が発生し、雨滴滴下の反動で導体が振動（**コロナ振動**）する。

d. 主にAMラジオ程度の比較的低い周波数の放送に、雑音（**コロナ雑音**）による受信障害を与える。

補足📎

空気の絶縁耐力は、約30〔kV/cm〕である。

補足📎

雨の日など、送電線からジー、ジーと音が聞こえるときがある。これがコロナ騒音である。

＋1プラスワン

コロナ放電には、雷サージを減衰させるという利点もある。

＋1プラスワン

コロナ放電が起きる最小の電圧を、**コロナ臨界電圧**（コロナ発生電圧）という。コロナ臨界電圧は、湿度が高いほど、また、気圧が低いほど低くなる。

e. コロナ放電が発生すると、電線や取り付け金具で腐食が生じることがある。

コロナ障害対策としては、次のようなものがあります。

a. **多導体方式**の採用など、電線の等価半径を大きくする。

b. 施工時に傷を付けないなど、導体表面を平滑にする。

c. コロナ雑音に対しては、シールド(遮へい)付きケーブルとして、電磁波の影響を受けにくくする。共同受信設備の設置など、代替策をとる。

d. コロナ振動を抑制するため、電線におもりを取り付ける。

補足
多導体方式は、導体表面の電位傾度を緩和する効果があり、コロナ放電を抑制する効果がある。
(▶LESSON31)

第5章

送電

例題にチャレンジ！

送電線のコロナに関する記述として、正しくないのはどれか。

(1) ラジオやテレビに電波障害をおよぼす。

(2) 雷サージに対し減衰作用がある。

(3) 電線表面付近の電位の傾きが約 30 〔kV/cm〕になると発生する。

(4) コロナ損が生ずる。

(5) 多導体方式とすれば、発生することはなくなる。

・解答と解説・

(1)(2)(3)(4)の記述は**正しい**。

(5) **誤り**(答)。多導体方式にすれば、コロナ臨界電圧は高くなるが、発生しないということはない。

(2) 風雪害と電線の振動

架空送電線路は、過酷な気象条件(風雪・落雷・塩害など)に耐えるように施設される点が大きな特徴です。

風雪などにより起きる害は、次のようなものです。

a. 過大な荷重が加わることで、断線や支持物の破損が起きる。

b. 大きな振動によって、電線どうしが接触して短絡事故になる。

c. 継続的な振動によって、電線の疲労破壊が起きる。

補足
過大な荷重に対して、電線や支持物の強度が法令によって定められている。

風雪などにより起きる電線の振動には、次のようなものがあります。

①スリートジャンプ

電線の上部に積もった雪が成長し、脱落することで、電線が跳ね上がる現象を**スリートジャンプ**といい、相間短絡の原因となります。上部の積雪

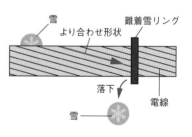

図5.27 難着雪リング

が下部へ移動するときには、電線のより合わせ形状に沿って移動することが多いので、適当な間隔で**難着雪リングを取り付けることによって、速やかに雪を脱落させる対策がとられます。**

②ギャロッピング

電線に積雪が非対称（翼状）に付着すると、揚力と重力により、電線が上下に低周波振動を起こします。この振動は**ギャロッピング**と呼ばれ、架空電線の継続的な振動現象のうち最も大きな振幅（しんぷく）を発生することから、スリートジャンプとともに相間短絡事故のおそれがあります。

ギャロッピングの対策としては、次のようなものがあります。

a. ギャロッピングの発生が懸念される地域を避けるような**ルート選定**をする。

b. 振動エネルギーを消費させ、電線の振動を抑制するために、**ダンパ**を取り付ける。

c. **相間スペーサ**を取り付けたり、架線を**オフセット配列**とし、相間短絡を防止する。

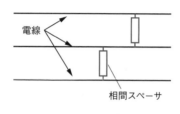

図5.28 相間スペーサ

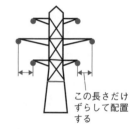

図5.29 オフセット配列

用語

相間短絡とは、三相回路の2線が、ぶつかるなどして**短絡**すること。

補足

相間スペーサは、長い棒状の絶縁体で、相間の距離を維持する。**オフセット配列**は、架線を水平方向にずらして配置する。わが国では中段の線を外方向にオフセットしたものが多く見られる。

相間スペーサ、オフセット配列は、スリートジャンプ、ギャロッピングによる相間短絡を防止するための対策である。

③微風振動

　流体中に物体を置くと、物体の下流側に流体の渦ができます。この渦を**カルマン渦**といいます。架空電線においては、緩やかで一様な水平風が電線に直角に当たることにより、カルマン渦が発生と消滅を繰り返し、電線が垂直方向の振動をします。これを**微風振動**といいます。

　対策としては、繰り返し応力が支持点に集中しやすいことから、該当箇所を**アーマロッド**で補強したり、おもりや**ダンパ**を取り付けて、振動エネルギーを消費させ、振動を抑制します。

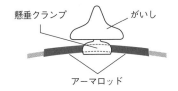

図5.30　アーマロッド

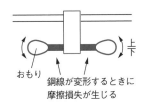

図5.31　ストックブリッジダンパ

④サブスパン振動

　隣接する鉄塔間をスパン（径間）というのに対して、多導体方式で使用するスペーサによって区切られた（したがって、1スパンの中に複数存在します）短いスパンのことを、**サブスパン**といいます。**サブスパン振動**は、多導体方式に特有の振動現象です。

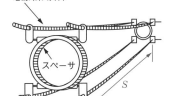

図5.32　多導体方式（4導体方式）のサブスパンS

　微風振動と似ていますが、サブスパン振動は、「素導体のうち、風上側の電線によって作られる後流に、風下側の電線が影響を受け、空気力学的に不安定となって振動する」ものです。微風振動よりも低周波（1〜2〔Hz〕）、大振幅（10〜50〔cm〕）の傾向があり、スペーサの摩耗やボルトの緩みの原因になります。

プラスワン

微風振動は、**軽い**電線で径間が**長い**ほど、また、張力が**大きい**ほど発生しやすくなる。

補足

アーマロッドは、懸垂クランプ内の電線に電線と同じ材質の部品を巻き付け補強したもので、振動による電線の損傷を防止する。アーマロッドを巻き付けることには、電線の**アーク損傷**を防ぐ効果もある。

補足

ダンパは各種ある。いずれも、電線に摩擦損失を発生させ、振動エネルギーを消費させ、振動を抑制することが目的。ストックブリッジダンパは、考案者の名前から命名されたもの。

第5章

送電

対策としては、素導体の配列に高低差を付けることと、**スペーサの配置を適切にして共振を避ける**ことが挙げられます。

⑤コロナ振動

　電線の下面に雨水が付いているときに、雨滴の先端でコロナ放電とともに、水の粒子が下方へ放出され、反作用で電線が上方向の力を受けて振動する現象を**コロナ振動**といいます。対策としては、径間で共振が起きないように、適当なおもりを付けることで対応します。これを原因とする事故の事例はほとんどないとされています。

理解度チェック問題

問題　次の□□□の中に適当な答えを記入せよ。

電線の上部に積もった雪が成長し、脱落することで、電線が跳ね上がる現象を　(ア)　といい、相間短絡の原因となる。

電線に積雪が非対称(翼状)に付着すると、揚力と重力により、電線が上下に低周波振動を起こす。この振動は　(イ)　と呼ばれ、架空電線の継続的な振動現象のうち最も大きな振幅を発生することから、　(ア)　とともに相間短絡事故のおそれがある。

流体中に物体を置くと、物体の下流側に流体の渦ができる。この渦を　(ウ)　という。架空電線においては、緩やかで一様な水平風が電線に直角に当たることにより、　(ウ)　が発生と消滅を繰り返し、電線が垂直方向の振動をする。これを　(エ)　という。

対策としては、繰り返し応力が支持点に集中しやすいことから、該当箇所を　(オ)　で補強したり、おもりや　(カ)　を取り付けて、振動エネルギーを消費させ、振動を抑制する。

　(キ)　は、多導体方式に特有の振動現象である。

　(エ)　と似ているが、「素導体のうち、風上側の電線によって作られる後流に、風下側の電線が影響を受け、空気力学的に不安定となって振動する」もので、　(エ)　よりも低周波($1 \sim 2$〔Hz〕)、大振幅($10 \sim 50$〔cm〕)の傾向がある。

第5章

送電

解答

(ア)スリートジャンプ　　(イ)ギャロッピング　　(ウ)カルマン渦　　(エ)微風振動
(オ)アーマロッド　　(カ)ダンパ　　(キ)サブスパン振動

第5章 送電

架空送電線路の障害と対策②

架空送電線路の障害と対策②として、雷害、塩害、誘導障害について学びます。しっかり理解しましょう。

関連過去問 072, 073

> 架空地線が雷から電線を守っているんだニャ

① 雷害とその防止対策　　重要度 A

(1) 雷害

雷害(雷サージ) には、①電線への直撃雷、②鉄塔からの逆フラッシオーバ(逆せん絡)、③誘導雷の3つがあります。

雷の直撃によるサージは、送配電線(電線)が**直撃雷**を受けたときに発生する電圧で、送配電線の絶縁強度は、技術的にも経済的にもこれに耐えられるようには設計されていないため、径間の**フラッシオーバ(せん絡)は避けられません**。

また、**鉄塔あるいは架空地線に雷撃**を受けた場合には、鉄塔の電位が上昇して、電線との間に**逆フラッシオーバ**を生じます(鉄塔の塔脚接地抵抗が高いと、起こりやすい)。一般には、架空地線が設置されているため、電線への直撃雷は少なく、雷事故の**大部分はこの逆フラッシオーバ**です。

誘導雷は、雷雲が送配電線路に近づくと、静電誘導により、送配電線に電荷が誘導され、この雷雲がほかの雷雲または大地に対して放電すると、送配電線に誘導されていた電荷が自由電荷となって両端に分かれ、サージとなって進行する現象です。

補足

耐雷設備は、LESSON 26でも取り上げている。併せて学ぼう。

用語

フラッシオーバ
電線への直撃雷により、電線の電位が鉄塔より高くなり、電線から鉄塔へアークが飛び、繋がる現象をいう。

逆フラッシオーバ
鉄塔または架空地線への落雷により、鉄塔から電線へアークが飛び、繋がる現象をいう。

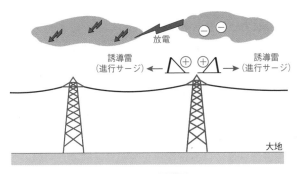

図5.33　誘導雷

(2) 雷害の防止対策

雷害の防止対策として、次のものがあります。

a. 架空地線の施設

架空地線とは、**電線への直撃雷を防ぐ**ため、電線の上部に設けた導体（裸電線）のことで、鉄塔に直接取り付けられるか、導体によって接地されるかして、いずれにしても平常は大地電位（基準電位の0V）となっています。

遮へい角 θ（架空地線の垂線と電線のなす角）**が小さいほど効果が大きい**（雷が電線に落ちるより、架空地線に落ちる確率が高い）です。

なお、架空地線を多条化することにより、架空地線と電線間の結合率が増加し、逆フラッシオーバの防止効果などがより高められます。架空地線には、通信線の機能を持つ**光ファイバ複合架空地線**も使用されています。

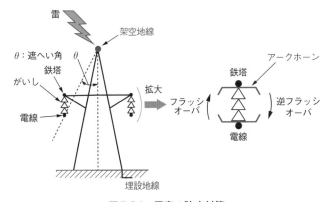

図5.34　雷害の防止対策

プラスワン

誘導雷発生のメカニズム

雷雲中の氷の粒の摩擦により、⊖の電荷が発生（⊕の場合もあり）

↓

電線に⊕の電荷が誘導される

↓

雷雲中の⊖の電荷が、ほかの雷雲や大地に放電し、⊖の電荷がなくなる

↓

電線に取り残された⊕の電荷が、電線の両端に分かれ、サージとなって進行する

補足

架空地線は、誘導雷を低減させる効果もある。

補足

アークホーンについては、❷を参照。

b. **埋設地線（カウンタポイズ）の施設**

　埋設地線（カウンタポイズ）とは、鉄塔の塔脚接地抵抗を小さくするため、鉄塔脚部から接地用導体を地中に埋設したものです。これにより、鉄塔に雷撃を受けた場合の鉄塔の電位上昇を抑制し、鉄塔からの**逆フラッシオーバを防止**します。

c. **不平衡(ふへいこう)絶縁方式の採用**

　2回線併架鉄塔では、送電停止を防ぐ目的で、回線のがいし個数やアークホーンのフラッシオーバ電圧に差を付け、一方の回線をフラッシオーバしやすい状態にし、他方の回線は高い確率で送電を継続できるようにする、**不平衡絶縁方式**を採用します。

d. **アークホーンの設置**

　がいし装置でフラッシオーバが発生する場合、アークホーン間でアークを発生させて、アーク熱でがいしが破損することを防止します。

　図5.35にアークホーンのフラッシオーバを示します。

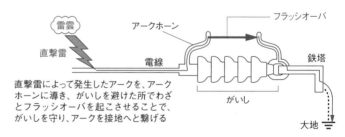

直撃雷によって発生したアークを、アークホーンに導き、がいしを避けた所でわざとフラッシオーバを起こさせることで、がいしを守り、アークを接地へと繋げる

図5.35　アークホーンのフラッシオーバ

e. **送電用避雷装置の設置**

　送電用避雷装置は、雷撃時に発生するアークホーン間電圧を抑制できるので、雷による事故を抑制できます。

② 塩害とその防止対策　重要度 A

(1) 塩害

　送配電線路のがいしに塩分が付着し、その状態で霧や小雨による湿気や塵埃(じんあい)が加わると、がいし表面の絶縁が低下し、漏れ

＋プラスワン

フラッシオーバや逆フラッシオーバ事故では、いったん遮断器を開放して線路を無電圧にすると、短時間でアークが消滅して送電可能になる場合が多く、一定時間後に遮断器を投入する**再閉路**が行われる。

ただし、停電の原因が一過性のフラッシオーバではなく、永久事故である場合は、自動投入した遮断器が再び遮断される。このような事態を、「**再閉路に失敗する**」といい、事故原因を除去する必要がある。

電流によるフラッシオーバ（沿面フラッシオーバ）が生じ、地絡事故を発生することがあります。これが**塩害（塩じん害）**です。

　塩害による地絡事故は、雷害事故に比べて、**再閉路に失敗する割合が高くなります**（雷害は一過性ですが、塩害は継続性であるため）。沿面フラッシオーバによるがいしの破損を防止するため、がいしの絶縁強度より低い電圧でフラッシオーバさせる**アークホーン**や**アークリング**が採用されます。

　また、塩じん地域では、塩じん害、汚損、極度の湿気など、特殊な環境の中で、がいし表面の漏れ電流による発熱や電界の局部的集中によって起きる微小放電で、絶縁体表面が炭化する**トラッキング**現象にも十分留意する必要があります。

(2) 塩害の防止対策

　塩害の防止対策として、次のものがあります。

a. 送配電線路のルート選定

　塩分の付着しにくいルートを選定する。

b. がいしの過絶縁

　懸垂がいしの連結個数を増加するなど過絶縁を施す。

c. 塩害に強いがいしの採用

　耐塩がいし、長幹がいし、スモッグがいしなど、塩害に強いがいしを採用する。

d. がいしの洗浄

　活線洗浄や停電洗浄によって、がいしを洗浄する。

e. はっ水性物質の塗布

　シリコンコンパウンドなどのはっ水性物質を、がいし類に塗布する。

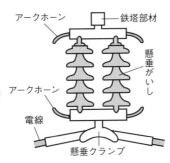

図5.36　懸垂がいし連を2連使用した例

図5.37　耐塩がいし（耐塩懸垂がいし）

補足
がいし表面でフラッシオーバ（沿面フラッシオーバ）が起こると、発生する熱でがいしが破損することがある。これを防ぐためアークホーンを設置する。

第5章

送電

用語
過絶縁とは、がいしの連結個数を、送電電圧に応じた必要最低限の個数より多くして、塵埃や塩分が付着するなどした悪条件時や、部分故障時でも、絶縁破壊事故を避けることを目的にした設計を指す言葉。平常時に要する絶縁耐力を大きく超過しているので、「過絶縁」と呼ばれる。

補足
がいしの塩害は、フラッシオーバ事故に至らなくても可聴雑音や電波障害の原因になる。

補足
がいしのひだが深ければ、沿面距離が長くなり、絶縁性能が高くなる。

送配電線路や変電所におけるがいしの塩害とその対策に関する記述として、誤っているのは次のうちどれか。

(1) がいしの塩害による地絡事故は、雷害による地絡事故と比べて、再閉路に失敗する割合が多い。

(2) がいしの塩害は、フラッシオーバ事故に至らなくても可聴雑音や電波障害の原因にもなる。

(3) がいしの塩害発生は、海塩等の水溶性電解質物質の付着密度だけでなく、塵埃などの不溶性物質の付着密度にも影響される。

(4) がいしの塩害に対する基本的な対策は、がいしの沿面距離を伸ばすことや、がいし連の直列連結個数を増やすことである。

(5) がいしの塩害対策として、絶縁電線の採用やがいしの洗浄、がいし表面へのはっ水性物質の塗布等がある。

・解答と解説・

(1)～(4)の記述は正しい。

(5) 誤り(答)。

絶縁電線とは、銅などの電気を通す導体が絶縁体で覆われている電線をいい、その使用目的は、樹木などの接触による地絡事故を防止することにあり、がいしの塩害対策とは直接的な関係はない。

③ 誘導障害とその防止対策 　重要度 A

架空送電線路が通信線路に接近していると、通信線路に電圧が誘導されて、設備やその取扱者に危害を及ぼすなどの障害が生じるおそれがあります。この障害を**誘導障害**といい、次の2種類があります。

(1) 静電誘導障害

送電線と通信線との間の静電容量を通じて、送電線の電位により、通信線に静電誘導電圧Eを生じ、通信などが妨害されます。それが、**静電誘導障害**です。

防止対策として、次のようなものがあります。

a. 送電線と通信線の**離隔距離**（りかく）を大きくする。

b. 送電線や通信線の**ねん架**（▶LESSON29）を行う。

c. 通信線の**同軸ケーブル化**や**光ファイバ化**を行う。

d. 送電線と通信線の間に、導電率の大きい**地線（遮へい線）**を設置する。

送電線
通信線
静電誘導電圧
E

図5.38　静電誘導

(2) 電磁誘導障害

送電線に電流が流れると周囲に磁界が生じ、送電線と通信線間の**相互インダクタンスM**を介して通信線に電磁誘導電圧Eを生じ、通信などが妨害されます。それが、**電磁誘導障害**です。

平常時の三相交流ではそれほど大きな誘導はありませんが、1線地絡事故時の**零相電流**（▶LESSON24）や、常時の**高調波電流**は極めて大きな影響を与えます。

その**防止対策**として、次のようなものがあります。

a. 送電線と通信線の離隔距離を大きくする。

b. **高抵抗接地方式**または**消弧リアクトル接地方式**（しょうこ）を採用する。

プラスワン

送電線の全区間を3等分し、各相に属する電線の位置が一巡するように**ねん架**を行うと、インダクタンスや静電容量が等しくなり、電気的不平衡を防ぎ、線路の中性点に現れる残留電圧を減少させ、付近の通信線への誘導障害を低減させることができる。

送電線が十分にねん架されていれば、平常時は静電誘導電圧や電磁誘導電圧は3相のベクトル和となるので、ほぼ0〔V〕となる。

用語

同軸ケーブル
高周波用のケーブルの一種で、主に、テレビの信号を流すのに用いられる。断面は、同心円を何層にも重ねた形状を持つ。

高調波電流
ひずみ波交流に含まれている基本波の整数倍の周波数を持つ正弦波電流のこと。

補足
接地方式については、LESSON35を参照。

第5章
送電

c. 故障回線の高速遮断。

d. 送電線と通信線の間に、導電率の大きい地線（遮へい線）を設置する。

e. 送電線や通信線の**ねん架**を行う。

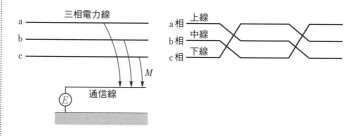

図5.39　電磁誘導　　　　　　　図5.40　送電線のねん架

例題にチャレンジ！

　架空送電線路の架空地線に関する記述として、誤っているのは次のうちどれか。

(1) 架空地線の主な目的は、架空送電線への誘導雷を防止することである。

(2) 架空地線の遮へい角が小さいほど、直撃雷から架空送電線を遮へいする効果が大きい。

(3) 架空地線は、近くの弱電流電線に対し、誘導障害を軽減する働きもする。

(4) 架空地線には、通信線の機能を持つ光ファイバ複合架空地線も使用されている。

(5) 架空地線に直撃雷が侵入した場合、雷電流は鉄塔の接地抵抗を通じて大地に流れる。接地抵抗が大きいと、鉄塔の電位を上昇させ、逆フラッシオーバが起きることがある。

・解答と解説・

(1) 誤り（答）。架空地線は、誘導雷を低減させる効果もあるが、主な目的は、架空送電線への直撃雷を防止することにある。したがって、誤った記述である。

(2) **正しい**。現在わが国の架空送電線路の設計根拠となっている電気幾何学モデルによれば、架空地線の遮へい角が小さいほど、直撃雷から架空送電線を遮へいする効果が大きくなる。

(3) **正しい**。架空地線は、送電線導体との静電的・磁気的結合があり、ある程度の遮へい効果があるので、近くの弱電流電線に対する誘導障害を軽減できる。

(4) **正しい**。架空地線には、通信線の機能を持つ光ファイバ複合架空地線も使用されている。

(5) **正しい**。架空地線に直撃雷が侵入した場合、雷電流は鉄塔の接地抵抗を通じて大地に流れる。その際に、接地抵抗が大きいと鉄塔の電位を上昇させ、逆フラッシオーバが起きることがある。

第5章

送電

問題 次の[   ]の中に適当な答えを記入せよ。

1．鉄塔などの支持物に電線を固定する場合、電線と支持物は絶縁する必要がある。その絶縁体として代表的なものに懸垂がいしがあり、[(ア)]に応じて連結数が決定される。

　送電線への雷の直撃を避けるために設置される裸電線を[(イ)]という。[(イ)]に直撃雷があった場合、鉄塔から電線への[(ウ)]を起こすことがある。これを防止するために、鉄塔の[(エ)]を小さくする対策がとられている。

　この対策のため、鉄塔脚部から接地用導体を地中に埋設したものを[(オ)]という。

2．誘導障害には、次の2種類がある。

①架空送電線路の電圧により、通信線路に誘導電圧を発生させる[(カ)]障害。

②架空送電線路の電流が、架空送電線路と通信線路間の[(キ)]を介して、通信線路に誘導電圧を発生させる[(ク)]障害。

　三相架空送電線路が十分にねん架されていれば、平常時は、電圧や電流によって通信線路に現れる誘導電圧は[(ケ)]となるので、0〔V〕になる。三相架空送電線路に[(コ)]事故が生じると、電圧や電流は不平衡になり、通信線路に誘導電圧が現れ、誘導障害が生じる。

解答

1.(ア)送電電圧　　(イ)架空地線　　(ウ)逆フラッシオーバ　　(エ)塔脚接地抵抗
(オ)埋設地線(カウンタポイズ)

2.(カ)静電誘導　　(キ)相互インダクタンス　　(ク)電磁誘導　　(ケ)ベクトル和
(コ)1線地絡

地中送電線路

ここでは、ケーブルを地中に埋設する工法をはじめ、各種ケーブルの構造と特徴、損失の発生要因と対策などについて学習します。

関連過去問 074, 075, 076

地下なのに、中で作業ができるし、広いし、暗きょ式は便利ダニャー

① 地中送電線路の概要　　重要度 **B**

地中送電線路では、地下にケーブルを布設するために、土壌の掘削または穿孔（穴をあけること）を行います。代表的な地中埋設工法には、図5.41のような施設方法があり、それぞれ異なった特徴があります。

用語

ケーブルとは、絶縁体と保護被覆で覆われた電線の総称。

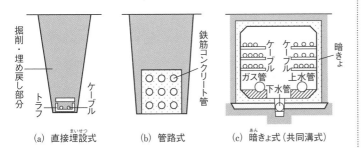

(a) 直接埋設式　　(b) 管路式　　(c) 暗きょ（共同溝式）

図5.41　代表的な地中埋設工法

(1) 直接埋設式

直接埋設式は、土中にケーブルを直接埋設する工法です。直接埋設といっても、一般的には、ケーブル防護用の**トラフ**（U字溝とふたでできており、コンクリート製や樹脂製）に収納します。工期が短く安価の上、ケーブルの熱放散もよいのですが、

外傷を受けやすく、**ケーブルの交換や増設が困難**で、重要な線路では用いられません。

(2) 管路式

管路式では、土壌を掘削し、管路を布設して埋め戻します。その後に、ケーブルを管路に引き入れることで布設が完了します。適当な間隔で**マンホール**（簡易な地下室のようなもの）を設けて、一般にケーブルの接続はマンホール内で行います。工期と費用は、直接埋設式と暗きょ式の中間の位置づけです。

管路式は**熱放散が悪く**、ケーブル条数が増加すると送電容量は減少します。

(3) 暗きょ式

暗きょ式は、地中に暗きょと呼ばれるトンネル状構造物を設けて、線路に沿って作業者が往来できるようにしたものです。暗きょ内には棚を設けて、ケーブルを多条数布設します。換気設備を設けられるため**熱放散がよく**、許容電流も大きくなります。変電所引き出し口付近は、ケーブル条数が多くなるので、暗きょ式とすることが多くなります。

➕ **プラスワン**

暗きょ式は、線路全域を人が往来できることから、保守性に優れている。暗きょ内には、安全・衛生の観点から、照明・換気・排水・防火・消火などの設備も必要である。総じて建設費用は非常に高くなり、工期も長くなる。また、大都市部では、電力・通信・上下水道・都市ガスなどインフラ設備を共同布設するための暗きょを、公道地下に布設することがあり、**共同溝**と呼ばれている。

例題にチャレンジ！

わが国の電力ケーブルの布設方式に関する記述として、誤っているのは次のうちどれか。

(1) 直接埋設式には、掘削した地面の溝に、コンクリート製トラフなどの防護物を敷き並べて、防護物内に電力ケーブルを引き入れてから埋設する方式がある。

(2) 管路式には、あらかじめ管路およびマンホールを埋設しておき、電力ケーブルをマンホールから管路に引き入れ、マンホール内で電力ケーブルを接続して布設する方式がある。

(3) 暗きょ式には、地中に洞道を構築し、床上や棚上あるいは

トラフ内に電力ケーブルを引き入れて布設する方式がある。電力、電話、ガス、上下水道などの地下埋設物を共同で収容するための共同溝に電力ケーブルを布設する方式も暗きょ式に含まれる。

(4) 直接埋設式は、管路式、暗きょ式と比較して、工事期間が短く、工事費が安い。そのため、将来的な電力ケーブルの増設を計画しやすく、ケーブル線路内での事故発生に対して復旧が安易である。

(5) 管路式、暗きょ式は、直接埋設式と比較して、電力ケーブル条数が多い場合に適している。一方、管路式では、電力ケーブルを多条数布設すると、送電容量が著しく低下する場合があり、その場合には、電力ケーブルの熱放散が良好な暗きょ式が採用される。

・解答と解説・

(1)、(2)、(3)、(5)の記述は正しい。

(4) 誤り（答）。「直接埋設式は、管路式、暗きょ式と比較して、工事期間が短く、工事費が安い。」ここまでの記述は正しい。しかし、この後の記述は誤りである。正しくは、「将来的な電力ケーブルの増設の計画は困難で、ケーブル線路内での事故発生に対して復旧が困難である。」となる。

② ケーブルの種類と構造　重要度 B

地中送電では、ケーブルを使用します。現在、一般に使用されているのは、CV ケーブルと OF ケーブルです。

(1) CV ケーブル

絶縁体として、架橋ポリエチレンを使用するケーブルを、CV ケーブル（▶LESSON44）といいます。架橋ポリエチレンは、ポリエチレンよりも**耐熱性を向上**させた固体絶縁材料です。従来から、絶縁体である架橋ポリエチレンが、**水トリー劣化**による絶縁破壊を起こすことが問題視されていましたが、近年、ケ

用語
水トリー劣化
架橋ポリエチレン中に水分が含まれていると、電界が加わることによって、絶縁体の劣化が起き、樹枝状に進展して、短絡に至る。この現象を水トリー劣化（トリーは tree、木）と呼ぶ。

ーブル製造技術や施工技術の革新によって、高信頼化が果たされたことから、新たな採用が増加し、500〔kV〕まで適用されています。

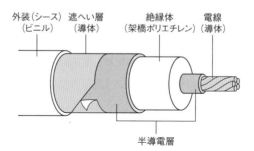

図5.42 単心CVケーブルの構造概略

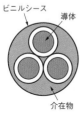
(2) OFケーブル

OFケーブル（▶LESSON44）は、油入ケーブルともいい、絶縁体として、絶縁紙に絶縁油を含浸させたものを使います。また、ケーブル内に絶縁油を流通させて冷却を行うこともあります。

OFケーブルは、充填された絶縁油を加圧することにより、**ボイド**（空隙）の発生を抑制し、絶縁耐力の向上を図っています。このため、給油タンクおよび加圧ポンプの設備が必要で、保守点検にコストがかかります。また、線路に高低差がある場合には、給油系統の設計に配慮が必要になります。

3 ケーブルの損失と冷却　　重要度 B

ケーブルの**許容電流**を決定する主要因は、**絶縁体の温度上昇**です。絶縁体の温度は、周囲の環境条件（周囲温度や放熱特性）とケーブルの発熱量で決まります。発熱量を減らし、放熱量を多くすれば、絶縁体の温度上昇が抑制され、ケーブルの許容電流が大きくなります。

(1) 抵抗損

抵抗損は、導体の**ジュール熱**による電力損失で、架空送電線

の場合とほぼ同様の性質となります。

　抵抗損は、導体電流の2乗に比例して大きくなります。

（2）誘電体損

　誘電体損は、**絶縁体（誘電体）に発生する電力損失**です。

　ケーブルの絶縁体（誘電体）の等価回路は、次ページの図5.43のように表され、1相当たりの誘電体損W_1は、次のようにして求められます。誘電体損を生ずる等価抵抗Rに流れる電流I_Rは、

$$I_R = I_C \tan\delta \,〔\text{A}〕$$

　ここで、コンデンサに流れる電流I_Cは、$I_C = \omega CE$であるので、上式は、

$$I_R = \omega CE \tan\delta \,〔\text{A}〕 \tag{11}$$

　ただし、$\omega = 2\pi f$〔rad/s〕は電源の角周波数、f〔Hz〕は電源の周波数、C〔F〕は1線当たりの静電容量。

　したがって、等価抵抗Rの電力、すなわち、1相当たりの誘電体損W_1は次式で表されます。

> **❶重要 公式　1相当たりの誘電体損**
> $$W_1 = \omega CE^2 \tan\delta = 2\pi f CE^2 \tan\delta \,〔\text{W}〕 \tag{12}$$

　ただし、E〔V〕は相電圧。

　したがって、3相（ケーブル3線合計）の誘電体損W_3は、

> **❶重要 公式　3相（ケーブル3線合計）の誘電体損**
> $$W_3 = 3 \times \omega CE^2 \tan\delta = 3 \times \omega C \left(\frac{V}{\sqrt{3}}\right)^2 \tan\delta$$
> $$= \omega CV^2 \tan\delta = 2\pi f CV^2 \tan\delta \,〔\text{W}〕 \tag{13}$$

　ただし、V〔V〕は線間電圧。$V = \sqrt{3}\,E$〔V〕

用語

等価抵抗は、実際には見えない内部抵抗などを、計算上、その内部抵抗として数値化した抵抗のこと。

用語

回転する物体が単位時間（1秒間）に回転する電気角を、角周波数という。電気角速度ともいう。

補足

公式（12）の導出
静電容量C〔F〕の容量性リアクタンスは、
$$X_C = \frac{1}{\omega C}\,〔\Omega〕$$
$$I_C = \frac{1}{X_C} = \frac{E}{\frac{1}{\omega C}}$$
$$= \omega CE \,〔\text{A}〕$$
図5.43(c)より、
$$I_R = I_C \tan\delta$$
$$= \omega CE \tan\delta \,〔\text{A}〕$$
$$W_1 = E \cdot I_R$$
$$= E \cdot \omega CE \tan\delta$$
$$= \omega CE^2 \tan\delta$$
$$= 2\pi f CE^2 \tan\delta \,〔\text{W}〕$$

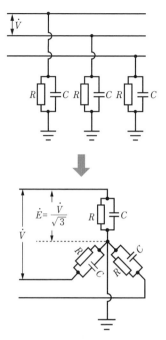

(a) 三相回路

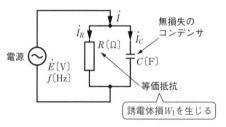

(b) 1相当たりの等価回路

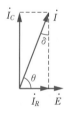

(c) ベクトル図

図5.43　等価回路

(3) シース損

　シースとは、ケーブルの外装（外被）のことです。

　シース損は、金属シースや遮へい層の導体に発生する損失をいい、金属シースなどを線路方向に流れる電流（シース電流）による抵抗損失（**シース回路損**）や、金属シースなどが交番磁界と鎖交(さ こう)することによる**シース渦(うず)電流損**などが含まれます。これらの損失の主要因は、中心導体に流れる電流による磁界であり、送電電流が増加するとシース損も増加します。

　シース損の**低減対策**としては、シース電流の抑制対策が中心になります。接地点間の単心ケーブルのシースを、適当な間隔で電気的に絶縁し、シース電流が打ち消し合うようにシースを接続する方式を、**クロスボンド接地方式**といいます。

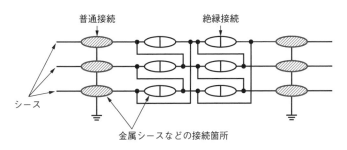

普通接続　　　　絶縁接続

シース

金属シースなどの接続箇所

図5.44　クロスボンド接地方式

④ ケーブルの静電容量と充電電流　重要度 B

(1) ケーブルの静電容量

　ケーブルの静電容量Cは、**対地静電容量**C_sと**線間静電容量**C_mからなり、**作用静電容量**（1線当たりの静電容量）Cは、次式で表されます。

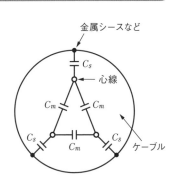

金属シースなど

C_s

心線

C_m　　C_m

C_s　　　　C_s

C_m

ケーブル

図5.45　作用静電容量

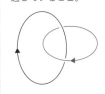

第5章

送電

補足-✐

次のようにC_mを
△→Yに変換して、式
(14)を導く。

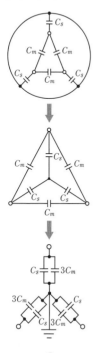

補足-✐

充電容量Qは、次のよ
うに求める。

$$Q = 3 \times 2\pi fC\left(\dfrac{V}{\sqrt{3}}\right)^2$$
$$= 2\pi fCV^2 \,[\text{var}]$$

用語 📖

本文の**充電容量**は、無
負荷充電容量のこと。
無負荷充電容量とは、
地中送電線において、
無負荷時の充電電流が
流れたときの無効電力
〔var〕のことをいう。

⚠️重要 公式 ケーブルの作用静電容量
$$C = C_s + 3C_m \,[\text{F}] \tag{14}$$

(2) ケーブルの充電電流と充電容量

　1相当たりの作用静電容量を$C\,[\text{F}]$、相電圧を$E\,[\text{V}]$、線間電圧を$V\,[\text{V}]$、周波数を$f\,[\text{Hz}]$とすれば、ケーブルの**充電電流**I_Cおよび**充電容量**Qは、次式で表されます。

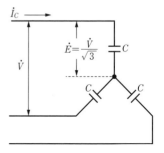

図5.46　ケーブルの充電電流

⚠️重要 公式 ケーブルの充電電流I_Cおよび充電容量Q

$$I_C = \omega CE = \omega C\frac{V}{\sqrt{3}} = 2\pi fC\frac{V}{\sqrt{3}}\,[\text{A}] \tag{15}$$

$$Q = 3\omega CE^2 = \omega CV^2 = 2\pi fCV^2 \,[\text{var}] \tag{16}$$

理解度チェック問題

問題　次の□□□の中に適当な答えを記入せよ。

1. ケーブルの抵抗損は、導体電流の□□(ア)□□に比例する。

2. ケーブルの誘電体損（3線合計）W_3〔W〕は、次式で表される。

$W_3 = $□□(イ)□□〔W〕

ただし、ω〔rad/s〕：電源の角周波数、f〔Hz〕：電源の周波数、C〔F〕：作用静電容量（1線当たりの静電容量）、V〔V〕：線間電圧

3. ケーブルのシース損には、□□(ウ)□□損と□□(エ)□□損が含まれる。

シース損の低減対策として、□□(オ)□□方式の採用が効果的である。

4. ケーブルの充電電流 I_C〔A〕および充電容量 Q〔var〕は、次式で表される。

$I_C = $□□(カ)□□〔A〕

$Q = $□□(キ)□□〔var〕

ただし、ω〔rad/s〕：電源の角周波数、f〔Hz〕：電源の周波数、C〔F〕：作用静電容量（1線当たりの静電容量）、V〔V〕：線間電圧

解答

(ア) 2乗　　　(イ) $\omega CV^2 \tan\delta$ または $2\pi fCV^2 \tan\delta$

(ウ) シース回路　　　(エ) シース渦電流　　　(オ) クロスボンド接地

(カ) $\omega C \dfrac{V}{\sqrt{3}}$ または $2\pi fC \dfrac{V}{\sqrt{3}}$　　　(キ) ωCV^2 または $2\pi fCV^2$　　　※(ウ)と(エ)は逆でもよい。

第5章

送電

第5章 送電

中性点接地方式

電力系統の中性点接地方式について学びます。消弧リアクトル接地方式と補償リアクトル接地方式の違いに注意しましょう。

関連過去問 077, 078

① 非接地
② 直接接地
③ 抵抗接地
④ 消弧リアクトル接地
⑤ 補償リアクトル接地

色々な方式があるけど、①と②が特に重要ニャン

1 中性点接地の目的 　重要度 B

電力系統における**中性点接地**の目的は、次の通りです。

a. アーク地絡その他による**異常電圧の発生を防止**する。

b. 地絡故障時の健全相の対地電圧の上昇を抑え、送電線路および機器の**絶縁レベルを低減できる**ようにする。

c. 地絡故障が発生したときに**保護継電器を確実に動作**させる。

2 中性点接地方式の種類 　重要度 B

中性点接地方式は、図5.47に示すように、中性点インピーダンスの種類および大きさによって、次のように分類されます。

(1) 非接地方式

この方式は、33〔kV〕以下の系統で、短距離送電に採用されます。地絡時の故障電流が小さく、**電磁誘導障害(通信障害)も小さい**、また、1線地絡時に永久地絡でない限り、**アーク地絡などは自然消弧**し、そのまま送電を続けられる機会が多い、1線地絡時には、**健全相の対地電圧は線間電圧(常規対地電圧の√3倍)まで上昇**する、などの特徴があり、主に6.6〔kV〕の高圧配電系統で採用されます。

用語

アーク地絡
地絡故障などで送電線と地面との間がアーク放電を通じて短絡されることをいう。

健全相
1線地絡事故で、三相回路の1本の線のみが地絡した場合の、残りの線のこと。

対地電圧
電線と接地点または接地側電線との間の電圧のことをいう。

絶縁レベル
ある絶縁物が、どの程度までの故障であれば、絶縁破壊を起こさずに耐え切れるかを示すためのレベル。

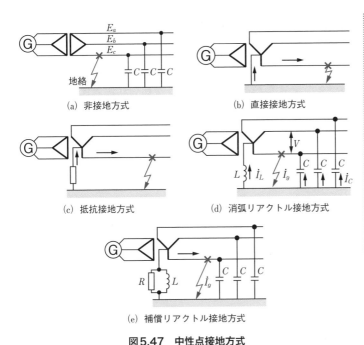

（a）非接地方式　　　　　　　（b）直接接地方式

（c）抵抗接地方式　　　　　　（d）消弧リアクトル接地方式

（e）補償リアクトル接地方式

図5.47　中性点接地方式

「非接地」と呼んでいますが、**実際には接地変圧器（EVT ▶ LESSON27,42）によって高抵抗接地されます。**

(2) 直接接地方式

変圧器の中性点を直接接地する方式で、**187〔kV〕以上の超高圧送電線路**に採用されます。地絡故障時の**健全相の対地電圧はほとんど上昇せず**、送電線路および機器の**絶縁レベルを低減**することができる、その反面、**地絡電流が大きい**ので、通信線への**電磁誘導障害**について十分な検討が必要となる、などの特徴があります。

(3) 抵抗接地方式

変圧器の中性点を抵抗を通して接地する方式で、直接接地方式の特性に近い**低抵抗接地方式**と、非接地方式の特性に近い**高抵抗接地方式**があります。わが国では、110〔kV〕、154〔kV〕系統で高抵抗接地方式が広く採用されています。

プラスワン

１線地絡故障時の健全相対地電圧が常規対地電圧の1.3倍を超えない範囲に抑える中性点接地を、**有効接地**と呼ぶ。**直接接地方式は、有効接地の代表例**である。

プラスワン

接地変圧器EVTは、配電用変電所の6kV非接地系統の零相電圧検出に使用される。Y–Y–△（オープンデルタ）３次のオープンデルタの発生電圧（零相電圧）で、地絡過電圧継電器を動作させる。EVTはGVT、GPTとも略される。

プラスワン

直接接地方式においては、変圧器の中性点は常に零電位に保たれているので、変圧器の巻線の絶縁を線路端から中性点に行くに従い、次第に低減することができる。これを**段絶縁**といい、段絶縁を採用することにより、変圧器の寸法、重量を縮小することができる。変圧器の段絶縁は、直接接地方式の利点の１つである。

(4) 消弧リアクトル接地方式

この方式は、66〔kV〕、77〔kV〕で雷害の多い架空系統で採用されています。中性点に接続された**消弧リアクトル**(インダクタンスL)と送電線の対地静電容量を並列共振させることにより、1線地絡電流$\dot{I}_g$を0近くまで減少させ、故障点アークを消滅させて送電を継続させる方式です。

(5) 補償リアクトル接地方式

この方式は、抵抗接地方式をケーブル系統(地中送電線)に適用する場合の問題を解決するために考案されたもので、66〔kV〕～154〔kV〕のケーブル系統で多く採用されています。

中性点接地方式の種類と特徴をまとめると、次表のようになります。

表5.1　中性点接地方式の種類と特徴

方式 / 項目	非接地	直接接地	抵抗接地(補償リアクトル接地)	消弧リアクトル接地
1線地絡電流	小	大	中	最小
電磁誘導障害	小	大	中	最小
保護継電器動作	困難	確実	確実	困難
健全相対地電圧上昇	大($\sqrt{3}$倍程度)	小	中	大($\sqrt{3}$倍程度)
使用状況	33〔kV〕以下の特別高圧送電系統 6.6〔kV〕の高圧配電系統	187〔kV〕以上の超高圧送電系統	154〔kV〕以下の特別高圧送電系統(補償リアクトル接地はケーブル系統(地中送電線)に適用)	66〔kV〕、77〔kV〕特別高圧送電系統

Q 非接地方式高圧配電線路において、1線地絡故障時に、健全相の対地電圧が線間電圧（＝$\sqrt{3}$×通常時の対地電圧）まで上昇するのは、なぜですか。

A 図aに通常時、図bにC相完全地絡時の、それぞれの回路図とベクトル図を示します。

C相が完全地絡（地絡抵抗が0〔Ω〕の地絡）とすると、

C相の電位E_cは、大地電位の0〔V〕となります。

また、地絡していない健全相のa、b相の電圧$E_a{}'$（＝Vac）、$E_b{}'$（＝Vbc）は、線間電圧（＝$\sqrt{3}$×地絡前のE_a、E_b）まで跳ね上がります。

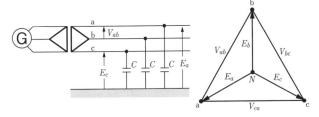

図a　通常時の回路図とベクトル図

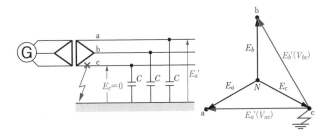

図b　C相完全地絡時の回路図とベクトル図

補足

図aのE_a、E_bと、図bの$E_a{}'$、$E_b{}'$を比較すると、

$E_a{}' = \sqrt{3}\,E_a$

$E_b{}' = \sqrt{3}\,E_b$

電力系統の中性点接地方式に関する記述として、誤っているのは次のうちどれか。

(1) 直接接地方式は、他の中性点接地方式に比べて、地絡事故時の地絡電流は大きいが、健全相の電圧上昇は小さい。

(2) 消弧リアクトル接地方式は、直接接地方式や抵抗接地方式に比べて、1線地絡電流が小さい。

(3) 非接地方式は、他の中性点接地方式に比べて、地絡電流および短絡電流を抑制できる。

(4) 抵抗接地方式は、直接接地方式と非接地方式の中間的な特性を持ち、154〔kV〕以下の特別高圧系統に適用されている。

(5) 消弧リアクトル接地方式および非接地方式は、直接接地方式や抵抗接地方式に比べて、通信線に対する誘導障害が少ない。

・解答と解説・・・・・・・・・・・・・・・・・・・・・・・・・・・・・・・・・・・・・・

中性点接地方式は、1線地絡事故時の健全相の対地電圧上昇の大きさと地絡電流の大きさで比較される。高電圧の系統では、絶縁技術の観点から対地電圧上昇の抑制を、低電圧の系統では、誘導障害の観点から地絡電流の抑制を、それぞれ重視する。

(1) 正しい。直接接地方式は、地絡事故時の健全相対地電圧上昇の抑制効果が最も高く、地絡電流が最も大きくなる方式である。

(2) 正しい。消弧リアクトル接地方式は、1線地絡電流を0近くまで減少させ、地絡アークを速やかに消弧することを目的としている。直接接地方式や抵抗接地方式に比べて、1線地絡電流が小さい。

(3) 誤り(答)。非接地方式は、直接接地方式や抵抗接地方式と比較して、1線地絡電流の抑制効果が高い方式である。ただし、原理的に地絡電流を0とするものではないので、消弧リアクトル接地方式と比較すると、地絡電流の抑制効果は低いことになる。また、接地方式の違いは、短絡電流の大小には関係がない。したがって、誤った記述である。

(4) **正しい。** 抵抗接地方式は、直接接地方式と非接地方式の中
間的な特性を持ち、適用電圧も中間的な 154 〔kV〕以下の
特別高圧系統となる。

(5) **正しい。** 消弧リアクトル接地方式および非接地方式は、直
接接地方式や抵抗接地方式に比べて、1線地絡電流が抑制
されるため、通信線に対する誘導障害が少なくなる。

理解度チェック問題

問題　次の□□□の中に適当な答えを記入せよ。

電力系統における中性点接地の目的は、次の通りである。

a. アーク地絡その他による　(ア)　の発生を防止する。

b. 地絡故障時の健全相の対地電圧の上昇を抑え、送電線路および機器の　(イ)　を低減できるようにする。

c. 地絡故障が発生したときに、　(ウ)　を確実に動作させる。

　中性点接地方式は、中性点インピーダンスの種類および大きさによって、各種方式に分類される。

　非接地方式は、33〔kV〕以下の系統で、短距離送電に採用される。地絡時の故障電流が小さく、　(エ)　も小さい。1線地絡時には、健全相の対地電圧は、線間電圧まで上昇する。

　直接接地方式は、変圧器の中性点を直接接地する方式で、187〔kV〕以上の超高圧送電線路に採用される。地絡故障時の健全相の対地電圧はほとんど上昇せず、送電線路および機器の　(イ)　を低減することができる。

　(オ)　接地方式は、66〔kV〕、77〔kV〕の架空系統で採用されている。中性点に接続された　(オ)　により、1線地絡電流を0近くまで減少させることにより、故障点アークを消滅させて、送電を継続させる方式である。

解答

(ア)異常電圧　　(イ)絶縁レベル　　(ウ)保護継電器　　(エ)電磁誘導障害(通信障害)
(オ)消弧リアクトル

短絡電流と地絡電流

送配電線路の短絡電流と、1線地絡電流の計算方法を学びます。1線地絡電流の計算は、テブナンの定理を使います。

関連過去問 079, 080, 081

$$I_S = I_n \times \frac{100}{\%Z} \ (A)$$

$$P_S = P_n \times \frac{100}{\%Z} \ (V \cdot A)$$

久しぶりに重要公式だ。頑張って覚えるニャン

① 短絡電流と短絡容量　　重要度 A

(1) 短絡電流と短絡容量の計算

図5.48の点Fにおいて、**三相短絡事故**が発生した場合の**三相短絡電流** I_S、**三相短絡容量** P_S は、**%インピーダンス**（▶LESSON28）を使用して、次のように求めます。この計算方法を**パーセント法**といいます。

> **重要 公式　短絡電流 I_S と短絡容量 P_S**
>
> $$I_S = I_n \times \frac{100}{\%Z} \ (A) \tag{17}$$
>
> $$P_S = P_n \times \frac{100}{\%Z} \ (V \cdot A) \tag{18}$$

ただし、I_n：基準電流〔A〕、P_n：基準容量〔V·A〕

$$I_n = \frac{P_n}{\sqrt{3}\,V_n} \ (A)$$

V_n：基準電圧〔V〕、$\%Z$：%インピーダンス〔%〕

電源

$\%Z$〔%〕　　短絡電流 I_S〔A〕　　三相短絡
F

基準容量　P_n〔V·A〕
基準電圧　V_n〔V〕
基準電流　I_n〔A〕

図5.48　三相短絡事故

用語

三相短絡容量とは、三相短絡事故時の電力のことである。

補足

基準容量 P_n、**基準電流** I_n、**基準電圧** V_n は、短絡事故点の**短絡事故前の定格値**である。$\%Z$ は、短絡事故点から電源側を見た%インピーダンスで、線路、変圧器などの%インピーダンスを基準容量 P_n に換算した、合成%インピーダンスである。

プラスワン

オーム法（インピーダンスにΩ値を使用する方法）で P_S、I_S を求めると、次のようになる。

$$P_S = \sqrt{3}\,V_n I_S \ (V \cdot A)$$

$$I_S = \frac{\dfrac{V_n}{\sqrt{3}}}{Z} \ (A)$$

(2) 短絡容量の低減対策

　短絡容量の低減対策には、次のようなものがあります。

a. **上位電圧階級を導入**し、下位系統を分割する。

b. 発電機や変圧器などの**高インピーダンス化**を図る。

c. 線路に直列に**限流リアクトル**を設置する。

d. **直流連系**を採用する。

　短絡容量、短絡電流を低減するには、インピーダンスを増大させればよいのですが、電力系統の安定化のためには、インピーダンスは小さいほうが望ましいので、適度な値としています。

短絡電流と短絡容量の導出

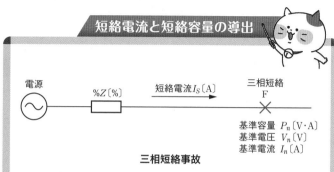

三相短絡事故

　三相短絡事故が発生した場合の短絡電流、短絡容量の計算方法について述べます。

　上の図の送電線の点Fで三相短絡事故が発生した場合の三相短絡電流I_S〔A〕は、線路の事故発生直前の線間電圧を基準電圧のV_n〔V〕、事故点から見た電源側のインピーダンスをZ〔Ω〕とすれば、**テブナンの定理**によって、

$$I_S = \frac{\frac{V_n}{\sqrt{3}}}{Z} = \frac{V_n}{\sqrt{3}\,Z} \ \text{〔A〕} \tag{19}$$

となります。

　%Zは、定義により、

$$\%Z = \frac{\sqrt{3}\,ZI_n}{V_n} \times 100 \ \text{〔%〕} \tag{20}$$

　ただし、I_n：基準電流$(= P_n / \sqrt{3}\,V_n \text{〔A〕})$、$P_n$：基準容量〔V·A〕

式(19)と(20)から、

$$\%Z = \frac{I_n}{I_S} \times 100 \ (\%)$$

よって、

$$I_S = I_n \times \frac{100}{\%Z} \ (A)$$

また、このときの短絡容量(短絡電力)$P_S \ (V\cdot A)$は、

$$P_S = \sqrt{3} \, V_n I_S = \sqrt{3} \, V_n I_n \frac{100}{\%Z} = P_n \times \frac{100}{\%Z} \ (V\cdot A)$$

となります。

　このように、三相短絡時の電流および電力を計算するとき、インピーダンスを$\%Z$で表すと、電圧を考慮せずに計算できる便利さがあり、広く使用されています。

式の結果は重要です。しっかり暗記しておくニャー

第5章

送電

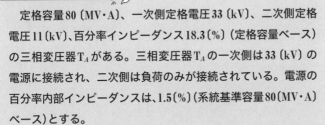

例題にチャレンジ！

　定格容量80〔MV・A〕、一次側定格電圧33〔kV〕、二次側定格電圧11〔kV〕、百分率インピーダンス18.3〔%〕(定格容量ベース)の三相変圧器T_Aがある。三相変圧器T_Aの一次側は33〔kV〕の電源に接続され、二次側は負荷のみが接続されている。電源の百分率内部インピーダンスは、1.5〔%〕(系統基準容量80〔MV・A〕ベース)とする。

　なお、抵抗分およびその他の定数は無視する。また、将来の負荷変動等は考えないものとする。

　このとき、変圧器T_Aの二次側に設置する遮断器の定格遮断電流の値〔kA〕として、最も適切なものは次のうちどれか。

(1) 1　　(2) 8　　(3) 12.5　　(4) 20　　(5) 25

・解答と解説・・・

問題の条件を図示すると、次図のようになる。

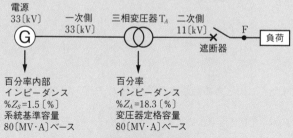

問題の条件の説明図

まず、変圧器の二次側定格線間電圧（基準電圧）を V_n〔V〕、二次側定格電流（基準電流）を I_n〔A〕とすると、変圧器 T_A の定格容量（基準容量）P_a〔V·A〕は、

$$P_a = \sqrt{3}\ V_n I_n\ \text{〔V·A〕}$$

この式を変形すると、二次側定格電流 I_n〔A〕は、

$$I_n = \frac{P_a}{\sqrt{3}\ V_n} = \frac{80 \times 10^6\ \text{〔V·A〕}}{\sqrt{3} \times (11 \times 10^3\ \text{〔V〕})} \fallingdotseq 4199\ \text{〔A〕}$$

次に、短絡事故想定点のF点から電源側を見た全インピーダンス $\%Z = (\%Z_A + \%Z_S)$〔%〕は、

$$\%Z = 18.3 + 1.5 = 19.8\ \text{〔%〕}$$

したがって、短絡電流 I_S〔A〕は、

$$I_S = I_n \times \frac{100}{\%Z}$$

$$= 4199 \times \frac{100}{19.8} \fallingdotseq 21207\ \text{〔A〕} \rightarrow 21.2\ \text{〔kA〕}$$

以上のことから、**求める定格遮断電流**〔kA〕の値は、選択肢の中では 21.2〔kA〕より大きい直近の (5) **25**〔kA〕(答) となる。

・・

🖐️**解法のヒント**

80〔MV·A〕
→ 80×10^6〔V·A〕
11〔kV〕→ 11×10^3〔V〕
と変換する。

② 地絡電流の計算　重要度 A

図5.49のような送・配電系統の点Fで、**1線地絡故障**が生じた場合の、**地絡電流** $\dot{I}_g$ を、**テブナンの定理**で求めます。

いま、点Fで完全地絡した場合、故障前の線間電圧を V 〔V〕とすれば、故障前の対地電圧は $\dfrac{V}{\sqrt{3}}$ 〔V〕となり、故障点から見た系統側のインピーダンスを $\dot{Z}_F$ 〔Ω〕とすれば、次ページの図5.50**テブナン等価回路**(a)より、

$$\dot{Z}_F = \cfrac{1}{\dfrac{1}{\dot{Z}_n} + j\omega 3C} \quad 〔\Omega〕 \tag{21}$$

となるので、**地絡電流** $\dot{I}_g$ は、

> **⚠重要 公式**　地絡電流 $\dot{I}_g$
>
> $$\dot{I}_g = \cfrac{\dfrac{V}{\sqrt{3}}}{\dot{Z}_F} = \dfrac{V}{\sqrt{3}}\left(\dfrac{1}{\dot{Z}_n} + j\omega 3C\right) 〔A〕 \tag{22}$$

となります。

ただし、電源の角周波数を ω 〔rad/s〕、各相の対地静電容量はいずれも等しく C 〔F〕とします。

また、点Fの故障点で地絡抵抗 R_g 〔Ω〕を介して地絡した場合は、地絡抵抗 R_g 〔Ω〕を含めたインピーダンス $\dot{Z}_F{}'$ 〔Ω〕は、図5.50テブナン等価回路(b)より、

$$\dot{Z}_F{}' = R_g + \cfrac{1}{\dfrac{1}{\dot{Z}_n} + j\omega 3C} \quad 〔\Omega〕 \tag{23}$$

となるので、地絡電流 $\dot{I}_g{}'$ は、

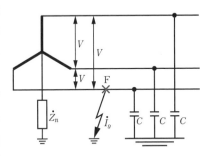

図5.49　1線地絡故障

補足

送配電系統の1線地絡故障の計算は、キルヒホッフの法則でも求められるが、テブナンの定理を利用すると、容易に求めることができる。完全地絡の場合や、地絡抵抗を介した場合に、それぞれの**テブナン等価回路**を正確に描けるかどうかがポイントとなる。

+1 プラスワン

中性点が接地されていない場合でも、地絡電流は対地静電容量 C を通して流れる。このときは、テブナン等価回路から中性点接地インピーダンス $\dot{Z}_n$ 〔Ω〕を取り外して計算する。

+1 プラスワン

三相回路の結線が、Yでも△でも、故障点から見た開放電圧は線間電圧 V の $\dfrac{1}{\sqrt{3}}$ 倍になる。これは、故障がない場合の対地電圧が線間電圧の $\dfrac{1}{\sqrt{3}}$ 倍となっているからである。

第5章

送電

$$\dot{I_g}' = \frac{\dfrac{V}{\sqrt{3}}}{\dot{Z_F}'} = \frac{V}{\sqrt{3}} \times \frac{1}{R_g + \dfrac{1}{\dfrac{1}{\dot{Z_n}} + j\omega 3C}} \quad \text{[A]}$$

(24)

となります。

補足

図5.50 (a) は完全地絡 ($R_g = 0$〔Ω〕) の場合、同 (b) は地絡抵抗 R_g〔Ω〕を介して地絡した場合のテブナン等価回路を示す。

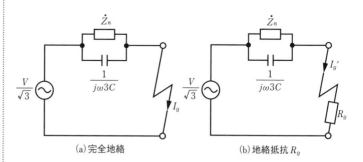

(a) 完全地絡   (b) 地絡抵抗 R_g

図5.50　テブナン等価回路

1線地絡時のテブナン等価回路

　1線地絡時のテブナン等価回路の描き方と地絡電流 I_g の求め方を詳しく述べます。

①地絡線を開放し、その両端をa、bとすると、地絡のない健全状態となるので、a、b間には対地電圧 (Y結線の相電圧) $E = \dfrac{V}{\sqrt{3}}$〔V〕が現れる。

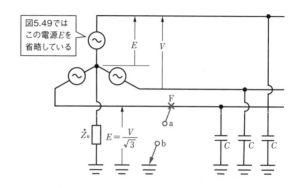

図5.49ではこの電源 E を省略している

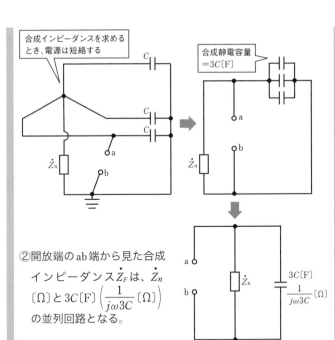

第5章

送電

②開放端の ab 端から見た合成インピーダンス $\dot{Z}_F$ は、$\dot{Z}_n$〔Ω〕と $3C$〔F〕$\left(\dfrac{1}{j\omega 3C}\text{〔Ω〕}\right)$の並列回路となる。

$$\frac{1}{\dot{Z}_F} = \frac{1}{\dot{Z}_n} + \frac{1}{\dfrac{1}{j\omega 3C}} = \frac{1}{\dot{Z}_n} + j\omega 3C$$

$$\dot{Z}_F = \frac{1}{\dfrac{1}{\dot{Z}_n} + j\omega 3C}\text{〔Ω〕}$$

③ab 間に再び地絡線を接続したテブナン等価回路は次図のようになり、地絡電流 I_g は、

$$\dot{I}_g = \frac{\dfrac{V}{\sqrt{3}}}{\dot{Z}_F} = \frac{V}{\sqrt{3}} \times \frac{1}{\dot{Z}_F} = \frac{V}{\sqrt{3}}\left(\frac{1}{\dot{Z}_n} + j\omega 3C\right)\text{〔A〕}$$

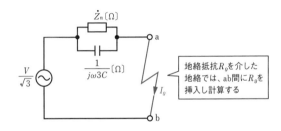

地絡抵抗 R_g を介した地絡では、ab間に R_g を挿入し計算する

問題　次の□**の中に適当な答えを記入せよ。**

1．図に示す三相短絡事故において、三相短絡電流 I_s、三相短絡容量 P_s は、%Z〔%〕を用いて、次のように求めることができる。

$I_s =$ □(ア)□〔A〕……①

$P_s =$ □(イ)□〔V·A〕…②

ただし、式①において基準電流 I_n は次式となる。

$I_n =$ □(ウ)□〔A〕

三相短絡事故

2．短絡容量の低減対策には、次のようなものがある。

①□(エ)□を導入し、下位系統を分割する。

②発電機や変圧器などの□(オ)□を図る。

③線路に直列に□(カ)□を設置する。

④□(キ)□を採用する。

解答

(ア)$I_n \times \dfrac{100}{\%Z}$　　(イ)$P_n \times \dfrac{100}{\%Z}$　　(ウ)$\dfrac{P_n}{\sqrt{3}\,V_n}$　　(エ)上位電圧階級

(オ)高インピーダンス化　　(カ)限流リアクトル　　(キ)直流連系

第6章 配電

配電系統の構成

信頼性の観点から見たさまざまな配電系統の構成を学びます。特にスポットネットワーク方式が重要です。

関連過去問 082, 083

ほぉ～

スポットネットワーク方式だと、同時に3回線を使って電力が供給されるんだ。すごいニャー

① 配電系統の構成 　重要度 B

配電用変電所から多数の需要家へ電気を供給するための**配電系統の構成**は、次のように分類されます。

今日から、第6章、配電ニャ

高圧配電系統	低圧配電系統
・放射状（樹枝状）方式 ・ループ状（環状）方式	・放射状（樹枝状）方式 ・バンキング方式 ・ネットワーク方式

（1）高圧配電系統の方式

①放射状（樹枝状）方式

　放射状（樹枝状）方式は、線路が放射状（樹枝状）に構成されている配電方式で、最も簡単なものといえます。需要家近くの適当な位置に、柱上変圧器を配置して負荷に供給しています。わが国の高圧配電線の大部分はこの方式です。

　また、わが国で一般に使用されている高圧配電方式は、

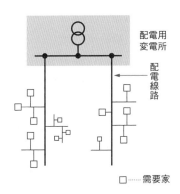

配電用変電所

配電線路

□……需要家

図6.1　放射状方式

非接地三相3線式で、この方式は、配電用変圧器二次側△巻線から引き出されており、1線地絡故障時の地絡電流を十数〔A〕程度に抑制でき、**通信線の電磁誘導障害を防止**できるなどの利点があります。

②ループ状（環状）方式

　放射状方式の系統において、2つの線路の末端どうしを開閉器を介して接続したものを、**ループ状（環状）方式**といいます。ループ状方式を構成するための線路開閉器は、特に結合開閉器あるいは連系開閉器と呼ばれます。ループ状方式は放射状方式に比べて、次の特徴があります。

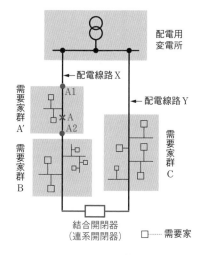

図6.2　ループ状方式

a. **供給信頼性**が高い。

b. 電圧降下、線路損失が少ない。

c. 保護方式が複雑となり、設備費用が高くなる。

[+1] プラスワン

ループ状（環状）方式においては、図6.2のA点の線路事故で停電となった場合に、結合開閉器を通じて別の配電線路Yから電気を供給することが可能になり、供給信頼性が高くなる。この場合にも事故点Aを含む区間A1-A2は、線路上のA1、A2に設けた線路開閉器（区分開閉器）によって切り離され停電するので、需要家群A'は停電する。

(2) 低圧配電系統の方式
①放射状（樹枝状）方式

　放射状（樹枝状）方式は、高圧配電系統の放射状（樹枝状）方式と同様、線路が放射状（樹枝状）に伸びた形のもので、低圧配電線路は、大部分がこの方式です。

②バンキング方式

　バンキング方式は、1つの高圧（あるいは特別高圧）配電系統に接続された、複数の変圧器の低圧幹線を相互接続するもので、変圧器の並行運転と考えることができます。この方式では、変圧器および低圧幹線の合成インピーダンスが低減されて、**電圧降下と線路損失が軽減**される効果があるほか、1台の変圧器が

故障しても、ほかの変圧器によってすべての負荷に無停電で電気供給を継続できます。

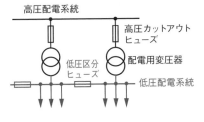

図6.3　バンキング方式

ただし、1台の変圧器の故障により、残りの正常な変圧器が次々に過負荷になり、連鎖的に故障する**カスケーディング**事故の懸念があり、これを防ぐためには、適当に区分ヒューズを設けて、隣接区間を切り離せる必要があります。

iiiiiiiiiiiiiiii 受験生からよくある質問 iiiiiiiiiiiiiiii

Q 変圧器のバンク、バンキングとは何でしょうか？

A 一般用語でバンク（bank）とは、銀行、層、塊（かたまり）のことですが、バンキング（banking）とは、例えば、銀行で取引きをすることです。

一方、電気用語でバンク（bank）とは、同様な装置（変圧器、進相コンデンサ等）を複数個組み合わせた1つの装置のことです。三相変圧器1台で1バンク、2台で2バンクです。単相変圧器3台で三相電圧の変圧を行う場合は、単相変圧器3台で1バンクです。バンキング（banking）とは、バンクを動作させることです。

③ネットワーク方式

バンキング方式は、1つの高圧（あるいは特別高圧）配電系統で電気を供給するため、当該配電線が停電すると低圧系統も停電します。このため、低圧需要家に対して**特に供給信頼性が高い配電方式**を必要とする場合には、**ネットワーク方式**といわれる方式を採用します。

a. レギュラーネットワーク方式

レギュラーネットワーク方式は、複数の高圧（特別高圧）配電系統から同時に電気供給を受ける構成のもので、1需要家に対

+1 プラスワン

カスケーディング事故を防止するため、連系箇所に設ける区分ヒューズの動作時間が、変圧器一次側に設けられる高圧カットアウトヒューズの動作時間より短くなるよう保護協調をとる。

第6章

配電

する配電方式であるスポットネットワーク方式に対して、複数の低圧需要家に対する配電方式の呼称として用いられます。

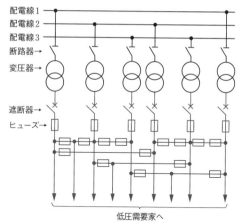

配電線1
配電線2
配電線3
断路器→
変圧器→
遮断器→
ヒューズ→

低圧需要家へ

図6.4　レギュラーネットワーク方式

b. スポットネットワーク方式

スポットネットワーク方式は、供給信頼性が極めて高い方式とされています。スポットネットワーク方式は、同一の需要家に対して**同時に複数（通常は3回線）の特別高圧配電線から電力を供給**する方式です。

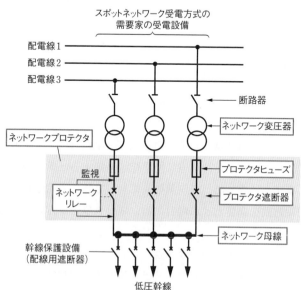

スポットネットワーク受電方式の
需要家の受電設備

配電線1
配電線2
配電線3

断路器

ネットワークプロテクタ

ネットワーク変圧器

監視

プロテクタヒューズ

ネットワークリレー

プロテクタ遮断器

幹線保護設備
（配線用遮断器）

ネットワーク母線

低圧幹線

図6.5　スポットネットワーク方式

　スポットネットワーク方式において使用される変圧器、低圧側に設けられるヒューズ、遮断器は、それぞれ**ネットワーク変圧器**、**プロテクタヒューズ**、**プロテクタ遮断器**と呼ばれます。

　ある配電系統から別の配電系統へ**ネットワーク母線**を通じて逆送電をすることがないよう、各プロテクタ遮断器の両側において電圧および電流を監視し、プロテクタ遮断器を開閉操作する**ネットワークリレー**（電力方向継電器）が設けられています。**プロテクタヒューズ**、**プロテクタ遮断器**、および**ネットワークリレー**の3つを合わせて**ネットワークプロテクタ**といいます。

　スポットネットワーク方式では、通常は変圧器の一次側は断路器のみの簡単な構成とします。

　スポットネットワーク方式は、特別高圧配電線を通常3系統使用しており、そのうち1系統が故障停電した場合にも残りの2回線で電力供給を継続できることが特徴です。一方、ネットワーク母線は1系統なので、ネットワーク母線の故障は、直ちに全系統の停電につながります。

第6章

配電

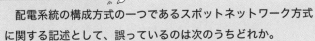

例題にチャレンジ！

　配電系統の構成方式の一つであるスポットネットワーク方式に関する記述として、誤っているのは次のうちどれか。

(1) 2回線以上の配電線による信頼度の高い方式である。

(2) 万一、ネットワーク母線に事故が発生したときには、受電が不可能となる。

(3) 配電線の1回線が停止すると、ネットワークプロテクタが自動開放するが、配電線の復旧時には、このプロテクタを手動投入する必要がある。

(4) 配電線事故で変電所遮断器が開放すると、ネットワーク変圧器に逆電流が流れ、逆電力継電器により、事故回線のネットワークプロテクタを開放する。

(5) ネットワーク変圧器の一次側は、一般には遮断器が省略され、受電用断路器を介して配電線と接続される。

(1) **正しい。** スポットネットワーク方式は、都市部の大規模ビルのような高密度大容量負荷に対して信頼度の高い電力供給を行うための方式である。需要家に複数の配電線を引き込み、それぞれの配電線が並行して電力を供給する。

(2) **正しい。** スポットネットワーク方式の構成では、配電線・断路器・ネットワーク変圧器・ネットワークプロテクタは、いずれも複数構成となっているが、ネットワーク母線は単一となっているので、ネットワーク母線に事故が発生した場合は、受電が不可能になる。

(3) **誤り（答）。** 配電線のうち1回線が停止すると、当該配電線に接続されたネットワークプロテクタの遮断器が開放される。これは、ネットワークプロテクタの動作責務のうち、逆電力遮断特性による。停止した配電線が復旧すると、ネットワークプロテクタは電力潮流が配電線側からネットワーク母線側へ向く場合に限り、差電圧投入特性により、遮断器を**自動投入する**。したがって、「**手動投入する必要がある**」という記述は誤りである。

(4) **正しい。** 配電線事故の際に、変電所遮断器を開放するのは、配電線を停止するためである。スポットネットワーク方式では、事故回線に健全回線から電気を供給することがないよう、事故回線のネットワークプロテクタを開放する。

(5) **正しい。** スポットネットワーク方式では、ネットワーク変圧器の一次側には一般に遮断器を設けず、断路器のみを設ける。

理解度チェック問題

問題　次の□□□の中に適当な答えを記入せよ。

　配電系統のバンキング方式は、1つの高圧（あるいは特別高圧）配電系統に接続された、複数の変圧器の低圧幹線を相互接続するもので、変圧器の並行運転と考えることができる。この方式では、変圧器および低圧幹線の合成インピーダンスが低減されて、□(ア)□と□(イ)□が軽減される効果があるほか、1台の変圧器が故障しても、ほかの変圧器によってすべての負荷に無停電で電気供給を継続できる。

　ただし、1台の変圧器の故障により、残りの正常な変圧器が次々に過負荷になり、連鎖的に故障する□(ウ)□事故の懸念があり、これを防ぐためには、適当に区分ヒューズを設けて、隣接区間を切り離せる必要がある。

　配電系統のスポットネットワーク方式は、ビルなど需要家が密集している大都市の供給方式で、1つの需要家に□(エ)□回線で供給されるのが一般的である。

　機器の構成は、特別高圧配電線から断路器、□(オ)□およびネットワークプロテクタを通じて、ネットワーク母線に並列に接続されている。

　また、ネットワークプロテクタは、□(カ)□、プロテクタ遮断器、ネットワークリレー（電力方向継電器）で構成されている。

　スポットネットワーク方式は、供給信頼性が高い方式であり、□(キ)□の単一故障時でも、無停電で電力を供給することができる。

解答

(ア)電圧降下　　(イ)線路損失　　(ウ)カスケーディング　　(エ)3
(オ)ネットワーク変圧器　　(カ)プロテクタヒューズ　　(キ)特別高圧配電線
※(ア)、(イ)は逆でもよい。

第6章 配電

配電系統の電気方式

主に低圧配電系統の電気方式について学びます。各方式の比較をしっかり理解しておきましょう。

関連過去問 084, 085

単相3線式は、200Vの家電製品も使えるから便利だニャ

（1）配電系統の電気方式　　重要度 B

送電系統の大部分で**三相3線式**が用いられていることは、すでに学びました。配電系統でも、高圧および特別高圧の配電系統の大部分は三相3線式です。一方、需要家は低圧の電気方式として、次のようなものを使用します。

・**単相2線式**（100〔V〕）
・**単相3線式**（100/200〔V〕）
・**三相3線式**（200〔V〕、400〔V〕など）
・**三相4線式**（240/415〔V〕など）

（1）単相2線式

電灯や電熱器などの単相負荷に電力を供給するための基本方式であり、電線が2本で済むので工事や保守が容易に行えるなどの利点もあります。従来の電灯用100〔V〕の配電線路としては、普通に採用されていたものです。しかし、同一電力を送ろうとする場合、次に述べる単相3線式配電と比較すると、電線の太さや長さを同じとして考えると、**線路損失や電圧降下が大きく**なり、線路損失および電圧降下を同じにしようとすれば、多くの導体容積を必要とする欠点があるので、**少しずつ減少の傾向**にあります。

用語

単相2線式とは、1つの波形からなる単相交流電力を電線1本、接地された無電圧の線1本、計2本の電線を用いて供給する低圧配電方式のこと。「単二」「単2」と通称される。

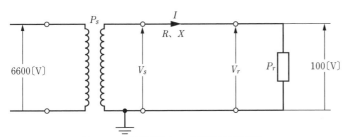

V_s：送電端電圧　　V_r：受電端電圧　　I：線路電流（負荷電流）
R：線路の抵抗（1線当たり）　　X：線路のリアクタンス（1線当たり）
P_s：送電電力　　P_r：受電電力

図6.6　単相2線式

(2) 単相3線式

　単相3線式は、変圧器の二次側巻線を単相2線式200〔V〕と
し、さらにその巻線の中間点から**中性線**を引き出し、3線で配
電を行うものです。単相2線式200〔V〕のほかに、中性線とほ
かのいずれか1線との間に100〔V〕の負荷を接続することがで
きます。

　単相3線式は、近年、単相負荷への配電方式として広く採用
されています。図6.7のように、2つの100〔V〕負荷A、Bを縦
列接続して200〔V〕で給電していることから、単相2線100〔V〕
方式で負荷A、Bを並列接続した場合と比較すると、電流が小
さいため、**線路損失や電圧降下を低減**する効果があります。

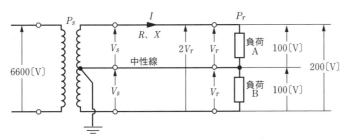

V_s：送電端電圧　　V_r：受電端電圧　　I：線路電流（負荷電流）
R：線路の抵抗（1線当たり）　　X：線路のリアクタンス（1線当たり）
P_s：送電電力　　P_r：受電電力

図6.7　単相3線式

単相3線式は、試験
に多く出題される配
電方式なので、次の
LESSON39で詳し
く説明するニャン

第6章

配電

用語

図6.7のように、単相
2線式配電線路を2つ
組み合わせたもので、
重なった線を**中性線**と
いう。

補足

中性線（接地線）以外の
ほかの2線を、電圧線
（非接地線。外線）とい
う。

補足

三相3線式は、高圧配電線路と低圧配電線路のいずれにも用いられる方式で、電源用変圧器の結線は一般的に△結線が用いられるが、V結線（▶LESSON40）が用いられる場合もある。3組のコイルを120°の間隔に配置することで、電圧・電流の周期（位相）が1/3ずつずれた3つの単相交流が同時に発生する。その3つの単相交流を3本の電線で送る方式を、三相3線式という。

(3) 三相3線式

　三相3線式は、動力用として**三相誘導電動機**を使用する空調・給排水設備機器などに広く使用されています。一般住宅ではあまり見かけませんが、小さな工場や給排水にポンプを使用する集合住宅などで使用されています。

　三相3線式では、図6.8のように、3線のうちいずれの2本をとっても線間電圧が等しくなっています。この定格電圧は、低圧配電線路の一般的な用途には200〔V〕程度、大容量設備への配電では400〔V〕程度としています。

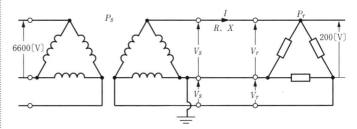

V_s：送電端電圧　　V_r：受電端電圧　　I：線路電流（負荷電流）
R：線路の抵抗（1線当たり）　　X：線路のリアクタンス（1線当たり）
P_s：送電電力　　P_r：受電電力

図6.8　三相3線式

(4) 三相4線式

　三相4線式は、三相変圧器の2次側巻線をY結線として中性線を引き出し、三相3線式に中性線を加えて4線で配電を行うものです。

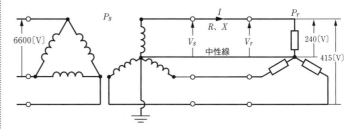

V_s：送電端電圧　　V_r：受電端電圧　　I：線路電流（負荷電流）
R：線路の抵抗（1線当たり）　　X：線路のリアクタンス（1線当たり）
P_s：送電電力　　P_r：受電電力

図6.9　三相4線式

この方式の特徴は、三相3線式負荷のほかに3線のいずれか1線と中性線との間に低い定格電圧の単相負荷を接続できることです。

三相4線式は、中性線を使用する単相負荷の定格電圧と三相3線式負荷の定格電圧とが$1:\sqrt{3}$の関係にあり、240/415〔V〕が代表的な例です。

補足 ✍

三相4線式は、高負荷密度のビル内で、415〔V〕の三相負荷と240〔V〕の照明を使用するといった事例がある。

② 電気方式の比較　重要度 Ⓐ

単相2線式、単相3線式、三相3線式、三相4線式の電気方式を比較すると、表6.1のようになります。

ただし、送電電力をP_s、その力率を$\cos\theta'$、受電電力をP_r、その力率を$\cos\theta$とします。

第6章　配電

表6.1　電気方式の比較

電気方式	単相2線式	単相3線式	三相3線式	三相4線式
添字(k)	1	2	3	4
線路電流 I_k	$\dfrac{P_s}{V_s\cos\theta'}$ $\dfrac{P_r}{V_r\cos\theta}$	$\dfrac{P_s}{2V_s\cos\theta'}$ $\dfrac{P_r}{2V_r\cos\theta}$	$\dfrac{P_s}{\sqrt{3}\,V_s\cos\theta'}$ $\dfrac{P_r}{\sqrt{3}\,V_r\cos\theta}$	$\dfrac{P_s}{3V_s\cos\theta'}$ $\dfrac{P_r}{3V_r\cos\theta}$
線路損失 P_{lk}	$2I_1^2R_1$	$2I_2^2R_2$	$3I_3^2R_3$	$3I_4^2R_4$
線間電圧降下 ΔV_k	$2e$	e	$\sqrt{3}\,e$	e
所要電線重量 W_k	$2\sigma S_1L$	$2.5\sigma S_2L$	$3\sigma S_3L$	$3.5\sigma S_4L$
備考	図a	図b 中性線は外線の1/2の断面積とする。	図c	図d 中性線は外線の1/2の断面積とする。

R：線路の抵抗　　　σ、S、L：電線の密度、断面積、長さ　　　$e=I(R\cos\theta+X\sin\theta)$：1線当たりの電圧降下
X：線路のリアクタンス　　　V_s　V_r：送電端および受電端電圧

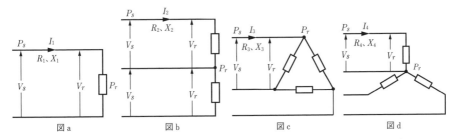

図a　　　　　図b　　　　　図c　　　　　図d

例題にチャレンジ！

電線の太さが同一の、三相3線式受電端電圧200〔V〕配電線と、単相2線式受電端電圧100〔V〕配電線とがある。こう長、負荷電力および力率が等しいとき、三相3線式配電線と単相2線式配電線との線路損失の比はいくらか。

・解答と解説・

添字を用い、三相3線式に3、単相2線式に1を付けて表すことにする。受電端電圧をV_r、線路電流をIとすると、三相3線式の負荷電力P_{r3}は、

$$P_{r3} = \sqrt{3}\,V_{r3}I_3\cos\theta$$
$$= \sqrt{3}\times200\times I_3\cos\theta$$

単相2線式の負荷電力P_{r1}は、

$$P_{r1} = V_{r1}I_1\cos\theta$$
$$= 100\times I_1\cos\theta$$

題意より、$P_{r3}=P_{r1}$であるから、

$$\sqrt{3}\times200\times I_3\,\overline{\cos\theta} = 100\times I_1\,\overline{\cos\theta}$$
$$\sqrt{3}\times200\times I_3 = 100\times I_1$$

$$\frac{I_3}{I_1} = \frac{100}{200\sqrt{3}} = \frac{1}{2\sqrt{3}}$$

電線1条の抵抗をRとすると、線路損失の比は、

$$\frac{3I_3{}^2R}{2I_1{}^2R} = \frac{3}{2}\times\left(\frac{1}{2\sqrt{3}}\right)^2 = \frac{3}{2\times12} = \frac{1}{8}\,(答)$$

> 電線の太さおよびこう長が等しいのでRは等しい

解法のヒント

負荷電力とは、負荷の消費電力＝受電(端)電力〔W〕。

解法のヒント

AとBの比は$\dfrac{A}{B}$となる。分子と分母を逆にしないよう気を付けよう。AのBに対する比も同じ。

解法のヒント

電線1条とは、電線1線、1本のこと。より線でも1条(1線、1本)と数える。

例題にチャレンジ！

回路図のような単相2線式および三相4線式のそれぞれの低圧配電方式で、抵抗負荷に送電したところ、送電電力が等しかった。

このときの三相4線式の線路損失は、単相2線式の何〔％〕となるか。

ただし、三相4線式の結線はY結線で、電源は三相対称、負荷は三相平衡であり、それぞれの低圧配電方式の1線当たりの線路抵抗r、回路図に示す電圧Vは等しいものとする。また、線路インダクタンスは無視できるものとする。

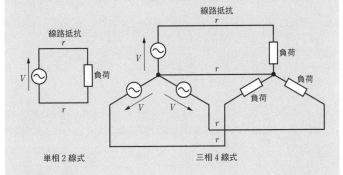

単相2線式　　　　　　　三相4線式

●解答と解説●

単相2線式の送電電力をP_1、線路電流をI_1、線路損失をP_{l1}、三相4線式の送電電力をP_4、線路電流をI_4、線路損失をP_{l4}、とすれば、

$$P_1 = VI_1$$

$$P_4 = 3VI_4$$

題意より、$P_1 = P_4$であるから、

$$VI_1 = 3VI_4$$

$$I_1 = 3I_4 \cdots\cdots ①$$

単相2線式は、往復線路に線路抵抗rがあるので、

$$P_{l1} = 2I_1{}^2 r$$

三相4線式は、題意より三相平衡しているので、中性線に電流は流れず、中性線の線路抵抗rによる損失はないので、

解法のヒント

電源の記号⊖は、配電用変圧器の二次側巻線を表す。

解法のヒント

負荷の中性点に流入する電流を、$\dot{I}a$、$\dot{I}b$、$\dot{I}c$とすると、$\dot{I}a$、$\dot{I}b$、$\dot{I}c$は大きさが等しく、位相が120°ずれているので、そのベクトル和は、$\dot{I}a + \dot{I}b + \dot{I}c = 0$となって、中性線に電流は流れない。

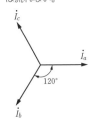

$$P_{l4} = 3I_4{}^2 r$$

$$\frac{P_{l4}}{P_{l1}} = \frac{3I_4{}^2 r}{2I_1{}^2 r} = \frac{3}{2}\left(\frac{I_4}{I_1}\right)^2 \cdots\cdots② $$

式②に式①の$I_1 = 3I_4$を代入すると、

$$\frac{P_{l4}}{P_{l1}} = \frac{3}{2}\left(\frac{I_4}{3I_4}\right)^2 = \frac{3}{2}\times\left(\frac{1}{3}\right)^2 = \frac{3}{18} = \frac{1}{6}$$

$$P_{l4} = \frac{1}{6}P_{l1} \fallingdotseq 0.167P_{l1}$$

P_{l4}はP_{l1}の0.167倍である。

つまり、P_{l4}はP_{l1}の**16.7**〔%〕（答）である。

理解度チェック問題

問題　次の□□□の中に適当な答えを記入せよ。

単相2線式、単相3線式、三相3線式、三相4線式の電気方式を比較すると、下表のようになる。

ただし、送電電力をP_s、その力率を$\cos\theta'$、受電電力をP_r、その力率を$\cos\theta$とする。

電気方式の比較

電気方式	単相2線式	単相3線式	三相3線式	三相4線式
添字(k)	1	2	3	4
線路電流I_k	$\dfrac{P_s}{V_s\cos\theta'}$ （イ）	（ア） $\dfrac{P_r}{2V_r\cos\theta}$	$\dfrac{P_s}{\sqrt{3}\,V_s\cos\theta'}$ $\dfrac{P_r}{\sqrt{3}\,V_r\cos\theta}$	$\dfrac{P_s}{3V_s\cos\theta'}$ $\dfrac{P_r}{3V_r\cos\theta}$
線路損失P_{lk}	$2I_1^2R_1$	$2I_2^2R_2$	（ウ）	$3I_4^2R_4$
線間電圧降下ΔV_k	（エ）	e	$\sqrt{3}\,e$	e
所要電線重量W_k	$2\sigma S_1L$	$2.5\sigma S_2L$	（オ）	$3.5\sigma S_4L$
備　考	図a	図b 中性線は外線の1/2の断面積とする。	図c	図d 中性線は外線の1/2の断面積とする。

R：線路の抵抗　　σ、S、L：電線の密度、断面積、長さ　　$e=I(R\cos\theta+X\sin\theta)$：1線当たりの電圧降下
X：線路のリアクタンス　　V_s　V_r：送電端および受電端電圧

第6章

配電

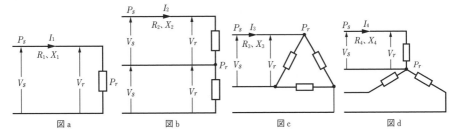

図a　　　　　　　　　図b　　　　　　　　　図c　　　　　　　　　図d

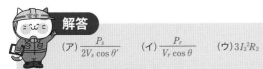

解答

（ア）$\dfrac{P_s}{2V_s\cos\theta'}$　　（イ）$\dfrac{P_r}{V_r\cos\theta}$　　（ウ）$3I_3^2R_3$　　（エ）$2e$　　（オ）$3\sigma S_3L$

単相3線式配電系統

各種配電方式のうち、一般家庭に広く採用されている単相3線式について学びます。バランサの役割をしっかり理解しましょう。

関連過去問 086, 087

バランサは、色々役に立っているんだニャー

はぁ～♥

---

① 単相3線式配電の特徴　重要度 B

単相3線式配電は、図6.10に示すように、単相2線式を2つ組み合わせたような方式であり、一般家庭に広く採用されています。100/200〔V〕が標準で、中性線は変圧器の二次側の箇所で接地されています。

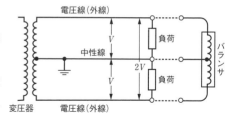

図6.10　単相3線式配電

このような配線方式全体から見た対地電圧は、単相2線式100〔V〕と同じであるにもかかわらず、電圧を2倍にしたことになり、負荷電力を同一とした場合、負荷が平衡していれば電流は1/2となり、線路の電力損失は1/4、中性線と1外線間の電圧について考えるときの電圧降下も1/4（▶表6.2）になって、大いに有利になります。

また、この方式では両外線間の電圧が200〔V〕ですから、200〔V〕の単相負荷にも電力供給が可能になります。

この方式は、上記のように、多くの利点がありますが、次の

表6.2 単相2線式と単相3線式の比較(負荷電力(受電電力)P_r同一)

単相2線式	単相3線式
負荷電力 P_r $P_r = V_r I$	負荷電力 P_r $P_r = \dfrac{P_r}{2} + \dfrac{P_r}{2}$ $= \left(V_r \times \dfrac{I}{2}\right) + \left(V_r \times \dfrac{I}{2}\right)$ $= V_r I$
線路電流 I	線路電流 $\dfrac{I}{2}$
1線の電圧降下 IR	1線の電圧降下 $\dfrac{I}{2} \times R$
線間の電圧降下 $\Delta V_1 = V_s - V_r$ $\Delta V_1 = 2IR$	線間の電圧降下 $\Delta V_2 = V_s - V_r$ $\Delta V_2 = \dfrac{I}{2} \times R = \dfrac{1}{4} \times \Delta V_1$
線路の電力損失 $P_{l1} = 2I^2 R$	線路の電力損失 $P_{l2} = \left(\dfrac{I}{2}\right)^2 R + \left(\dfrac{I}{2}\right)^2 R$ $= \dfrac{I^2 R}{2} = \dfrac{1}{4} \times P_{l1}$

補足-

I：電流
R：線路の抵抗
V_s：送電端電圧
V_r：受電端電圧
P_r：受電電力

第6章

配電

ような**欠点**もあります。

a. 常時においても負荷に不平衡があると、**両側の電圧が不平衡**になる。

b. 中性線と1電圧線 (外線) との間に**短絡故障**が生じると、**大きな電圧不平衡**が生じ、健全線側の電圧上昇のために、需要家の機器類を損傷するおそれがある。

c. 中性線に**断線事故**が生じた場合に、両側負荷の容量が不平衡

補足

バランサは、バランスさせるものという意味。外観は、柱上変圧器を簡単・小型にしたようなもので、電圧が変動しやすい線路末端に取り付けられ、負荷電圧をバランスさせる。

であると、b.の場合と同じようになる。

両側の電圧が不平衡になるのを防止する方法として、図6.10に示すような**バランサ**を設けます。バランサは単相3線式配電用変圧器の一次巻線を省いたようなものであって、常時、故障時の電圧不平衡を大幅に減少できます。

② 単相3線式配電の計算　重要度 B

（1）単相3線の電圧降下（バランサなし）

図6.11のように、中性線に流れる電流は、同図より I_1 と I_2 の差 $I_1 - I_2$ になるので、外側を流れる電流よりも小さくなります。

負荷1および負荷2の力率が1であれば、$(I_1 - I_2)$ の計算は位相を考慮しなくてもよいので、単純に加減の計算をすればよいということになります。

図6.11の回路において、上線と下線の電圧

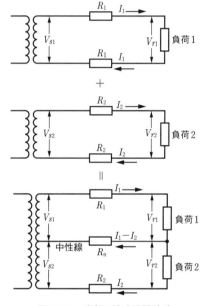

図6.11　単相3線式配電線路

降下を e_1、e_2〔V〕とすれば、キルヒホッフの第2法則より、次の式が成立します。

$$e_1 = V_{s1} - V_{r1} = I_1 R_1 + (I_1 - I_2) R_n$$
$$= I_1 (R_1 + R_n) - I_2 R_n \tag{1}$$

$$e_2 = V_{s2} - V_{r2} = I_2 R_2 - (I_1 - I_2) R_n$$
$$= I_2 (R_2 + R_n) - I_1 R_n \tag{2}$$

ここで、$R_1 = R_2 = R_n = R$ の場合には、上の式は次のように簡単に表すことができます。

用語

キルヒホッフの第2法則は、回路網上の閉回路各部の起電力の和と電圧降下の和は等しいとする法則。ただし、閉回路をたどる方向と同じ向きの起電力および電流を正とし、その逆向きを負とする。

$$e_1 = (2I_1 - I_2)R \, (\text{V}) \tag{3}$$

$$e_2 = (2I_2 - I_1)R \, (\text{V}) \tag{4}$$

(3)式と(4)式から負荷の端子電圧V_{r1}、$V_{r2} \, (\text{V})$は、

$$V_{r1} = V_{s1} - e_1 = V_{s1} - (2I_1 - I_2)R \, (\text{V}) \tag{5}$$

$$V_{r2} = V_{s2} - e_2 = V_{s2} - (2I_2 - I_1)R \, (\text{V}) \tag{6}$$

として求めることができます。

(2) 単相3線式配電線路にバランサを設けた場合

図6.12(a)、(b)は、バランサの設置前と後を表したものです。

同図(a)より、設置前の負荷の端子電圧V_{r1}、$V_{r2} \, (\text{V})$は、線路の抵抗を$R \, (\Omega)$とすれば、

$$V_{r1} = V_s - RI_1 - R(I_1 - I_2) = V_s - (2I_1 - I_2)R \, (\text{V})$$

$$V_{r2} = V_s + R(I_1 - I_2) - RI_2 = V_s - (2I_2 - I_1)R \, (\text{V})$$

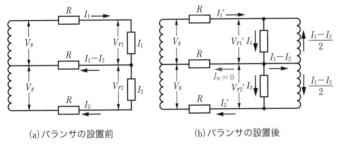

(a) バランサの設置前　　　(b) バランサの設置後

図6.12　バランサの配置

次にバランサを設置すると、中性線を流れる電流はバランサ側に流れ、その電流が1/2になるように分流して負荷へ流れるので、電源側で供給すべき電流は、

$$\text{上線側で、} \quad I_1' = I_1 - \frac{1}{2}(I_1 - I_2) = \frac{1}{2}(I_1 + I_2) \, (\text{A}) \tag{7}$$

$$\text{下線側で、} \quad I_2' = I_2 + \frac{1}{2}(I_1 - I_2) = \frac{1}{2}(I_1 + I_2) \, (\text{A}) \tag{8}$$

となって、**上線と下線の電流が同じになる**ことがわかります。

ゆえに、線路の電圧降下は、中性線に電流が流れないので、上線側の電圧降下は、

補足

バランサを設置すると、バランサの上側巻線と下側巻線の起磁力、起電力が等しくなるため、中性線に流れる電流$I_n = 0$となる。また、$I_1 - I_2$は、均等にバランサに分流する。

第6章

配電

$$RI_1' = \frac{R}{2}(I_1 + I_2) \,[\mathrm{V}] \tag{9}$$

端子電圧 $V_{r1}' \,[\mathrm{V}]$ は、

$$V_{r1}' = V_s - RI_1' = V_s - \frac{R}{2}(I_1 + I_2) \,[\mathrm{V}] \tag{10}$$

下線側で、

$$V_{r2}' = V_s - RI_2' = V_s - \frac{R}{2}(I_1 + I_2) \,[\mathrm{V}] \tag{11}$$

となって、**負荷の端子電圧が等しくなります**。

(3) 電力損失の計算

①単相3線式配電線路の電力損失(バランサなし)

単相3線式配電線路の電力損失は、3線に流れる電流による抵抗損失となるので、$P = I^2 R \,[\mathrm{W}]$ より、線路の電力損失を $P_l \,[\mathrm{W}]$ とすれば、図6.11より、

$$P_l = I_1{}^2 R_1 + I_2{}^2 R_2 + (I_1 - I_2)^2 R_n \,[\mathrm{W}] \tag{12}$$

となりますが、$R_1 = R_2 = R_n = R$ であるとすれば、

$$P_l = 2R(I_1{}^2 - I_1 I_2 + I_2{}^2) \,[\mathrm{W}] \tag{13}$$

で表すことができます。

②単相3線式配電線路にバランサ設置後の電力損失

バランサ設置後の線路の電力損失を $P_l' \,[\mathrm{W}]$ とすると、図6.12 (b)より、

$$P_l' = RI_1'{}^2 + RI_2'{}^2 = R \times \frac{1}{4}(I_1 + I_2)^2 + R \times \frac{1}{4}(I_1 + I_2)^2$$

$$= \frac{1}{2}R(I_1 + I_2)^2 \,[\mathrm{W}] \tag{14}$$

となります。

例題にチャレンジ！

　図のような単相3線式配電線路における AB間の電圧および
配電線路の電力損失が、バランサの取り付け前と後ではどのような値になるか求めよ。

　ただし、負荷電流は一定で、負荷の力率は100〔％〕とする。

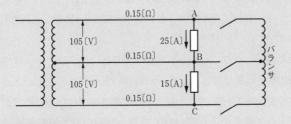

・解答と解説・・・・・・・・・・・・・・・・・・・・・・

バランサ設置前は、中性線に流れる電流は、B点にキルヒホッフの第1法則を用いて、図aのようになる。図aより、バランサ設置前のAB間の電圧 V_{AB} 〔V〕は、

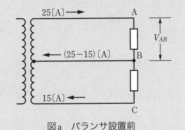

図a　バランサ設置前

$$V_{AB} = 105 - 0.15 \times 25 - 0.15 \times (25 - 15) = \textbf{99.75} \,〔V〕（答）$$

バランサ設置後では、AB間の電圧とBC間の電圧が等しくなることから、電流の流れが図bのようになるので、電圧 $V_{AB}{}'$ は、

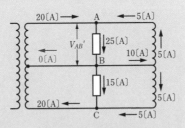

図b　バランサ設置後

$$V_{AB}{}' = 105 - 0.15 \times 20 = \textbf{102} \,〔V〕（答）$$

バランサ設置前後の電圧変化は、

$$102 - 99.75 = 2.25 \,〔V〕$$

次に、配電線路の電力損失がバランサの設置前と設置後とで、どう変化するのかを求める。まず、バランサ設置前の線路の電

用語

キルヒホッフの第1法則とは、回路網上の接続点において、電流の流入和と流出和は等しいとする法則。

流分布は図aのようになるので、設置前の電力損失P_1〔W〕は、

$$P_1 = 0.15 \times 25^2 + 0.15 \times (25-15)^2 + 0.15 \times 15^2$$
$$= \mathbf{142.5}〔W〕（答）$$

バランサ設置後は中性線に電流が流れないので、中性線の電力損失は0になる。ゆえに、バランサ設置後の電力損失P_1'〔W〕は、

$$P_1' = 0.15 \times 20^2 + 0.15 \times 20^2 = \mathbf{120}〔W〕（答）$$

となり、電力損失が軽減された値は$142.5 - 120 = 22.5$〔W〕となる。

以上のことから、バランサを設置すると、バランサによって**負荷の端子電圧は等しくなり**、両外線の電流が等しくなるように電流が分配されるので、**中性線には電流が流れなくなる**。それによって**電流の不平衡はなくなり**、**線路の電力損失が減少する**。

理解度チェック問題

問題　次の◯◯の中に適当な答えを記入せよ。

単相3線式配電方式は、単相2線式配電方式に比べて、送電電力または受電電力同一条件のもと、負荷が平衡していれば電流は　(ア)　となり、線路の電力損失は　(イ)　、中性線と1外線間の電圧について考えるときの電圧降下も　(ウ)　になって、大いに有利になる。

単相3線式配電方式において、両外線の負荷が不平衡のとき、　(エ)　が切断すると、これらの負荷が　(オ)　間に直列となって全電圧がかかるので、　(カ)　負荷の端子電圧は　(キ)　負荷の端子電圧よりも高くなり、このようなことが著しい場合は、負荷機器焼損事故を起こすおそれがある。

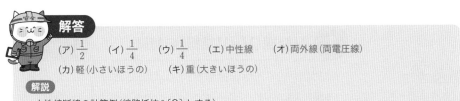

解答

(ア) $\frac{1}{2}$　　(イ) $\frac{1}{4}$　　(ウ) $\frac{1}{4}$　　(エ) 中性線　　(オ) 両外線(両電圧線)

(カ) 軽(小さいほうの)　　(キ) 重(大きいほうの)

解説

中性線断線の計算例(線路抵抗0〔Ω〕とする)

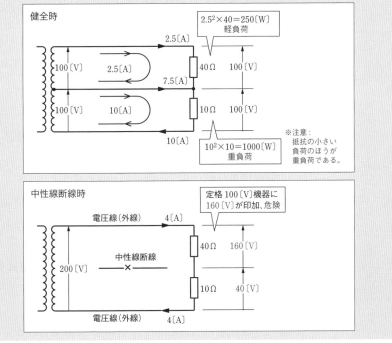

健全時

2.5²×40＝250〔W〕
軽負荷

2.5〔A〕

100〔V〕　　2.5〔A〕　　40Ω　100〔V〕

7.5〔A〕

100〔V〕　　10〔A〕　　10Ω　100〔V〕

10〔A〕

10²×10＝1000〔W〕
重負荷

※注意：
抵抗の小さい
負荷のほうが
重負荷である。

中性線断線時

定格100〔V〕機器に
160〔V〕が印加、危険

電圧線(外線)　　4〔A〕

40Ω　160〔V〕

200〔V〕　　中性線断線　　×

10Ω　40〔V〕

電圧線(外線)　　4〔A〕

異容量Ｖ結線

V結線三相４線式とも呼ばれる異容量Ｖ結線がテーマです。V結線変圧器の利用率 86.6〔％〕の意味を理解することが大切です。

関連過去問 088, 089

異容量Ｖ結線、
勝利のＶ目指して
頑張るニャ

1 V結線（V−V結線）の特徴 重要度 **B**

三相３線式で、低圧配電を行う際に用いられる変圧器の結線方式として、**V結線（V−V結線）** があります。単相変圧器２台を、図6.13のように結線します。

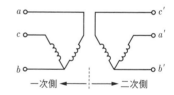

図6.13　変圧器のV結線

V結線は、**単相変圧器２台で三相３線式の配電を行える**ことが特徴です。また、単相変圧器３台を△結線で運転していて、１台が故障した際に、V結線にして電気供給を継続することもあります。

V結線の変圧器の端子には、△結線の場合と同じく、各変圧器の端子間に線間電圧 V〔V〕がかかりますが、変圧器巻線には線電流 I〔A〕そのものが流れます。単相変圧器１台の定格出力を $P = VI$〔V·A〕とすると、△結線の出力は $3P$〔V·A〕、V結線の出力は $\sqrt{3}\,P$ となり、**V結線の出力は、△結線に比べて**

$$\frac{\sqrt{3}\,P}{3P} \fallingdotseq 0.577 倍 と小さくなります。$$

また、変圧器の合計容量は $2P$〔V·A〕であることから、**変圧**

補足

一般に、**容量**の単位は〔V·A〕、**出力**（**容量×力率**）の単位は〔W〕であるが、発電機や変圧器は運転力率が一定ではなく、巻線の温度上昇は容量で定まるため、定格容量〔kV·A〕を定格出力〔kV·A〕と呼ぶ。

器利用率（▶LESSON27）は $\dfrac{\sqrt{3}\,P}{2P} \fallingdotseq 0.866$ 倍に低下します。

② 異容量Ｖ結線　重要度 B

　Ｖ結線において、2台の単相変圧器のうち、一方の容量を大きくし、三相負荷に加えて単相負荷にも電力を供給する**異容量Ｖ結線**という方式があります。図6.14のように、単相3線式を利用できるよう中性線を引き出したものは、Ｖ結線三相4線式などと呼ばれ、低圧需要家へ配電を行う柱上変圧器の結線方式として使用されています。

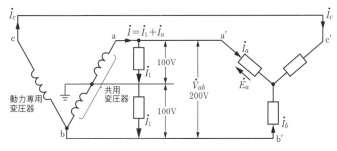

図6.14　異容量Ｖ結線

　中性点が接地されている変圧器電圧線と中性線の間に単相負荷を、3線の電圧線の間に動力負荷を接続するもので、この三相4線式は、**電灯動力共用方式**（灯動共用方式）と呼ばれています。

　電灯動力共用方式の**共用変圧器**には、電灯 $\dot{I}_1$ と動力 $\dot{I}_a$ の電流が加わって流れ、**動力専用変圧器**には動力電流 $\dot{I}_c$（$=\dot{I}_a$ と同じ大きさ）のみが流れます。このため、共用変圧器のほうが容量が大きくなっています。

　次に、変圧器の容量を求めます。図6.14で、共用変圧器abには、単相負荷と三相負荷のベクトル和の電流 $\dot{I}$ が流れ、専用変圧器bcには、三相負荷の電流 $\dot{I}_c$（$=\dot{I}_a$ と同じ大きさ）のみが流れます。

　そこで、**相回転**を $a'\,c'\,b'$ とし、単相負荷が平衡で力率100％、

補足

共用変圧器の単相100〔V〕回路には白熱電灯などが、単相200〔V〕回路にはエアコンなどが、共用変圧器と動力専用変圧器のＶ結線変圧器の三相200〔V〕回路には三相誘導電動機を使用した動力負荷（空調機など）が接続される。

用語
相回転

三相交流回路の三相の電圧位相の順序をいう。それぞれの回路を呼ぶのに、a相、b相、c相といった名前を付ける。各回路の電圧の位相が、$a'-c'-b'$ の順で遅れているとき、相回転が $a'-c'-b'$ であるという。

第6章

配電

動力負荷の力率を$\cos\theta$とすれば、ベクトル図は、図6.15(a)のようになります。つまり、動力負荷の電流$\dot{I}_a$はa'の相電圧$\dot{E}_a$よりθ遅れており、単相負荷$\dot{I}_1$は、abの線間電圧$\dot{V}_{ab}$と同相で$\dot{E}_a$より30°遅れています。この$\dot{I}_1$と$\dot{I}_a$のベクトル和$\dot{I}$が、共用変圧器を流れる電流となります。力率$\cos\theta=\dfrac{\sqrt{3}}{2}$、つまり力率角$\theta=30°$の場合は、同図(b)のように、$\dot{I}$は$\dot{I}_1$と$\dot{I}_a$の代数和となります。線間電圧を$V$とすれば共用変圧器の容量は$VI$となり、動力専用変圧器の容量は$VI_a$として求められます。

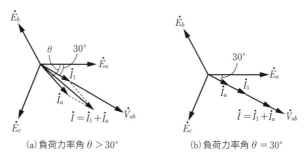

(a) 負荷力率角 $\theta > 30°$ (b) 負荷力率角 $\theta = 30°$

図6.15　異容量V結線のベクトル

例題にチャレンジ！

　図のような単相変圧器2個のV結線の三相電源に、遅れ力率$\cos 30°$、7.5 [kW] の三相負荷が接続されている。この電源に、力率100%の単相負荷をab間に接続しようとする場合、何 [kW] まで許容できるか。ただし、変圧器および線路のインピーダンスは無視するものとし、相回転は$a'-c'-b'$とする。

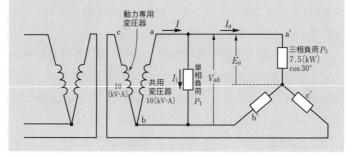

・解答と解説・・

いま、負荷の線間電圧をV〔V〕、三相負荷だけの場合の線電流をI_aとすると、三相負荷電力P_3は、

$$P_3 = \sqrt{3}\, VI_a \cos\theta = 7.5 \times 10^3 \,[\text{W}]$$

$$\therefore I_a = \frac{7.5 \times 10^3}{\sqrt{3} \times V\cos 30°} = \frac{7.5 \times 10^3}{\sqrt{3} \times \frac{\sqrt{3}}{2} \times V} = \frac{7.5 \times 10^3}{\frac{3}{2} \times V}$$

$$= \frac{5 \times 10^3}{V}\,[\text{A}]$$

一方、共用変圧器の巻線に流し得る電流Iは、変圧器1台の定格容量P_nが、

$$P_n = VI = 10 \times 10^3\,[\text{V·A}] であるから、$$

$$I = \frac{P_n}{V} = \frac{10 \times 10^3}{V}\,[\text{A}]$$

題意より、相回転は$a' - c' - b'$ということであり、線間電圧Vに対して相電圧をE_a, E_b, E_cとし、ab間の電圧をV_{ab}とすると、$\dot{V}_{ab} = \dot{E}_a - \dot{E}_b$ということから、ベクトルでこれらの関係を表すと、図aのようになる。

三相負荷の力率が、遅れの$\cos 30°$
というのは、電流が相電圧より
30°遅れているということであ
り、問題図のI_aはE_aより30°遅れ、
また、単相負荷の力率が1である
ことから、問題図のI_1はV_{ab}と同
相であり、結局I_1とI_aは同相にな

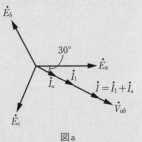

図a

ることがわかる。したがって、共用変圧器巻線に流れる電流Iは、$I = I_1 + I_a$、単相負荷に流れる電流I_1は、

$$I_1 = I - I_a = \frac{10 \times 10^3}{V} - \frac{5 \times 10^3}{V} = \frac{5 \times 10^3}{V}\,[\text{A}]$$

であり、これだけ電流を増加できるから、許容し得る単相負荷P_1は、

$$P_1 = V \times \frac{5 \times 10^3}{V} = 5 \times 10^3\,[\text{W}] \rightarrow \mathbf{5}\,[\text{kW}]（答）$$

第6章

配電

これまでの電験三
種試験の出題傾向
だと、I_1とI_aが同
相にならないパ
ターンの出題頻度
はとっても低い
ニャ

【参考】

本問では、相回転が a′ − c′ − b′ と指定されていたために、図a
のようになったが、相回転が a′ − b′ − c′ だった場合、図bの
ように $\dot{I}_1$ と I_a は同相にならず、大変面倒な計算となる。

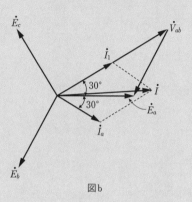

図b

理解度チェック問題

問題　次の▢の中に適当な答えを記入せよ。

　配電線路に広く利用されるＶ結線の変圧器の端子には、△結線の場合と同じく、各変圧器の端子間に　(ア)　がかかるが、変圧器巻線には　(イ)　そのものが流れる。

　Ｖ結線変圧器の出力は、設備容量の　(ウ)　である。

　また、もし△結線変圧器の１個が故障のため除去され、残り２台をＶ結線として電力の供給を続ける場合は、供給し得る電力は故障前の　(エ)　に減少する。

　Ｖ結線において、２台の変圧器のうち一方の容量を大きくし、三相負荷に加えて　(オ)　にも電力を供給する方式を異容量Ｖ結線という。

第6章

配電

解答

(ア) 線間電圧　　(イ) 線電流 (線路電流)　　(ウ) 86.6 % $(\frac{\sqrt{3}}{2})$　　(エ) 57.7 % $(\frac{\sqrt{3}}{3})$

(オ) 単相負荷

解説

● V-V結線の変圧器利用率

$$変圧器利用率 = \frac{\sqrt{3}\,VI}{2VI} \fallingdotseq 0.866$$

● V-V結線と△-△結線の出力比

$$\frac{V\text{-}V結線の出力}{△\text{-}△結線の出力} = \frac{\sqrt{3}\,VI}{3VI} \fallingdotseq 0.577$$

配電設備

ここでは、主に、高低圧架空配電設備に使用される機器について学習します。

関連過去問 090, 091

電柱の支えも、
ちゃんと計算して
付けられてるニャン！

このレッスンで取り上げる機器の名称を知らないと、解答できない試験問題もあるから、各機器の名称は、しっかり覚えてくれニャ

補足

商店街のアーケードは距離が長く、負荷密度も比較的高いので、上部空間を利用して、変圧器を設置したり、アーケードの支持物上部に架空配電線を施設する場合がある。

1 架空配電線路の設備

重要度 B

　配電線路には、架空線路と地中線路、電圧によって低圧・高圧・特別高圧といった分類がありますが、特に頻繁に試験で出題されるのは、**高圧・低圧の架空配電線路**ですので、この項で取り上げます。

　高圧・低圧の架空配電線路は、道路と同じように身近な社会の基盤設備として、誰もが日常的に目にしているものです。その概要は、図6.16のようになっています。高圧架空配電線路と低圧架空配電線路とは、両方が必要な区間では同じ支持物（電柱）に架線して、上部が高圧、下部が低圧となっています。

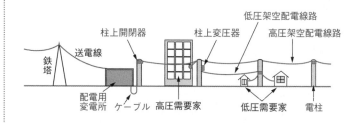

図6.16　架空配電線路の概要

また、施設の管理主体が異なる電話やケーブルテレビなどの通信（弱電）設備を同一の電柱に架線することを、**共架**といい、電柱の本数を最小限にして、交通の支障などにならないようにしています。

以下に、架空配電線路で使用する、電柱、架空配電線、柱上開閉器、柱上変圧器などの設備について説明します。

（1）電柱

架空送電線路では、支持物として鉄塔を使用しますが、**架空配電線路**では、主に**電柱**を使用します。私たちがふだん目

図6.17　共架の例

にする電柱のほとんどは、**鉄筋コンクリート柱**です。鉄筋コンクリート柱が普及する以前は木柱が使われていましたが、腐食して倒壊するおそれがあることや、材料が手に入りにくくなったことなどから、今ではほとんど使用されていません。

鉄筋コンクリート柱は重量物ですので、運搬が困難な斜面などでは組み立て式の鋼管柱が使用されます。これは、人が一人で運搬できる程度の大きさおよび重さに分割されたもので、現地で柱体を組み立てます。

電柱に電線や変圧器を取り付ける（装柱）際には、それぞれ専用の金属製部材（装柱用金物）を使います。装柱の方式は、状況に応じてさまざまです。

例として、角柱状の金物（**腕金**）を帯状の金物（バンド）で電柱に取り付け、電線を支持している様子を、図6.18に示します。

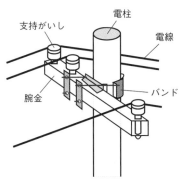

図6.18　腕金による装柱の例

用語

腕金とは、金属製の腕木のこと。

第6章

配電

(2) 架空配電線

架空配電線に使用する電線は、電気設備技術基準・解釈によって、

低圧……絶縁電線、多心形電線、ケーブル

高圧……高圧絶縁電線、特別高圧絶縁電線、ケーブル

の使用が規定されており、**裸線の使用は認められていません。**

絶縁電線は構造上、単線とより線、材質上では銅線とアルミ線があります。絶縁電線には、次のようなものがあります。

①屋外用ビニル絶縁電線（OW線）

導体の上をビニルで絶縁被覆したもの。屋外の**低圧**回路用として使用される。

②引込用ビニル絶縁電線（DV線）

低圧配電線の支持点から一般家屋に引き込むのに用いられる**ビニル絶縁電線。ビニル絶縁の厚さはOW線より厚く、より合わせ形と平形がある。**

③ポリエチレン絶縁電線（OE線）

ポリエチレンで絶縁した電線で、**高圧用**である。

④架橋ポリエチレン絶縁電線（OC線）

絶縁に**架橋ポリエチレン**（▶LESSON34）を用いた電線で、**高圧架空線**として広く用いられており、電線の**許容電流をより大きくできる**特徴がある。

⑤引下げ用高圧絶縁電線（PD線）

主に柱上変圧器の高圧側引下げ用に使用し、絶縁体の厚さは一般の高圧絶縁電線より厚くなっていて、絶縁被覆は架橋ポリエチレンやビニルなどとなっている。

(3) がいし

架空配電線路（高圧・低圧）でも、架空送電線路と同様に、電線と支持物との絶縁には**がいし**を使用します。主に使用されるのは**ピンがいし**、および**中実がいし**と呼ばれるものです。ピンがいしは、がいしを腕金に固定するためのピン（ボルト状の金属部分）が、がいしの内部に埋め込まれているのに対し、中実

補足

高圧架空配電線のケーブルとしては、一般にCVケーブル（▶LESSON34）が使用される。CVケーブルの導体は軟銅で、硬銅のような耐張力がないので、高強度の鋼線を張り、数十cm間隔で専用のハンガーで支持する（ぶら下げる）。

補足

絶縁電線とケーブルの違い

絶縁電線とは、銅などの電気を通す導体が絶縁体で覆われているもの。ケーブルとは、絶縁電線の上にシース（保護被覆）を施したもの。

がいしは、がいし内部が中実状（ピンがない）になっていて、がいしが吸湿劣化しにくい点で優れています。両者の概形は、図6.19のようになっています。

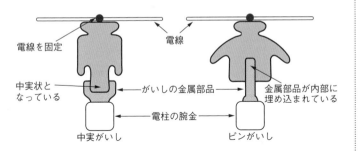

電線を固定
中実状となっている
中実がいし
電線
がいしの金属部品
電柱の腕金
金属部品が内部に埋め込まれている
ピンがいし

図6.19　中実がいしとピンがいしの断面比較

(4) 柱上開閉器

　高圧配電線路は、**事故区間の分離や作業のために部分的に線路を切り離して停電**できるようになっています。これを行うのは**柱上開閉器**で、線路の途中の適当な位置に設置されています。ほとんどの配電線路は三相3線式（一部の区間で単相2線式）なので、柱上開閉器は**3線を同時に開閉**する構造になっています。

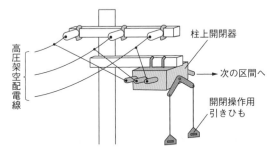

高圧架空配電線
柱上開閉器
次の区間へ
開閉操作用引きひも

図6.20　柱上開閉器（線路開閉器）

　柱上開閉器は、作業停電の際に現地で手動で開閉操作をする場合と、事故停電の際に事故区間を分離するため自動（変電所からの指令）で開閉動作をする場合があります。

　負荷電流を遮断するときには開閉器の接点を開極するので、アークが発生します。したがって、遮断器と同様に、消弧機構が必要となり、その機構によって、**気中開閉器**、**真空開閉器**、

補足

そのほかに、電線の引き留めのため耐張形となっているもの、雷サージをフラッシオーバさせるアークホーンが取り付けられたものなど、さまざまながいしが使用されている。

補足

柱上開閉器は、電柱上にあるので、柱上開閉器と呼ばれ、定格電流以下の負荷電流を開閉するのが目的である。線路開閉器、区分開閉器とも呼ばれる。

第6章
配電

ガス開閉器などに分類されます。

気中開閉器は、**接点**が**空気中に開放**されています。

真空開閉器と**ガス開閉器**は、**密閉容器中に接点**が配置され、内部は高真空あるいは六ふっ化硫黄 (SF_6) ガスが充填されています。

なお、以前は、柱上開閉器として絶縁油を使用した油入開閉器が使用されましたが、噴油事故により下方の人や物に危害をおよぼすおそれがあるため、現在は使用されていません。

(5) 柱上変圧器

柱上変圧器は、一般家庭への配電用変圧器として、電柱上に取り付けられており、一次側に高圧配電線 (6.6kV)、二次側に低圧配電線 (200V/100V) が接続されている単相3線式が多く使用されています。

また、柱上変圧器は単相変圧器を2台使用して、一次側・二次側ともV結線とし、一方の変圧器からは中性線を取り出して、異容量V結線 (▶LESSON40) により、三相3線式と単相3線式の両方の配電方式に対応するものも広く使用されています。

柱上変圧器は、電柱の上部に取り付けられるので、50〔kV・A〕程度以下の比較的小容量のものを使用することが一般的です。柱上変圧器の二次側 (低圧側) は、法令による**B種接地工事**の対象となります。低圧需要家設備において地絡事故があると、地絡点から大地へ流出した電流はB種接地線を経て、柱上変圧器の二次側端子へ還流し、地絡回路が構

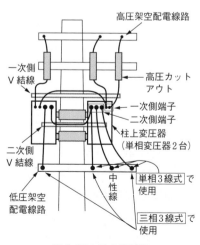

高圧架空配電線路
一次側V結線
高圧カットアウト
一次側端子
二次側端子
柱上変圧器 (単相変圧器2台)
二次側V結線
中性線
単相3線式で使用
低圧架空配電線路
三相3線式で使用

図6.21　柱上変圧器

成されます。この地絡電流を需要家の**漏電遮断器**(▶LESSON42)で検出・遮断して保護します。

　一般的な柱上変圧器は、油入変圧器を使用し、鉄心には**方向性けい素鋼帯**を用います。方向性けい素鋼帯は、普通の鋼帯と比較すると、特定の方向の透磁率が著しく大きいので、変圧器の鉄心材料に適しています。鉄心材料としては、このほかに**アモルファス(非晶質)鉄心**を使用して鉄損を大幅に低減したものもありますが、比較的高価で大型になりがちです。

　柱上変圧器は線路の途中に設けられるので、一次電圧は変動します。一次電圧の調整は、変電所の主変圧器の負荷時タップ切換装置、線路上の電圧調整装置および調相設備によって行いますが、線路のこう長が長いなどの事情により、調整しきれない場合があります。このため、低圧需要家に供給する電圧を適切な範囲に維持するために、変圧器内部にも**変圧比を手動で切り換えるタップ**が設けられています。

　この**タップ調整**は、負荷の増設や撤去などで必要になる場合があるので、適当な時期に調査を行い、必要に応じて調整します。

(6) 高圧カットアウト

　柱上変圧器の内部および低圧配電系統内での短絡事故を、高圧配電系統に波及させないため、変圧器の一次側に**ヒューズ**が設けられます。ヒューズを収容する磁器製の容器は、**高圧カットアウト**と呼ばれ、ヒューズを交換するときには、手動で容器のふたを開きます。図6.22に容器のふたを開いた状態の図を示しま

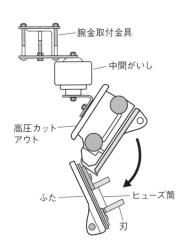

腕金取付金具
中間がいし
高圧カットアウト
ふた
ヒューズ筒
刃

図6.22　高圧カットアウト

用語

タップとは、コイルの巻線の途中から取り出したリード線。

用語

ヒューズとは、電気回路に過大な電流が流れたとき、自ら溶けて回路を遮断(溶断)する配線材料のこと。フューズとも呼ばれる。

第6章

配電

す。また、この操作が電路の開閉操作にもなり、変圧器の交換などの作業時には、一次側 (6.6 〔kV〕) 電路が停止していることを目視で確認できるようになっています。高圧カットアウト内でヒューズが**溶断**すると交換作業が必要なので、地上から溶断状態を視認できるよう表示が現れます。

(7) 避雷器

第4章「変電所」でも学んだように、電路にサージ性過電圧が加わったときには、**避雷器**で保護します。配電線路においても同様に、線路(電柱上など)に避雷器を設置し、接地線、接地極を介して大地に放流します。

配電用避雷器は、**酸化亜鉛 (ZnO) 素子**を内蔵した直列ギャップ付き避雷器が一般的で、できるだけ、保護対象機器に接近して取り付けると有効です。

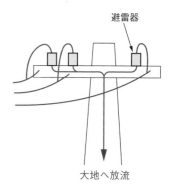

図6.23 避雷器

補足

送配電用避雷器は設置数が多く、ZnO素子の劣化により導通状態になることを避けるため、直列ギャップを設けている。

(8) 支線と架空地線

電柱では、**架空配電線** (高圧・低圧) による張力を支えるために、図6.24のように鋼製の**支線**を施設することがあります。これは、鉄塔では行われない施設です。

電柱を使用した架空配電線路でも、送電線路と同様に、**避雷**の目的で最上部に**架空地線**を設置することがあります。

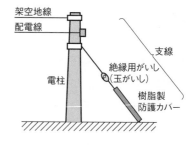

架空地線
配電線
支線
電柱
絶縁用がいし (玉がいし)
樹脂製防護カバー

図6.24 支線と架空地線

補足

玉がいしは、図のように、支線を途中で絶縁するために使用される磁器製のがいし。形状が卵のような形をしていることから、玉がいしと呼ばれている。

2 支線の強度計算　　重要度 B

　前項のように、電柱では、架空配電線による張力を支えるために、鋼製の**支線**を施設することがあります。

　ここでは、支線の強度計算を学習します。

(1) 一般式

　図6.25のような支線の張力 T を求めます。いま、電線の水平張力 P〔N〕を支線張力 T で支える場合、支線と支持物のなす角度を θ とすれば、

$$P = T \sin \theta$$

$$\therefore T = \frac{P}{\sin \theta} \text{〔N〕}$$

となります。

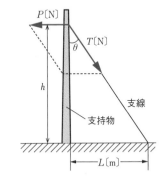

図6.25　支線の強度計算

$\sin \theta = \dfrac{L}{\sqrt{h^2 + L^2}}$ であるから、これを上式に代入して、

$$T = \frac{P}{\sin \theta} = \frac{P\sqrt{h^2 + L^2}}{L} \text{〔N〕}$$

となります。

(2) 取付点が異なる場合

①電線が1本で支線の取付点が異なる場合

　この場合は、水平張力 P とその高さ h との積 Ph と、支線張力 T の水平分力 $T \sin \theta$ と、その取付点の高さ H との積 $TH \sin \theta$ が等しくなります。すなわち、

$$Ph = TH \sin \theta$$

$$\therefore T = \frac{Ph}{H \sin \theta}$$

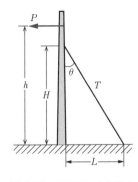

図6.26　電線が1本の場合

+1 プラスワン

支線の強度計算時、支線が切れないように安全率を考慮した計算が出題されることがある。このとき、安全率 f（1以上）は掛けるのか、割るのか。張力に限らず、理論値（許容引張荷重）を T、安全率を考慮した設計値（引張荷重）を T_0 とすれば、当然 $T_0 = fT$ となる。

したがって、$T = \dfrac{T_0}{f}$

となる。要するに、T_0 を求めるときには f を掛け、T を求めるときには f で割ることになる。

支線の安全率 f は、次式で定義される。

$$f = \frac{T_0}{T}$$

T_0：引張荷重〔N〕
T：許容引張荷重〔N〕

第6章

配電

ここで、$\sin \theta = \dfrac{L}{\sqrt{H^2 + L^2}}$ であるから、これを上式に代入して、

$$T = \dfrac{Ph}{H \sin \theta} = \dfrac{Ph\sqrt{H^2 + L^2}}{HL} \ \text{〔N〕}$$

②電線が2本で支線の取付点が異なる場合

この場合は、水平張力 P_1、P_2 と、その高さ h_1、h_2 との積の和 $P_1 h_1 + P_2 h_2$ と、支線張力 T の水平分力 $T \sin \theta$ と、その取付点の高さ H との積 $TH \sin \theta$ が等しくなります。

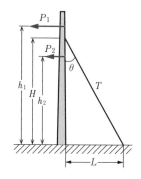

図6.27　電線が2本の場合

$$P_1 h_1 + P_2 h_2 = TH \sin \theta$$

$$\therefore T = \dfrac{P_1 h_1 + P_2 h_2}{H \sin \theta}$$

ここで、$\sin \theta = \dfrac{L}{\sqrt{H^2 + L^2}}$ であるから、これを上式に代入して、

$$T = \dfrac{P_1 h_1 + P_2 h_2}{H \sin \theta}$$

$$= \dfrac{(P_1 h_1 + P_2 h_2)\sqrt{H^2 + L^2}}{HL} \ \text{〔N〕}$$

例題にチャレンジ！

図のような電柱の地上
10〔m〕の位置に、水平張力
4900〔N〕で電線が架線され
ている。支線の安全率を2
とするとき、支線は何〔N〕
の張力に耐えられる設計と
する必要があるか。

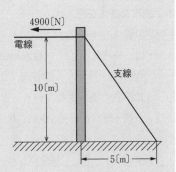

・解答と解説・

電線の水平張力 P と支線張
力 T の水平分力 $T\sin\theta$ が
等しいので、

$$P = T\sin\theta$$

$$\therefore T = \frac{P}{\sin\theta} \text{〔N〕}$$

支線の安全率を2とすると、
使用する支線の耐え得る張
力 T_0 は、

$$T_0 = 2T = \frac{2P}{\sin\theta}$$

ここで、$\sin\theta = \dfrac{5}{\sqrt{10^2+5^2}} = \dfrac{5}{\sqrt{125}} = \dfrac{5}{5\sqrt{5}} = \dfrac{1}{\sqrt{5}}$

$$\therefore T_0 = \frac{2P}{\sin\theta} = \frac{2\times4900}{\dfrac{1}{\sqrt{5}}} = \boldsymbol{9800\sqrt{5}} \text{〔N〕（答）}$$

第6章

配電

問題　次の◯◯◯の中に適当な答えを記入せよ。

次の文章は、高低圧配電設備に関する記述である。

1. 配電線路の支持物としては、一般に ◯(ア)◯ 柱が用いられている。

2. 柱上開閉器は、◯(イ)◯ 開閉器・◯(ウ)◯ 開閉器・ガス開閉器などに分類される。

3. 柱上変圧器は、単相3線式が多く使用されている。また、単相変圧器を2台使用し、◯(エ)◯ V結線により、三相3線式と単相3線式の両方の配電方式に対応するものも広く使用されている。

4. 柱上変圧器の ◯(オ)◯ 側には、◯(カ)◯ が設けられ、変圧器内部および低圧配電系統での短絡事故を高圧配電系統に波及させないようにしている。

5. 配電用避雷器は、◯(キ)◯ 素子を内蔵した直列ギャップ付き避雷器が一般的である。

解答

(ア)鉄筋コンクリート　　(イ)気中　　(ウ)真空　　(エ)異容量

(オ)一次または高圧　　(カ)高圧カットアウト　　(キ)酸化亜鉛(ZnO)

※(イ)(ウ)は逆でもよい。

配電系統の保護

地絡方向継電器の概要、高圧カットアウトとケッチヒューズ（電線ヒューズ）の違いをしっかり押さえておきましょう。

関連過去問 092, 093

電柱から家までの間でも、いろいろな装置が電気を守ってくれてるんだニャ

① 配電用変電所の保護装置　　重要度 B

配電用変電所では、主変圧器で変成した高圧配電用電気を、母線から**フィーダ**と呼ばれる**配電線**に分岐供給します（図6.28）。各フィーダには、**過負荷・短絡**および**地絡**に対する**保護装置**が設けられます。

(1) 過電流継電器

配電線路における**過負荷・短絡保護**は**過電流継電器**で検出し、該当する配電線引出口の遮断器（図6.28の①）を開放します。

(2) 地絡方向継電器

配電線路における**地絡保護**は、やや難しい原理となります。配電線路上で地絡事故が発生すると、大地へ流出した電流は、一部が変電所の接地変圧器を通じて電路へ還流しますが、それ以外にも各配電線に作用静電容量を通じて還流します。これは、事故回線だけではなく、健全回線にも還流しますので、各フィーダに設けられた**零相変流器**はいずれも地絡事故（**零相電流**）を検出します。健全回線でも、線路こう長が長い場合は静電容量が大きく、検出される電流が比較的大きくなる場合があります。したがって、**零相電流の大小だけでは事故回線を選択遮断する**

補足 ✐

零相変流器については、LESSON24を参照。

補足 📎

線路こう長が短く、静電容量の影響を受けにくい需用家構内では、方向性を持たない地絡継電器が使用されることもある。

補足 📎

地絡事故時、接地変圧器（EVT）の二次側（または三次側）のオープンデルタ（一端が開放されているデルタ結線）間に接続された抵抗に零相電圧 V_0 が発生する。

オープンデルタ

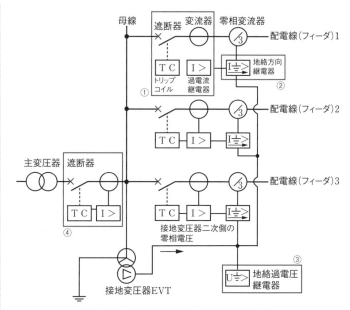

図6.28　配電用変電所の配電線保護の例

ことは困難です。

　地絡電流は、図6.29のような分布をします。事故回線（図6.29ではフィーダ1）の零相変流器には、健全回線とは逆位相の電流が流れるので、**自回線の零相電流の位相**と**接地変圧器が検出する零相電圧の位相**とを比較して、**地絡事故がフィーダのどちら側で発生しているか判定**する**地絡方向継電器**（図6.28の②）を、各フィーダに設置して地絡保護を行います。

　地絡方向継電器の後備保護として、零相電圧によって動作する**地絡過電圧継電器**（図6.28の③）が設けられます。

(3) 保護協調

補足 📎

保護協調については、LESSON24を参照。

　配電用変電所においても、**保護協調**の観点から、個別の配電線事故に対して、該当する配電線路引出口の遮断器（図6.28の①）を開放して線路を保護すると同時に、ほかの健全な回線は送電の継続を図ります。**母線事故**に対しては、やむを得ず**主変圧器二次側の遮断器**（図6.28の④）を**開放**し、**全配電線を停止**します。主変圧器二次側の遮断器の動作時限は、各配電線引出

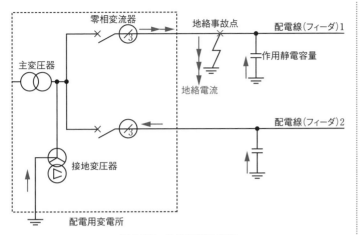

図6.29　地絡電流の分布

口の遮断器の動作時限より**長く**設定され、保護協調が図られます。

(4) 再閉路方式

　配電線が停電する事故のうち、大半は**瞬時事故**であるとされています。この場合、一定時間後に**再閉路継電器**によって配電線引出口の**遮断器を自動投入**する**自動再閉路**を行うことで、正常に送電を再開できます。

　送電線路の自動再閉路は、送電安定度を維持するため停電時間を**1秒**程度と短くするのに対し、**配電**線路では、需要家の設備の停止に要する時間（電動機等は停止までに時間がかかる）などを考慮して、**1分**程度の停電の後で再閉路（送電再開）を行います。

(5) 故障区間分離方式

　配電線の保護方式として、これまで述べてきたほかに、故障遮断による供給支障を極力少なくする目的で、故障遮断後に電源側から**健全な区間を選別して再送電**する、**故障区間分離方式**があります。

　高圧配電線で生じた短絡事故や地絡事故などの保護には、配

補足

送配電線の事故時には、まず、
①遮断器が電流を遮断する
停電の後で、
②遮断器の回路を閉じ（**再閉路**）て、再び電流が流れるようにする
という手順になる。
この操作を継電器（リレー）によってある時間後自動的に行わせる方式を、再閉路方式という。

電線ごとに**保護継電器**と**遮断器**を設置します。

　高圧架空配電線路には、基本的にこう長２〔km〕以下ごとに、**区分開閉器**を施設する決まりです。また、区分開閉器は、**地中線と架空線の接続箇所**や**線路分岐箇所**などにも設置されます。

　区分開閉器は、故障時に自動的に制御され、故障区間を健全区間から分離し、**停電区間を限定**するために用いられます。この方法を**故障区間分離方式**といい、**時限順送方式**と**搬送制御方式**があります。一般には、時限順送方式が多く用いられます。

　時限順送方式では、高圧配電線に事故が発生した場合、変電所の遮断器が働き、一旦送電は中止され、このとき、区分開閉器は線路無電圧によりすべて開放されます。やがて、変電所の遮断器は再閉路され、このとき区分開閉器は変電所に近いものから、一定時Y秒で順次自動的に投入されます。したがって、故障区間の区分開閉器も投入されることになりますが、もし故障が継続されていると、Y秒より短い時限ですぐに変電所遮断器により再び遮断され、すべての区分開閉器は再び開放されます。

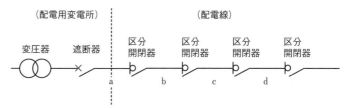

図6.30　故障区間分離方式のしくみ

　いま、投入後Y秒より小さい時限で無電圧になったとき、その区分開閉器は開放のままロックされるようにしておきます。次に、再々閉路によって送電されたときは、健全な区間の区分開閉器は次々に閉路されますが、故障区間の開閉器はロックされているので、故障区間は切断され、健全区間だけに送電が行われます。

　搬送制御方式は、区分開閉器の制御を直流または高周波の搬送波を用いて行う方式で、しくみは時限順送方式とほぼ同じです。

例題にチャレンジ！

　配電用変電所における6.6〔kV〕非接地方式配電線の一般的な保護に関する記述として、誤っているのは次のうちどれか。

(1) 短絡事故の保護のため、各配電線に過電流継電器が設置される。

(2) 地絡事故の保護のため、各配電線に地絡方向継電器が設置される。

(3) 地絡事故の検出のため、6.6〔kV〕母線には地絡過電圧継電器が設置される。

(4) 配電線の事故時には、配電線引出口遮断器は、事故遮断して一定時間（通常1分）の後に再閉路継電器により自動再閉路される。

(5) 主変圧器の二次側を遮断させる過電流継電器の動作時限は、各配電線を遮断させる過電流継電器の動作時限より短く設定される。

・解答と解説・ . . . .

(1) **正しい。**短絡事故時、事故回線を遮断してほかの健全な回線は送電を継続できるよう、各配電線に過電流継電器および遮断器が設置されている。

(2) **正しい。**配電用変電所では、複数の配電線のうち地絡事故を起こしている配電線だけを遮断する。地絡事故時に大地へ流れる地絡電流は、配電線と大地との間の作用静電容量を通じて大地から線路へ戻ってくるが、このとき、事故回線以外の健全な回線にも作用静電容量が存在するために電流が流れる。この電流が自回線の地絡事故によるものか、他回線の地絡事故によるものかを判断して動作する継電器を、地絡方向継電器といい、各配電線に設置される。

(3) **正しい。**6.6〔kV〕配電系統では、中性点を非接地（実際には接地変圧器による高インピーダンス接地）とするため地絡電流が微小で、地絡事故による事故検出は困難であるから、中性点の対地電圧を監視することで地絡事故を検出する。正常時は中性点の対地電圧は0〔V〕であるが、地絡事

故時には上昇する。これを検出するのが地絡過電圧継電器である。配電線の地絡事故時は、各配電線に設置された地絡方向継電器が、地絡電圧(零相電圧)と自回線の地絡電流との位相を比較して、自回線で地絡事故が起きているかどうかを判別し、事故回線を遮断する。

(4) **正しい**。配電線の停電事故のうち、大半は瞬時事故であり、自動再閉路を行うことで、正常に送電を再開できる。自動再閉路は送電線路でも行われるが、送電線路の自動再閉路は、送電安定度を維持するため停電時間を1秒程度と短くするのに対し、配電線路では、1分程度の停電の後で再閉路を行う。

(5) **誤り**(答)。主変圧器の二次側は変電所母線に接続され、各配電線(フィーダ線)は母線から分岐している。変圧器を過負荷から保護するために、変圧器の二次側の遮断器を開放すると、母線および各配電線はすべて停電する。一方、各配電線を過負荷から保護するには、各配電線の引出口の遮断器を開放する。停電範囲を局限化するために、配電線の過負荷は配電線の遮断器で保護する必要があるので、変圧器の二次側の遮断器を動作させる過電流継電器の動作時限は、各配電線の過電流継電器の動作時限より**長く設定される**。したがって、「短く設定される」という記述は誤りである。

② 高圧カットアウトとケッチヒューズ(電線ヒューズ) 重要度 B

(1) 高圧カットアウト

補足-
高圧カットアウト、ヒューズについては、LESSON41を参照。

　柱上変圧器の高圧側(一次側)には、変圧器の内部事故および低圧配電系統内での短絡事故が高圧配電系統に波及しないよう**高圧カットアウト**が施設されます。

　高圧カットアウトには、磁器製のふたにヒューズ筒を取り付け、ふたの開閉によって電路の開閉ができるプライマリ(箱形)

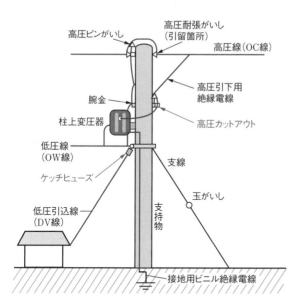

図6.31 高圧カットアウトとケッチヒューズ

カットアウトと、磁器製の円筒内にヒューズ筒を格納して、その取付け・取外しにより電路の開閉ができるシリンドカルヒューズ(円筒形)カットアウトがあります。

(2) ケッチヒューズ(電線ヒューズ)

　柱上変圧器の低圧側(二次側)には、需要家への低圧引込線の過電流保護のため、**電柱側取付点**に、**ケッチヒューズ(電線ヒューズ)**が施設されています。

　ケッチヒューズは、ヒューズエレメントを樹脂製のケースに収め、電線と直接接続し、充電部が露出しない構造になっています。**電路の開閉はできません。**

3 **配線用遮断器と漏電遮断器** 　重要度 **B**

　需要家構内の低圧の電路および機器の保護装置として、**配線用遮断器**および**漏電遮断器**が出題されることがありますので、簡単に取り上げます。あわせて、一般家庭などの電灯契約にお

補足-✐

ケッチヒューズは、catch huseのことで、キャッチヒューズともいう。

第6章

配電

いて電力会社が施設する**電流制限器**についても触れます。これらは一般的に**ブレーカ**と総称されていて、誰にとっても馴染みのあるものといえます。

屋内配線のうち、低圧のものに対しては、かつて用いられてきたヒューズに代わって、過電流を検出する素子と引き外し機構、遮断機構および手動による開閉機構を一体化した**配線用遮断器**が用いられることが一般的になっています。

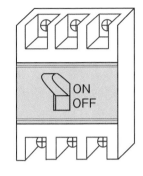

図6.32　配線用遮断器

配線用遮断器は、製品ごとにあらかじめ定格電流が決まっており、必要な製品を選んで取り付けます。定格電流が変更になる場合は、配線用遮断器を交換します。遮断器が開放した場合は、手動で投入することで送電を再開でき、ヒューズのように交換をする必要はありません。

漏電遮断器は、外観は配線用遮断器と酷似していますが、内部に**零相変流器**を収納していて**地絡（漏電）**を検出します。漏電を検出して直ちに遮断器を開放するものや、警報用接点を供給するだけのものがあるほか、動作電流（感度電流）を変更できるものもあります。過電流保護の機能（配線用遮断器の機能）を併せ持った遮断器が普及していて、一般に漏電保護の機能を持つ配線用遮断器は、漏電遮断器と呼ばれています。なお、過電流保護の機能を持たない漏電遮断器も普及しています。

契約用の**電流制限器**は、電気事業者が低圧需要家に対して契約した値以上の電流を使用しないよう制限する目的で取り付けるもので、配線用遮断器と似ていますが、過電流保護の目的で取り付けるものではありません。ただし、過電流によってトリップ動作（開放動作）をするので、一般住宅などではこれを主幹の配線用遮断器としていることが多くあります。

動作電流（感度電流）とは、漏電が発生したときに、ブレーカが作動する電流のこと。

配線用遮断器も電流制限器の一種だが、通常、電流制限器といえば、契約用の電流制限器を指す。

理解度チェック問題

問題　次の[　　　]の中に適当な答えを記入せよ。

　次の記述は、高低圧配電系（屋内配線を含む）の保護システムに関するものである。

1. 配電用変電所の高圧配電線引出口には、過電流および地絡保護のために保護継電器と[　(ア)　]が設けられる。

2. 柱上変圧器には、過電流保護のために、[　(イ)　]が設けられる。

3. 低圧引込線には、過電流保護のためにヒューズ（ケッチ）が低圧引込線の[　(ウ)　]取付点に設けられる。

4. 屋内配線には、過電流保護のために、[　(エ)　]またはヒューズが、地絡保護のために通常、漏電遮断器が設けられる。

第6章

配電

解答

　(ア)遮断器　　(イ)高圧カットアウト　　(ウ)電柱側　　(エ)配線用遮断器

解説

高低圧配電系統の保護装置には、次のようなものがある。

1. 配電用変電所

　高圧配電線路に、過負荷または短絡事故が生じると、過電流継電器で検出し、遮断器で遮断する。また、地絡事故が生じると、地絡方向継電器で検出し、遮断器で遮断する。

2. 柱上変圧器

　過負荷または短絡事故から変圧器または低圧配電系統を保護するため、高圧側（一次側）に設けた高圧カットアウトにヒューズを取り付ける。

　高圧カットアウトは、高圧分岐配電線においては、開閉器としても使用される。

3. 低圧引込線

　低圧引込線を、過負荷または短絡から保護するため、柱上変圧器低圧側（二次側）低圧線からの分岐点（低圧引込線の電柱側取付点）にケッチヒューズ（電線ヒューズ）を取り付ける。

4. 屋内配線

　屋内配線の過電流保護には、配線用遮断器（ノーヒューズブレーカ）またはヒューズを設置する。漏電などの地絡保護には、漏電遮断器が設けられる。

線路損失・電圧降下の計算

配電線路に発生する電圧降下や線路損失の計算方法を学びます。これらの計算方法は、送電線路に対しても適用できます。

関連過去問 094, 095

単相2線式の 線路損失
$W_1 = 2I^2R$ 〔W〕

三相3線式の線路損失
$W_3 = 3I^2R$ 〔W〕

久しぶりの重要公式。
しっかり覚えてニャン

① 線路の電圧降下と電力損失　　重要度 A

線路に負荷電流が流れると、**電圧降下**が発生します。これによって、電源電圧と負荷電圧とに差が生じます。電圧降下の計算手順は、次のようになります。

①**線電流**(皮相電流、電流の実効値)を求める。

②線電流と線路インピーダンスから、**1線当たりの電圧降下**を求める。

③1線当たりの電圧降下から、電気方式に応じた**線間電圧降下**を求める。

(1) 線路の電圧降下

送電端の1相当たりの電圧を$\dot{E_s}$〔V〕、受電端の1相当たりの電圧を$\dot{E_r}$〔V〕、線電流を$\dot{I}$〔A〕、受電端の遅れ力率角をθ〔rad〕、線路の抵抗をR〔Ω〕、リアクタンスをX〔Ω〕とすると、1相当たりの等価回路とベクトル図は、図6.33のように表されます。

(2) 線路の電力損失

1線当たりの線路損失Wは、線路の抵抗R〔Ω〕と線電流I〔A〕から、次のように求めます。

$$W = I^2R \text{〔W〕} \tag{15}$$

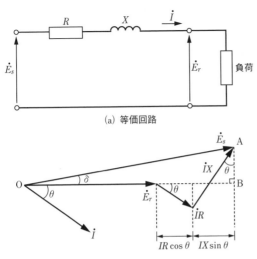

(a) 等価回路

(b) ベクトル図

図6.33 1相当たりの等価回路とベクトル図

線路損失の合計は、式 (15) の値を単相2線式であれば2倍、三相3線式であれば3倍したものになります。

> ⚠️重要 公式 **単相2線式の線路損失 W_1**
> $$W_1 = 2I^2R \,[\mathrm{W}] \tag{16}$$

> ⚠️重要 公式 **三相3線式の線路損失 W_3**
> $$W_3 = 3I^2R \,[\mathrm{W}] \tag{17}$$

不平衡負荷の場合は、各線ごとに電流が異なるため、線路損失も1線ずつ計算して、合計することになります。

線路損失に関係する電流値は、皮相電流であることに注意してください。**負荷の消費電力〔W〕や力率が変化しても、皮相電力が変化しなければ、線路損失は変化しません。**

E_s と E_r との間の角度 δ は**相差角**といい、一般に正常運転中は十分小さいものとみなします。これにより、1相当たりの送電端電圧 E_s は、次式で近似できます。

> ⚠️重要 公式 **1相当たりの送電端電圧 E_s**
> $$E_s \fallingdotseq E_r + I(R\cos\theta + X\sin\theta)\,[\mathrm{V}] \tag{18}$$

上の式中で、$I(R\cos\theta + X\sin\theta)\,[\mathrm{V}]$ は、1相当たり（1線当たり）の電圧降下を表します。

第6章
配電

単相2線式および三相3線式の線間の電圧降下は、次のように
なります。

> **! 重要 公式** 単相2線式の線間の電圧降下ΔV_1
> $$\Delta V_1 = 2I(R \cos \theta + X \sin \theta) \,[\text{V}] \tag{19}$$

> **! 重要 公式** 三相3線式の線間の電圧降下ΔV_3
> $$\Delta V_3 = \sqrt{3}\, I(R \cos \theta + X \sin \theta) \,[\text{V}] \tag{20}$$

受験生からよくある質問

Q 三相3線式の線間の電圧降下が1相当たり（1線当たり）の電圧降
下の$\sqrt{3}$倍となるのはなぜですか？

A 単相2線式においては、上下線にRとXが存在するので、線間
の電圧降下は、1相当たりの電圧降下の2倍となります。また、
三相3線式においては、線間電圧V_s、V_rは相電圧E_s、E_rの$\sqrt{3}$
倍なので、線間の電圧降下も$\sqrt{3}$倍になります。線間の上下線
にRとXが存在しますが、上下線に流れる電流の位相差が120°
なので、2倍とはならず$\sqrt{3}$倍となります。

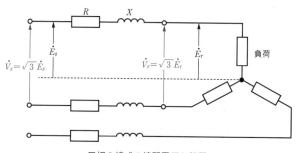

三相3線式の線間電圧と相電

(3) 分布負荷に対する検討

　線路の途中と末端に負荷が分布している状態について考えます。

　負荷の力率をすべて1、線路のインピーダンスを抵抗R_{SA}、R_{SB}のみとすると、A点における1相当たり（1線当たり）の電圧降下ΔE_{SA}〔V〕は、次のようになります。

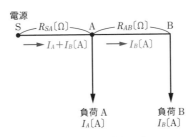

図6.34　分布負荷の例

$$\Delta E_{SA} = (I_A + I_B)R_{SA} \ \text{〔V〕} \tag{21}$$

　B点におけるS点からの1相当たりの電圧降下ΔE_{SB}〔V〕は、ΔE_{SA}〔V〕に、AB間における1相当たりの電圧降下ΔE_{AB}〔V〕を加えたもので、次のようになります。

$$\Delta E_{AB} = I_B R_{AB} \ \text{〔V〕} \tag{22}$$

$$\Delta E_{SB} = \Delta E_{SA} + \Delta E_{AB} = (I_A + I_B)R_{SA} + I_B R_{AB} \ \text{〔V〕} \tag{23}$$

補足

負荷力率が1でない場合、また、線路のインピーダンスが抵抗およびリアクタンスの場合、電圧降下の計算はベクトルとして扱う必要がある。

補足

各点における線間電圧は、線路の電気方式にしたがった計算方法で求める（単相2線式では2倍、三相3線式では$\sqrt{3}$倍となる）。また、線路損失は、各区間ごとに電流と抵抗から算出したものを合計する。

解法のヒント

三相3線式なので、全線路の電圧降下（線間電圧）は、1相当たり（1線当たり）の電圧降下の$\sqrt{3}$倍となる。

例題にチャレンジ！

　図のような三相3線式配電線路で、各負荷に電力を供給する場合、全線路の電圧降下の値〔V〕を求めよ。

　ただし、電線の太さは全区間同一で、抵抗は1〔km〕当たり0.35〔Ω〕、負荷の力率はいずれも100〔%〕で、線路のリアクタンスは無視するものとする。

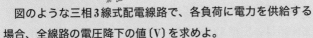

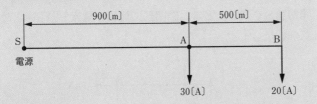

・解答と解説・

　題意より、負荷はいずれも力率100〔%〕で、線路のリアクタンスは無視するとあるので、抵抗のみで構成された回路として計算できる。

第6章

配電

SからAまでの区間900〔m〕において、点Aの電流を$I_A = 30$〔A〕、
点Bの電流を$I_B = 20$〔A〕、SA間の抵抗を$R_{SA} = 0.35 \times 0.9$〔Ω〕
とすると、SA間の線間の電圧降下ΔV_{SA}は、

$$\Delta V_{SA} = \sqrt{3} \times (I_A + I_B) \times R_{SA}$$
$$= \sqrt{3} \times (30 + 20) \times (0.35 \times 0.9) \fallingdotseq 27.280 \text{〔V〕}$$

AからBまでの区間500〔m〕において、AB間の抵抗を$R_{AB} = 0.35$
$\times 0.5$〔Ω〕とすると、AB間の線間の電圧降下ΔV_{AB}は、

$$\Delta V_{AB} = \sqrt{3} \times I_B \times R_{AB}$$
$$= \sqrt{3} \times 20 \times (0.35 \times 0.5) \fallingdotseq 6.0622 \text{〔V〕}$$

全線路の電圧降下ΔV_{SB}は、

$$\Delta V_{SB} = \Delta V_{SA} + \Delta V_{AB}$$
$$= 27.280 + 6.0622 \fallingdotseq \mathbf{33.3} \text{〔V〕(答)}$$

- -

② ループ状方式配電系統の計算　　重要度 A

　配電系統の末端を、開閉器Sを介してループ状に接続したも
のを**ループ状方式**といいます。この方式の計算例を示します。

　図6.35は、三相3線式のループ状方式配電系統を、単線図で
表した回路です。系統の各点a、b、cに力率1の負荷が接続さ
れ、それぞれ、80〔A〕、20〔A〕、100〔A〕です。線路の各区間
の1線当たりの抵抗は図の通りです。

　開閉器Sを閉じたとき、開閉器に流れる電流i〔A〕を求める
計算例を示します。

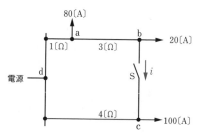

図6.35　ループ状方式配電系統

■手順1

　各区間の電流の方向を定め、この電流を、i を使用した値とする（電流の方向は推測で定めてよい）。

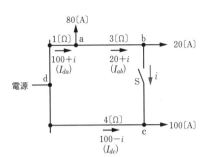

　ab間の電流 I_{ab} は、b点にキルヒホッフの第1法則を使用して、

$$I_{ab} = 20 + i \,〔A〕$$

同様に I_{da} は、

$$I_{da} = 80 + 20 + i = 100 + i 〔A〕$$

同様に I_{dc} は、

$$I_{dc} + i = 100$$
$$I_{dc} = 100 - i 〔A〕$$

■手順2

　時計回りの方向に、d－a－b－cとたどったc点の電圧降下 ΔV と、反時計回り方向にたどったc点の電圧降下 $\Delta V'$ は等しいと立式し、i について解く。

> 三相3線式の線間電圧なので $\sqrt{3}$ 倍する

$$\Delta V = \sqrt{3}\,(100 + i) \times 1 + \sqrt{3}\,(20 + i) \times 3 〔V〕$$
$$\Delta V' = \sqrt{3}\,(100 - i) \times 4$$
$$\Delta V = \Delta V'$$
$$\sqrt{3}\,(100 + i) \times 1 + \sqrt{3}\,(20 + i) \times 3 = \sqrt{3}\,(100 - i) \times 4$$
$$\cancel{\sqrt{3}}\,\{(100 + i) \times 1 + (20 + i) \times 3\} = \cancel{\sqrt{3}}\,(100 - i) \times 4$$
$$100 + i + 60 + 3i = 400 - 4i$$
$$8i = 240$$
$$i = \mathbf{30} 〔A〕（答）$$

補足－✏

キルヒホッフの第1法則

回路網上の接続点において、電流の流入和と流出和は等しいとする法則。

第6章

配電

別解

I_{dc} の方向を逆方向（←）に取り、

$I_{dc} = i - 100$ 〔A〕として、

d − a − b − c − d とたどった電圧降下 $\Delta V_d = 0$ と立式し、解いてもよい。

（d − a − b − c と電圧降下し、c − d で電圧上昇する）

$$\Delta V_d = \sqrt{3}\,(100 + i) \times 1 + \sqrt{3}\,(20 + i) \times 3 + \sqrt{3}\,(i - 100) \times 4$$
$$= 0$$

$i = \mathbf{30}$ 〔A〕（答）

※この推測の場合、$I_{dc} = i - 100 = 30 - 100 = -70$ 〔A〕と負値になります。この意味は、「I_{dc} は、実際には、推測方向と逆方向に流れている」ことを表します。

理解度チェック問題

問題　次の $\boxed{}$ の中に適当な答えを記入せよ。

1. 送電端の1相当たりの電圧を $\dot{E}_s$〔V〕、受電端の1相当たりの電圧を $\dot{E}_r$〔V〕、線電流を $\dot{I}$〔A〕、受電端の遅れ力率角を θ〔rad〕、線路の抵抗を R〔Ω〕、リアクタンスを X〔Ω〕とすると、1相当たりの等価回路は、右図のように表される。

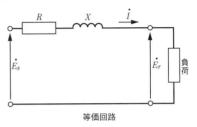

等価回路

E_s と E_r の間の角度 δ は、$\boxed{\text{（ア）}}$ といい、一般に、正常運転中は十分小さいものとみなす。これにより、1相当たりの送電端電圧 E_s は、次式で近似できる。

$$E_s \fallingdotseq \boxed{\text{（イ）}} + \boxed{\text{（ウ）}} \text{〔V〕}$$

上の式中で、$\boxed{\text{（ウ）}}$〔V〕は、1相当たり（1線当たり）の電圧降下を表す。
単相2線式の線間の電圧降下 ΔV_1 は、次のようになる。

$$\Delta V_1 = \boxed{\text{（エ）}} \text{〔V〕}$$

また、三相3線式の線間の電圧降下 ΔV_3 は、次のようになる。

$$\Delta V_3 = \boxed{\text{（オ）}} \text{〔V〕}$$

2. 1線当たりの線路損失 W は、線路の抵抗 R〔Ω〕と線電流 I〔A〕から、次のように求める。

$$W = \boxed{\text{（カ）}} \text{〔W〕}$$

線路損失の合計は、上記の値を単相2線式であれば2倍、三相3線式であれば3倍したものになる。

解答

（ア）相差角　　（イ）E_r　　（ウ）$I(R\cos\theta + X\sin\theta)$　　（エ）$2I(R\cos\theta + X\sin\theta)$
（オ）$\sqrt{3}I(R\cos\theta + X\sin\theta)$　　（カ）I^2R

第6章 配電

絶縁材料

絶縁材料に求められる性質、劣化要因などについて学びます。気体絶縁材料の六ふっ化硫黄ガスの特徴はしっかり覚えましょう。

関連過去問 096, 097, 098

絶縁材料は、電気を通さないギャー！！

今日から、第7章、電気材料の始まりニャ

用語

比熱

1g当たりの物質の温度を1℃上げるのに必要な熱量のことをいう。つまり、比熱とは、物質1g当たりの熱容量ということになる。
比熱が大きいほど、温まりにくく冷めにくい性質を持っている。

熱伝導率

ある物質について、熱の伝わりやすさが示された値のこと。熱伝導率が大きいほど、その物質は熱が伝わりやすい。

① 絶縁材料　　　　重要度 B

絶縁材料とは、**電気抵抗が大きく、電気を通しにくい物質**のことです。絶縁材料の電気抵抗を**絶縁抵抗**といいます。

(1) 絶縁材料の性質

絶縁材料は、必要な性能を得るために、適切に選ばなければなりません。絶縁材料は、**固体**(磁器、架橋ポリエチレンなど)、**液体**(絶縁油など)、**気体**(空気、六ふっ化硫黄(SF_6)ガスなど)と、多種多様のものがあります。

その中で、**気体**絶縁材料は、一般に**圧力が高いほど絶縁耐力が高く**なります。また、**気体、液体**絶縁材料は、**比熱**(比熱容量)、**熱伝導率**(熱伝導度)が**大きいものほど優れた絶縁材料**になります。

なお、液体は通常圧縮できず、圧力を高めることはできません。

絶縁材料に**求められる性質**は、次の通りです。

a. **絶縁抵抗**が大きく、**絶縁耐力**が高いこと。

b. **機械的強度**が高い(引張りや圧縮、曲げなどに強く、摩耗しにくい)こと。

c. **熱的強度**(耐熱性)が大きいこと。

d. 化学的に安定であること。

e. 不燃性であること。

f. 誘電体損が少ないこと（誘電率、誘電正接（$\tan \delta$。▶LESSON 34）が小さいこと）。

(2) 耐熱クラス

絶縁材料は、温度上昇により劣化を招くため、日本産業規格（JIS）により、**耐熱クラス**の種別ごとに許容最高温度が決められています。

表7.1　絶縁材料の耐熱クラス

耐熱クラス	Y	A	E	B	F	H	N	R
許容最高温度〔℃〕	90	105	120	130	155	180	200	220

※次のようなゴロ合わせで覚えるとよいでしょう。

Y	A	E	B	F	H	N	R
(や)	(あ)	(いいね)	(ボーイ)	(フレンド)	(ハンサム)	(ナイス)	(リッチ)

(3) 絶縁材料の劣化要因

絶縁材料は、さまざまな要因によって劣化し、絶縁強度が低下します。**劣化要因**には、次のようなものがあります。

a. 電気的要因：部分放電、電界の集中

b. 熱的要因：酸化、熱分解

c. 環境的要因：日光、紫外線、放射線、水分

d. 機械的要因：膨張、収縮

2 絶縁材料の分類　　重要度 B

絶縁材料は、大きくは、固体、液体、気体に分類できます。

(1) 固体絶縁材料

①架橋ポリエチレン

架橋ポリエチレンは、放射線処理などによって、ポリエチレンに架橋結合を起こし、**耐熱性能**を高めたもので、電力用ケーブルの一種であるCVケーブルの絶縁体として使用されていま

第7章

電気材料

す。**CVケーブル**には、次のような特徴があります。

a. 架橋ポリエチレンによって、高い絶縁耐力が得られるので、ケーブルの絶縁体を薄くすることができ、**外径を小さく**できる。

b. 架橋ポリエチレンは、耐熱性に優れているので、ケーブルの**許容電流を大きく**できる。

c. 架橋ポリエチレンは、軽量で柔軟性があるので、**勾配部分**や**屈曲箇所**に対してもケーブル**敷設(布設)が容易**である。

d. 架橋ポリエチレンは、誘電率や誘電損失角が小さく、**誘電損失が抑えられる**。

e. 架橋ポリエチレンは、**紫外線により劣化**しやすいほか、**トリーイング劣化**がしばしば問題となっていた。

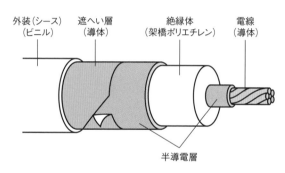

図7.1　超高圧CVケーブル

②その他の固体絶縁材料

その他の固体絶縁材料と、主な用途を次に示します。

・マイカ(雲母)：コイルの絶縁など

・絶縁紙：油入コンデンサなど

・ゴム：機器のパッキンなど

・ガラス：電球など

・磁器：がいしなど

・ポリマ(高分子化合物)：がいしなど

・プラスチック(合成樹脂)：一般絶縁体

➕1 **プラスワン**

絶縁体の表面の突起や、内部の不純物、空隙などは、電界が集中しやすく、部分放電を起こして、周辺の絶縁体を劣化させる。この劣化は電界の方向に徐々に進展し、その進展の様子が樹枝(トリー)状であることから**トリーイング劣化**と呼ばれる。
水分によるトリーイング劣化は、**水トリー劣化**と呼ばれる。
近年のケーブル製造技術の革新により、この問題はほぼ解決されている。

(2) 液体絶縁材料

①液体絶縁材料（絶縁油）の用途と性質

　液体絶縁材料としては、**絶縁油**が挙げられます。絶縁油を使用する機器としては、次のようなものがあります。

・OFケーブル（油入ケーブル）　　・油入変圧器

・油入コンデンサ　　　　　　　　・油入遮断器

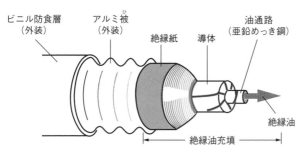

ビニル防食層（外装）　アルミ被（外装）　絶縁紙　導体　油通路（亜鉛めっき鋼）　絶縁油　絶縁油充填

図7.2　OFケーブル

　絶縁油には、絶縁耐力・熱的強度・化学的安定性・引火点が高いことなどの一般的な性能のほかに、**求められる性質**として、次のようなものがあります。

a. 適当な**流動性**（冷却目的など、循環させるものでは流動性が高いものがよく、そうでない場合は適当に粘度が高いものがよい）があること。**変圧器用途には冷却目的もあるので流動性の高いもの**が、コンデンサ用途には適当に粘度が高いものが使用される。

b. 油入変圧器やOFケーブルなどで、絶縁油に冷却の機能を持たせる場合は、熱量を吸収しやすいよう**比熱が大きく**、熱量を外部に運び出しやすいよう**熱伝導率も大きい**こと。

c. **アーク消弧能力があること**。絶縁油は、アークによって分解ガスが発生し、このときにアークのエネルギーが消費されるとともに、熱伝導により冷却されて消弧する。

　絶縁油として代表的なものには、**鉱物油（鉱油）**があり、従来から使用されています。OFケーブルや油入コンデンサなどで、より高性能な絶縁油が求められる場合には、**合成油の一種であ**

＋1 プラスワン

絶縁油は、大気圧の空気に比べ、絶縁破壊電圧は高く、誘電正接は大きい（誘電損失は大きくなる）。

誘電損失の発生原理を考えると、気体では空間に存在する分子数が非常に少ないので、誘電損失は生じないと考えてもよく、液体のほうが損失が大きいと考えることができる。

＋1 プラスワン

気体絶縁材料ではないが、**高真空状態**は、絶縁油と同程度の絶縁耐力が得られ、アーク消弧能力も高く、空気よりも電極の酸化劣化が少ないことから、真空遮断器（VCB）などに使用されている。

用語

アーク（▶LESSON23。電弧）を消すことを**消弧**という。

第7章　電気材料

る**重合炭化水素油**が採用されています。

また、環境への配慮から、**植物性絶縁油**の採用も進められています。

(3) 気体絶縁材料
①空気
気体絶縁材料として**最も一般的**なものは、**空気**です。空気の絶縁耐力は、湿度などの条件によりますが、1気圧では波高値で約 30〔kV/cm〕です。正弦波交流電圧（実効値）は波高値の $\dfrac{1}{\sqrt{2}}$ となるので、約 21（$≒ 30 × \dfrac{1}{\sqrt{2}}$）〔kV/cm〕となります。一般に、圧力を高くすると絶縁耐力は高くなります。また、**湿度が高いと絶縁耐力は低下**します。

②六ふっ化硫黄（SF₆）ガス
絶縁性ガスとしてさまざまな優れた特性を持つものに、**六ふっ化硫黄（SF₆）ガス**があります。ガス遮断器やガス絶縁変圧器、ガス絶縁開閉装置（GIS）などに利用され、物質としての特性、および空気と比較した場合の特徴として、次のことが挙げられます。

a. **無色、無臭、無毒、不燃**で、化学的に安定した気体である。

b. **絶縁耐力**は、大気圧で**空気の 2〜3 倍**と高く、空気より優れている。

c. **消弧能力**が優れている。

◎ガス絶縁開閉装置（GIS）
ガス絶縁開閉装置（GIS）（▶LESSON23）は、絶縁耐力および消弧能力に優れた**六ふっ化硫黄（SF₆）ガス**を、大気圧の 3〜5 倍程度の圧力で金属容器に密閉し、この中に母線、断路器、遮断器および接地装置などが組み合わされ、一体構成されたもので、66〜500〔kV〕回路まで幅広く採用されています。充電部を支持するスペーサなどの絶縁物には、主に**エポキシ樹脂**が用いられています。

用語

波高値とは、交流の波形における振幅の最高値のこと。正弦波交流の波高値は、実効値の $\sqrt{2}$ 倍。

補足

六ふっ化硫黄（SF₆）ガスは、絶縁性ガスとして優れた特徴を持つ一方で、近年、**温室効果（大気中に放出されると地球温暖化への悪影響がある）ガス**としての性質が問題視されるようになってきている。

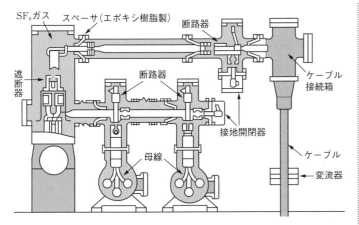

図7.3 ガス絶縁開閉装置(GIS)

例題にチャレンジ！

　電気絶縁材料に関する記述として、誤っているものを次の(1)
～(5)のうちから一つ選べ。

(1) 直射日光により、絶縁物の劣化が生じる場合がある。

(2) 多くの絶縁材料は、温度が高いほど、絶縁強度の低下が生
じる。

(3) 絶縁材料中の水分が少ないほど、絶縁強度は低くなる傾向
がある。

(4) 電界や熱が長時間加わることで、絶縁強度は低下する傾向
がある。

(5) 部分放電は、絶縁物劣化の一要因である。

・解答と解説・

(1) **正しい。** 直射日光により、絶縁物の劣化が生じる場合があ
る。例として、CVケーブルの絶縁材料である架橋ポリエ
チレンは紫外線によって劣化する。

(2) **正しい。** 温度が高いほど絶縁強度が低下するものが多い。

(3) **誤り**(答)。絶縁材料中の水分が多いほど、絶縁強度は低く
なる傾向がある。
例として、空気の絶縁破壊現象であるコロナ放電が雨天時
に発生しやすいこと、雨天時に電路の絶縁抵抗を測定する

第7章

電気材料

と低くなることなどが挙げられる。

(4) **正しい。** 電界や熱が長時間加わることで、絶縁強度は低下する傾向がある。一般に絶縁材料は電気的・熱的・機械的・化学的ストレスを受け続けて劣化していく。

(5) **正しい。** 部分放電は、絶縁物劣化の一要因である。例として、架橋ポリエチレンは部分放電を起こすと劣化する。また、油入変圧器など電力設備の絶縁油は、部分放電により分解ガスが生じ、このガス分析を行うことにより劣化状態を判定する。

理解度チェック問題

問題　次の□□□の中に適当な答えを記入せよ。

1．絶縁油は、油入変圧器やOFケーブルなどに使用されており、一般に絶縁破壊電圧は、大気圧の空気と比べて　(ア)　、誘電正接は空気よりも　(イ)　。電力用機器の絶縁油として古くから　(ウ)　が一般的に用いられてきたが、OFケーブルや油入コンデンサで、より優れた低損失性や信頼性が求められる仕様のときには、重合炭化水素油が採用される場合もある。

2．絶縁性ガスとしてさまざまな優れた特性を持つものに、六ふっ化硫黄（SF₆）ガスがある。ガス遮断器などに利用され、物質としての特性、および空気と比較した場合の特徴として、次のようなことが挙げられる。

a.　(エ)　、　(オ)　、　(カ)　、　(キ)　で、化学的に安定した気体である。

b.　(ク)　は、大気圧で空気の2〜3倍と高く、空気より優れている。

c.　(ケ)　が優れている。

第7章

電気材料

解答

|(ア)高く|(イ)大きい|(ウ)鉱物油（鉱油）|(エ)無色|(オ)無臭|
|(カ)無毒|(キ)不燃|(ク)絶縁耐力|(ケ)消弧能力|※(エ)〜(キ)は順不同。|

45日目

LESSON 45

第7章 電気材料

導電材料・磁性材料

電線や電気機器に欠くことのできない導電材料や磁性材料について、過去の出題傾向を踏まえて関連事項を取り上げます。

関連過去問 099, 100

導電率の順位は、銀・銅、金、アルミの順番ニャー

最後のLESSONニャ。頑張ろう！

① 導電材料 　　重要度 B

　導電材料にはさまざまなものがありますが、このテキストでは銅やアルミニウムなど、試験対策上重要なものについてのみ取り上げます。

(1) 導電材料の性質

　導電材料として一般に用いられるのは金属です。導電材料に求められる性質は次の通りです。

a. 導電率が高い(抵抗率が低い)こと

b. 加工しやすいこと

c. 資源量が豊富で、安価なこと

d. 機械的強度が大きいこと

e. 化学的に安定していること

(2) 代表的な導電材料

　代表的な金属元素の％導電率は、表7.2の通りです。％導電率は、標準軟銅の20〔℃〕での抵抗率0.017241〔Ω・mm²/m〕を100〔％〕として、相対的な値で表します。いずれも20〔℃〕での値です。

表7.2　代表的な導電材料

金属元素	導電率〔%〕	特　徴
銀	107	高価なので、大量の使用には適さない。接点の信頼性向上のために、局所的に使用されることがある。
銅	軟銅100硬銅97	軟銅は曲げやすく、CVケーブルなどに使用される。硬銅は、機械的強度が要求される架空送配電線や整流子片などに使用される。
金	75	高価だが、接点の信頼性を高めるためのめっきに使用される。また、加工性が優れているので、IC（集積回路）で配線に使用される。
アルミニウム	61	上に挙げた3種類の金属よりも導電率が低いが、質量密度が小さいので軽量な電線を作ることができ、架空送電線の導体として一般に使用されている。
鉄	18	導電率が低いので、電線として用いるのには適さないが、雷害防止のための架空地線には鋼線として使用される。

補足

導電率の順位は「銀・銅・金・アルミ」。「金・銀・銅…」と誤認することが多いので要注意。

補足

導電材料の銅は、電気分解の手法で銅鉱石から得られた、電気銅を精製したものが用いられる。軟銅は、硬銅を焼きなます（熱したものを徐々に冷ます）ことによって得られる。

第7章 電気材料

用語

整流子とは、特定の種類の発電機において、回転子と外部回路の間で、定期的に電流の方向を交替させる回転電気スイッチのことである。

(3) 銅とアルミニウムの比較

　銅と**アルミニウム**は、電線の導体として使用される、最も代表的な材料です。

　銅は、圧延加工をすることによって硬くなります。この銅を**硬銅**といいます。硬銅に熱を加えることにより、結晶構造が変化して**軟銅**となります。硬銅と軟銅では、表7.2にあるように、軟銅の方がやや導電率が高いです。機械的強度が必要な用途（架空送配電線など）には硬銅、柔軟性が必要な用途（地中ケーブルなど）には軟銅という形で使い分けられます。

　アルミニウムの導電率は、軟銅の61〔%〕程度です。

　しかし、**比重**では、アルミニウムは**銅の30〔%〕**程度と軽く、同一の長さ・同一の抵抗値を持つ電線を作ったときに、アルミニウム製のものは、**断面積**が$\frac{1}{0.61}≒1.64$倍と太くなるが、重量は$1.64×0.3≒0.49$倍と**軽くなります**。

　断面積が大きい電線は、電線外径が大きいことから、高電圧でも電線表面付近の電界強度を低く抑えられ、**コロナ放電が発**

生しにくくなります。このため、**コロナ障害**が問題となりがちな**架空線**にはアルミニウムが適しています。一方、外径が大きいために、**風雪荷重は大きく**なります。

　架空線にアルミニウムを使用する場合は、アルミニウムは機械的強度が低いので、**鋼心アルミより線**（ACSR）を使用します。鋼心ア

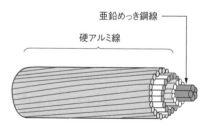

図7.4　鋼心アルミより線（ACSR）

ルミより線では硬アルミ線を使用し、連続使用温度の上限は90〔℃〕となります。この値は、電線の許容電流を決定する主要因となります。このため近年では、連続使用温度の上限を150〔℃〕とすることができる耐熱アルミ合金を使用した、**鋼心耐熱アルミ合金より線**（TACSR）が使用されるようになっています。

例題にチャレンジ！

　電線の導体に関する記述として、誤っているのは次のうちどれか。

(1) 地中ケーブルの銅導体には、伸びや可とう性に優れる軟銅線が用いられる。

(2) 電線の導電材料としての金属には、資源量の多さや導電率の高さが求められる。

(3) 鋼心アルミより線は、鋼より線の周囲にアルミ線をより合わせたもので、軽量で大きな外径や高い引張強度を得ることができる。

(4) 電気用アルミニウムの導電率は銅よりも低いが、電気抵抗と長さが同じ電線の場合、アルミニウム線の方が銅線より軽い。

(5) 硬銅線は軟銅線と比較して曲げにくく、電線の導体として使われることはない。

用語

可とう性とは、物体が柔軟で、折り曲げることができる性質を表す。可とう性の「とう」は、「撓」で、たわめるという意味。

・解答と解説・

(1) **正しい。**電線の銅導体として使用される材料の代表的なものは、銅とアルミニウムで、銅は導電率が高く、配電線や屋内配線用の電線の材料として一般的に使用されており、架空送配電線としては機械的強度が高い硬銅を、ケーブルなどには伸びや可とう性に優れる軟銅を使用する。アルミニウムは軽量なため、長径間の架空送電線に使用され、電線の外径が大きくなるのでコロナ障害を抑制できる。

地中ケーブルの導体として銅を使用する場合は、伸びや可とう性に優れる軟銅線が用いられる。

(2) **正しい。**電線の導電材料には、導体として導電率の高さが求められることはもちろん、資源量が多く、入手が容易で価格が安定していることなどの条件も求められる。

(3) **正しい。**鋼心アルミより線は、架空送電線として一般に使用される電線である。高い引張強度が求められるため、中心部分に鋼より線があり、鋼線の周囲には、軽量かつ導電性が高いアルミニウムをより合わせる。架空送電線は軽量であることが求められることはもちろん、コロナ障害対策として大きな外径であることが求められるので、導体材料として銅に比べて導電率では劣るが、軽量なアルミニウムを使用する。

(4) **正しい。**導電材料としてのアルミニウムは、導電率が銅よりも低いので、長さも電気抵抗も同じ電線を作った場合には、銅線よりアルミ線のほうが断面積が大きくなるが、そのときでも重量は銅線よりアルミ線のほうが軽くなる。

(5) **誤り**（答）。硬銅線は軟銅線と比較して硬いので曲げにくいが、機械的強度が高いので、耐張力が求められる架空線（送配電線）に一般的に使用される。したがって、「**電線の導体として使われることはない**」という記述は誤りである。

② 磁性材料　　　重要度 **B**

磁性とは、物質の磁気的性質のことです。一般に**磁性材料**という場合には、**強磁性体材料**(磁気を通しやすい**高透磁率材料**や、**永久磁石**の材料)を指します。

(1) 鉄心材料(磁心材料)

発電機、電動機、変圧器などの**鉄心**として使用される、**鉄心材料に求められる性質**は次の通りです。

a. **透磁率が大きい**こと。

b. **飽和磁束密度が高い**こと。

c. **ヒステリシス損が少ない**(**残留磁気と保磁力が小さい**)こと。

d. **抵抗率が大きい**こと。

e. **機械的に強く、加工しやすい**こと。

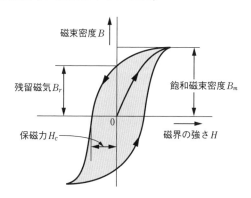

図7.5　ヒステリシスループ

鉄心材料としては、以下のものがあります。

①けい素鋼

鉄にけい素を加えたけい素鋼は、鉄と比較して飽和磁束密度は低下するものの、保磁力が小さく、抵抗率と透磁率が大きい材料で、安価でもあるため、発電機、電動機、変圧器などの鉄心用材料として、最も一般的に使用されています。

②アモルファス鉄心材料

アモルファス鉄心材料は、変圧器の鉄心に使用されます。

アモルファス(非晶質)とは、固体を構成する原子や分子、あ

用語

鉄心

変圧器などの電磁誘導の原理を応用する電気機器で、磁気回路を作るためにコイルの中心に入れる鉄材。コア。

透磁率

物質の磁束の通りやすさ(磁化のしやすさ)。

飽和磁束密度

磁性材料に外部磁界を印加し大きくしていくと、磁束密度Bは飽和し、増加しなくなる。この点を**飽和磁束密度**Bmという。飽和磁束密度が高いほど強力な電磁石になる。

＋プラスワン

ヒステリシス損は、ヒステリシスループの面積(図7.5の色の付いた部分)に比例する。**残留磁気**と**保磁力**が小さいと、この面積が小さくなる。

補足

けい素の含有率が高いと、硬くもろくなり、加工性が悪くなるので、けい素の含有率は適当に調整(1〜3[%]程度)される。圧延されて、**けい素鋼板**、あるいは、**けい素鋼帯**として使用される。

るいはイオンが、結晶構
造のような規則性を持た
ない状態のことです。

アモルファス鉄心は、
鉄、けい素などを原材料
に、溶融状態から急激に
冷却することで作られます。

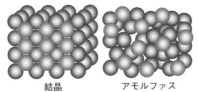

図7.6 結晶構造とアモルファス構造

アモルファス変圧器は、従来のけい素鋼帯を使用した同容量
の変圧器に比べて、次のような特徴があります。

a. 鉄損が大幅に少ない。

b. 高硬度で加工性があまりよくない。

c. 高価である。

d. 磁束密度を高くできないので、大形になる。

(2) 永久磁石材料

永久磁石材料は、**残留磁気**と**保磁力**が大きく、温度変化、振
動、衝撃に対して磁気特性が安定していることが必要です。電
気計器や小形の回転界磁形同期機の界磁などに利用されていま
す。

例題にチャレンジ！

アモルファス鉄心材料を使用した柱上変圧器の特徴に関する
記述として、誤っているのは次のうちどれか。

(1) けい素鋼帯を使用した同容量の変圧器に比べて、鉄損が大
幅に少ない。

(2) アモルファス鉄心材料は結晶構造である。

(3) アモルファス鉄心材料は高硬度で、加工性があまりよくな
い。

(4) アモルファス鉄心材料は比較的高価である。

(5) けい素鋼帯を使用した同容量の変圧器に比べて、磁束密度
を高くできないので、大形になる。

理解度チェック問題

問題 次の　　　の中に適当な答えを記入せよ。

1. 導電材料には、次のような性質が求められる。
   a. 導電率が　(ア)　(抵抗率が　(イ)　)こと。
   b. 　(ウ)　しやすいこと。
   c. 資源量が豊富で、　(エ)　なこと。
   d. 機械的強度が大きいこと。
   e. 化学的に安定していること。

2. 鉄心材料(磁心材料)には、次のような性質が求められる。
   a. 透磁率が　(オ)　こと。
   b. 飽和磁束密度が　(カ)　こと。
   c. ヒステリシス損が少ないこと。　(キ)　と　(ク)　が小さいこと。
   d. 抵抗率が　(ケ)　こと。

3. 永久磁石材料には、次のような性質が求められる。
   a. 　(キ)　と　(ク)　が大きいこと。
   b. 温度変化、振動、衝撃に対して磁気特性が安定していること。

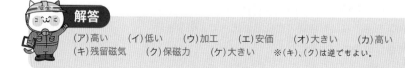

解答

(ア)高い　　(イ)低い　　(ウ)加工　　(エ)安価　　(オ)大きい　　(カ)高い
(キ)残留磁気　　(ク)保磁力　　(ケ)大きい　　※(キ)、(ク)は逆でもよい。

重 要 公 式 集

テキスト編の重要公式をまとめて収録しました。

いずれも計算問題で頻出の公式です。

計算問題で実際に使えるように、しっかりマスターしましょう。

第1章 水力発電

LESSON 1
....
水の特性とベルヌーイ
の定理

⚠重要 公式 連続の定理

$$Q = A_a v_a = A_b v_b \,[\mathrm{m^3/s}] \tag{1}$$

Q：流量〔$\mathrm{m^3/s}$〕　A：断面積〔$\mathrm{m^2}$〕　v：流速〔$\mathrm{m/s}$〕

⚠重要 公式 ベルヌーイの定理

$$mgH = mgh + \frac{mp}{\rho} + \frac{1}{2}mv^2 = 一定 \,[\mathrm{J}] \tag{3}$$

m：水の質量〔kg〕　　　　g：重力加速度〔$\mathrm{m/s^2}$〕
H：基準面からの水槽水面の高さ〔m〕
h：任意の点の高さ〔m〕　　p：任意の点の圧力〔Pa〕
ρ：水の密度〔$\mathrm{kg/m^3}$〕　　v：任意の点の流速〔$\mathrm{m/s}$〕

⚠重要 公式 ベルヌーイの定理の水頭値による表現

$$H = h + \frac{p}{\rho g} + \frac{v^2}{2g} = 一定 \,[\mathrm{m}] \tag{4}$$

H：全水頭　h：位置水頭　$\dfrac{p}{\rho g}$：圧力水頭　$\dfrac{v^2}{2g}$：速度水頭

⚠重要 公式 損失水頭を考慮したベルヌーイの定理（水頭値による表現）

$$H = h + \frac{p}{\rho g} + \frac{v^2}{2g} + h_l = 一定 \,[\mathrm{m}] \tag{5}$$

h_l：損失水頭

> ⚠️**重要** **公式** **流出係数**
>
> $$流出係数\ \alpha = \frac{年間河川流量\ V_2\ (\text{m}^3)}{年間降雨総量\ V_1\ (\text{m}^3)} \qquad (6)$$

> ⚠️**重要** **公式** **年間平均流量**
>
> $$Q = \frac{Sh\alpha}{365 \times 24 \times 60 \times 60}\ (\text{m}^3/\text{s}) \qquad (7)$$
>
> Sh：年間降雨総量（流域面積 S × 年間降雨量 h）
> α　：流出係数

> ⚠️**重要** **公式** **落差**
>
> 有効落差 H ＝ 総落差 H_0 － 損失落差 h_l 〔m〕　(8)

> ⚠️**重要** **公式** **理論水力**
>
> 理論水力 $P_0 = 9.8QH$ 〔kW〕　(9)
>
> H：有効落差〔m〕　　Q：流量〔m³/s〕

> ⚠️**重要** **公式** **発電機出力**
>
> 発電機出力 $P = 9.8QH\eta_t\eta_g$ 〔kW〕　(10)
>
> η_t：水車効率　　　η_g：発電機効率

> ⚠️**重要** **公式** **比速度**
>
> $$N_s = N \times \frac{P^{\frac{1}{2}}}{H^{\frac{5}{4}}}\ (\text{m} \cdot \text{kW}) \qquad (11)$$
>
> N：回転速度〔min⁻¹〕　P：出力〔kW〕　H：有効落差〔m〕

> ⚠️**重要** **公式** **揚程**
>
> 全揚程 H_P ＝ 実揚程 H_0 ＋ 損失落差 h_P 〔m〕　(12)

> ⚠️**重要** **公式** **揚水ポンプ電動機の揚水所要電力**
>
> $$P_P = \frac{9.8Q_PH_P}{\eta_P\eta_m} = \frac{9.8Q_P(H_0+h_P)}{\eta_P\eta_m}\ (\text{kW}) \qquad (13)$$
>
> η_P：ポンプ効率　　　η_m：電動機効率
> h_P：揚水時損失落差

！重要 公式　揚水発電所の総合効率

$$\eta = \frac{\text{発電電力量}}{\text{揚水に必要な電力量}}$$

$$= \frac{\dfrac{9.8V(H_0-h_g)\,\eta_t\eta_g}{3600}}{\dfrac{9.8V(H_0+h_P)}{3600\,\eta_P\eta_m}} = \frac{H_0-h_g}{H_0+h_P}\,\eta_t\eta_g\eta_P\eta_m \tag{17}$$

V：水量　　h_P：揚水時損失落差　　h_g：発電時損失落差

！重要 公式　速度変動率

$$\delta = \frac{N_m - N_n}{N_n} \times 100 \,(\%) \tag{18}$$

N_m：状態変化後の回転速度　　　N_n：定格回転速度

！重要 公式　速度調定率

$$\text{速度調定率}\,R = \frac{\dfrac{N_2-N_1}{N_n}}{\dfrac{P_1-P_2}{P_n}} \times 100 \,(\%) \tag{19}$$

P_1、P_2：状態変化の前後の出力　　　　P_n：定格出力
N_1、N_2：状態変化の前後の回転速度　　N_n：定格回転速度

！重要 公式　速度調定率の別バージョン1

$$\text{速度調定率}\,R = \frac{N_2 - N_n}{N_n} \times 100 \,(\%) \tag{20}$$

N_2：状態変化後の回転速度　　　N_n：定格回転速度

！重要 公式　速度調定率の別バージョン2

$$\text{速度調定率}\,R = \frac{f_0 - f_n}{f_n} \times 100 \,(\%) \tag{21}$$

f_0：状態変化後の周波数　　　f_n：定格周波数

！重要 公式　発電機周波数特性定数

$$K_G = \frac{\Delta P_G}{\Delta f} \,(\text{MW/Hz}) \tag{23}$$

ΔP_G：発電機出力変化量〔MW〕　　Δf：周波数変化量〔Hz〕

LESSON 8

速度制御と
速度調定率①

LESSON 9

速度制御と
速度調定率②

第2章　火力発電

LESSON 10

火力発電の概要

> **! 重要 公式　熱力学温度（絶対温度）**
> $$T = t + 273.15 \, [\mathrm{K}]$$
> $t \, [{}^\circ\mathrm{C}]$：セルシウス温度

(1)

> **! 重要 公式　電力量と熱量**
> $$1 \, [\mathrm{W \cdot s}] = 1 \, [\mathrm{J}]$$
> $$1 \, [\mathrm{kW \cdot h}] = 3600 \, [\mathrm{kJ}]$$

(2)

> **! 重要 公式　熱容量**
> $$C = cm \, [\mathrm{J/K}]$$
> c：比熱 $[\mathrm{J/(kg \cdot K)}]$　　m：物体の質量 $[\mathrm{kg}]$

(3)

> **! 重要 公式　熱量**
> $$Q = C\theta = cm\theta \, [\mathrm{J}]$$
> $\theta \, [\mathrm{K}]$：物体の温度

(4)

LESSON 14

燃料と燃焼

> **! 重要 公式　空気過剰率（空気比）**
> $$\mu = \frac{A}{A_0}$$
> A：所要空気量　　A_0：理論空気量

(5)

> **! 重要 公式　完全燃焼に必要な理論空気量**
> $$A_0 = \frac{1}{0.21}\left(\frac{22.4}{12}C + \frac{22.4}{4}H + \frac{22.4}{32}S\right)$$
> $$= \frac{22.4}{0.21}\left(\frac{C}{12} + \frac{H}{4} + \frac{S}{32}\right) \, [\mathrm{m^3/kg}]$$
> C：炭素 $[\mathrm{kg}]$　　H：水素 $[\mathrm{kg}]$　　S：硫黄 $[\mathrm{kg}]$

(6)

！重要 公式 ボイラ効率

$$\eta_B = \frac{\text{ボイラで吸収した全熱量}}{\text{燃料の保有全熱量}}$$

$$= \frac{Z(i_s - i_w)}{BH} \tag{7}$$

Z：蒸気・給水流量〔kg/h〕　　B：燃料供給量〔kg/h〕
H：燃料の発熱量〔kJ/kg〕
i_s：ボイラ出口蒸気のエンタルピー〔kJ/kg〕
i_w：ボイラ入口給水のエンタルピー〔kJ/kg〕

！重要 公式 熱サイクル効率

$$\eta_C = \frac{\text{タービンで消費した全熱量}}{\text{ボイラで吸収した全熱量}}$$

$$= \frac{i_s - i_e}{i_s - i_w} \tag{8}$$

i_e：タービン排気のエンタルピー〔kJ/kg〕

！重要 公式 タービン効率

$$\eta_t = \frac{\text{タービンの機械的出力（熱量換算値）}}{\text{タービンで消費した全熱量}}$$

$$= \frac{3600 P_T}{Z(i_s - i_e)} \tag{9}$$

P_T：タービン出力〔kW〕

！重要 公式 タービン室効率

$$\eta_T = \frac{\text{タービンの機械的出力（熱量換算値）}}{\text{ボイラで吸収した全熱量}}$$

$$= \frac{3600 P_T}{Z(i_s - i_w)} = \eta_C \eta_t \tag{10}$$

！重要 公式 発電機効率

$$\eta_g = \frac{\text{発電機出力（＝発電端出力）}}{\text{タービンの機械的出力}} = \frac{P_G}{P_T} \tag{11}$$

P_G：発電機出力〔kW〕

⚠️**重要** 公式 **発電端熱効率**

$$\eta_P = \frac{発電端出力（熱量換算値）}{燃料の保有全熱量}$$

$$= \frac{3600P_G}{BH} \qquad (12)$$

⚠️**重要** 公式 **送電端熱効率**

$$\eta = \frac{送電端出力（熱量換算値）}{燃料の保有全熱量} = \frac{3600(P_G - P_L)}{BH}$$

$$= \frac{3600P_G}{BH}\left(1 - \frac{P_L}{P_G}\right) = \eta_P(1 - L) \qquad (13)$$

P_L：所内電力〔kW〕

⚠️**重要** 公式 **所内比率（所内率）**

$$L = \frac{所内電力}{発電機出力} = \frac{P_L}{P_G} \qquad (14)$$

⚠️**重要** 公式 **燃料消費率**

$$F = \frac{B}{P_G} = \frac{3600}{H\eta_p} \quad \begin{array}{l} 〔\mathrm{kg/(kW \cdot h)}〕 \\ （または〔\ell/(kW \cdot h)〕） \end{array} \qquad (15)$$

B：燃料供給量　　　P_G：発電機出力
H：燃料の発熱量　　η_p：発電端熱効率

⚠️**重要** 公式 **熱消費率**

$$J = \frac{BH}{P_G} = \frac{3600}{\eta_p} \quad 〔\mathrm{kJ/(kW \cdot h)}〕 = FH \qquad (16)$$

⚠️**重要** 公式 **コンバインドサイクル発電の熱効率**

$$\eta = \eta_G + (1 - \eta_G) \cdot \eta_S$$

$$= \eta_G + \eta_S - \eta_G \cdot \eta_S \qquad (17)$$

η_G：ガスタービンの熱効率
η_S：蒸気タービンの熱効率

第3章　原子力発電とその他の発電

> **⚠重要 公式** 質量欠損により生じるエネルギー
> $$E = mc^2 \,[\text{J}] \tag{1}$$
> m：質量欠損〔kg〕　　c：光速〔m/s〕

> **⚠重要 公式** 風車で得られる単位時間当たりのエネルギー
> $$P = \frac{1}{2} C_p \rho A v^3 \,[\text{W}] \tag{3}$$
> C_p：風車の出力係数(風車ロータのパワー係数)
> ρ　：空気の密度〔kg/m³〕
> A　：風車の受風面積(回転面積)〔m²〕
> v　：風速〔m/s〕

第4章　変電所

> **⚠重要 公式** コンデンサ容量
> $$Q_C = P_L(\tan\theta_1 - \tan\theta_2) \,[\text{kvar}] \tag{1}$$
> P_L：負荷の有効電力〔kW〕　　θ_1、θ_2：変更前後の力率角

> **⚠重要 公式** ％インピーダンスの計算方法①
> $$\%Z = \frac{Z}{Z_n} \times 100 \,[\%] \tag{2}$$
> Z　：変圧器のインピーダンス〔Ω〕
> Z_n：定格(基準)インピーダンス〔Ω〕

> **⚠重要 公式** ％インピーダンスの計算方法②
> $$\%Z = \frac{Z \cdot I_n}{E_n} \times 100 \,[\%] \tag{3}$$
> I_n：定格電流($Z \cdot I_n$：電圧降下)〔A〕　　E_n：定格電圧〔V〕

> **⚠重要 公式** ％インピーダンスの計算方法③
> $$\%Z = \frac{Z \cdot P_n}{E_n{}^2} \times 100 \,[\%] \tag{4}$$
> P_n：定格(基準)容量〔V·A〕

(!) 重要 公式 基準容量の合わせ方

$$\%Z' = \%Z \times \frac{P'}{P} \ (\%) \tag{5}$$

$\%Z'$：新基準容量 P' の新％インピーダンス
$\%Z$ ：ある基準容量 P の旧％インピーダンス

(!) 重要 公式 2台の変圧器 A・B が負荷 P_L 〔kV·A〕をかけて並行運転している場合、それぞれの変圧器が分担する負荷 P_A 〔kV·A〕

分子は相手側の B

$$P_A = P_L \times \frac{\%Z_2'}{\%Z_1 + \%Z_2'} = P_L \times \frac{\%Z_2 \left(\dfrac{P_1}{P_2} \right)}{\%Z_1 + \%Z_2 \left(\dfrac{P_1}{P_2} \right)}$$

$$= \frac{\%Z_2 P_1}{\%Z_1 P_2 + \%Z_2 P_1} P_L \ \text{〔kV·A〕} \tag{6}$$

P_1：A変圧器の容量　　$\%Z_1$：A変圧器の％インピーダンス
P_2：B変圧器の容量　　$\%Z_2$：B変圧器の％インピーダンス
$\%Z_2'$：基準容量に換算したB変圧器の％インピーダンス
　　（基準容量：P_1）

(!) 重要 公式 2台の変圧器 A・B が負荷 P_L 〔kV·A〕をかけて並行運転している場合、それぞれの変圧器が分担する負荷 P_B 〔kV·A〕

$$P_B = P_L - P_A = \frac{\%Z_1 P_2}{\%Z_1 P_2 + \%Z_2 P_1} P_L \ \text{〔kV·A〕} \tag{7}$$

第5章　送電

> ⓘ **重要** 公式　作用静電容量
>
> $$C = C_s + 3C_m \, [\text{F}] \qquad (3)$$
>
> C_s：導体－大地間の静電容量〔F〕
> C_m：導体間の静電容量〔F〕

> ⓘ **重要** 公式　送電電力
>
> 1相当たり　$P' = E_r I \cos\theta \, [\text{W}] = \dfrac{E_s E_r}{X} \sin\delta \, [\text{W}] \qquad (5)$
>
> 3相分　$P = 3P' = 3\dfrac{E_s E_r}{X} \sin\delta = \dfrac{V_s V_r}{X} \sin\delta \, [\text{W}] \qquad (6)$
>
> P'：負荷1相当たりの消費電力〔W〕
> $E_s \cdot E_r$：送電端・受電端の相電圧〔V〕
> I：電流〔A〕　　　　　θ：負荷の力率角
> X：リアクタンス〔Ω〕　δ：相差角
> $V_s \cdot V_r$：送電端・受電端の線間電圧〔V〕

> ⓘ **重要** 公式　定態安定極限電力
>
> $$P_{\max} = \dfrac{V_s V_r}{X} \, [\text{W}] \qquad (7)$$

> ⓘ **重要** 公式　架空送電線のたるみ
>
> $$D = \dfrac{WS^2}{8T} \, [\text{m}] \qquad (8)$$
>
> S：径間〔m〕　T：支持点の水平方向の張力〔N〕
> W：電線1〔m〕当たりに加わる合成荷重〔N/m〕

> ⓘ **重要** 公式　電線の実長
>
> $$L = S + \dfrac{8D^2}{3S} \, [\text{m}] \qquad (9)$$

> ⓘ **重要** 公式　温度変化による電線の実長の変化
>
> $$L_2 = L_1 \{1 + \alpha (t_2 - t_1)\} \, [\text{m}] \qquad (10)$$
>
> $L_1 \cdot L_2$：温度変化前後の電線実長〔m〕
> $t_1 \cdot t_2$：変化前後の温度〔℃〕
> α：電線材料の線膨張率（線膨張係数）〔1/℃〕

! 重要 公式 1相当たりの誘電体損

$$W_1 = \omega C E^2 \tan\delta = 2\pi f C E^2 \tan\delta \ \text{[W]} \qquad (12)$$

$\omega = 2\pi f$：電源の角周波数〔rad/s〕
C：1線当たりの静電容量〔F〕
E：相電圧〔V〕
$\tan\delta$：誘電正接(δ：誘電損失角)

! 重要 公式 3相(ケーブル3線合計)の誘電体損

$$W_3 = 3 \times \omega C E^2 \tan\delta = 3 \times \omega C \left(\frac{V}{\sqrt{3}}\right)^2 \tan\delta$$

$$= \omega C V^2 \tan\delta = 2\pi f C V^2 \tan\delta \ \text{[W]} \qquad (13)$$

V：線間電圧〔V〕

! 重要 公式 ケーブルの作用静電容量

$$C = C_s + 3C_m \ \text{[F]} \qquad (14)$$

C_s：対地静電容量　　　C_m：線間静電容量

! 重要 公式 ケーブルの充電電流I_Cおよび充電容量Q

$$I_C = \omega C E = \omega C \frac{V}{\sqrt{3}} = 2\pi f C \frac{V}{\sqrt{3}} \ \text{[A]} \qquad (15)$$

$$Q = 3\omega C E^2 = \omega C V^2 = 2\pi f C V^2 \ \text{[var]} \qquad (16)$$

C：1相当たりの静電容量〔F〕
E：相電圧〔V〕　　　V：線間電圧〔V〕　　　f：周波数〔Hz〕

! 重要 公式 短絡電流I_Sと短絡容量P_S

$$I_S = I_n \times \frac{100}{\%Z} \ \text{[A]} \qquad (17)$$

$$P_S = P_n \times \frac{100}{\%Z} \ \text{[V·A]} \qquad (18)$$

I_n：基準電流〔A〕　　　P_n：基準容量〔V·A〕
$\%Z$：％インピーダンス〔％〕

> **⚠重要 公式** 地絡電流 $\dot{I}_g$（完全地絡）

$$\dot{I}_g = \frac{\dfrac{V}{\sqrt{3}}}{\dot{Z}_F} = \frac{V}{\sqrt{3}}\left(\frac{1}{\dot{Z}_n} + j\omega 3C\right)\,[\text{A}] \tag{22}$$

$\dfrac{V}{\sqrt{3}}$：故障前の対地電圧〔V〕

$\dot{Z}_F$：故障点から見た系統側のインピーダンス〔Ω〕

$\dot{Z}_n$：中性点接地インピーダンス〔Ω〕

> **⚠重要 公式** 地絡電流 $\dot{I}_g{}'$（地絡抵抗 R_g〔Ω〕を介して地絡）

$$\dot{I}_g{}' = \frac{\dfrac{V}{\sqrt{3}}}{\dot{Z}_F{}'} = \frac{V}{\sqrt{3}} \times \cfrac{1}{R_g + \cfrac{1}{\cfrac{1}{\dot{Z}_n} + j\omega 3C}}\,[\text{A}]$$

$$\tag{24}$$

第6章 配電

> **⚠重要 公式** 単相2線式の線路損失 W_1
> $$W_1 = 2I^2R\,[\text{W}] \tag{16}$$
> I：線電流〔A〕　　R：線路の抵抗〔Ω〕

LESSON **43**

線路損失・電圧降下の
計算

> **⚠重要 公式** 三相3線式の線路損失 W_3
> $$W_3 = 3I^2R\,[\text{W}] \tag{17}$$

> **⚠重要 公式** 1相当たりの送電端電圧 E_s
> $$E_s \fallingdotseq E_r + I(R\cos\theta + X\sin\theta)\,[\text{V}] \tag{18}$$
> E_r：1相当たりの受電端電圧〔V〕
> $I(R\cos\theta + X\sin\theta)$〔V〕：1相当たり（1線当たり）の電圧降下〔V〕

> **⚠重要 公式** 単相2線式の線間の電圧降下 ΔV_1
> $$\Delta V_1 = 2I(R\cos\theta + X\sin\theta)\,[\text{V}] \tag{19}$$

> **⚠重要 公式** 三相3線式の線間の電圧降下 ΔV_3
> $$\Delta V_3 = \sqrt{3}\,I(R\cos\theta + X\sin\theta)\,[\text{V}] \tag{20}$$

ユーキャンの電験三種
独学の電力
合格テキスト&問題集

問 題 集 編

頻出過去問 100 題

電力科目の出題傾向を徹底分析し、
頻出の過去問 100 題を厳選収録しました。
どれも必ず完答しておきたい過去問です。
正答できるまで、くり返し取り組んでください。
各問には、テキスト編の参照ページ
（内容が複数レッスンに及ぶ場合は、主なレッスン）
を記載しています。理解が不足している項目については、
テキストを復習しましょう。

001 水の特性とベルヌーイの定理

　図の水管内を水が充満して流れている。点Aでは管の内径2.5mで、これより30m低い位置にある点Bでは内径2.0mである。点Aでは流速4.0m/sで圧力は25kPaと計測されている。このときの点Bにおける流速v〔m/s〕と圧力p〔kPa〕に最も近い値を組み合わせたのは次のうちどれか。

　なお、圧力は水面との圧力差とし、水の密度は$1.0 \times 10^3 \mathrm{kg/m^3}$とする。

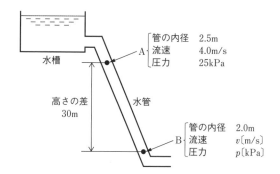

	流速v〔m/s〕	圧力p〔kPa〕
(1)	4.0	296
(2)	5.0	296
(3)	5.0	307
(4)	6.3	307
(5)	6.3	319

002 水の特性とベルヌーイの定理

テキスト LESSON **1**　　　　　難易度 高 **中** 低　　H11 A問題 問2　／／／

　水力発電所の水圧管内における単位体積当たりの水が保有している運動エネルギー (J/m^3) を表す式として、正しいのは次のうちどれか。

　ただし、水の速度は水圧管の同一断面において管路方向に均一とする。また、ρ は水の密度 (kg/m^3)、v は水の速度 (m/s) を表す。

(1)　$\dfrac{1}{2}\rho^2 v^2$　　(2)　$\dfrac{1}{2}\rho^2 v$　　(3)　$2\rho v$　　(4)　$\dfrac{1}{2}\rho v^2$　　(5)　$\sqrt{2\rho v}$

003 流量と落差

　ある河川のある地点に貯水池を有する水力発電所を設ける場合の発電計画について、次の(a)及び(b)の問に答えよ。

(a) 流域面積を15000km²、年間降水量750mm、流出係数0.7とし、年間の平均流量の値〔m³/s〕として、最も近いものを次の(1)～(5)のうちから一つ選べ。

(1)　25　　(2)　100　　(3)　175　　(4)　250　　(5)　325

(b) この水力発電所の最大使用水量を小問(a)で求めた流量とし、有効落差100m、水車と発電機の総合効率を80%、発電所の年間の設備利用率を60%としたとき、この発電所の年間発電電力量の値〔kW・h〕に最も近いものを次の(1)～(5)のうちから一つ選べ。

	年間発電電力量〔kW・h〕
(1)	100000000
(2)	400000000
(3)	700000000
(4)	1000000000
(5)	1300000000

004 流量と落差

テキスト **LESSON 2** など　　　　難易度 高 **中** 低　　**H24 A問題 問1**　／　／　／

次の文章は、水力発電の理論式に関する記述である。

　図に示すように、放水地点の水面を基準面とすれば、基準面から貯水池の静水面までの高さ H_g〔m〕を一般に ▢(ア)▢ という。また、水路や水圧管の壁と水との摩擦によるエネルギー損失に相当する高さ h_l〔m〕を ▢(イ)▢ という。さらに、H_g と h_l の差 $H = H_g - h_l$ を一般に ▢(ウ)▢ という。

　いま、Q〔m³/s〕の水が水車に流れ込み、水車の効率を η_w とすれば、水車出力 P_w は ▢(エ)▢ になる。さらに、発電機の効率を η_g とすれば、発電機出力 P は ▢(オ)▢ になる。ただし、重力加速度は 9.8〔m/s²〕とする。

　上記の記述中の空白箇所(ア)、(イ)、(ウ)、(エ)及び(オ)に当てはまる組合せとして、正しいものを次の(1)～(5)のうちから一つ選べ。

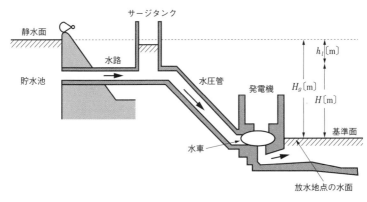

	(ア)	(イ)	(ウ)	(エ)	(オ)
(1)	総落差	損失水頭	実効落差	$9.8QH\eta_w \times 10^3$〔W〕	$9.8QH\eta_w\eta_g \times 10^3$〔W〕
(2)	自然落差	位置水頭	有効落差	$\dfrac{9.8QH}{\eta_w} \times 10^{-3}$〔kW〕	$\dfrac{9.8QH\eta_g}{\eta_w} \times 10^{-3}$〔kW〕
(3)	総落差	損失水頭	有効落差	$9.8QH\eta_w \times 10^3$〔W〕	$9.8QH\eta_w\eta_g \times 10^3$〔W〕
(4)	基準落差	圧力水頭	実効落差	$9.8QH\eta_w$〔kW〕	$9.8QH\eta_w\eta_g$〔kW〕
(5)	基準落差	速度水頭	有効落差	$9.8QH\eta_w$〔kW〕	$9.8QH\eta_w\eta_g$〔kW〕

005 水力発電の原理と特徴

　水力発電所の理論水力 P は位置エネルギーの式から $P = \rho g Q H$ と表される。ここで H〔m〕は有効落差、Q〔m³/s〕は流量、g は重力加速度 $= 9.8\text{m/s}^2$、ρ は水の密度 $= 1000\text{kg/m}^3$ である。以下に理論水力 P の単位を検証することとする。なお、Pa は「パスカル」、N は「ニュートン」、W は「ワット」、J は「ジュール」である。

　$P = \rho g Q H$ の単位は ρ、g、Q、H の単位の積であるから、kg/m³・m/s²・m³/s・m となる。これを変形すると、　(ア)　・m/s となるが、　(ア)　は力の単位　(イ)　と等しい。すなわち $P = \rho g Q H$ の単位は　(イ)　・m/s となる。ここで　(イ)　・m は仕事（エネルギー）の単位である　(ウ)　と等しいことから $P = \rho g Q H$ の単位は　(ウ)　/s と表せ、これは仕事率（動力）の単位である　(エ)　と等しい。ゆえに、理論水力 $P = \rho g Q H$ の単位は　(エ)　となるが、重力加速度 $g = 9.8\text{m/s}^2$ と水の密度 $\rho = 1000\text{ kg/m}^3$ の数値9.8と1000を考慮すると $P = 9.8QH$〔　(オ)　〕と表せる。

　上記の記述中の空白箇所(ア)、(イ)、(ウ)、(エ)及び(オ)に当てはまる組合せとして、正しいものを次の(1)～(5)のうちから一つ選べ。

	(ア)	(イ)	(ウ)	(エ)	(オ)
(1)	kg・m	Pa	W	J	kJ
(2)	kg・m/s²	Pa	J	W	kW
(3)	kg・m	N	J	W	kW
(4)	kg・m/s²	N	W	J	kJ
(5)	kg・m/s²	N	J	W	kW

006 水力発電の原理と特徴

　水力発電所において、有効落差100〔m〕、水車効率92〔%〕、発電機効率94〔%〕、定格出力2500〔kW〕の水車発電機が80〔%〕負荷で運転している。このときの流量〔m^3/s〕の値として、最も近いのは次のうちどれか。

(1)　1.76　　(2)　2.36　　(3)　3.69　　(4)　17.3　　(5)　23.1

007 水力発電の原理と特徴

 LESSON **3** など

難易度 高 **中** 低 H14 A問題 問1 ／／／

最大使用水量15m³/s、総落差110m、損失落差10mの水力発電所がある。年平均使用水量を最大使用水量の60%とするとき、この発電所の年間発電電力量〔GW・h〕の値として、最も近いのは次のうちどれか。

ただし、発電所総合効率は90%一定とする。

(1) 7.1　　(2) 70　　(3) 76　　(4) 84　　(5) 94

008 発電方式と諸設備

テキスト LESSON **4** など　　　難易度 高 **中** 低　　R2 A問題 問1　／　／　／

　ダム水路式発電所における水撃作用とサージタンクに関する記述として、誤っているものを次の(1)～(5)のうちから一つ選べ。

(1)　発電機の負荷を急激に遮断又は急激に増やした場合は、それに応動して水車の使用水量が急激に変化し、流速が減少又は増加するため、水圧管内の圧力の急上昇又は急降下が起こる。このような圧力の変動を水撃作用という。

(2)　水撃作用は、水圧管の長さが長いほど、水車案内羽根あるいは入口弁の閉鎖時間が短いほど、いずれも大きくなる。

(3)　水撃作用の発生による影響を緩和する目的で設置される水圧調整用水槽をサージタンクという。サージタンクにはその構造・動作によって、差動式、小孔式、水室式などがあり、いずれも密閉構造である。

(4)　圧力水路と水圧管との接続箇所に、サージタンクを設けることにより、水槽内部の水位の昇降によって、水撃作用を軽減することができる。

(5)　差動式サージタンクは、負荷遮断時の圧力増加エネルギーをライザ（上昇管）内の水面上昇によってすばやく吸収し、そのあとで小穴を通してタンク内の水位をゆっくり通常のタンク内水位に戻す作用がある。

009 発電方式と諸設備

水力発電に関する記述として、誤っているのは次のうちどれか。

(1) 水管を流れる水の物理的性質を示す式として知られるベルヌーイの定理は、力学的エネルギー保存の法則に基づく定理である。

(2) 水力発電所には、一般的に短時間で起動・停止ができる、耐用年数が長い、エネルギー変換効率が高いなどの特徴がある。

(3) 水力発電は昭和30年代前半までわが国の発電の主力であった。現在では、国産エネルギー活用の意義があるが、発電電力量の比率が小さいため、水力発電の電力供給面における役割は失われている。

(4) 河川の1日の流量を年間を通して流量の多いものから順番に配列して描いた流況曲線は、発電電力量の計画において重要な情報となる。

(5) 水力発電所は落差を得るための土木設備の構造により、水路式、ダム式、ダム水路式に分類される。

010 衝動水車と反動水車

テキスト LESSON 5 　　難易度 高 **中** 低　R1 A問題 問2 ／ ／ ／

次の文章は、水車の構造と特徴についての記述である。

（ア）を持つ流水がランナに流入し、ここから出るときの反動力により回転する水車を反動水車という。（イ）は、ケーシング（渦形室）からランナに流入した水がランナを出るときに軸方向に向きを変えるように水の流れをつくる水車である。一般に、落差40m〜500mの中高落差用に用いられている。

プロペラ水車ではランナを通過する流水が軸方向である。ランナには扇風機のような羽根がついている。流量が多く低落差の発電所で使用される。（ウ）はプロペラ水車の羽根を可動にしたもので、流量の変化に応じて羽根の角度を変えて効率がよい運転ができる。

一方、水の落差による（ア）を（エ）に変えてその流水をランナに作用させる構造のものが衝動水車である。（オ）は、水圧管路に導かれた流水が、ノズルから噴射されてランナバケットに当たり、このときの衝動力でランナが回転する水車である。高落差で流量の比較的少ない地点に用いられる。

上記の記述中の空白箇所(ア)、(イ)、(ウ)、(エ)及び(オ)に当てはまる組合せとして、正しいものを次の(1)〜(5)のうちから一つ選べ。

	(ア)	(イ)	(ウ)	(エ)	(オ)
(1)	圧力水頭	フランシス水車	カプラン水車	速度水頭	ペルトン水車
(2)	速度水頭	ペルトン水車	フランシス水車	圧力水頭	カプラン水車
(3)	圧力水頭	カプラン水車	ペルトン水車	速度水頭	フランシス水車
(4)	速度水頭	フランシス水車	カプラン水車	圧力水頭	ペルトン水車
(5)	圧力水頭	ペルトン水車	フランシス水車	速度水頭	カプラン水車

011 衝動水車と反動水車

次の文章は、水力発電に関する記述である。

水力発電は、水の持つ位置エネルギーを水車により機械エネルギーに変換し、発電機を回す。水車には衝動水車と反動水車がある。　(ア)　には　(イ)　、プロペラ水車などがあり、揚水式のポンプ水車としても用いられる。これに対し、　(ウ)　の主要な方式である　(エ)　は高落差で流量が比較的少ない場所で用いられる。

水車の回転速度は構造上比較的低いため、水車発電機は一般的に極数を　(オ)　するよう設計されている。

上記の記述中の空白箇所(ア)、(イ)、(ウ)、(エ)及び(オ)に当てはまる語句として、正しいものを組み合わせたのは次のうちどれか。

	(ア)	(イ)	(ウ)	(エ)	(オ)
(1)	反動水車	ペルトン水車	衝動水車	カプラン水車	多 く
(2)	衝動水車	フランシス水車	反動水車	ペルトン水車	少なく
(3)	反動水車	ペルトン水車	衝動水車	フランシス水車	多 く
(4)	衝動水車	フランシス水車	反動水車	斜流水車	少なく
(5)	反動水車	フランシス水車	衝動水車	ペルトン水車	多 く

012 比速度・キャビテーション

次の文章は、水車の比速度に関する記述である。

比速度とは、任意の水車の形(幾何学的形状)と運転状態(水車内の流れの状態)とを　(ア)　変えたとき、　(イ)　で単位出力(1kW)を発生させる仮想水車の回転速度のことである。

水車では、ランナの形や特性を表すものとしてこの比速度が用いられ、水車の　(ウ)　ごとに適切な比速度の範囲が存在する。

水車の回転速度を n [min^{-1}]、有効落差を H [m]、ランナ1個当たり又はノズル1個当たりの出力を P [kW] とすれば、この水車の比速度 n_s は、次の式で表される。

$$n_s = n \cdot \frac{P^{\frac{1}{2}}}{H^{\frac{5}{4}}}$$

通常、ペルトン水車の比速度は、フランシス水車の比速度より　(エ)　。

比速度の大きな水車を大きな落差で使用し、吸出し管を用いると、放水速度が大きくなって、　(オ)　やすくなる。そのため、各水車には、その比速度に適した有効落差が決められている。

上記の記述中の空白箇所(ア)、(イ)、(ウ)、(エ)及び(オ)に当てはまる組合せとして、正しいものを次の(1)～(5)のうちから一つ選べ。

	(ア)	(イ)	(ウ)	(エ)	(オ)
(1)	一定に保って有効落差を	単位流量 (1m³/s)	出力	大きい	高い効率を得
(2)	一定に保って有効落差を	単位落差 (1m)	種類	大きい	キャビテーションが生じ
(3)	相似に保って大きさを	単位流量 (1m³/s)	出力	大きい	高い効率を得
(4)	相似に保って大きさを	単位落差 (1m)	種類	小さい	キャビテーションが生じ
(5)	相似に保って大きさを	単位流量 (1m³/s)	出力	小さい	高い効率を得

013 比速度・キャビテーション

次の文章は、水車のキャビテーションに関する記述である。

　運転中の水車の流水経路中のある点で　(ア)　が低下し、そのときの　(イ)　以下になると、その部分の水は蒸発して流水中に微細な気泡が発生する。その気泡が　(ア)　の高い箇所に到達すると押し潰され消滅する。このような現象をキャビテーションという。水車にキャビテーションが発生すると、ランナやガイドベーンの壊食、効率の低下、　(ウ)　の増大など水車に有害な現象が現れる。

　吸出し管の高さを　(エ)　することは、キャビテーションの防止のため有効な対策である。

　上記の記述中の空白箇所(ア)、(イ)、(ウ)及び(エ)に当てはまる組合せとして、正しいものを次の(1)〜(5)のうちから一つ選べ。

	(ア)	(イ)	(ウ)	(エ)
(1)	流　速	飽和水蒸気圧	吸出し管水圧	低　く
(2)	流　速	最低流速	吸出し管水圧	高　く
(3)	圧　力	飽和水蒸気圧	吸出し管水圧	低　く
(4)	圧　力	最低流速	振動や騒音	高　く
(5)	圧　力	飽和水蒸気圧	振動や騒音	低　く

014 揚水発電と低落差発電

テキスト LESSON 7

難易度 高 中 低 　H28 A問題 問1 　／／／

　下記の諸元の揚水発電所を、運転中の総落差が変わらず、発電出力、揚水入力ともに一定で運転するものと仮定する。この揚水発電所における発電出力の値〔kW〕、揚水入力の値〔kW〕、揚水所要時間の値〔h〕及び揚水総合効率の値〔%〕として、最も近い値の組合せを次の(1)～(5)のうちから一つ選べ。

揚水発電所の諸元

総落差	$H_0 = 400\text{m}$
発電損失水頭	$h_G = H_0 の 3\%$
揚水損失水頭	$h_P = H_0 の 3\%$
発電使用水量	$Q_G = 60\text{m}^3/\text{s}$
揚水量	$Q_P = 50\text{m}^3/\text{s}$
発電運転時の効率	発電機効率η_G×水車効率$\eta_T = 87\%$
ポンプ運転時の効率	電動機効率η_M×ポンプ効率$\eta_P = 85\%$
発電運転時間	$T_G = 8\text{h}$

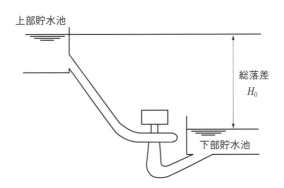

上部貯水池

総落差
H_0

下部貯水池

	発電出力〔kW〕	揚水入力〔kW〕	揚水所要時間〔h〕	揚水総合効率〔%〕
(1)	204600	230600	9.6	74.0
(2)	204600	230600	10.0	71.0
(3)	198500	237500	9.6	71.0
(4)	198500	237500	10.0	69.6
(5)	198500	237500	9.6	69.6

015 揚水発電と低落差発電

次の文章は、水力発電に用いる水車に関する記述である。

　水をノズルから噴出させ、水の位置エネルギーを運動エネルギーに変えた流水をランナに作用させる構造の水車を　(ア)　水車と呼び、代表的なものに　(イ)　水車がある。また、水の位置エネルギーを圧力エネルギーとして、流水をランナに作用させる構造の代表的な水車に　(ウ)　水車がある。さらに、流水がランナを軸方向に通過する　(エ)　水車もある。近年の地球温暖化防止策として、農業用水・上下水道・工業用水など少水量と低落差での発電が注目されており、代表的なものに　(オ)　水車がある。

　上記の記述中の空白箇所(ア)、(イ)、(ウ)、(エ)及び(オ)に当てはまる組合せとして、正しいものを次の(1)～(5)のうちから一つ選べ。

	(ア)	(イ)	(ウ)	(エ)	(オ)
(1)	反　動	ペルトン	プロペラ	フランシス	クロスフロー
(2)	衝　動	フランシス	カプラン	クロスフロー	ポンプ
(3)	反　動	斜　流	フランシス	ポンプ	プロペラ
(4)	衝　動	ペルトン	フランシス	プロペラ	クロスフロー
(5)	斜　流	カプラン	クロスフロー	プロペラ	フランシス

016 速度制御と速度調定率①

テキスト **LESSON 8**

難易度 **高** 中 低　 **H27 B問題 問15**

　定格出力1000MW、速度調定率5%のタービン発電機と、定格出力300MW、速度調定率3%の水車発電機が周波数調整用に電力系統に接続されており、タービン発電機は80%出力、水車発電機は60%出力をとって、定格周波数(60Hz)にてガバナフリー運転を行っている。

　系統の負荷が急変したため、タービン発電機と水車発電機は速度調定率に従って出力を変化させた。次の(a)及び(b)の問に答えよ。

　ただし、このガバナフリー運転におけるガバナ特性は直線とし、次式で表される速度調定率に従うものとする。また、この系統内で周波数調整を行っている発電機はこの2台のみとする。

$$速度調定率 = \frac{\dfrac{n_2 - n_1}{n_n}}{\dfrac{P_1 - P_2}{P_n}} \times 100 \, (\%)$$

P_1：初期出力〔MW〕　　　　n_1：出力P_1における回転速度〔min⁻¹〕

P_2：変化後の出力〔MW〕　　n_2：変化後の出力P_2における回転速度〔min⁻¹〕

P_n：定格出力〔MW〕　　　　n_n：定格回転速度〔min⁻¹〕

(a) 出力を変化させ、安定した後のタービン発電機の出力は900MWとなった。このときの系統周波数の値〔Hz〕として、最も近いものを次の(1)～(5)のうちから一つ選べ。

(1) 59.5　　(2) 59.7　　(3) 60　　(4) 60.3　　(5) 60.5

(b) 出力を変化させ、安定した後の水車発電機の出力の値〔MW〕として、最も近いものを次の(1)～(5)のうちから一つ選べ。

(1) 130　　(2) 150　　(3) 180　　(4) 210　　(5) 230

017 速度制御と速度調定率①

次の文章は、水車の調速機の機能と構造に関する記述である。

水車の調速機は、発電機を系統に並列するまでの間においては水車の回転速度を制御し、発電機が系統に並列した後は (ア) を調整し、また、事故時には回転速度の異常な (イ) を防止する装置である。調速機は回転速度などを検出し、規定値との偏差などから演算部で必要な制御信号を作って、パイロットバルブや配圧弁を介してサーボモータを動かし、ペルトン水車においては (ウ) 、フランシス水車においては (エ) の開度を調整する。

上記の記述中の空白箇所(ア)、(イ)、(ウ)及び(エ)に当てはまる組合せとして、正しいものを次の(1)～(5)のうちから一つ選べ。

	(ア)	(イ)	(ウ)	(エ)
(1)	出 力	上 昇	ニードル弁	ガイドベーン
(2)	電 圧	上 昇	ニードル弁	ランナベーン
(3)	出 力	下 降	デフレクタ	ガイドベーン
(4)	電 圧	下 降	デフレクタ	ランナベーン
(5)	出 力	上 昇	ニードル弁	ランナベーン

018 速度制御と速度調定率①

テキスト LESSON 8

難易度 高 **中** 低 H17 A問題 問1 ／ ／ ／

　水力発電所において、事故等により負荷が急激に減少すると、水車の回転速度は　(ア)　し、それに伴って発電機の周波数も変化する。周波数を規定値に保つため、　(イ)　が回転速度の変化を検出して、　(ウ)　水車ではニードル弁、　(エ)　水車ではガイドベーンの開度を加減させて水車の　(オ)　水量を調整し、回転速度を規定値に保つ。

　上記の記述中の空白箇所(ア)、(イ)、(ウ)、(エ)及び(オ)に記入する語句として、正しいものを組み合わせたのは次のうちどれか。

	(ア)	(イ)	(ウ)	(エ)	(オ)
(1)	上　昇	調速機	ペルトン	フランシス	流　入
(2)	下　降	調整機	プロペラ	ペルトン	流　入
(3)	上　昇	調整機	ペルトン	プロペラ	流　出
(4)	下　降	調速機	ペルトン	フランシス	流　出
(5)	上　昇	調速機	プロペラ	ペルトン	流　出

019 速度制御と速度調定率②

LESSON **9**

難易度 **高** 中 低　H19 B問題 問15 ／ ／ ／

　定格出力1000〔MW〕、速度調定率5〔%〕のタービン発電機と、定格出力300〔MW〕、速度調定率3〔%〕の水車発電機が電力系統に接続されており、タービン発電機は100〔%〕負荷、水車発電機は80〔%〕負荷をとって、定格周波数（50〔Hz〕）にて並列運転中である。

　負荷が急変し、タービン発電機の出力が600〔MW〕で安定したとき、次の(a)及び(b)に答えよ。

(a) このときの系統周波数〔Hz〕の値として、最も近いのは次のうちどれか。

　　ただし、ガバナ特性は直線とする。なお、速度調定率は次式で表される。

$$\text{速度調定率} = \frac{\dfrac{n_2 - n_1}{n_n}}{\dfrac{P_1 - P_2}{P_n}} \times 100 \, 〔\%〕$$

P_1：初期出力〔MW〕　　　n_1：出力P_1における回転速度〔min^{-1}〕

P_2：変化後の出力〔MW〕　n_2：変化後の出力P_2における回転速度〔min^{-1}〕

P_n：定格出力〔MW〕　　　n_n：定格回転速度〔min^{-1}〕

(1) 49.5　　(2) 50.0　　(3) 50.3　　(4) 50.6　　(5) 51.0

(b) このときの水車発電機の出力〔MW〕の値として、最も近いのは次のうちどれか。

(1) 40　　(2) 80　　(3) 100　　(4) 120　　(5) 180

020 火力発電の概要

　復水器の冷却に海水を使用し、運転している汽力発電所がある。このときの復水器冷却水流量は$30\text{m}^3/\text{s}$、復水器冷却水が持ち去る毎時熱量は$3.1 \times 10^9\text{kJ/h}$、海水の比熱容量は$4.0\text{kJ/(kg·K)}$、海水の密度は$1.1 \times 10^3\text{kg/m}^3$、タービンの熱消費率は$8000\text{kJ/(kW·h)}$である。

　この運転状態について、次の(a)及び(b)の問に答えよ。

　ただし、復水器冷却水が持ち去る熱以外の損失は無視するものとする。

(a) タービン出力の値〔MW〕として、最も近いものを次の(1)～(5)のうちから一つ選べ。

(1)　350　　(2)　500　　(3)　700　　(4)　800　　(5)　1000

(b) 復水器冷却水の温度上昇の値〔K〕として、最も近いものを次の(1)～(5)のうちから一つ選べ。

(1)　3.3　　(2)　4.7　　(3)　5.3　　(4)　6.5　　(5)　7.9

021 熱サイクル

　汽力発電所における再生サイクル及び再熱サイクルに関する記述として、誤っているものを次の(1)〜(5)のうちから一つ選べ。

(1)　再生サイクルは、タービン内の蒸気の一部を抽出して、ボイラの給水加熱を行う熱サイクルである。

(2)　再生サイクルは、復水器で失う熱量が減少するため、熱効率を向上させることができる。

(3)　再生サイクルによる熱効率向上効果は、抽出する蒸気の圧力、温度が高いほど大きい。

(4)　再熱サイクルは、タービンで膨張した湿り蒸気をボイラの過熱器で加熱し、再びタービンに送って膨張させる熱サイクルである。

(5)　再生サイクルと再熱サイクルを組み合わせた再熱再生サイクルは、ほとんどの大容量汽力発電所で採用されている。

022 熱サイクル

テキスト LESSON **11**　　　　　難易度 高 **中** 低　 H26 A問題 問2

　図に示す汽力発電所の熱サイクルにおいて、各過程に関する記述として誤っているものを次の(1)〜(5)のうちから一つ選べ。

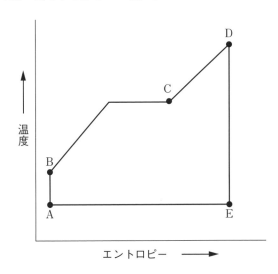

(1)　A→B：給水が給水ポンプによりボイラ圧力まで高められる断熱膨張の過程である。

(2)　B→C：給水がボイラ内で熱を受けて飽和蒸気になる等圧受熱の過程である。

(3)　C→D：飽和蒸気がボイラの過熱器により過熱蒸気になる等圧受熱の過程である。

(4)　D→E：過熱蒸気が蒸気タービンに入り復水器内の圧力まで断熱膨張する過程である。

(5)　E→A：蒸気が復水器内で海水などにより冷やされ凝縮した水となる等圧放熱の過程である。

023 熱サイクル

　図は、汽力発電所の基本的な熱サイクルの過程を、体積 V と圧力 P の関係で示した PV 線図である。

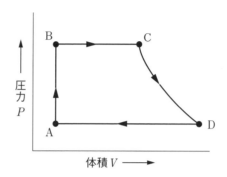

　図の汽力発電の基本的な熱サイクルを　（ア）　という。A→Bは、給水が給水ポンプで加圧されボイラに送り込まれる　（イ）　の過程である。B→Cは、この給水がボイラで加熱され、飽和水から乾き飽和蒸気となり、さらに加熱され過熱蒸気となる　（ウ）　の過程である。C→Dは、過熱蒸気がタービンで仕事をする　（エ）　の過程である。D→Aは、復水器で蒸気が水に戻る　（オ）　の過程である。

　上記の記述中の空白箇所(ア)、(イ)、(ウ)、(エ)及び(オ)に当てはまる語句として、正しいものを組み合わせたのは次のうちどれか。

	(ア)	(イ)	(ウ)	(エ)	(オ)
(1)	ランキンサイクル	断熱圧縮	等圧受熱	断熱膨張	等圧放熱
(2)	ブレイトンサイクル	断熱膨張	等圧放熱	断熱圧縮	等圧放熱
(3)	ランキンサイクル	等圧受熱	断熱膨張	等圧放熱	断熱圧縮
(4)	ランキンサイクル	断熱圧縮	等圧放熱	断熱膨張	等圧受熱
(5)	ブレイトンサイクル	断熱圧縮	等圧受熱	断熱膨張	等圧放熱

024 汽力発電の構成

次の文章は、汽力発電所の復水器の機能に関する記述である。

　汽力発電所の復水器は蒸気タービン内で仕事を取り出した後の　(ア)　蒸気を冷却して凝縮させる装置である。復水器内部の真空度を　(イ)　保持してタービンの　(ア)　圧力を　(ウ)　させることにより、　(エ)　の向上を図ることができる。なお、復水器によるエネルギー損失は熱サイクルの中で最も　(オ)　。

　上記の記述中の空白箇所(ア)～(オ)に当てはまる組合せとして、正しいものを次の(1)～(5)のうちから一つ選べ。

	(ア)	(イ)	(ウ)	(エ)	(オ)
(1)	抽　気	低　く	上　昇	熱効率	大きい
(2)	排　気	高　く	上　昇	利用率	小さい
(3)	排　気	高　く	低　下	熱効率	大きい
(4)	抽　気	高　く	低　下	熱効率	小さい
(5)	排　気	低　く	停　止	利用率	大きい

025 汽力発電の構成

　火力発電所のボイラ設備の説明として、誤っているものを次の(1)～(5)のうちから一つ選べ。

(1)　ドラムとは、水分と飽和蒸気を分離するほか、蒸発管への送水などをする装置である。

(2)　過熱器とは、ドラムなどで発生した飽和蒸気を乾燥した蒸気にするものである。

(3)　再熱器とは、熱効率の向上のため、一度高圧タービンで仕事をした蒸気をボイラに戻して加熱するためのものである。

(4)　節炭器とは、ボイラで発生した蒸気を利用して、ボイラ給水を加熱し、熱回収することによって、ボイラ全体の効率を高めるためのものである。

(5)　空気予熱器とは、火炉に吹き込む燃焼用空気を、煙道を通る燃焼ガスによって加熱し、ボイラ効率を高めるための熱交換器である。

026 汽力発電の構成

　汽力発電所の復水器はタービンの　(ア)　蒸気を冷却水で冷却凝結し、真空を作るとともに復水にして回収する装置である。復水器によるエネルギー損失は熱サイクルの中で最も　(イ)　、復水器内部の真空度を　(ウ)　保持してタービンの　(エ)　を低下させることにより、　(オ)　の向上を図ることができる。

　上記の記述中の空白箇所(ア)、(イ)、(ウ)、(エ)及び(オ)に当てはまる語句として、正しいものを組み合わせたのは次のうちどれか。

	(ア)	(イ)	(ウ)	(エ)	(オ)
(1)	抽　気	大きく	低　く	抽気圧力	熱効率
(2)	排　気	小さく	低　く	抽気圧力	利用率
(3)	排　気	大きく	低　く	排気温度	利用率
(4)	抽　気	小さく	高　く	排気圧力	熱効率
(5)	排　気	大きく	高　く	排気圧力	熱効率

027 タービン発電機

次の文章は、タービン発電機の水素冷却方式の特徴に関する記述である。

水素ガスは、空気に比べ （ア） が大きいため冷却効率が高く、また、空気に比べ （イ） が小さいため風損が小さい。

水素ガスは、（ウ） であるため、絶縁物への劣化影響が少ない。水素ガス圧力を高めると大気圧の空気よりコロナ放電が生じ難くなる。

水素ガスと空気を混合した場合は、水素ガス濃度が一定範囲内になると爆発の危険性があるので、これを防ぐため自動的に水素ガス濃度を （エ） 以上に維持している。

通常運転中は、発電機内の水素ガスが軸に沿って機外に漏れないように軸受の内側に （オ） によるシール機能を備えており、機内からの水素ガスの漏れを防いでいる。

上記の記述中の空白箇所（ア）、（イ）、（ウ）、（エ）及び（オ）に当てはまる組合せとして、正しいものを次の(1)〜(5)のうちから一つ選べ。

	（ア）	（イ）	（ウ）	（エ）	（オ）
(1)	比　熱	比　重	活　性	90％	窒素ガス
(2)	比　熱	比　重	活　性	60％	窒素ガス
(3)	比　熱	比　重	不活性	90％	油　膜
(4)	比　重	比　熱	活　性	60％	油　膜
(5)	比　重	比　熱	不活性	90％	窒素ガス

028 タービン発電機

　次の文章は、発電所に用いられる同期発電機である水車発電機とタービン発電機の特徴に関する記述である。

　水力発電所に用いられる水車発電機は直結する水車の特性からその回転速度はおおむね100min^{-1}〜1200min^{-1}とタービン発電機に比べ低速である。したがって、商用周波数50/60Hzを発生させるために磁極を多くとれる　（ア）　を用い、大形機では据付面積が小さく落差を有効に使用できる立軸形が用いられることが多い。タービン発電機に比べ、直径が大きく軸方向の長さが短い。

　一方、火力発電所に用いられるタービン発電機は原動機である蒸気タービンと直結し、回転速度が水車に比べ非常に高速なため2極機又は4極機が用いられ、大きな遠心力に耐えるように、直径が小さく軸方向に長い横軸形の　（イ）　を採用し、その回転子の軸及び鉄心は一体の鍛造軸材で作られる。

　水車発電機は、電力系統の安定度の面及び負荷遮断時の速度変動を抑える点から発電機の経済設計以上のはずみ車効果を要求される場合が多く、回転子直径がより大きくなり、鉄心の鉄量が多い、いわゆる鉄機械となる。

　一方、タービン発電機は、上述の構造のため界磁巻線を施す場所が制約され、大きな出力を得るためには電機子巻線の導体数が多い、すなわち銅量が多い、いわゆる銅機械となる。

　鉄機械は、体格が大きく重量が重く高価になるが、短絡比が　（ウ）　、同期インピーダンスが　（エ）　なり、電圧変動率が小さく、安定度が高く、　（オ）　が大きくなるといった利点をもつ。

　上記の記述中の空白箇所（ア）、（イ）、（ウ）、（エ）及び（オ）に当てはまる組合せとして、正しいものを次の(1)〜(5)のうちから一つ選べ。

	（ア）	（イ）	（ウ）	（エ）	（オ）
⑴	突極機	円筒機	大きく	小さく	線路充電容量
⑵	円筒機	突極機	大きく	小さく	線路充電容量
⑶	突極機	円筒機	大きく	小さく	部分負荷効率
⑷	円筒機	突極機	小さく	大きく	部分負荷効率
⑸	突極機	円筒機	小さく	大きく	部分負荷効率

029 タービン発電機

次の文章は、汽力発電所のタービン発電機の特徴に関する記述である。

　汽力発電所のタービン発電機は、水車発電機に比べ回転速度が　(ア)　なるため、　(イ)　強度を要求されることから、回転子の構造は　(ウ)　にし、水車発電機よりも直径を　(エ)　しなければならない。このため、水車発電機と同出力を得るためには軸方向に　(オ)　することが必要となる。

　上記の記述中の空白箇所(ア)、(イ)、(ウ)、(エ)及び(オ)に当てはまる組合せとして、最も適切なものを次の(1)～(5)のうちから一つ選べ。

	(ア)	(イ)	(ウ)	(エ)	(オ)
(1)	高 く	熱 的	突極形	小さく	長 く
(2)	低 く	熱 的	円筒形	大きく	短 く
(3)	高 く	機械的	円筒形	小さく	長 く
(4)	低 く	機械的	円筒形	大きく	短 く
(5)	高 く	機械的	突極形	小さく	長 く

030 燃料と燃焼

　定格出力200MWの石炭火力発電所がある。石炭の発熱量は28000kJ/kg、定格出力時の発電端熱効率は36％で、計算を簡単にするため潜熱の影響は無視するものとして、次の(a)及び(b)の問に答えよ。

　ただし、石炭の化学成分は重量比で炭素70％、水素他30％、炭素の原子量を12、酸素の原子量を16とし、炭素の酸化反応は次のとおりである。

　$C + O_2 \rightarrow CO_2$

(a) 定格出力にて1日運転したときに消費する燃料重量の値〔t〕として、最も近いものを次の(1)〜(5)のうちから一つ選べ。

　(1)　222　　(2)　410　　(3)　1062　　(4)　1714　　(5)　2366

(b) 定格出力にて1日運転したときに発生する二酸化炭素の重量の値〔t〕として、最も近いものを次の(1)〜(5)のうちから一つ選べ。

　(1)　327　　(2)　1052　　(3)　4399　　(4)　5342　　(5)　6285

031 燃料と燃焼

テキスト **LESSON 14** など　　　難易度 高 **中** 低　　H21 B問題 問15　　／　／　／

最大出力 600〔MW〕の重油専焼火力発電所がある。重油の発熱量は 44000〔kJ/kg〕で、潜熱は無視するものとして、次の(a)及び(b)に答えよ。

(a) 45000〔MW・h〕の電力量を発生するために、消費された重油の量が 9.3×10^3〔t〕であるときの発電端効率〔%〕の値として、最も近いのは次のうちどれか。

(1) 37.8　　(2) 38.7　　(3) 39.6　　(4) 40.5　　(5) 41.4

(b) 最大出力で24時間運転した場合の発電端効率が 40.0〔%〕であるとき、発生する二酸化炭素の量〔t〕として、最も近い値は次のうちどれか。

なお、重油の化学成分は重量比で炭素 85.0〔%〕、水素 15.0〔%〕、原子量は炭素12、酸素16とする。炭素の酸化反応は次のとおりである。

$C + O_2 \rightarrow CO_2$

(1) 3.83×10^2　　(2) 6.83×10^2　　(3) 8.03×10^2
(4) 9.18×10^3　　(5) 1.08×10^4

032 熱効率と向上対策

　定格出力10000kWの重油燃焼の汽力発電所がある。この発電所が30日間連続運転し、そのときの重油使用量は1100t、送電端電力量は5000MW·hであった。この汽力発電所のボイラ効率の値〔％〕として、最も近いものを次の(1)～(5)のうちから一つ選べ。

　なお、重油の発熱量は44000kJ/kg、タービン室効率は47％、発電機効率は98％、所内率は5％とする。

(1)　51　　(2)　77　　(3)　80　　(4)　85　　(5)　95

033 熱効率と向上対策

 LESSON **15**など

難易度 高 中 低　　H22 B問題 問15　　／／／

　最大発電電力600〔MW〕の石炭火力発電所がある。石炭の発熱量を26400〔kJ/kg〕として、次の(a)及び(b)に答えよ。

(a)　日負荷率95.0〔%〕で24時間運転したとき、石炭の消費量は4400〔t〕であった。発電端熱効率〔%〕の値として、最も近いのは次のうちどれか。

　　なお、日負荷率〔%〕＝$\dfrac{\text{平均発電電力}}{\text{最大発電電力}} \times 100$とする。

　(1)　37.9　　(2)　40.2　　(3)　42.4　　(4)　44.6　　(5)　46.9

(b)　タービン効率45.0〔%〕、発電機効率99.0〔%〕、所内比率3.00〔%〕とすると、発電端効率が40.0〔%〕のときのボイラ効率〔%〕の値として、最も近いのは次のうちどれか。

　(1)　40.4　　(2)　73.5　　(3)　87.1　　(4)　89.8　　(5)　92.5

034 熱効率と向上対策

難易度 高 **中** 低 ┃ H21 A問題 問3 ┃ / ┃ / ┃ / ┃

　汽力発電所における、熱効率の向上を図る方法として、誤っているのは次のうちどれか。

⑴　タービン入口の蒸気として、高温・高圧のものを採用する。

⑵　復水器の真空度を低くすることで蒸気はタービン内で十分に膨張して、タービンの羽根車に大きな回転力を与える。

⑶　節炭器を設置し、排ガスエネルギーを回収する。

⑷　高圧タービンから出た湿り飽和蒸気をボイラで再熱し、再び高温の乾き飽和蒸気として低圧タービンに用いる。

⑸　高圧及び低圧のタービンから蒸気を一部取り出し、給水加熱器に導いて給水を加熱する。

035 環境対策

難易度 高 **中** 低 H22 A問題 問2

火力発電所の環境対策に関する記述として、誤っているのは次のうちどれか。

(1) 燃料として天然ガス (LNG) を使用することは、硫黄酸化物による大気汚染防止に有効である。

(2) 排煙脱硫装置は、硫黄酸化物を粉状の石灰と水との混合液に吸収させ除去する。

(3) ボイラにおける酸素濃度の低下を図ることは、窒素酸化物低減に有効である。

(4) 電気集じん器は、電極に高電圧をかけ、ガス中の粒子をコロナ放電で放電電極から放出される正イオンによって帯電させ、分離・除去する。

(5) 排煙脱硝装置は、窒素酸化物を触媒とアンモニアにより除去する。

036 環境対策

　火力発電所において、燃料の燃焼によりボイラから発生する窒素酸化物を抑制するために、燃焼域での酸素濃度を　(ア)　する。燃焼温度を　(イ)　する等の燃焼方法の改善が有効であり、その一つの方法として排ガス混合法が用いられている。

　さらに、ボイラ排ガス中に含まれる窒素酸化物の削減方法として、　(ウ)　出口の排ガスにアンモニアを加え、混合してから触媒層に入れることにより、窒素酸化物を窒素と　(エ)　に変えるアンモニア接触還元法が適用されている。

　上記の記述中の空白箇所(ア)、(イ)、(ウ)及び(エ)に記入する語句として、正しいものを組み合わせたのは次のうちどれか。

	(ア)	(イ)	(ウ)	(エ)
(1)	高 く	低 く	再熱器	水蒸気
(2)	低 く	低 く	節炭器	二酸化炭素
(3)	低 く	高 く	過熱器	二酸化炭素
(4)	低 く	低 く	節炭器	水蒸気
(5)	高 く	高 く	過熱器	水蒸気

037 コンバインドサイクル発電

テキスト LESSON **17**　　　難易度 高 **中** 低　　H25 A問題 問2　／／／

　排熱回収方式のコンバインドサイクル発電所において、コンバインドサイクル発電の熱効率が48〔%〕、ガスタービン発電の排気が保有する熱量に対する蒸気タービン発電の熱効率が20〔%〕であった。

　ガスタービン発電の熱効率〔%〕の値として、最も近いものを次の(1)～(5)のうちから一つ選べ。

　ただし、ガスタービン発電の排気はすべて蒸気タービン発電に供給されるものとする。

(1)　23　　(2)　27　　(3)　28　　(4)　35　　(5)　38

038 コンバインドサイクル発電

　複数の発電機で構成されるコンバインドサイクル発電を、同一出力の単機汽力発電と比較した記述として、誤っているのは次のうちどれか。

(1)　熱効率が高い。

(2)　起動停止時間が長い。

(3)　部分負荷に対応するため、運転する発電機数を変えるので、熱効率の低下が少ない。

(4)　最大出力が外気温度の影響を受けやすい。

(5)　蒸気タービンの出力分担が少ないので、その分復水器の冷却水量が少なく、温排水量も少なくなる。

039　原子力発電の概要

次の文章は、原子燃料に関する記述である。

核分裂は様々な原子核で起こるが、ウラン235などのように核分裂を起こし、連鎖反応を持続できる物質を　(ア)　といい、ウラン238のように中性子を吸収して　(ア)　になる物質を　(イ)　という。天然ウラン中に含まれるウラン235は約　(ウ)　％で、残りは核分裂を起こしにくいウラン238である。ここで、ウラン235の濃度が天然ウランの濃度を超えるものは、濃縮ウランと呼ばれており、濃縮度3％から5％程度の　(エ)　は原子炉の核燃料として使用される。

上記の記述中の空白箇所(ア)〜(エ)に当てはまる組合せとして、正しいものを次の(1)〜(5)のうちから一つ選べ。

	(ア)	(イ)	(ウ)	(エ)
(1)	核分裂性物質	親物質	1.5	低濃縮ウラン
(2)	核分裂性物質	親物質	0.7	低濃縮ウラン
(3)	核分裂生成物	親物質	0.7	高濃縮ウラン
(4)	核分裂生成物	中間物質	0.7	低濃縮ウラン
(5)	放射性物質	中間物質	1.5	高濃縮ウラン

040 原子力発電の概要

　　原子力発電に用いられる M 〔g〕のウラン235を核分裂させたときに発生するエネルギーを考える。ここで想定する原子力発電所では、上記エネルギーの30％を電力量として取り出すことができるものとし、この電力量をすべて使用して、揚水式発電所で揚水できた水量は90000m³であった。このときの M の値〔g〕として、最も近い値を次の(1)〜(5)のうちから一つ選べ。

　　ただし、揚水式発電所の揚程は240m、揚水時の電動機とポンプの総合効率は84％とする。また、原子力発電所から揚水式発電所への送電で生じる損失は無視できるものとする。

　　なお、計算には必要に応じて次の数値を用いること。

　　　核分裂時のウラン235の質量欠損0.09％

　　　ウランの原子番号92

　　　真空中の光の速度 3.0×10^8 m/s

(1)　0.9　　(2)　3.1　　(3)　7.3　　(4)　8.7　　(5)　10.4

041 原子力発電の概要

 LESSON **18**

難易度 高(中)低　H23 A問題 問4

　ウラン235を3〔%〕含む原子燃料が1〔kg〕ある。この原子燃料に含まれるウラン235がすべて核分裂したとき、ウラン235の核分裂により発生するエネルギー〔J〕の値として、最も近いものを次の(1)～(5)のうちから一つ選べ。

　ただし、ウラン235が核分裂したときには、0.09〔%〕の質量欠損が生じるものとする。

(1)　2.43×10^{12}　　(2)　8.10×10^{13}　　(3)　4.44×10^{14}

(4)　2.43×10^{15}　　(5)　8.10×10^{16}

042 原子力発電の設備

テキスト LESSON **19** など 　　　難易度 高 **中** 低 　H28 A問題 問4　／／／

次の文章は、原子力発電における核燃料サイクルに関する記述である。

　天然ウランには主に質量数235と238の同位体があるが、原子力発電所の燃料として有用な核分裂性物質のウラン235の割合は、全体の0.7％程度にすぎない。そこで、採鉱されたウラン鉱石は製錬、転換されたのち、遠心分離法などによって、ウラン235の濃度が軽水炉での利用に適した値になるように濃縮される。その濃度は　(ア)　％程度である。さらに、その後、再転換、加工され、原子力発電所の燃料となる。

　原子力発電所から取り出された使用済燃料からは、　(イ)　によってウラン、プルトニウムが分離抽出され、これらは再び燃料として使用することができる。プルトニウムはウラン238から派生する核分裂性物質であり、ウランとプルトニウムとを混合した　(ウ)　を軽水炉の燃料として用いることをプルサーマルという。

　また、軽水炉の転換比は0.6程度であるが、高速中性子によるウラン238のプルトニウムへの変換を利用した　(エ)　では、消費される核分裂性物質よりも多くの量の新たな核分裂性物質を得ることができる。

　上記の記述中の空白箇所(ア)、(イ)、(ウ)及び(エ)に当てはまる組合せとして、正しいものを次の(1)～(5)のうちから一つ選べ。

	(ア)	(イ)	(ウ)	(エ)
(1)	3～5	再処理	MOX燃料	高速増殖炉
(2)	3～5	再処理	イエローケーキ	高速増殖炉
(3)	3～5	再加工	イエローケーキ	新型転換炉
(4)	10～20	再処理	イエローケーキ	高速増殖炉
(5)	10～20	再加工	MOX燃料	新型転換炉

043 原子力発電の設備

テキスト LESSON 19　　難易度 高 **中** 低　H19 A問題 問4　／／／

　軽水炉は、 （ア） を原子燃料とし、冷却材と （イ） に軽水を用いた原子炉であり、わが国の商用原子力発電所に広く用いられている。この軽水炉には、蒸気を原子炉の中で直接発生する （ウ） 原子炉と蒸気発生器を介して蒸気を作る （エ） 原子炉とがある。

　沸騰水型原子炉では、何らかの原因により原子炉の核分裂反応による熱出力が増加して、炉内温度が上昇した場合でも、それに伴う冷却材沸騰の影響でウラン235に吸収される熱中性子が自然に減り、原子炉の暴走が抑制される。これは、 （オ） と呼ばれ、原子炉固有の安定性をもたらす現象の一つとして知られている。

　上記の記述中の空白箇所（ア）、（イ）、（ウ）、（エ）及び（オ）に当てはまる語句として、正しいものを組み合わせたのは次のうちどれか。

	（ア）	（イ）	（ウ）	（エ）	（オ）
(1)	低濃縮ウラン	減速材	沸騰水型	加圧水型	ボイド効果
(2)	高濃縮ウラン	減速材	沸騰水型	加圧水型	ノイマン効果
(3)	プルトニウム	加速材	加圧水型	沸騰水型	キュリー効果
(4)	低濃縮ウラン	減速材	加圧水型	沸騰水型	キュリー効果
(5)	高濃縮ウラン	加速材	沸騰水型	加圧水型	ボイド効果

044 太陽光発電・風力発電

テキスト LESSON 20

難易度 高 **中** 低　　R2 A問題 問5

次の文章は、太陽光発電に関する記述である。

太陽光発電は、太陽電池の光電効果を利用して太陽光エネルギーを電気エネルギーに変換する。地球に降り注ぐ太陽光エネルギーは、$1m^2$当たり1秒間に約 （ア） kJに相当する。太陽電池の基本単位はセルと呼ばれ、 （イ） V程度の直流電圧が発生するため、これを直列に接続して電圧を高めている。太陽電池を系統に接続する際は、 （ウ） により交流の電力に変換する。

一部の地域では太陽光発電の普及によって （エ） に電力の余剰が発生しており、余剰電力は揚水発電の揚水に使われているほか、大容量蓄電池への電力貯蔵に活用されている。

上記の記述中の空白箇所（ア）〜（エ）に当てはまる組合せとして、正しいものを次の(1)〜(5)のうちから一つ選べ。

	（ア）	（イ）	（ウ）	（エ）
(1)	10	1	逆流防止ダイオード	日　中
(2)	10	10	パワーコンディショナ	夜　間
(3)	1	1	パワーコンディショナ	日　中
(4)	10	1	パワーコンディショナ	日　中
(5)	1	10	逆流防止ダイオード	夜　間

電力 原子力発電とその他の発電

045 太陽光発電・風力発電

テキスト LESSON 20

難易度 高 中 低

　ロータ半径が30mの風車がある。風車が受ける風速が10m/sで、風車のパワー係数が50％のとき、風車のロータ軸出力〔kW〕に最も近いものを次の(1)～(5)のうちから一つ選べ。ただし、空気の密度を1.2kg/m³とする。ここでパワー係数とは、単位時間当たりにロータを通過する風のエネルギーのうちで、風車が風から取り出せるエネルギーの割合である。

(1) 57　　(2) 85　　(3) 710　　(4) 850　　(5) 1700

046 太陽光発電・風力発電

難易度 高 **中** 低　H25 A問題 問5

次の文章は、太陽光発電に関する記述である。

現在広く用いられている太陽電池の変換効率は太陽電池の種類により異なるが、およそ (ア) 〔%〕である。太陽光発電を導入する際には、その地域の年間 (イ) を予想することが必要である。また、太陽電池を設置する (ウ) や傾斜によって (イ) が変わるので、これらを確認する必要がある。さらに、太陽電池で発電した直流電力を交流電力に変換するためには、電気事業者の配電線に連系して悪影響を及ぼさないための保護装置などを内蔵した (エ) が必要である。

上記の記述中の空白箇所(ア)、(イ)、(ウ)及び(エ)に当てはまる組合せとして、最も適切なものを次の(1)〜(5)のうちから一つ選べ。

	(ア)	(イ)	(ウ)	(エ)
(1)	7〜20	平均気温	影	コンバータ
(2)	7〜20	発電電力量	方　位	パワーコンディショナ
(3)	20〜30	発電電力量	強　度	インバータ
(4)	15〜40	平均気温	面　積	インバータ
(5)	30〜40	日照時間	方　位	パワーコンディショナ

047 燃料電池・地熱発電・その他の発電

テキスト LESSON **21**

難易度 高 **中** 低　　H21 A問題 問5　／　／　／

　バイオマス発電は、植物等の　(ア)　性資源を用いた発電と定義することができる。森林樹木、サトウキビ等はバイオマス発電用のエネルギー作物として使用でき、その作物に吸収される　(イ)　量と発電時の　(イ)　発生量を同じとすることができれば、環境に負担をかけないエネルギー源となる。ただ、現在のバイオマス発電では、発電事業として成立させるためのエネルギー作物等の　(ウ)　確保の問題や　(エ)　をエネルギーとして消費することによる作物価格への影響が課題となりつつある。

　上記の記述中の空白箇所(ア)、(イ)、(ウ)及び(エ)に当てはまる語句として、正しいものを組み合わせたのは次のうちどれか。

	(ア)	(イ)	(ウ)	(エ)
(1)	無　機	二酸化炭素	量　的	食　料
(2)	無　機	窒素化合物	量　的	肥　料
(3)	有　機	窒素化合物	質　的	肥　料
(4)	有　機	二酸化炭素	質　的	肥　料
(5)	有　機	二酸化炭素	量　的	食　料

048 燃料電池・地熱発電・その他の発電

テキスト LESSON 21

難易度 高 **中** 低　　H15 A問題 問5

燃料電池に関する記述として、誤っているのは次のうちどれか。

(1) 水の電気分解と逆の化学反応を利用した発電方式である。

(2) 燃料は外部から供給され、直接、交流電力を発生する。

(3) 燃料として、水素、天然ガス、メタノールなどが使用される。

(4) 太陽光発電や風力発電に比べて、発電効率が高い。

(5) 電解質により、リン酸形、溶融炭酸塩形、固体高分子形などに分類される。

049 変電所の機能

テキスト LESSON 22 など　　難易度 高 **中** 低　　H21 A問題 問6　／　／　／

　電力系統における変電所の役割と機能に関する記述として、誤っているのは次のうちどれか。

(1)　構外から送られる電気を、変圧器やその他の電気機械器具等により変成し、変成した電気を構外に送る。

(2)　送電線路で短絡や地絡事故が発生したとき、保護継電器により事故を検出し、遮断器にて事故回線を系統から切り離し、事故の波及を防ぐ。

(3)　送変電設備の局部的な過負荷運転を避けるため、開閉装置により系統切換を行って電力潮流を調整する。

(4)　無効電力調整のため、重負荷時には分路リアクトルを投入し、軽負荷時には電力用コンデンサを投入して、電圧をほぼ一定に保持する。

(5)　負荷変化に伴う供給電圧の変化時に、負荷時タップ切換変圧器等により電圧を調整する。

050 母線と開閉設備

　ガス絶縁開閉装置に関する記述として、誤っているものを次の(1)～(5)のうちから一つ選べ。

(1)　ガス絶縁開閉装置の充電部を支持するスペーサにはエポキシ等の樹脂が用いられる。

(2)　ガス絶縁開閉装置の絶縁ガスは、大気圧以下のSF_6ガスである。

(3)　ガス絶縁開閉装置の金属容器内部に、金属異物が混入すると、絶縁性能が低下することがあるため、製造時や据え付け時には、金属異物が混入しないよう、細心の注意が払われる。

(4)　我が国では、ガス絶縁開閉装置の保守や廃棄の際、絶縁ガスの大部分は回収されている。

(5)　絶縁性能の高いガスを用いることで装置を小形化でき、気中絶縁の装置を用いた変電所と比較して、変電所の体積と面積を大幅に縮小できる。

051 母線と開閉設備

次の文章は、送変電設備の断路器に関する記述である。

　断路器は　(ア)　をもたないため、定格電圧のもとにおいて　(イ)　の開閉をたてまえとしないものである。　(イ)　が流れている断路器を誤って開くと、接触子間にアークが発生して接触子は損傷を受け、焼損や短絡事故を生じる。したがって、誤操作防止のため、直列に接続されている遮断器の開放後でなければ断路器を開くことができないように　(ウ)　機能を設けてある。

　なお、断路器の種類によっては、短い線路や母線の　(エ)　及びループ電流の開閉が可能な場合もある。

　上記の記述中の空白箇所(ア)、(イ)、(ウ)及び(エ)に記入する語句として、正しいものを組み合わせたのは次のうちどれか。

	(ア)	(イ)	(ウ)	(エ)
(1)	消弧装置	励磁電流	インタロック	地絡電流
(2)	冷却装置	励磁電流	インタロック	充電電流
(3)	消弧装置	負荷電流	インタフェース	地絡電流
(4)	冷却装置	励磁電流	インタフェース	充電電流
(5)	消弧装置	負荷電流	インタロック	充電電流

052 計器用変成器と保護継電器

　計器用変成器において、変流器の二次端子は、常に　(ア)　負荷を接続しておかねばならない。特に、一次電流(負荷電流)が流れている状態では、絶対に二次回路を　(イ)　してはならない。これを誤ると、二次側に大きな　(ウ)　が発生し　(エ)　が過大となり、変流器を焼損する恐れがある。また、一次端子のある変流器は、その端子を被測定線路に　(オ)　に接続する。

　上記の記述中の空白箇所(ア)、(イ)、(ウ)、(エ)及び(オ)に当てはまる語句として、正しいものを組み合わせたのは次のうちどれか。

	(ア)	(イ)	(ウ)	(エ)	(オ)
(1)	高インピーダンス	開放	電圧	銅損	並列
(2)	低インピーダンス	短絡	誘導電流	銅損	並列
(3)	高インピーダンス	短絡	電圧	鉄損	直列
(4)	高インピーダンス	短絡	誘導電流	銅損	直列
(5)	低インピーダンス	開放	電圧	鉄損	直列

053 調相設備

次の文章は、調相設備に関する記述である。

送電線路の送・受電端電圧の変動が少ないことは、需要家ばかりでなく、機器への影響や電線路にも好都合である。負荷変動に対応して力率を調整し、電圧値を一定に保つため、調相設備を負荷と　（ア）　に接続する。

調相設備には、電流の位相を進めるために使われる　（イ）　、電流の位相を遅らせるために使われる　（ウ）　、また、両方の調整が可能な　（エ）　や近年ではリアクトルやコンデンサの容量をパワーエレクトロニクスを用いて制御する　（オ）　装置もある。

上記の記述中の空白箇所(ア)、(イ)、(ウ)、(エ)及び(オ)に当てはまる組合せとして、正しいものを次の(1)〜(5)のうちから一つ選べ。

	(ア)	(イ)	(ウ)	(エ)	(オ)
(1)	並 列	電力用コンデンサ	分路リアクトル	同期調相機	静止形無効電力補償
(2)	並 列	直列リアクトル	電力用コンデンサ	界磁調整器	PWM制御
(3)	直 列	電力用コンデンサ	直列リアクトル	同期調相機	静止形無効電力補償
(4)	直 列	直列リアクトル	分路リアクトル	界磁調整器	PWM制御
(5)	直 列	分路リアクトル	直列リアクトル	同期調相機	PWM制御

054 調相設備

テキスト LESSON 25

難易度 **高** 中 低　　H24 B問題 問17　／　／　／

　定格容量750〔kV・A〕の三相変圧器に遅れ力率0.9の三相負荷500〔kW〕が接続されている。

　この三相変圧器に新たに遅れ力率0.8の三相負荷200〔kW〕を接続する場合、次の(a)及び(b)の問に答えよ。

(a) 負荷を追加した後の無効電力〔kvar〕の値として、最も近いものを次の(1)～(5)のうちから一つ選べ。

(1)　339　　(2)　392　　(3)　472　　(4)　525　　(5)　610

(b) この変圧器の過負荷運転を回避するために、変圧器の二次側に必要な最小の電力用コンデンサ容量〔kvar〕の値として、最も近いものを次の(1)～(5)のうちから一つ選べ。

(1)　50　　(2)　70　　(3)　123　　(4)　203　　(5)　256

055 耐雷設備・絶縁協調

難易度 高 **中** 低　R2 A問題 問9

次の文章は、避雷器に関する記述である。

　避雷器は、雷又は回路の開閉などに起因する過電圧の　(ア)　がある値を超えた場合、放電により過電圧を抑制して、電気施設の絶縁を保護する装置である。特性要素としては　(イ)　が広く用いられ、その　(ウ)　の抵抗特性により、過電圧に伴う電流のみを大地に放電させ、放電後は　(エ)　を遮断することができる。発変電所用避雷器では、　(イ)　の優れた電圧−電流特性を利用し、放電耐量が大きく、放電遅れのない　(オ)　避雷器が主に使用されている。

　上記の記述中の空白箇所(ア)〜(オ)に当てはまる組合せとして、正しいものを次の(1)〜(5)のうちから一つ選べ。

	(ア)	(イ)	(ウ)	(エ)	(オ)
(1)	波頭長	SF_6	非線形	続　流	直列ギャップ付き
(2)	波高値	ZnO	非線形	続　流	ギャップレス
(3)	波高値	SF_6	線　形	制限電圧	直列ギャップ付き
(4)	波高値	ZnO	線　形	続　流	直列ギャップ付き
(5)	波頭長	ZnO	非線形	制限電圧	ギャップレス

056 耐雷設備・絶縁協調

次の文章は、避雷器とその役割に関する記述である。

避雷器とは、大地に電流を流すことで雷又は回路の開閉などに起因する　（ア）　を抑制して、電気施設の絶縁を保護し、かつ、　（イ）　を短時間のうちに遮断して、系統の正常な状態を乱すことなく、原状に復帰する機能をもつ装置である。

避雷器には、炭化けい素 (SiC) 素子や酸化亜鉛 (ZnO) 素子などが用いられるが、性能面で勝る酸化亜鉛素子を用いた酸化亜鉛形避雷器が、現在、電力設備や電気設備で広く用いられている。なお、発変電所用避雷器では、酸化亜鉛形　（ウ）　避雷器が主に使用されているが、配電用避雷器では、酸化亜鉛形　（エ）　避雷器が多く使用されている。

電力系統には、変圧器をはじめ多くの機器が接続されている。これらの機器を異常時に保護するための絶縁強度の設計は、最も経済的かつ合理的に行うとともに、系統全体の信頼度を向上できるよう考慮する必要がある。これを　（オ）　という。このため、異常時に発生する　（ア）　を避雷器によって確実にある値以下に抑制し、機器の保護を行っている。

上記の記述中の空白箇所（ア）、（イ）、（ウ）、（エ）及び（オ）に当てはまる組合せとして、正しいものを次の(1)～(5)のうちから一つ選べ。

	（ア）	（イ）	（ウ）	（エ）	（オ）
(1)	過電圧	続流	ギャップレス	直列ギャップ付き	絶縁協調
(2)	過電流	電圧	直列ギャップ付き	ギャップレス	電流協調
(3)	過電圧	電圧	直列ギャップ付き	ギャップレス	保護協調
(4)	過電流	続流	ギャップレス	直列ギャップ付き	絶縁協調
(5)	過電圧	続流	ギャップレス	直列ギャップ付き	保護協調

057 耐雷設備・絶縁協調

次の文章は、発変電所用避雷器に関する記述である。

避雷器はその特性要素の　(ア)　特性により、過電圧サージに伴う電流のみを大地に放電させ、サージ電流に続いて交流電流が大地に放電するのを阻止する作用を備えている。このため、避雷器は電力系統を地絡状態に陥れることなく過電圧の波高値をある抑制された電圧値に低減することができる。この抑制された電圧を避雷器の　(イ)　という。一般に発変電所用避雷器で処理の対象となる過電圧サージは、雷過電圧と　(ウ)　である。避雷器で保護される機器の絶縁は、当該避雷器の　(イ)　に耐えればよいこととなり、機器の絶縁強度設計のほか発変電所構内の　(エ)　などをも経済的、合理的に決定することができる。このような考え方を　(オ)　という。

上記の記述中の空白箇所(ア)、(イ)、(ウ)、(エ)及び(オ)に当てはまる組合せとして、正しいものを次の(1)〜(5)のうちから一つ選べ。

	(ア)	(イ)	(ウ)	(エ)	(オ)
(1)	非直線抵抗	制限電圧	開閉過電圧	機器配置	絶縁協調
(2)	非直線抵抗	回復電圧	短時間交流過電圧	機器寿命	保護協調
(3)	大容量抵抗	制限電圧	開閉過電圧	機器配置	保護協調
(4)	大容量抵抗	再起電圧	短時間交流過電圧	機器寿命	絶縁協調
(5)	無誘導抵抗	制限電圧	開閉過電圧	機器配置	絶縁協調

058 主変圧器

次の文章は、変圧器のY-Y結線方式の特徴に関する記述である。

一般に、変圧器のY-Y結線は、一次、二次側の中性点を接地でき、1線地絡などの故障に伴い発生する　(ア)　の抑制、電線路及び機器の絶縁レベルの低減、地絡故障時の　(イ)　の確実な動作による電線路や機器の保護等、多くの利点がある。

一方、相電圧は　(ウ)　を含むひずみ波形となるため、中性点を接地すると、　(ウ)　電流が線路の静電容量を介して大地に流れることから、通信線への　(エ)　障害の原因となる等の欠点がある。このため、　(オ)　による三次巻線を設けて、これらの欠点を解消する必要がある。

上記の記述中の空白箇所(ア)、(イ)、(ウ)、(エ)及び(オ)に当てはまる組合せとして、正しいものを次の(1)～(5)のうちから一つ選べ。

	(ア)	(イ)	(ウ)	(エ)	(オ)
(1)	異常電流	避雷器	第二調波	静電誘導	Δ結線
(2)	異常電圧	保護リレー	第三調波	電磁誘導	Y結線
(3)	異常電圧	保護リレー	第三調波	電磁誘導	Δ結線
(4)	異常電圧	避雷器	第三調波	電磁誘導	Δ結線
(5)	異常電流	保護リレー	第二調波	静電誘導	Y結線

059 主変圧器

変圧器の結線方式として用いられる Y-Y-Δ結線に関する記述として、誤っているものを次の(1)～(5)のうちから一つ選べ。

(1) 高電圧大容量変電所の主変圧器の結線として広く用いられている。

(2) 一次若しくは二次の巻線の中性点を接地することができない。

(3) 一次-二次間の位相変位がないため、一次-二次間を同位相とする必要がある場合に用いる。

(4) Δ結線がないと、誘導起電力は励磁電流による第三調波成分を含むひずみ波形となる。

(5) Δ結線は、三次回路として用いられ、調相設備の接続用、又は、所内電源用として使用することができる。

060 主変圧器

テキスト LESSON 27　　　難易度 高 中 低　H22 A問題 問7

　大容量発電所の主変圧器の結線を一次側三角形、二次側星形とするのは、二次側の線間電圧は相電圧の　(ア)　倍、線電流は相電流の　(イ)　倍であるため、変圧比を大きくすることができ、　(ウ)　に適するからである。また、一次側の結線が三角形であるから、　(エ)　電流は巻線内を環流するので二次側への影響がなくなるため、通信障害を抑制できる。

　一次側を三角形、二次側を星形に接続した主変圧器の一次電圧と二次電圧の位相差は、　(オ)　〔rad〕である。

　上記の記述中の空白箇所 (ア)、(イ)、(ウ)、(エ) 及び (オ) に当てはまる語句、式又は数値として、正しいものを組み合わせたのは次のうちどれか。

	(ア)	(イ)	(ウ)	(エ)	(オ)
(1)	$\sqrt{3}$	1	昇　圧	第3調波	$\dfrac{\pi}{6}$
(2)	$\dfrac{1}{\sqrt{3}}$	$\sqrt{3}$	降　圧	零　相	0
(3)	$\sqrt{3}$	$\dfrac{1}{\sqrt{3}}$	昇　圧	高周波	$\dfrac{\pi}{3}$
(4)	$\sqrt{3}$	$\dfrac{1}{\sqrt{3}}$	降　圧	零　相	$\dfrac{\pi}{3}$
(5)	$\dfrac{1}{\sqrt{3}}$	1	昇　圧	第3調波	0

061 変圧器のインピーダンス

　　　　難易度 (高)中 低　H28 A問題 問6　／　／　／

　一次側定格電圧と二次側定格電圧がそれぞれ等しい変圧器Aと変圧器Bがある。変圧器Aは、定格容量$S_A = 5000\text{kV·A}$、パーセントインピーダンス$\%Z_A = 9.0\,\%$（自己容量ベース）、変圧器Bは、定格容量$S_B = 1500\text{kV·A}$、パーセントインピーダンス$\%Z_B = 7.5\,\%$（自己容量ベース）である。この変圧器2台を並行運転し、6000kV·Aの負荷に供給する場合、過負荷となる変圧器とその変圧器の過負荷運転状態〔%〕（当該変圧器が負担する負荷の大きさをその定格容量に対する百分率で表した値）の組合せとして、正しいものを次の(1)～(5)のうちから一つ選べ。

	過負荷となる変圧器	過負荷運転状態〔%〕
(1)	変圧器A	101.5
(2)	変圧器B	105.9
(3)	変圧器A	118.2
(4)	変圧器B	137.5
(5)	変圧器A	173.5

062 変圧器のインピーダンス

一次電圧 66〔kV〕、二次電圧 6.6〔kV〕、容量 80〔MV·A〕の三相変圧器がある。一次側に換算した誘導性リアクタンスの値が 4.5〔Ω〕のとき、百分率リアクタンスの値〔%〕として、最も近いのは次のうちどれか。

(1) 2.8　　(2) 4.8　　(3) 8.3　　(4) 14.3　　(5) 24.8

063 電力系統

テキスト LESSON **29**

難易度 高 **中** 低　R2 A問題 問10　／／／

次の文章は、架空送電線路に関する記述である。

架空送電線路の線路定数には、抵抗、作用インダクタンス、作用静電容量、
　(ア)　コンダクタンスがある。線路定数のうち、抵抗値は、表皮効果により
　(イ)　のほうが増加する。また、作用インダクタンスと作用静電容量は、線
間距離Dと電線半径rの比$\dfrac{D}{r}$に影響される。$\dfrac{D}{r}$の値が大きくなれば、作用静
電容量の値は　(ウ)　なる。

作用静電容量を無視できない中距離送電線路では、作用静電容量によるアドミ
タンスを1か所又は2か所にまとめる　(エ)　定数回路が近似計算に用いられ
る。このとき、送電端側と受電端側の2か所にアドミタンスをまとめる回路を
　(オ)　形回路という。

上記の記述中の空白箇所(ア)〜(オ)に当てはまる組合せとして、正しいものを
次の(1)〜(5)のうちから一つ選べ。

	(ア)	(イ)	(ウ)	(エ)	(オ)
(1)	漏れ	交流	小さく	集中	π
(2)	漏れ	交流	大きく	集中	π
(3)	伝達	直流	小さく	集中	T
(4)	漏れ	直流	大きく	分布	T
(5)	伝達	直流	小さく	分布	π

064 電力系統

　電力系統における直流送電について交流送電と比較した次の記述のうち、誤っているのはどれか。

(1)　直流送電線の送・受電端でそれぞれ交流‐直流電力交換装置が必要であるが、交流送電のような安定度問題がないため、長距離・大容量送電に有利な場合が多い。

(2)　直流部分では交流のような無効電力の問題はなく、また、誘電体損がないので電力損失が少ない。そのため、海底ケーブルなど長距離の電力ケーブルの使用に向いている。

(3)　系統の短絡容量を増加させないで交流系統間の連系が可能であり、また、異周波数系統間連系も可能である。

(4)　直流電流では電流零点がないため、大電流の遮断が難しい。また、絶縁については、公称電圧値が同じであれば、一般に交流電圧より大きな絶縁距離が必要となる場合が多い。

(5)　交流‐直流電力交換装置から発生する高調波・高周波による障害への対策が必要である。また、漏れ電流による地中埋設物の電食対策も必要である。

065 安定度

テキスト LESSON 30

難易度 高 **中** 低　H24 A問題 問12

送配電線路のフェランチ効果に関する記述として、誤っているものを次の(1)〜(5)のうちから一つ選べ。

(1) 受電端電圧の方が送電端電圧より高くなる現象である。

(2) 線路電流が大きい場合より著しく小さい場合に生じることが多い。

(3) 架空送配電線路の負荷側に地中送配電線路が接続されている場合に生じる可能性が高くなる。

(4) 線路電流の位相が電圧に対して遅れている場合に生じることが多い。

(5) 送配電線路のこう長が短い場合より長い場合に生じることが多い。

066 安定度

交流三相3線式1回線の送電線路があり、受電端に遅れ力率角 θ 〔rad〕の負荷が接続されている。送電端の線間電圧を V_s 〔V〕、受電端の線間電圧を V_r 〔V〕、その間の相差角は δ 〔rad〕である。

受電端の負荷に供給されている三相有効電力〔W〕を表す式として、正しいのは次のうちどれか。

ただし、送電端と受電端の間における電線1線当たりの誘導性リアクタンスは X 〔Ω〕とし、線路の抵抗、静電容量は無視するものとする。

(1) $\dfrac{V_s V_r}{X}\cos\delta$ 　　(2) $\dfrac{\sqrt{3}\,V_s V_r}{X}\cos\theta$ 　　(3) $\dfrac{V_s V_r}{X}\sin\delta$

(4) $\dfrac{\sqrt{3}\,V_s V_r}{X}\sin\delta$ 　　(5) $\dfrac{V_s V_r}{X\sin\delta}\cos\theta$

067 架空送電線路

支持点間が180m、たるみが3.0mの架空電線路がある。

いま架空電線路の支持点間を200mにしたとき、たるみを4.0mにしたい。電線の最低点における水平張力をもとの何〔%〕にすればよいか。最も近いものを次の(1)〜(5)のうちから一つ選べ。

ただし、支持点間の高低差はなく、電線の単位長当たりの荷重は変わらないものとし、その他の条件は無視するものとする。

(1)　83.3　　(2)　92.6　　(3)　108.0　　(4)　120.0　　(5)　148.1

068 架空送電線路

 LESSON **31**

難易度 （高）中 低

　図のように高低差のない支持点A、Bで支持されている径間Sが100〔m〕の架空電線路において、導体の温度が30〔℃〕のとき、たるみDは2〔m〕であった。

　導体の温度が60〔℃〕になったとき、たるみD〔m〕の値として、最も近いものを次の(1)～(5)のうちから一つ選べ。

　ただし、電線の線膨張係数は1〔℃〕につき1.5×10^{-5}とし、張力による電線の伸びは無視するものとする。

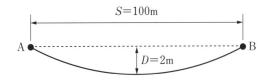

(1)　2.05　　(2)　2.14　　(3)　2.39　　(4)　2.66　　(5)　2.89

069 架空送電線路の障害と対策①

次の文章は、架空送電線の振動に関する記述である。

　多導体の架空送電線において、風速が数～20m/sで発生し、10m/sを超えると振動が激しくなることを　(ア)　振動という。

　また、架空電線が、電線と直角方向に穏やかで一様な空気の流れを受けると、電線の背後に空気の渦が生じ、電線が上下に振動を起こすことがある。この振動を防止するために　(イ)　を取り付けて振動エネルギーを吸収させることが効果的である。この振動によって電線が断線しないように　(ウ)　が用いられている。

　その他、架空送電線の振動には、送電線に氷雪が付着した状態で強い風を受けたときに発生する　(エ)　や、送電線に付着した氷雪が落下したときにその反動で電線が跳ね上がる現象などがある。

　上記の記述中の空白箇所(ア)、(イ)、(ウ)及び(エ)に当てはまる組合せとして、正しいものを次の(1)～(5)のうちから一つ選べ。

	(ア)	(イ)	(ウ)	(エ)
(1)	コロナ	スパイラルロッド	スペーサ	スリートジャンプ
(2)	サブスパン	ダンパ	スペーサ	スリートジャンプ
(3)	コロナ	ダンパ	アーマロッド	ギャロッピング
(4)	サブスパン	スパイラルロッド	スペーサ	スリートジャンプ
(5)	サブスパン	ダンパ	アーマロッド	ギャロッピング

070 架空送電線路の障害と対策①

　架空送電線路におけるコロナ放電及びそれに関わる障害に関する記述として、誤っているものを次の(1)～(5)のうちから一つ選べ。

(1)　電線表面電界がある値を超えると、コロナ放電が発生する。

(2)　コロナ放電が発生すると、電線や取り付け金具で腐食が生じることがある。

(3)　単導体方式は、多導体方式に比べてコロナ放電の発生を抑制できる。

(4)　コロナ放電が発生すると、電気エネルギーの一部が音、光、熱などに変換され、コロナ損という電力損失が生じる。

(5)　コロナ放電が発生すると、架空送電線近傍で誘導障害や受信障害が生じることがある。

071 架空送電線路の障害と対策①

　架空電線が電線と直角方向に毎秒数メートル程度の風を受けると、電線の後方に渦を生じて電線が上下に振動することがある。これを微風振動といい、これが長時間継続すると電線の支持点付近で断線する場合もある。微風振動は　(ア)　電線で、径間が　(イ)　ほど、また、張力が　(ウ)　ほど発生しやすい。対策としては、電線にダンパを取り付けて振動そのものを抑制したり、断線防止策として支持点近くをアーマロッドで補強したりする。電線に翼形に付着した氷雪に風が当たると、電線に揚力が働き複雑な振動が生じる。これを　(エ)　といい、この振動が激しくなると相間短絡事故の原因となる。主な防止策として、相間スペーサの取り付けがある。また、電線に付着した氷雪が落下したときに発生する振動は、　(オ)　と呼ばれ、相間短絡防止策としては、電線配置にオフセットを設けることなどがある。

　上記の記述中の空白箇所(ア)、(イ)、(ウ)、(エ)及び(オ)に当てはまる語句として、正しいものを組み合わせたのは次のうちどれか。

	(ア)	(イ)	(ウ)	(エ)	(オ)
(1)	軽い	長い	大きい	ギャロッピング	スリートジャンプ
(2)	重い	短い	小さい	スリートジャンプ	ギャロッピング
(3)	軽い	短い	小さい	ギャロッピング	スリートジャンプ
(4)	軽い	長い	大きい	スリートジャンプ	ギャロッピング
(5)	重い	長い	大きい	ギャロッピング	スリートジャンプ

072 架空送電線路の障害と対策②

架空送電線路の雷害対策に関する記述として、誤っているものを次の(1)～(5)のうちから一つ選べ。

(1) 直撃雷から架空送電線を遮へいする効果を大きくするためには、架空地線の遮へい角を小さくする。

(2) 送電用避雷装置は雷撃時に発生するアークホーン間電圧を抑制できるので、雷による事故を抑制できる。

(3) 架空地線を多条化することで、架空地線と電力線間の結合率が増加し、鉄塔雷撃時に発生するアークホーン間電圧が抑制できるので、逆フラッシオーバの発生が抑制できる。

(4) 二回線送電線路で、両回線の絶縁に格差を設け、二回線にまたがる事故を抑制する方法を不平衡絶縁方式という。

(5) 鉄塔塔脚の接地抵抗を低減させることで、電力線への雷撃に伴う逆フラッシオーバの発生を抑制できる。

073 架空送電線路の障害と対策②

　架空送配電線路の誘導障害に関する記述として、誤っているものを次の⑴〜⑸のうちから一つ選べ。

⑴　誘導障害には、静電誘導障害と電磁誘導障害とがある。前者は電力線と通信線や作業者などとの間の静電容量を介しての結合に起因し、後者は主として電力線側の電流経路と通信線や他の構造物との間の相互インダクタンスを介しての結合に起因する。

⑵　平常時の三相3線式送配電線路では、ねん架が十分に行われ、かつ、各電力線と通信線路や作業者などとの距離がほぼ等しければ、誘導障害はほとんど問題にならない。しかし、電力線のねん架が十分でも、一線地絡故障を生じた場合には、通信線や作業者などに静電誘導電圧や電磁誘導電圧が生じて障害の原因となることがある。

⑶　電力系統の中性点接地抵抗を高くすること及び故障電流を迅速に遮断することは、ともに電磁誘導障害防止策として有効な方策である。

⑷　電力線と通信線の間に導電率の大きい地線を布設することは、電磁誘導障害対策として有効であるが、静電誘導障害に対してはその効果を期待することはできない。

⑸　通信線の同軸ケーブル化や光ファイバ化は、静電誘導障害に対しても電磁誘導障害に対しても有効な対策である。

074 地中送電線路

テキスト LESSON **34**　　　難易度 高 **中** 低　　H25 A問題 問10　／　／　／

　地中電線の損失に関する記述として、誤っているものを次の(1)〜(5)のうちから一つ選べ。

(1)　誘電体損は、ケーブルの絶縁体に交流電圧が印加されたとき、その絶縁体に流れる電流のうち、電圧に対して位相が90〔°〕進んだ電流成分により発生する。

(2)　シース損は、ケーブルの金属シースに誘導される電流による発生損失である。

(3)　抵抗損は、ケーブルの導体に電流が流れることにより発生する損失であり、単位長当たりの抵抗値が同じ場合、導体電流の2乗に比例して大きくなる。

(4)　シース損を低減させる方法として、クロスボンド接地方式の採用が効果的である。

(5)　絶縁体が劣化している場合には、一般に誘電体損は大きくなる傾向がある。

LESSON **34**

難易度 高 **中** 低 H24 A問題 問11

電圧6.6〔kV〕、周波数50〔Hz〕、こう長1.5〔km〕の交流三相3線式地中電線路が
ある。ケーブルの心線1線当たりの静電容量を0.35〔μF/km〕とするとき、このケー
ブルの心線3線を充電するために必要な容量〔kV·A〕の値として、最も近いもの
を次の(1)〜(5)のうちから一つ選べ。

(1) 4.2   (2) 4.8   (3) 7.2   (4) 12   (5) 37

076 地中送電線路

テキスト LESSON **34**

難易度 (高) 中 低 H21 A問題 問11 ／ ／ ／

電圧 33 〔kV〕、周波数 60 〔Hz〕、こう長 2 〔km〕の交流三相 3 線式地中電線路がある。ケーブルの心線 1 線当たりの静電容量が 0.24 〔μF/km〕、誘電正接が 0.03 〔%〕であるとき、このケーブルの心線 3 線合計の誘電体損〔W〕の値として、最も近いのは次のうちどれか。

(1) 9.4   (2) 19.7   (3) 29.5   (4) 59.1   (5) 177

077 中性点接地方式

 LESSON **35** など　難易度 高**中**低　H23 A問題 問8

受変電設備や送配電設備に設置されるリアクトルに関する記述として、誤っているものを次の(1)～(5)のうちから一つ選べ。

(1) 分路リアクトルは、電力系統から遅れ無効電力を吸収し、系統の電圧調整を行うために設置される。母線や変圧器の二次側・三次側に接続し、負荷変動に応じて投入したり切り離したりして使用される。

(2) 限流リアクトルは、系統故障時の故障電流を抑制するために用いられる。保護すべき機器と直列に接続する。

(3) 電力用コンデンサに用いられる直列リアクトルは、コンデンサ回路投入時の突入電流を抑制し、コンデンサによる高調波障害の拡大を防ぐことで、電圧波形のひずみを改善するために設ける。コンデンサと直列に接続し、回路に並列に設置する。

(4) 消弧リアクトルは、三相電力系統において送電線路にアーク地絡を生じた場合、進相電流を補償し、アークを消滅させ、送電を継続するために用いられる。三相変圧器の中性点と大地間に接続する。

(5) 補償リアクトル接地方式は、66kVから154kVの架空送電線において、対地静電容量によって発生する地絡故障時の充電電流による通信機器への影響を抑制するために用いられる。中性点接地抵抗器と直列に補償リアクトルを接続する。

078 中性点接地方式

 LESSON **35**

難易度 高 **中** 低 | H17 A問題 問10 | ／ | ／ | ／

　送配電線路に接続する変圧器の中性点接地方式に関する記述として、誤っているのは次のうちどれか。

(1)　非接地方式は、高圧配電線路で広く用いられている。

(2)　消弧リアクトル接地方式は、電磁誘導障害が小さいという特長があるが、設備費は高めになる。

(3)　抵抗接地方式は、変圧器の中性点を100〔Ω〕から1〔kΩ〕程度の抵抗で接地する方式で、66〔kV〕から154〔kV〕の送電線路に主に用いられている。

(4)　直接接地方式や低抵抗接地方式は、接地線に流れる電流が大きくなり、その結果として電磁誘導障害が大きくなりがちである。

(5)　直接接地方式は、変圧器の中性点を直接大地に接続する方式で、その簡便性から電圧の低い送電線路や配電線路に広く用いられている。

079 短絡電流と地絡電流

　定格容量 20MV・A、一次側定格電圧 77kV、二次側定格電圧 6.6kV、百分率イン
ピーダンス 10.6 %（基準容量 20MV・A）の三相変圧器がある。三相変圧器の一次側
は 77kV の電源に接続され、二次側は負荷のみが接続されている。三相変圧器の
一次側から見た電源の百分率インピーダンスは、1.1 %（基準容量 20MV・A）であ
る。抵抗分及びその他の定数は無視する。三相変圧器の二次側に設置する遮断器
の定格遮断電流の値〔kA〕として、最も近いものを次の(1)～(5)のうちから一つ選
べ。

(1)　1.5　　(2)　2.6　　(3)　6.0　　(4)　20.0　　(5)　260.0

080 短絡電流と地絡電流

　図に示すように、発電機、変圧器と公称電圧66kVで運転される送電線からなる系統があるとき、次の(a)及び(b)の問に答えよ。ただし、中性点接地抵抗は図の変圧器のみに設置され、その値は300 Ωとする。

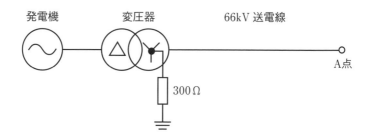

(a)　A点で100 Ωの抵抗を介して一線地絡事故が発生した。このときの地絡電流の値〔A〕として、最も近いものを次の(1)～(5)のうちから一つ選べ。

　　ただし、発電機、発電機と変圧器間、変圧器及び送電線のインピーダンスは無視するものとする。

(1)　95　　(2)　127　　(3)　165　　(4)　381　　(5)　508

(b)　A点で三相短絡事故が発生した。このときの三相短絡電流の値〔A〕として、最も近いものを次の(1)～(5)のうちから一つ選べ。

　　ただし、発電機の容量は10000kV・A、出力電圧6.6kV、三相短絡時のリアクタンスは自己容量ベースで25％、変圧器容量は10000kV・A、変圧比は6.6kV/66 kV、リアクタンスは自己容量ベースで10 ％、66kV送電線のリアクタンスは、10000kV・Aベースで5％とする。なお、発電機と変圧器間のインピーダンスは無視する。また、発電機、変圧器及び送電線の抵抗は無視するものとする。

(1)　33　　(2)　219　　(3)　379　　(4)　656　　(5)　3019

081 短絡電流と地絡電流

　図に示すように、定格電圧66〔kV〕の電源から送電線と三相変圧器を介して、二次側に遮断器が接続された系統を考える。三相変圧器の電気的特性は、定格容量20〔MV・A〕、一次側線間電圧66〔kV〕、二次側線間電圧6.6〔kV〕、自己容量基準での百分率リアクタンス15.0〔%〕である。一方、送電線から電源側をみた電気的特性は、基準容量100〔MV・A〕の百分率インピーダンスが5.0〔%〕である。このとき、次の(a)及び(b)の問に答えよ。

　ただし、百分率インピーダンスの抵抗分は無視するものとする。

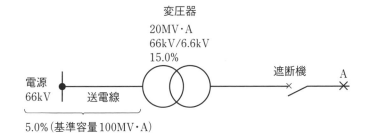

(a) 基準容量を10〔MV・A〕としたとき、変圧器の二次側から電源側をみた百分率リアクタンス〔%〕の値として、正しいものを次の(1)～(5)のうちから一つ選べ。

(1) 2.0　(2) 8.0　(3) 12.5　(4) 15.5　(5) 20.0

(b) 図のAで三相短絡事故が発生したとき、事故電流〔kA〕の値として、最も近いものを次の(1)～(5)のうちから一つ選べ。ただし、変圧器の二次側からAまでのインピーダンス及び負荷は、無視するものとする。

(1) 4.4　(2) 6.0　(3) 7.0　(4) 11　(5) 44

082 配電系統の構成

テキスト LESSON **37**

難易度 (高) 中 低 | R2 A問題 問13 | / | / | /

次の文章は、スポットネットワーク方式に関する記述である。

スポットネットワーク方式は、22kV又は33kVの特別高圧地中配電系統から2回線以上で受電する方式の一つであり、負荷密度が極めて高い都心部の高層ビルや大規模工場などの大口需要家の受電設備に適用される信頼度の高い方式である。

スポットネットワーク方式の一般的な受電系統構成を特別高圧地中配電系統側から順に並べると、 (ア) ・ (イ) ・ (ウ) ・ (エ) ・ (オ) となる。

上記の記述中の空白箇所(ア)〜(オ)に当てはまる組合せとして、正しいものを次の(1)〜(5)のうちから一つ選べ。

	(ア)	(イ)	(ウ)	(エ)	(オ)
(1)	断路器	ネットワーク母線	プロテクタ遮断器	プロテクタヒューズ	ネットワーク変圧器
(2)	ネットワーク母線	ネットワーク変圧器	プロテクタヒューズ	プロテクタ遮断器	断路器
(3)	プロテクタ遮断器	プロテクタヒューズ	ネットワーク変圧器	ネットワーク母線	断路器
(4)	断路器	プロテクタ遮断器	プロテクタヒューズ	ネットワーク変圧器	ネットワーク母線
(5)	断路器	ネットワーク変圧器	プロテクタヒューズ	プロテクタ遮断器	ネットワーク母線

083 配電系統の構成

次の文章は、低圧配電系統の構成に関する記述である。

放射状方式は、　(ア)　ごとに低圧幹線を引き出す方式で、構成が簡単で保守が容易なことから我が国では最も多く用いられている。

バンキング方式は、同一の特別高圧又は高圧幹線に接続されている2台以上の配電用変圧器の二次側を低圧幹線で並列に接続する方式で、低圧幹線の　(イ)　、電力損失を減少でき、需要の増加に対し融通性がある。しかし、低圧側に事故が生じ、1台の変圧器が使用できなくなった場合、他の変圧器が過負荷となりヒューズが次々と切れ広範囲に停電を引き起こす　(ウ)　という現象を起こす可能性がある。この現象を防止するためには、連系箇所に設ける区分ヒューズの動作時間が変圧器一次側に設けられる高圧カットアウトヒューズの動作時間より　(エ)　なるよう保護協調をとる必要がある。

低圧ネットワーク方式は、複数の特別高圧又は高圧幹線から、ネットワーク変圧器及びネットワークプロテクタを通じて低圧幹線に供給する方式である。特別高圧又は高圧幹線側が1回線停電しても、低圧の需要家側に無停電で供給できる信頼度の高い方式であり、大都市中心部で実用化されている。

上記の記述中の空白箇所(ア)、(イ)、(ウ)及び(エ)に当てはまる組合せとして、正しいものを次の(1)～(5)のうちから一つ選べ。

	(ア)	(イ)	(ウ)	(エ)
(1)	配電用変電所	電圧降下	ブラックアウト	長 く
(2)	配電用変電所	フェランチ効果	ブラックアウト	長 く
(3)	配電用変圧器	電圧降下	カスケーディング	短 く
(4)	配電用変圧器	フェランチ効果	カスケーディング	長 く
(5)	配電用変圧器	フェランチ効果	ブラックアウト	短 く

084 配電系統の電気方式

　配電線路に用いられる電気方式に関する記述として、誤っているものを次の(1)〜(5)のうちから一つ選べ。

(1)　単相2線式は、一般住宅や商店などに配電するのに用いられ、低圧側の1線を接地する。

(2)　単相3線式は、変圧器の低圧巻線の両端と中点から合計3本の線を引き出して低圧巻線の両端から引き出した線の一方を接地する。

(3)　単相3線式は、変圧器の低圧巻線の両端と中点から3本の線で2種類の電圧を供給する。

(4)　三相3線式は、高圧配電線路と低圧配電線路のいずれにも用いられる方式で、電源用変圧器の結線には一般的にΔ結線とV結線のいずれかが用いられる。

(5)　三相4線式は、電圧線の3線と接地した中性線の4本の線を用いる方式である。

085 配電系統の電気方式

　三相3線式と単相2線式の低圧配電方式について、三相3線式の最大送電電力は、単相2線式のおよそ何％となるか。最も近いものを次の(1)～(5)のうちから一つ選べ。

　ただし、三相3線式の負荷は平衡しており、両低圧配電方式の線路こう長、低圧配電線に用いられる導体材料や導体量、送電端の線間電圧、力率は等しく、許容電流は導体の断面積に比例するものとする。

(1)　67　　(2)　115　　(3)　133　　(4)　173　　(5)　260

086 単相3線式配電系統

　図のような単相3線式配電線路がある。系統の中間点に図のとおり負荷が接続されており、末端のAC間に太陽光発電設備が逆変換装置を介して接続されている。各部の電圧及び電流が図に示された値であるとき、次の(a)及び(b)に答えよ。

　ただし、図示していないインピーダンスは無視するとともに、線路のインピーダンスは抵抗であり、負荷の力率は1、太陽光発電設備は発電出力電流（交流側）15〔A〕、力率1で一定とする。

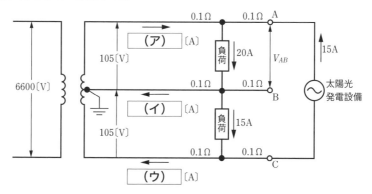

(a) 図中の回路の空白箇所(ア)、(イ)及び(ウ)に流れる電流〔A〕の値として、正しいものを組み合わせたのは次のうちどれか。

	(ア)	(イ)	(ウ)
(1)	5	0	15
(2)	5	5	0
(3)	15	0	15
(4)	20	5	0
(5)	20	5	15

(b) 図中AB間の端子電圧 V_{AB}〔V〕の値として、正しいのは次のうちどれか。

(1) 104.0　　(2) 104.5　　(3) 105.0　　(4) 105.5　　(5) 106.0

087 単相3線式配電系統

　図のように、電圧線及び中性線の抵抗がそれぞれ0.1〔Ω〕及び0.2〔Ω〕の100/200〔V〕単相3線式配電線路に、力率が100〔%〕で電流がそれぞれ60〔A〕及び40〔A〕の二つの負荷が接続されている。

　この配電線路にバランサを接続した場合について、次の(a)及び(b)に答えよ。

　ただし、負荷電流は一定とし、線路抵抗以外のインピーダンスは無視するものとする。

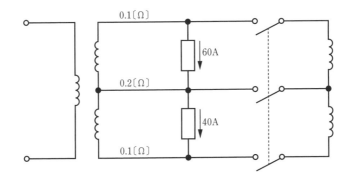

(a) バランサに流れる電流〔A〕の値として、正しいのは次のうちどれか。

(1) 5　　(2) 7　　(3) 10　　(4) 15　　(5) 20

(b) バランサを接続したことによる線路損失の減少量〔W〕の値として、正しいのは次のうちどれか。

(1) 50　　(2) 75　　(3) 85　　(4) 100　　(5) 110

088 異容量V結線

　図のように、2台の単相変圧器による電灯動力共用の三相4線式低圧配電線に、平衡三相負荷45kW（遅れ力率角30°）1個及び単相負荷10kW（力率＝1）2個が接続されている。これに供給するための共用変圧器及び専用変圧器の容量の値(kV·A)は、それぞれいくら以上でなければならないか。値の組合せとして、正しいものを次の(1)〜(5)のうちから一つ選べ。

　ただし、相回転は $a'-c'-b'$ とする。

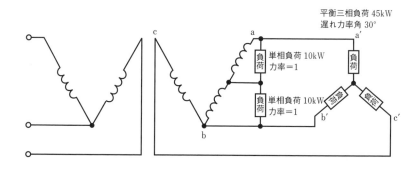

	共用変圧器の容量	専用変圧器の容量
(1)	20	30
(2)	30	20
(3)	40	20
(4)	20	40
(5)	50	30

089 異容量V結線

2台の単相変圧器（容量 75 〔kV·A〕の T_1 及び容量 50 〔kV·A〕の T_2）をV結線に接続し、下図のように三相平衡負荷 45 〔kW〕（力率角 進み $\dfrac{\pi}{6}$ 〔rad〕）と単相負荷 P（力率＝1）に電力を供給している。これについて、次の(a)及び(b)に答えよ。

ただし、相順はa、b、cとし、図示していないインピーダンスは無視するものとする。

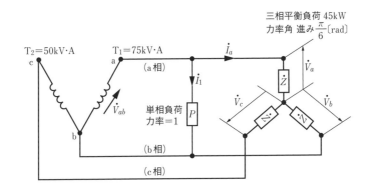

(a) 問題の図において、$\dot{V}_a$ を基準とし、$\dot{V}_{ab}$、$\dot{I}_a$、$\dot{I}_1$ の大きさと位相関係を表す図として、正しいのは次のうちどれか。

ただし、$|\dot{I}_a| > |\dot{I}_1|$ とする。

(1)

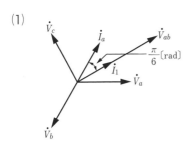

(2)

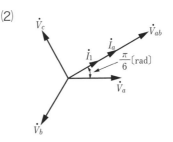

(3)

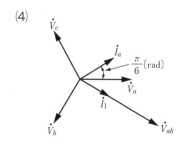

(4)

(5)

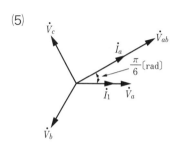

（b） 単相変圧器T_1が過負荷にならない範囲で、単相負荷P（力率＝1）がとりうる最大電力〔kW〕の値として、正しいのは次のうちどれか。

(1)　23　　(2)　36　　(3)　45　　(4)　49　　(5)　58

090 配電設備

　図のように、架線の水平張力 T [N] を支線と追支線で、支持物と支線柱を介して受けている。支持物の固定点Cの高さを h_1 [m]、支線柱の固定点Dの高さを h_2 [m] とする。また、支持物と支線柱間の距離ABを l_1 [m]、支線柱と追支線地上固定点Eとの根開きBEを l_2 [m] とする。

　支持物及び支線柱が受ける水平方向の力は、それぞれ平衡しているという条件で、追支線にかかる張力 T_2 [N] を表した式として、正しいものを次の(1)～(5)のうちから一つ選べ。

　ただし、支線、追支線の自重及び提示していない条件は無視する。

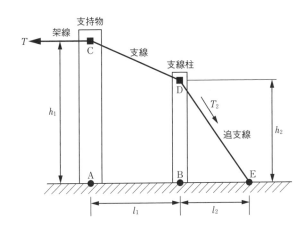

(1) $\dfrac{T\sqrt{h_2{}^2 + l_2{}^2}}{l_2}$

(2) $\dfrac{Tl_2}{\sqrt{h_2{}^2 + l_2{}^2}}$

(3) $\dfrac{T\sqrt{h_2{}^2 + l_2{}^2}}{\sqrt{(h_1 - h_2)^2 + l_1{}^2}}$

(4) $\dfrac{T\sqrt{(h_1 - h_2)^2 + l_1{}^2}}{\sqrt{h_2{}^2 + l_2{}^2}}$

(5) $\dfrac{Th_2\sqrt{(h_1 - h_2)^2 + l_1{}^2}}{(h_1 - h_2)\sqrt{h_2{}^2 + l_2{}^2}}$

091 配電設備

　高圧架空配電線路を構成する機器又は材料として、使用されることのないものは、次のうちどれか。

(1)　柱上開閉器

(2)　避雷器

(3)　DV線

(4)　中実がいし

(5)　支線

092 配電系統の保護

テキスト LESSON 42 など

難易度 高 **中** 低　H25 A問題 問11

　我が国の配電系統の特徴に関する記述として、誤っているものを次の(1)〜(5)のうちから一つ選べ。

(1)　高圧配電線路の短絡保護と地絡保護のために、配電用変電所には過電流継電器と地絡方向継電器が設けられている。

(2)　柱上変圧器には、過電流保護のために高圧カットアウトが設けられ、柱上変圧器内部及び低圧配電系統内での短絡事故を高圧系統側に波及させないようにしている。

(3)　高圧配電線路では、通常、6.6〔kV〕の三相3線式を用いている。また、都市周辺などのビル・工場が密集した地域の一部では、電力需要が多いため、さらに電圧階級が上の22〔kV〕や33〔kV〕の三相3線式が用いられることもある。

(4)　低圧配電線路では、電灯線には単相3線式を用いている。また、単相3線式の電灯と三相3線式の動力を共用する方式として、V結線三相4線式も用いている。

(5)　低圧引込線には、過電流保護のために低圧引込線の需要場所の取付点にケッチヒューズ(電線ヒューズ)が設けられている。

第6章

配電

093 配電系統の保護

次の文章は、配電線の保護方式に関する記述である。

　高圧配電線路に短絡故障又は地絡故障が発生すると、配電用変電所に設置された　(ア)　により故障を検出して、遮断器にて送電を停止する。

　この際、配電線路に設置された区分用開閉器は　(イ)　する。その後に配電用変電所からの送電を再開すると、配電線路に設置された区分用開閉器は電源側からの送電を検出し、一定時間後に動作する。その結果、電源側から順番に区分用開閉器は　(ウ)　される。

　また、配電線路の故障が継続している場合は、故障区間直前の区分用開閉器が動作した直後に、配電用変電所に設置された　(ア)　により故障を検出して、遮断器にて送電を再度停止する。

　この送電再開から送電を再度停止するまでの時間を計測することにより、配電線路の故障区間を判別することができ、この方式は　(エ)　と呼ばれている。

　例えば、区分用開閉器の動作時限が7秒の場合、配電用変電所にて送電を再開した後、22秒前後に故障検出により送電を再度停止したときは、図の配電線の　(オ)　の区間が故障区間であると判断される。

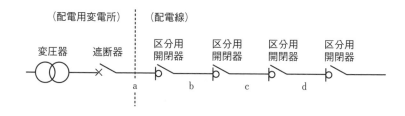

　上記の記述中の空白箇所(ア)、(イ)、(ウ)、(エ)及び(オ)に当てはまる組合せとして、正しいものを次の(1)～(5)のうちから一つ選べ。

	(ア)	(イ)	(ウ)	(エ)	(オ)
⑴	保護継電器	開 放	投 入	区間順送方式	c
⑵	避雷器	開 放	投 入	時限順送方式	d
⑶	保護継電器	開 放	投 入	時限順送方式	d
⑷	避雷器	投 入	開 放	区間順送方式	c
⑸	保護継電器	投 入	開 放	時限順送方式	c

094 線路損失・電圧降下の計算

　図のような系統構成の三相3線式配電線路があり、開閉器Sは開いた状態にある。各配電線のB点、C点、D点には図のとおり負荷が接続されており、各点の負荷電流はB点40A、C点30A、D点60A一定とし、各負荷の力率は100％とする。

　各区間のこう長はA-B間1.5km、B-S(開閉器)間1.0km、S(開閉器)-C間0.5km、C-D間1.5km、D-A間2.0kmである。

　ただし、電線1線当たりの抵抗は0.2Ω/kmとし、リアクタンスは無視するものとして、次の(a)及び(b)の問に答えよ。

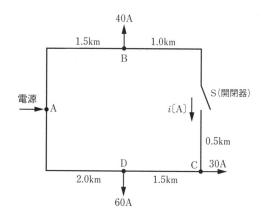

(a) 電源A点から見たC点の電圧降下の値 $[V]$ として、最も近いものを次の(1)〜(5)のうちから一つ選べ。ただし、電圧は相間電圧とする。

(1)　41.6　　(2)　45.0　　(3)　57.2　　(4)　77.9　　(5)　90.0

(b) 開閉器Sを投入した場合、開閉器Sを流れる電流 i の値 $[A]$ として、最も近いものを次の(1)〜(5)のうちから一つ選べ。

(1)　20.0　　(2)　25.4　　(3)　27.5　　(4)　43.8　　(5)　65.4

095 線路損失・電圧降下の計算

　図のような三相3線式配電線路において、電源側S点の線間電圧が6900〔V〕のとき、B点の線間電圧〔V〕の値として、最も近いものを次の(1)〜(5)のうちから一つ選べ。

　ただし、配電線1線当たりの抵抗は0.3〔Ω/km〕、リアクタンスは0.2〔Ω/km〕とする。また、計算においてはS点、A点及びB点における電圧の位相差が十分小さいとの仮定に基づき適切な近似を用いる。

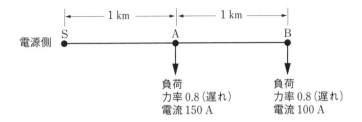

(1)　6522　　(2)　6646　　(3)　6682　　(4)　6774　　(5)　6795

096 絶縁材料

　我が国のコンデンサ、電力ケーブル、変圧器などの電力用設備に使用される絶縁油に関する記述として、誤っているものを次の⑴〜⑸のうちから一つ選べ。

⑴　絶縁油の誘電正接は、変圧器、電力ケーブルに使用する場合には小さいものが、コンデンサに使用する場合には大きいものが適している。

⑵　絶縁油には、一般に熱膨張率、粘度が小さく、比熱、熱伝導率が大きいものが適している。

⑶　電力用設備の絶縁油には、一般に古くから鉱油系絶縁油が使用されているが、難燃性や低損失性など、より優れた特性が要求される場合には合成絶縁油が採用されている。また、環境への配慮から植物性絶縁油の採用も進められている。

⑷　絶縁油は、電力用設備内を絶縁するために使用される以外に、絶縁油の流動性を利用して電力用設備内で生じた熱を外部へ放散するために使用される場合がある。

⑸　絶縁油では、不純物や水分などが含まれることにより絶縁性能が大きく影響を受け、部分放電の発生によって分解ガスが生じる場合がある。このため、電力用設備から採油した絶縁油の水分量測定やガス分析等を行うことにより、絶縁油の劣化状態や電力用設備の異常を検知することができる。

097 絶縁材料

　電気絶縁材料に関する記述として、誤っているものを次の(1)～(5)のうちから一つ選べ。

(1)　ガス遮断器などに使用されているSF_6ガスは、同じ圧力の空気と比較して絶縁耐力や消弧能力が高く、反応性が非常に小さく安定した不燃性のガスである。しかし、SF_6ガスは、大気中に排出されると、オゾン層破壊への影響が大きいガスである。

(2)　変圧器の絶縁油には、主に鉱油系絶縁油が使用されており、変圧器内部を絶縁する役割のほかに、変圧器内部で発生する熱を対流などによって放散冷却する役割がある。

(3)　CVケーブルの絶縁体に使用される架橋ポリエチレンは、ポリエチレンの優れた絶縁特性に加えて、ポリエチレンの分子構造を架橋反応により立体網目状分子構造とすることによって、耐熱変形性を大幅に改善した絶縁材料である。

(4)　がいしに使用される絶縁材料には、一般に、磁器、ガラス、ポリマの3種類がある。我が国では磁器がいしが主流であるが、最近では、軽量性や耐衝撃性などの観点から、ポリマがいしの利用が進んでいる。

(5)　絶縁材料における絶縁劣化では、熱的要因、電気的要因、機械的要因のほかに、化学薬品、放射線、紫外線、水分などが要因となり得る。

098 絶縁材料

　六ふっ化硫黄 (SF_6) ガスに関する記述として、誤っているものを次の(1)〜(5)のうちから一つ選べ。

(1)　アークの消弧能力は、空気よりも優れている。

(2)　無色、無臭であるが、化学的な安定性に欠ける。

(3)　地球温暖化に及ぼす影響は、同じ質量の二酸化炭素と比較してはるかに大きい。

(4)　ガス遮断器やガス絶縁変圧器の絶縁媒体として利用される。

(5)　絶縁破壊電圧は、同じ圧力の空気と比較すると高い。

099 導電材料・磁性材料

　導電材料としてよく利用される銅に関する記述として、誤っているものを次の(1)～(5)のうちから一つ選べ。

(1)　電線の導体材料の銅は、電気銅を精製したものが用いられる。

(2)　CVケーブルの電線の銅導体には、軟銅が一般に用いられる。

(3)　軟銅は、硬銅を $300 \sim 600$〔℃〕で焼きなますことにより得られる。

(4)　20〔℃〕において、最も抵抗率の低い金属は、銅である。

(5)　直流発電機の整流子片には、硬銅が一般に用いられる。

100 導電材料・磁性材料

テキスト LESSON 45

難易度 高(中)低　H20 A問題 問14 ／／／

次の文章は、発電機、電動機、変圧器などの電気機器の鉄心として使用される磁心材料に関する記述である。

永久磁石材料と比較すると磁心材料の方が磁気ヒステリシス特性（B-H特性）の保磁力の大きさは　（ア）　、磁界の強さの変化により生じる磁束密度の変化は　（イ）　ので、透磁率は一般に　（ウ）　。

また、同一の交番磁界のもとでは、同じ飽和磁束密度を有する磁心材料同士では、保磁力が小さいほど、ヒステリシス損は　（エ）　。

上記の記述中の空白箇所（ア）、（イ）、（ウ）及び（エ）に当てはまる語句として、正しいものを組み合わせたのは次のうちどれか。

	（ア）	（イ）	（ウ）	（エ）
(1)	大きく	大きい	大きい	大きい
(2)	小さく	大きい	大きい	小さい
(3)	小さく	大きい	小さい	大きい
(4)	大きく	小さい	小さい	小さい
(5)	小さく	小さい	大きい	小さい

索　引

467

memo

法改正・正誤等の情報につきましては『生涯学習のユーキャン』ホームページ内、
「法改正・追録情報」コーナーでご覧いただけます。
https://www.u-can.co.jp/book

出版案内に関するお問い合わせは・・・
ユーキャンお客様サービスセンター
Tel 03-3378-1400（受付時間 9：00～17：00 日祝日は休み）

本の内容についてお気づきの点は・・・
書名・発行年月日、お客様のお名前、ご住所、電話番号・FAX番号を明記の上、
下記の宛先まで郵送もしくはFAXでお問い合わせください。
　【郵送】〒169-8682　東京都新宿北郵便局 郵便私書箱第2005号
　　　　　「ユーキャン学び出版　電験三種資格書籍編集部」係
　【FAX】　03-3350-7883
◎お電話でのお問い合わせは受け付けておりません。
◎質問指導は行っておりません。

ユーキャンの電験三種 独学の電力 合格テキスト&問題集

2021年4月30日　初　版　第1刷発行

編　者　ユーキャン電験三種
　　　　試験研究会

発行者　品川泰一

発行所　株式会社 ユーキャン 学び出版
　　　　〒151-0053
　　　　東京都渋谷区代々木1-11-1
　　　　Tel 03-3378-1400

編　集　株式会社 東京コア

発売元　株式会社 自由国民社
　　　　〒171-0033
　　　　東京都豊島区高田3-10-11
　　　　Tel 03-6233-0781（営業部）

印刷・製本　カワセ印刷株式会社

ユーキャンの電験三種
独学の電力
合格テキスト&問題集

問題集編

頻出過去問 **100** 題

別冊 **解答**と**解説**

水管内を流れる点Aの流水の流量Qは、水管の断面積をA_a〔m²〕、流速をv_a〔m/s〕とすると、

$$Q = A_a v_a \text{〔m}^3\text{/s〕}$$

管の内径（直径）をD_a〔m〕とすると、

$$A_a = \frac{\pi D_a^2}{4} \text{〔m}^2\text{〕}$$

連続の定理より、水管内の流量Qはどこでも等しいので、点Bの水管の断面積をA_b〔m²〕、管の内径をD_b〔m〕、流速をv_b〔m/s〕とすると、

$$Q = A_a v_a = A_b v_b$$

$$Q = \frac{\cancel{\pi} D_a^2}{\cancel{4}} \times v_a = \frac{\cancel{\pi} D_b^2}{\cancel{4}} \times v_b$$

$$D_a^2 \times v_a = D_b^2 \times v_b$$

よって、求める流速v_bは、

$$v_b = \frac{D_a^2}{D_b^2} \times v_a = \left(\frac{D_a}{D_b}\right)^2 \times v_a = \left(\frac{2.5}{2.0}\right)^2 \times 4.0$$

$$= 6.25 \text{〔m/s〕} \rightarrow \textbf{6.3}\text{〔m/s〕（答）}$$

次に、ベルヌーイの定理より、点A、点Bにおいて位置水頭をh_a〔m〕、h_b〔m〕、圧力をP_a〔Pa〕、P_b〔Pa〕、水の密度をρ〔kg/m³〕、重力加速度をg〔m/s²〕とすると、

$$h_a + \frac{P_a}{\rho g} + \frac{v_a^2}{2g} = h_b + \frac{P_b}{\rho g} + \frac{v_b^2}{2g}$$

上式に数値を代入する。

　　　　25〔kPa〕→ 25×10^3〔Pa〕

$$30 + \frac{25 \times 10^3}{1.0 \times 10^3 \times 9.8} + \frac{4.0^2}{2 \times 9.8}$$

$$= 0 + \frac{P_b}{1.0 \times 10^3 \times 9.8} + \frac{6.25^2}{2 \times 9.8}$$

よって、求めるP_bは、

$$30 + 2.551 + 0.816 \fallingdotseq \frac{P_b}{9800} + 1.993$$

$$\frac{P_b}{9800} \fallingdotseq 31.374$$

$$P_b \fallingdotseq 31.374 \times 9800$$

$$= 307465.2 \text{〔Pa〕} \rightarrow \textbf{307}\text{〔kPa〕（答）}$$

解答：(4)

! 重要ポイント

●ベルヌーイの定理（水頭値による表現）

$$h_a + \frac{P_a}{\rho g} + \frac{v_a^2}{2g} = h_b + \frac{P_b}{\rho g} + \frac{v_b^2}{2g} = \text{一定}$$

h_a、h_b：位置水頭

$\dfrac{P_a}{\rho g}$、$\dfrac{P_b}{\rho g}$：圧力水頭

$\dfrac{v_a^2}{2g}$、$\dfrac{v_b^2}{2g}$：速度水頭

●連続の定理

$$Q = A_a v_a = A_b v_b$$

●内径（直径）Dの管の断面積A

$$A = \frac{\pi D^2}{4} = \pi r^2 \text{ (r：半径} = \frac{D}{2}\text{)}$$

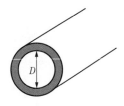

固体、液体、気体にかかわらず、質量 m〔kg〕の物体が速度 v〔m/s〕で運動しているとき、その物体は、$W=\dfrac{1}{2}mv^2$〔J〕の運動エネルギーを保有している。題意により、求めるものは、単位体積当たりの水が保有している運動エネルギー W_o〔J/m³〕である。単位体積当たりの水の質量とは、水の密度 ρ〔kg/m³〕そのものであるから、

$$W_o=\frac{1}{2}\rho v^2 \,\text{〔J/m}^3\text{〕(答)となる。}$$

解答：(4)

！重要ポイント

●質量 m〔kg〕、速度 v〔m/s〕の流水が保有する運動エネルギー W

$$W=\frac{1}{2}mv^2 \,\text{〔J〕}$$

●密度 ρ〔kg/m³〕、速度 v〔m/s〕の流水が保有する単位体積当たりの運動エネルギー W_o

$$W_o=\frac{1}{2}\rho v^2 \,\text{〔J/m}^3\text{〕}$$

●水の密度 ρ

$$\rho=\frac{m}{V}\,\text{〔kg/m}^3\text{〕}$$

m：質量〔kg〕

V：体積〔m³〕

(a) 流域面積を $S = 15000 \times 10^6$〔m^2〕、年間降水量を $h = 750 \times 10^{-3}$〔m〕、流出係数を $\alpha = 0.7$ とすれば、年間降水の総量 V_1 は、

$$V_1 = Sh = 15000 \times 10^6 \times 750 \times 10^{-3}$$
$$= 1.125 \times 10^{10}\,〔\mathrm{m}^3〕$$

年間河川流量 V_2 は、

$$V_2 = V_1 \times \alpha = 1.125 \times 10^{10} \times 0.7$$
$$= 7.875 \times 10^9\,〔\mathrm{m}^3〕$$

よって、求める年間平均流量 Q は、

$$Q = \frac{V_2}{365 \times 24 \times 60 \times 60}$$

$$= \frac{7.875 \times 10^9}{365 \times 24 \times 60 \times 60} \fallingdotseq 249.7$$

$$\fallingdotseq \underline{250}\,〔\mathrm{m}^3/\mathrm{s}〕（答）$$

> 1年間を秒に換算した値

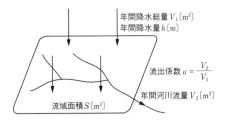

年間降水総量 V_1〔m^3〕
年間降水量 h〔m〕

流出係数 $\alpha = \dfrac{V_2}{V_1}$

年間河川流量 V_2〔m^3〕

流域面積 S〔m^2〕

設問(a)の解説図

通常、流域面積 S は〔km^2〕で、年間降水量 h は〔mm〕で示されるが、計算の際は
$1〔\mathrm{km}^2〕 \rightarrow 10^6〔\mathrm{m}^2〕$
$1〔\mathrm{mm}〕 \rightarrow 10^{-3}〔\mathrm{m}〕$
と変換する。

流出係数 α とは、流域内の降水に対して河川に流れ込んだ量の比を表す。

解答：(a)-(4)

(b) 最大使用水量を $Q = 250$〔m^3/s〕、有効落差を $H = 100$〔m〕、水車と発電機の総合効率を $\eta = 0.8$、発電所の設備利用率を $c = 0.6$ とすれば、

この発電所の発電機出力 P は、

$$P = 9.8QH\eta$$
$$= 9.8 \times 250 \times 100 \times 0.8$$
$$= 196000\,〔\mathrm{kW}〕$$

よって、求める年間発電電力量 W は、

$$W = P \times \underline{365 \times 24} \times c$$

> 発電機年間運転時間

$$= 196000 \times 365 \times 24 \times 0.6$$
$$= 1030176000\,〔\mathrm{kW \cdot h}〕$$
$$\rightarrow \mathbf{1000000000}\,〔\mathrm{kW \cdot h}〕（答）$$

解答：(b)-(4)

⚠ 重要ポイント

●河川の年間平均流量

$$Q = \frac{Sh\alpha}{365 \times 24 \times 60 \times 60}\,〔\mathrm{m}^3/\mathrm{s}〕$$

●発電機出力

$$P = 9.8QH\eta\,〔\mathrm{kW}〕$$

●発電機年間発電電力量

$$W = P \times 発電機年間運転時間〔\mathrm{kW \cdot h}〕$$
$$= P \times 365 \times 24 \times 利用率 c〔\mathrm{kW \cdot h}〕$$

　水力発電では、河川の上流側に貯水池を設け、発電用の水車へ水を導き、下流へ放流する。貯水池の水面と放水地点の水面との高低差による位置エネルギーを発電に利用する。この高低差H_g〔m〕を(ア)**総落差**という。

　放流に伴って、水路や水圧管の壁と水との摩擦などにより損失が発生する。この損失を位置エネルギーにおける落差h_l〔m〕に換算したものを(イ)**損失水頭**という(損失落差ともいう)。

　貯水池の水は、総落差に相当する位置エネルギーを持っているが、発電に利用できるのは、総落差から損失水頭を引いた(ウ)**有効落差**$H = H_g - h_l$〔m〕となる。

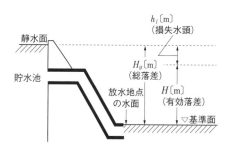

総落差、有効落差、損失水頭の関係

　高さH〔m〕の位置にある水Q〔m³〕($= Q \times 10^3$〔kg〕)は、位置エネルギー$9.8QH \times 10^3$〔J〕を持っている。いま、水を流量Q〔m³/s〕で放流すると、理論的に$9.8QH \times 10^3$〔W〕のエネルギーが得られる。題意より効率η_w(ただし$\eta_w < 1$)の水車を使うと、水車出力P_w〔W〕として$P_w = $(エ)$\boldsymbol{9.8QH\eta_w \times 10^3}$〔W〕のエネルギーが得られる。

　なお、$9.8QH\eta_w \times 10^3$〔W〕$= 9.8QH\eta_w$〔kW〕なので、設問(エ)の選択肢は、(2)を除いて4つは同じものとなる。

　水車出力P_w〔W〕を、効率η_g(ただし$\eta_g < 1$)の発電機に入力すると、発電機出力Pとして、$P = P_w\eta_g = $(オ)$\boldsymbol{9.8QH\eta_w\eta_g \times 10^3}$〔W〕のエネルギーが得られる。

解答：(3)

水の質量をm〔kg〕、重力加速度を$g = 9.8$〔m/s²〕、有効落差をH〔m〕とすると、水の位置エネルギーWは、

$W = mgH$〔J〕で表される。

ここで、水の密度を$\rho = 1000$〔kg/m³〕、体積をV〔m³〕とすると、

$m = \rho V$〔kg〕であるから、

$W = \rho VgH$〔J〕となる。

したがって、毎秒$Q = V/t$〔m³/s〕の水が落下するときの仕事率(理論水力)Pは、

$P = W/t = \rho VgH/t$

$\quad = \rho gQH$

$\quad = 1000 \times 9.8 \times QH$〔J/s = W〕

$\quad \rightarrow 9.8QH$〔kW〕

求める(オ)の単位は(オ)$\boxed{\text{kW}}$となる。

先に(オ)を求めたが、次に$P = \rho gQH$の単位を検証する。

(注)問題文中の
$P = \rho gQH$の単位とは、単位だけの検証であって、$P = 9.8QH$〔kW〕の式の導出ではない。

$P = \rho gQH$の単位は、

$$\frac{\text{kg}}{\text{m}^3} \cdot \frac{\text{m}}{\text{s}^2} \cdot \frac{\text{m}^3}{\text{s}} \cdot \frac{\text{m}}{1} = (ア)\boxed{\frac{\text{kg} \cdot \text{m}}{\text{s}^2}} \cdot \frac{\text{m}}{\text{s}}$$

(ア)$\boxed{\dfrac{\text{kg} \cdot \text{m}}{\text{s}^2}}$は力の単位(イ)$\boxed{\text{N}}$と等しい。

すなわち、$P = \rho gQH$の単位は、

(イ)$\boxed{\text{N}} \cdot \dfrac{\text{m}}{\text{s}}$となる。

ここで、(イ)$\boxed{\text{N}} \cdot \text{m}$は仕事(エネルギー)の単位である(ウ)$\boxed{\text{J}}$と等しいことから、$P = \rho gQH$の単位は、$\dfrac{(ウ)\boxed{\text{J}}}{\text{s}}$となる。

これは、仕事率(動力)の単位である(エ)$\boxed{\text{W}}$と等しい。

ゆえに、$P = \rho gQH$の単位は(エ)$\boxed{\text{W}}$となる。

解答：(5)

!重要ポイント

●理論水力

$P = 9.8QH$〔kW〕 ← 単位がkWであることに注意

ただし、Q〔m³/s〕は流量、H〔m〕は有効落差。

●単位の変換

力　　kg·m/s² ⇔ N

仕事(エネルギー)　N·m ⇔ J

仕事率(動力)　J/s ⇔ W

　水力発電では、流量が1秒間にQ〔m³〕で
あって、有効落差がH〔m〕であれば、理論
的には次式で表される電力が得られる。こ
れを理論水力という。

　理論水力$P_0 = 9.8QH$〔kW〕

　ただし、実際には水車の効率η_t、発電機
の効率η_gがあるので、実際の発電機の出
力は、

　発電機出力$P = 9.8QH\eta_t\eta_g$〔kW〕

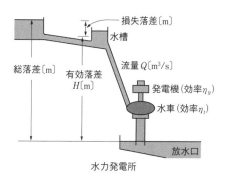

水力発電所

　また、上式より、定格出力P_n〔kW〕、負
荷α〔%〕で運転しているときの発電機の出
力は、

$$P_n \times \frac{\alpha}{100} = 9.8QH\eta_t\eta_g \text{〔kW〕}$$

$$\therefore Q = \frac{P_n \times \dfrac{\alpha}{100}}{9.8H\eta_t\eta_g}$$

$$= \frac{2500 \times \dfrac{80}{100}}{9.8 \times 100 \times 0.92 \times 0.94}$$

$$= \frac{2000}{847.504} \fallingdotseq \boldsymbol{2.36} \text{〔m}^3\text{/s〕（答）}$$

解答：(2)

⚠ 重要ポイント

●理論水力 P_0

　$P_0 = 9.8QH$〔kW〕

　Q：流量〔m³/s〕

　H：有効落差〔m〕

●発電機出力 P

　$P = 9.8QH\eta_t\eta_g$〔kW〕

　η_t：水車効率（小数）

　η_g：発電機効率（小数）

　※この式で表される単位が〔W〕ではなく
　　〔kW〕であることに注意！

007 水力発電の原理と特徴

水力発電では、流量が1秒間にQ[m³]であって、有効落差がH[m]であれば、理論的には次式で表される電力が得られる。これを理論水力という。

理論水力$P_0 = 9.8QH$[kW]

ただし、実際には、水車の効率η_t、発電機の効率η_gがあるので、発電所総合効率$\eta = \eta_t \eta_g$となる。実際の発電機の出力は、

$$発電機出力P = 9.8QH\eta_t\eta_g$$
$$= 9.8QH\eta \text{[kW]}$$

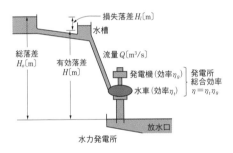

上式において、流量(年平均使用水量)Qは、最大使用水量Q_mの60[%]であるから、

$Q = 0.6Q_m$[m³/s]

また、有効落差Hは、総落差H_oから損失落差H_lを差し引いたものであるから、

$H = H_o - H_l$[m]

したがって、発電機出力Pは、

$P = 9.8QH\eta$

$= 9.8 \times 0.6Q_m \times (H_o - H_l) \times \eta$

$= 9.8 \times 0.6 \times 15 \times (110 - 10) \times 0.9$

$= 7938$[kW]

よって、求める年間発電電力量Wは、

$W = 365 \times 24 \times P$

> 1年間を時(h)に換算した値

$\fallingdotseq 69.5 \times 10^6$[kW・h] → **70**[GW・h]（答）

解答：(2)

！ 重要ポイント

●理論水力 P_0

$P_0 = 9.8QH$[kW]

Q：流量[m³/s]

H：有効落差[m]

●発電機出力 P

$P = 9.8QH\eta_t\eta_g = 9.8QH\eta$[kW]

η_t：水車効率(小数)

η_g：発電機効率(小数)

η：発電所総合効率(小数)

$\eta = \eta_t\eta_g$(小数)

※この式で表される単位が[W]ではなく[kW]であることに注意！

●単位の変換

1GW(ギガワット) → 10^6kW(10^9W)

1MW(メガワット) → 10^3kW(10^6W)

1kW → 10^3W

(1)、(2)、(4)、(5)の記述は**正しい**。

(3)　**誤り**。ダム水路式発電所の構成を下図に示す。

　　サージタンクは、圧力水路の終端と水圧管路の入口の間に設置され、負荷の変動時に水位を調整する。また、負荷急減時あるいは急増時の**水撃作用**(流水エネルギーによって水圧管路の圧力が急上昇または急降下する現象。ウォータハンマ)による水圧管路の破損を防止する。

　　この目的のため、サージタンク水面は図aに示すように、**大気に開放**してある。したがって、「**密閉構造である**」という(3)の記述は誤りである。なお、サージタンクには、差動式、小孔式、水室式などがあり、いずれも大気に開放してある。図bに、差動式サージタンクの構造を示す。

解答：(3)

ダム取水口→導水路(圧力水路)→サージタンク→水圧管路→水車→放水路

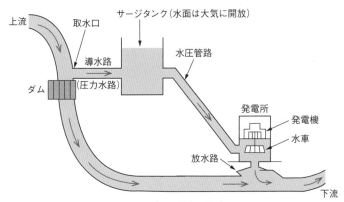

図a　ダム水路式発電所

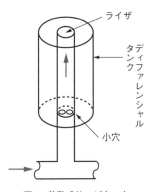

図b　差動式サージタンク

(1) **正しい。** ベルヌーイの定理は、水管内の流水のエネルギーがどの位置においても等しいというエネルギー保存の法則に基づいて導出されるものである。

(2) **正しい。** 水力発電は火力発電と比較して、起動停止が短時間である、耐用年数が長い、エネルギー変換効率が高いなどの特徴がある。

(3) **誤り。** 水力発電は、短時間で大きな出力変化をさせられることや、揚水式発電とすることで、余剰電力の有効利用も図れ、**電力供給面において、重要な役割を果たしている。** したがって、「**電力供給面における役割は失われている。**」という**記述は誤り**である。なお、2019年(暦年)の全電源に占める水力発電の発電電力量の比率は7.4%程度である。

(4) **正しい。** 河川の1日の流量を年間を通して多いものから順に配列したものを流況曲線といい、発電電力量の計画において重要な情報となる。

(5) **正しい。** 水力発電所は、土木設備の構造により、水路式、ダム式、ダム水路式に分類される。

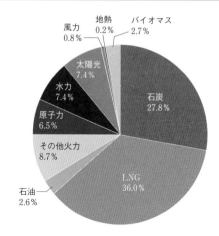

2019年日本の電源構成
(電力調査統計などより)

解答：(3)

（ア）**圧力水頭**、（イ）**フランシス水車**、（ウ）**カプラン水車**、（エ）**速度水頭**、（オ）**ペルトン水車**となる。

解答：**(1)**

！重要ポイント

●水車の種類と特徴

水車の種類		適用落差、水量	特徴	形状
衝動水車 （圧力水頭を速度水頭に変えてその流水をランナに作用）	ペルトン	高落差 300〔m〕以上 小水量	ノズルから水を噴射させ、バケットに衝突させて回転を得る。部分負荷時の効率良好。ポンプ水車には原理上適用できない。	ノズル／水流／バケット
反動水車 （圧力水頭を持つ流水をランナに作用）	フランシス	中、高落差 40〜500〔m〕 中、大水量	渦巻状のケーシングを持ち、水はランナ面で90度方向を変え、軸方向に流出する。部分負荷時の効率が悪い。	ランナ／水流／羽根
	斜流	中落差 40〜180〔m〕 中、大水量	軸斜めから水が流入し、軸方向に流出する。可動羽根を持つため、部分負荷時の効率良好。	水流／可動羽根
	プロペラ	低落差 100〔m〕以下 大水量	水は軸に平行に流入、流出する。固定羽根のため、部分負荷時の効率が悪い。	水流／固定羽根
	カプラン	低落差 100〔m〕以下 大水量	プロペラ水車の羽根を可動式にしたもの。部分負荷時の効率良好。ただし、構造は複雑。	水流／可動羽根

水力発電は、水の持つ位置エネルギーを水車により機械エネルギーに変換し、このエネルギーで発電機を回し、電気エネルギーを得るものである。

水車の種類には、反動水車と衝動水車がある。(ア)**反動水車**は水の圧力エネルギーと運動エネルギーの両方を利用する水車で、(イ)**フランシス水車**、斜流水車、プロペラ水車などがある。カプラン水車も可動羽根のプロペラ水車である。衝動水車は水の運動エネルギーを利用する水車で、(ウ)**衝動水車**の代表的なものは(エ)**ペルトン水車**で、高落差、小流量地点に適する。

なお、水車の回転速度が低速のため、発電機の極数は(オ)**多く**なる。

解答：(5)

! 重要ポイント

●水車発電機とタービン発電機の比較

	水車発電機	タービン発電機
極数 p	6〜72極程度	2または4極
回転速度 N $N = \dfrac{120f}{p}$	低速 (例) $125\,\text{min}^{-1}$	高速 (例) $3000\,\text{min}^{-1}$
周波数 f	50または60Hz	50または60Hz
回転子	突極形 (直径が大きく 軸方向に短い)	円筒形 (直径が小さく 軸方向に長い)
軸形式	主に立軸形	横軸形
種類	鉄機械 (磁束を通す 鉄量多い)	銅機械 (電流を通す 銅量多い)

比速度とは、任意の水車の形(幾何学的形状)と運転状態(水車内の流れの状態)とを(ア)**相似に保って大きさを変えたとき**、(イ)**単位落差(1m)で単位出力(1kW)を発生させる仮想水車の回転速度**のことである。

水車では、ランナの形や特性を表すものとしてこの比速度が用いられ、水車の(ウ)**種類**ごとに適切な比速度の範囲が存在する。

水車の回転速度をn〔min^{-1}〕、有効落差をH〔m〕、ランナ1個当たりまたはノズル1個当たりの出力をP〔kW〕とすれば、この水車の比速度n_sは、次の式で表される。

$$n_s = n \cdot \frac{P^{\frac{1}{2}}}{H^{\frac{5}{4}}} \text{〔m·kW〕}$$

通常、ペルトン水車の比速度は、フランシス水車の比速度より(エ)**小さい**。

比速度の大きな水車を大きな落差で使用し、吸出し管を用いると、放水速度が大きくなって、(オ)**キャビテーション**が生じやすくなる。そのため、各水車には、その比速度に適した有効落差が決められている。

解答：(4)

! 重要ポイント

●比速度とは(解説文参照)

一般に比速度が大きいほど、低落差で運転したときの回転速度が高くなる。

低落差の発電所では比速度の大きい水車が、高落差の発電所では比速度の小さい水車が適している。

なお、比速度が大きいほどキャビテーションが発生しやすい。

比速度の小さい順に並べると、**ペルトン＜フランシス＜斜流＜プロペラ**となる。

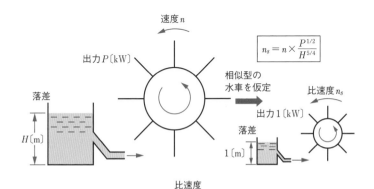

速度n

出力P〔kW〕

落差

H〔m〕

$$n_s = n \times \frac{P^{1/2}}{H^{5/4}}$$

相似型の水車を仮定

比速度n_s

出力1〔kW〕

落差

1〔m〕

比速度

　流水の(ア)**圧力**の低い部分で、水が(イ)**飽和水蒸気圧**以下になると、その部分の水は蒸発して流水中に微細な気泡が発生する。この気泡は流水とともに流れるが、圧力の高いところに出会うと急激に崩壊して大きな衝撃力を生じる。このような現象をキャビテーションという。キャビテーションが発生すると、流水に接する金属面を壊食したり、(ウ)**振動や騒音**を発生させ、また、効率を低下させる。この発生を防止するため、吸出し管の高さを(エ)**低く**するなど、各種の対策がとられる。

解答：(5)

⚠ 重要ポイント

●キャビテーションとは

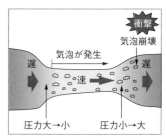

キャビテーション

　流水は、場所によって速度も圧力も違う。圧力がそのときの水温に対する飽和水蒸気圧を下回ると、気泡が発生する。この気泡は高圧の部分に来ると急激に崩壊(消滅)し、そのときに大きな衝撃を発生する。こうした一連の現象を**キャビテーション**という。

●キャビテーションの防止対策

a. 比速度を限度内に抑え、大きくし過ぎない。

b. 吸出し管の高さを低くする。

c. 吸出し管の上部から空気を注入する。

d. 過度の部分負荷運転や過負荷運転を行わない。

e. キャビテーションが起きやすい場所は、耐食性の優れた材料を使う。

014 揚水発電と低落差発電

①発電出力 P_G の計算

有効落差 H は、総落差 H_0 から発電時の損失水頭 h_G を引いたものなので、

$$H = H_0 - h_G = H_0 - 0.03H_0$$
$$= H_0(1 - 0.03)$$

発電出力 P_G は、

$$P_G = 9.8Q_GH\eta_T\eta_G \text{〔kW〕}$$

数値を代入すると、

$$P_G = 9.8 \times 60 \times 400 \times (1 - 0.03) \times 0.87$$
$$≒ 198485 \text{〔kW〕} \rightarrow \textbf{198500} \text{〔kW〕(答)}$$

②揚水入力 P_P の計算

全揚程 H_P は、実揚程 H_0 に揚水時の損失水頭 h_P を加えたものなので、

$$H_P = H_0 + h_P = H_0 + 0.03H_0$$
$$= H_0(1 + 0.03)$$

揚水入力 P_P は、

$$P_P = \frac{9.8Q_PH_P}{\eta_P\eta_M} \text{〔kW〕}$$

数値を代入すると、

$$P_P = \frac{9.8 \times 50 \times 400 \times (1 + 0.03)}{0.85}$$

$$≒ 237506 \text{〔kW〕} \rightarrow \textbf{237500} \text{〔kW〕(答)}$$

③揚水所要時間 T_P の計算

発電時に上部貯水池から下部貯水池へ移動する水量と、揚水時に下部貯水池から上部貯水池へ移動する水量とが等しいことから、

$$Q_GT_G = Q_PT_P$$

揚水所要時間 T_P は、

$$T_P = \frac{Q_G}{Q_P}T_G = \frac{60}{50} \times 8 = \textbf{9.6} \text{〔h〕(答)}$$

④揚水総合効率 η の計算

揚水総合効率 η は、

$$\eta = \frac{\text{発電電力量}}{\text{揚水に要した電力量}} \times 100 \text{〔％〕}$$

であることから、

$$\eta = \frac{P_GT_G}{P_PT_P} \times 100$$

$$= \frac{198485 \times 8}{237506 \times 9.6} \times 100$$

$$≒ \textbf{69.6} \text{〔％〕(答)}$$

解答：(5)

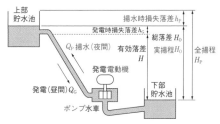

揚水発電(赤字：揚水 黒字：発電)

❗重要ポイント

● **発電出力** $P_G = 9.8Q_GH\eta_T\eta_G$ 〔kW〕

ただし、有効落差 H

＝総落差 H_0 －損失水頭 h_G

● **揚水入力** $P_P = \dfrac{9.8Q_PH_P}{\eta_P\eta_M}$ 〔kW〕

ただし、全揚程 H_P

＝実揚程 H_0 ＋損失水頭 h_P

● **揚水総合効率** $\eta = \dfrac{P_GT_G}{P_PT_P} \times 100$ 〔％〕

「水の位置エネルギーを運動エネルギーに変えた流水をランナに作用させる構造の水車」とは、(ア)**衝動水車**のことである。

衝動水車の代表的なものは、(イ)**ペルトン水車**である。

「水の位置エネルギーを圧力エネルギーとして、流水をランナに作用させる構造の水車」とは、反動水車のことである。反動水車として代表的なものは、(ウ)**フランシス水車**である。

「流水がランナを軸方向に通過する水車」とは、軸流水車のことである。軸流水車の代表的なものに(エ)**プロペラ水車**がある。

「近年の地球温暖化防止策として、(中略)少水量と低落差での発電に使用される水車」として、(オ)**クロスフロー水車**が挙げられる。

解答:(4)

! 重要ポイント

●クロスフロー水車

クロスフロー水車は、水が円筒形のランナに軸と直角方向より流入し、ランナ内を貫通して流出する水車で、流量調整できる機構(ガイドベーン)を備えた、**衝動水車および反動水車の特性を併せ持つ水車**で、上下水道・農業用水など、少水量・低落差の発電に利用されている。

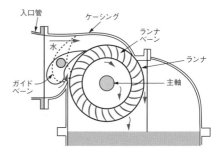

クロスフロー水車

(a) 回転速度は周波数に比例することから、回転速度 n [min^{-1}] を周波数 f [Hz] に置き換えることができる。負荷の変化前の周波数を f_1 [Hz]、負荷の変化後の周波数を f_2 [Hz]、定格周波数を f_n [Hz] とすると、速度調定率 R は、

$$速度調定率R = \frac{\dfrac{f_2 - f_1}{f_n}}{\dfrac{P_1 - P_2}{P_n}} \times 100 \,[\%]$$

題意より、タービン発電機の定格出力 $P_{An} = 1000$ [MW]、変化前の出力（80%）$P_{A1} = 1000 \times 0.8 = 800$ [MW]、変化後の出力 $P_{A2} = 900$ [MW]、速度調定率 $R_A = 5$ %、定格周波数 $f_n =$ 変化前の周波数 $f_1 = 60$ [Hz] なので、タービン発電機の速度調定率 R_A は、

$$R_A = \frac{\dfrac{f_2 - f_1}{f_n}}{\dfrac{P_{A1} - P_{A2}}{P_{An}}} \times 100 \,[\%]$$

$$5 = \frac{\dfrac{f_2 - 60}{60}}{\dfrac{800 - 900}{1000}} \times 100$$

$$5 = \frac{\dfrac{f_2 - 60}{60}}{-0.1} \times 100$$

両辺を100で割ると、

$$\frac{5}{100} \diagtimes \frac{\dfrac{f_2 - 60}{60}}{-0.1}$$

✕（たすき）に掛けて等しいと置く

$$\frac{100(f_2 - 60)}{60} = -0.5$$

両辺を60倍すると、

$$100(f_2 - 60) = -30$$

$$100f_2 - 6000 = -30$$

$$100f_2 = 5970$$

$$f_2 = \mathbf{59.7} \,[\text{Hz}]（答）$$

解答：(a) − (2)

(b) 題意より、水車発電機の定格出力 $P_{Bn} = 300$ [MW]、変化前の出力（60%）$P_{B1} = 300 \times 0.6 = 180$ [MW]、速度調定率 $R_B = 3$ %、定格周波数 $f_n =$ 変化前の周波数 $f_1 = 60$ [Hz]、変化後の周波数 $f_2 = 59.7$ [Hz] なので、水車発電機の速度調定率 R_B は、

$$R_B = \frac{\dfrac{f_2 - f_1}{f_n}}{\dfrac{P_{B1} - P_{B2}}{P_{Bn}}} \times 100 \,[\%]$$

$$3 = \frac{\dfrac{59.7 - 60}{60}}{\dfrac{180 - P_{B2}}{300}} \times 100$$

$$3 = \frac{-0.005}{\dfrac{180 - P_{B2}}{300}} \times 100$$

両辺を100で割ると、

$$\frac{3}{100} \diagtimes \frac{-0.005}{\dfrac{180 - P_{B2}}{300}}$$

$$\frac{\overset{1}{\cancel{3}}(180 - P_{B2})}{\underset{100}{\cancel{300}}} = -0.5$$

両辺を100倍すると、

$$180 - P_{B2} = -50$$

$$-P_{B2} = -230$$

$$P_{B2} = \mathbf{230} \,[\text{MW}]（答）$$

解答：(b) − (5)

・発電機が系統に並列した後は、調速機は（ア）**出力**調整を行う。

・調速機は、事故時には異常な回転速度（イ）**上昇**を防止する。

・調速機は、ペルトン水車においては（ウ）**ニードル弁**の開度を調整する。なお、デフレクタは、水撃作用の防止のために使用する。

・調速機は、フランシス水車においては（エ）**ガイドベーン**の開度を調整する。なお、フランシス水車では、ランナベーンは角度が固定されている。

解答：**(1)**

(!) 重要ポイント

●調速機

水車発電機は、ほとんどが同期発電機なので、水車の回転速度は同期速度を維持し、周波数を規定値に保たなければならない。

水車発電機が定常状態で運転中、事故などで急に出力が減少すると回転速度が上昇する。また、反対に急に出力が増加すれば回転速度は減少する。

出力の増減にかかわらず、回転速度を一定に保つためには、出力に応じて水車の流量を調整しなければならない。**ペルトン水車ではニードル弁**、**フランシス水車ではガイドベーン**の開度を加減する。これを自動的に行わせる装置を**調速機（ガバナ）**という。調速機には電気式と機械式があり、速度検出部、配圧弁、サーボモータ、復元部などにより構成される。

調速機には、次の機能がある。

a. **発電機並列前**
　回転速度を制御

b. **発電機並列後**
　出力を調整

c. **事故時**
　回転速度の異常上昇を防止

（ア）**上昇**、（イ）**調速機**、（ウ）**ペルトン**、（エ）**フランシス**、（オ）**流入**となる。

解答：**(1)**

重要ポイント

●調速機

水車発電機は、ほとんどが同期発電機なので、水車の回転速度は同期速度を維持し、周波数を規定値に保たなければならない。

水車発電機が定常状態で運転中、事故などで急に出力が減少すると回転速度が上昇する。また、反対に急に出力が増加すれば回転速度は減少する。

出力の増減にかかわらず、回転速度を一定に保つためには、出力に応じて水車の流入流量を調整しなければならない。**ペルトン水車**では**ニードル弁**、**フランシス水車**では**ガイドベーン**の開度を加減する。これを自動的に行わせる装置を**調速機（ガバナ）**という。調速機には電気式と機械式があり、速度検出部、配圧弁、サーボモータ、復元部などにより構成される。

●電気式調速機動作原理

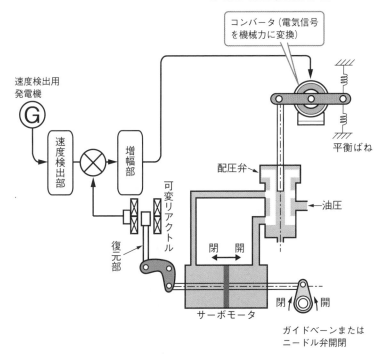

電気式調速機動作原理図

発電機の周波数特性定数Kを使用して解く。

(a) タービン発電機の周波数特性定数K_Aを求める。

速度調定率R_Aが5〔%〕であるから、定格出力$P_{nA} = 1000$〔MW〕から、突然無負荷になったとすれば、周波数上昇値Δf_Aは、

$$\Delta f_A = f_n \times \frac{R_A}{100} = 50 \times \frac{5}{100} = 2.5 〔\text{Hz}〕$$

上昇する。

このときの周波数f_Aは、

$f_A = f_n + \Delta f_A = 50 + 2.5 = 52.5$〔Hz〕、

ただし、f_n：定格周波数〔Hz〕

したがって、

$$K_A = \frac{P_{nA} - 0}{\Delta f_A} = \frac{P_{nA}}{\Delta f_A} = \frac{1000}{2.5} 〔\text{MW/Hz}〕$$

次に、負荷が急変し、タービン発電機の出力が$P_A = 600$〔MW〕で安定したときの周波数の上昇値Δfと系統周波数fを求める。

ガバナ特性は直線であるから、出力と周波数の比例関係から次式が成立する。

$$K_A = \frac{1000}{2.5} = \frac{\Delta P_A}{\Delta f} = \frac{P_{nA} - P_A}{\Delta f}$$

$$= \frac{1000 - 600}{\Delta f} = \frac{400}{\Delta f}$$

$$\Delta f = \frac{400 \times 2.5}{1000} = 1.0 〔\text{Hz}〕$$

$f = 50 + 1.0 = \mathbf{51.0}$〔Hz〕(答)

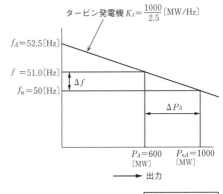

タービン発電機 $K_A = \dfrac{1000}{2.5}$〔MW/Hz〕

$f_A = 52.5$〔Hz〕
$f = 51.0$〔Hz〕
$f_n = 50$〔Hz〕
Δf
ΔP_A
$P_A = 600$〔MW〕
$P_{nA} = 1000$〔MW〕
→ 出力

解答：(a)-(5)

(b) 水車発電機の周波数特性定数K_Bを求める。

$R_B = 3$〔%〕であるから、定格出力$P_{nB} = 300$〔MW〕から、突然無負荷になったとすれば、周波数上昇値$\Delta f_B'$は、

$$\Delta f_B' = f_n \times \frac{R_B}{100} = 50 \times \frac{3}{100} = 1.5 〔\text{Hz}〕$$

上昇する。

このときの周波数f_B'は、

$f_B' = f_n + \Delta f_B' = 50 + 1.5 = 51.5$〔Hz〕

したがって、

$$K_B = \frac{P_{nB} - 0}{\Delta f_B'} = \frac{P_{nB}}{\Delta f_B'} = \frac{300}{1.5} 〔\text{MW/Hz}〕$$

（または、$K_B = \dfrac{240}{1.2}$〔MW/Hz〕）

> **注意**
> K_Bの定義により、$K_B = \dfrac{300}{1.5}$〔MW/Hz〕である。水車発電機は$300 \times 0.8 = 240$〔MW〕、50〔Hz〕で運転しているが、$K_B = \dfrac{240}{1.5}$〔MW/Hz〕としてはならない。

$$K_B = \frac{300 \times \dfrac{240}{300}}{1.5 \times \dfrac{240}{300}} = \frac{240}{1.2}$$

と、比例計算してもよい。

※ 240〔MW〕が無負荷になると、$\Delta f_B = 1.2$〔Hz〕
上昇し、$f_B = 51.2$〔Hz〕となる。

次に、負荷が急変し、系統周波数が
$f = 51.0$〔Hz〕と、$\Delta f = 1.0$〔Hz〕上昇した
ときの水車発電機の出力減少量ΔP_Bを求
める(負荷急変後の周波数は、タービン
発電機も水車発電機も系統に並列してい
るので、(a) で求めた51.0〔Hz〕である)。

出力と周波数の比例関係から、次式が
成立する。

$$K_B = \frac{300}{1.5} = \frac{\Delta P_B}{\Delta f} = \frac{\Delta P_B}{1.0}$$

$$\Delta P_B = \frac{300}{1.5} = 200 \,〔\text{MW}〕$$

したがって、求める水車発電機の出力
P_Bは、

$$P_B = 0.8P_{nB} - \Delta P_B = 240 - 200$$
$$= \mathbf{40}\,〔\text{MW}〕(答)$$

解答:(b)−(1)

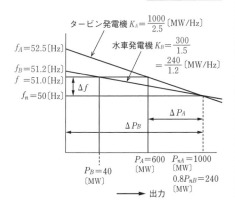

ⓘ 重要ポイント

● 発電機周波数特性定数

$$K_G = \frac{\Delta P_G}{\Delta f}\,〔\text{MW/Hz}〕$$

ただし、ΔP_G:発電機出力変化量〔MW〕、

Δf:周波数変化量

● 発電機周波数特性定数K_G〔MW/Hz〕と速
度調定率R〔%〕の関係

$$K_G = \frac{P_n}{f_n \times \dfrac{R}{100}}\,〔\text{MW/Hz}〕$$

ただし、P_n:発電機定格出力〔MW〕、

f_n:定格周波数〔Hz〕

(a) 1〔kW〕のタービン出力に必要な1時間当たりのタービン入口蒸気の熱量〔kJ/h〕(1〔kW·h〕の電力量を発電するために必要な燃料の熱量〔kJ〕)を、タービンの熱消費率J〔kJ/(kW·h)〕という。

タービン出力をP_T〔kW〕、1時間当たりのタービン入口蒸気の熱量をQ_i〔kJ/h〕とすれば、Jは、

$$J = \frac{Q_i}{P_T} \text{〔kJ/(kW·h)〕}$$

$$Q_i = J P_T$$
$$= 8000 P_T \text{〔kJ/h〕}$$

タービン出力P_T〔kW〕を熱量Q_T〔kJ/h〕に換算すると、1〔kW〕= 3600〔kJ/h〕であるから、

$$Q_T = 3600 P_T \text{〔kJ/h〕}$$

復水器が持ち去る毎時の熱量を$Q_L = 3.1 \times 10^9$〔kJ/h〕とすると、

$$Q_L = Q_i - Q_T$$
$$Q_L = 8000 P_T - 3600 P_T$$
$$= 4400 P_T \text{〔kJ/h〕}$$

$$P_T = \frac{Q_L}{4400}$$
$$= \frac{3.1 \times 10^9}{4400}$$
$$\fallingdotseq 705 \times 10^3 \text{〔kW〕}$$
$$\rightarrow \mathbf{700}\text{〔MW〕(答)}$$

解答:(a)−(3)

B:燃料供給量〔kg/h〕
H:燃料の発熱量〔kJ/kg〕

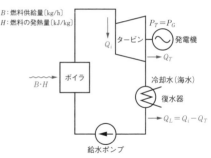

※復水器以外の熱損失を無視するので、
$B·H = Q_i$、$P_T = P_G$(発電機出力)となる。

図a 系統図

(b) 復水器冷却水流量を$W = 30$〔m³/s〕、海水の比熱容量を$c = 4.0$〔kJ/(kg·K)〕、海水の密度をρ(ロー)$= 1.1 \times 10^3$〔kg/m³〕、復水器冷却水の温度上昇をθ〔K〕とすれば、復水器冷却水(海水)が持ち去る熱量Q_L〔kJ/h〕は、

$$Q_L = c\rho\theta W \times 3600 \text{〔kJ/h〕}$$

$W = 30$〔m³/s〕→ 30×3600〔m³/h〕に変換

したがって、

$$\theta = \frac{Q_L}{c\rho W \times 3600}$$

$$= \frac{3.1 \times 10^9}{4.0 \times 1.1 \times 10^3 \times 30 \times 3600}$$

$$\fallingdotseq 6.52 \rightarrow \mathbf{6.5}\text{〔K〕(答)}$$

解答:(b)−(4)

！重要ポイント

●タービンの熱消費率

$$J = \frac{Q_i}{P_T} = \frac{BH}{P_G} \text{〔kJ/(kW·h)〕}$$

●復水器冷却水(海水)が持ち去る熱量

$$Q_L = c\rho\theta W \times 3600 \text{〔kJ/h〕}$$

(1)、(2)、(3)、(5)の記述は**正しい**。

(4) **誤り**。再熱サイクルは、高圧タービンで膨張した湿り飽和蒸気をボイラの**再熱器で加熱**し、低圧タービンに送って膨張させる熱サイクルである。したがって、「**過熱器で加熱**」という(4)の記述は誤りである。なお、過熱器は、ボイラで発生した飽和蒸気を、タービンで使用する過熱蒸気まで過熱する装置である。

(3) **正しい記述といえるが、やや不正確な記述である**。抽出する蒸気の圧力、温度が高く、抽気量が多ければ、給水加熱器での加熱量が大きく、ボイラでの加熱量が少なくてすむが、同時にタービンで取り出す仕事量が抽気した分減少してしまう。この兼ね合いにより、熱効率向上効果に最適な抽気圧力、温度、抽気量を決定する。

解答：(4)

！重要ポイント

●再生サイクル

ランキンサイクルでは、ボイラで発生した蒸気はすべてタービンの最終段まで通過し、復水器で復水するが、復水器で蒸気を復水するのに用いる**冷却水が持ち去る熱量**は、**供給された熱量の約半分**を占め、すべて損失となる。

そこで、図aのように、タービンの途中から蒸気の一部を抽出し（これを**抽気する**という）、**給水加熱器でボイラへ送る給水の加熱に利用**すれば、復水器中の損失を減少させることができる。このように、**抽気によって給水を加熱する方式**をランキンサイクルに加えたものを、**再生サイクル**といい、熱効率を向上させることができる。

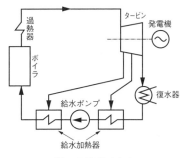

図a　再生サイクル

●再熱サイクル

タービンで用いられる蒸気は、通常、過熱蒸気であるが、これが膨張して仕事をすると、温度が降下して**湿り飽和蒸気**となる。この湿り飽和蒸気は**摩擦を増加**して**効率を低下**させるほか、**タービン羽根を損傷**させるので、**高圧タービンから出た蒸気を取り出し、ボイラへ戻して再熱器で再熱し、温度を高めたあと、低圧タービンに送り返して仕事をさせる**。この方式を**再熱サイクル**といい、熱効率を向上させることができる。

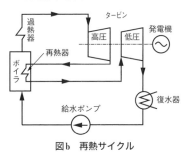

図b　再熱サイクル

(1) **誤り**。A→Bは、給水が給水ポンプにより、ボイラ圧力まで高められる**断熱圧縮**の過程である。ただし、水(液体)は、加圧してもほとんど体積が減らない。したがって、「**断熱膨張**」という記述は誤りである。

(2)～(5)の記述は**正しい**。

$$\boxed{\text{解答：(1)}}$$

(!)重要ポイント

●エントロピーとは

エントロピーs〔kJ/K〕とは、熱の移動の程度を数値で表したものである。エントロピーとは、「原子レベル、分子レベルで乱雑さ(不規則さ)」という意味。日常生活レベルの乱雑さという意味からは少し外れる。

例えば、分子が自由に動き回る気体は、分子が結晶格子に束縛されている固体よりも、エントロピーが大きい。このような意味である。

断熱膨張や**断熱圧縮**においては、外部への熱の移動がないのでエントロピーは不変である。断熱とは、熱を絶つということで、温度の変化がないという意味に勘違いしやすいが、断熱とは外部からの熱の出入りがないという意味であり、機器内部での温度変化はある。

023 熱サイクル

汽力発電所の基本的な熱サイクルを(ア)**ランキンサイクル**といい、圧力Pと体積Vとの関係を示した図を$P-V$線図という。

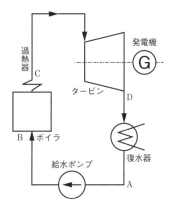

ランキンサイクル線図

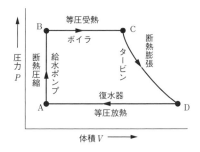

ランキンサイクルの$P-V$線図

ここで、

● A→Bは、給水ポンプの(イ)**断熱圧縮**過程を示す(水なので、体積は変化せず、温度が上昇する)。

● B→Cは、ボイラから過熱器の(ウ)**等圧受熱**の過程を示す(水から飽和蒸気、そして過熱蒸気となる)。

● C→Dは、タービン内での(エ)**断熱膨張**の過程を示す(熱エネルギーが機械的エネルギーに変換される)。

● D→Aは、復水器内での(オ)**等圧放熱**の過程を示す。等圧凝縮ともいう(蒸気を冷却水で冷やし、水に戻す)。

解答：(1)

（ア）**排気**、（イ）**高く**、（ウ）**低下**、（エ）**熱効率**、（オ）**大きい**となる。

など燃料の持つ熱エネルギーの約半分は、海水を温めて捨てられている）。

解答：(3)

！重要ポイント

●復水器

　復水器は、蒸気タービンの排気蒸気を冷却し、凝縮して水（復水）にするとともに、復水器内を真空にする装置である。蒸気は凝縮すると体積が著しく減少するので、復水器内は高真空になる。**真空度を高く保持してタービンの排気圧力を低下させることにより、熱効率を向上させることができる。**復水は純水であり、再びボイラ給水として使用する。復水には大量の冷却水を必要とすることから、多くの発電所では冷却水として海水を使用している。復水器にはいろいろな種類があるが、タービンからの排気蒸気を、冷却水を通してある冷却管（金属管）に当てて冷却する表面復水器（図a参照）が最も広く使用されている。そのほか、蒸発復水器、噴射復水器などがある。

　復水器の付属設備として、復水器内に漏れ込んだ**不凝縮ガス（空気）**を排出するための空気抽出器（エゼクタ）などがある。

　なお、復水器の冷却水（海水）が持ち去る熱エネルギー、すなわち復水器による熱エネルギー損失は、**熱サイクルの中で最も大きく**、最新鋭の汽力発電所でも熱効率が40％程度と低いのはこのためである（原油

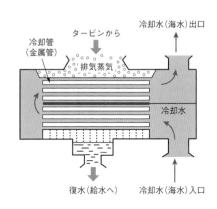

図a　表面復水器

(1)、(2)、(3)、(5)の記述は**正しい**。

(4) **誤り**。**節炭器**は、ボイラから**煙道に出て行く燃焼ガスの余熱を利用**して、ボイラ給水を加熱し、ボイラ全体の効率を高めるためのものである。したがって、「**ボイラで発生した蒸気を利用**して、ボイラ給水を加熱し」という記述は誤りである。

解答：(4)

（!）**重要ポイント**

●**火力発電所の系統**

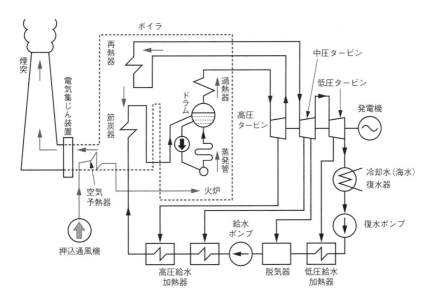

（ア）**排気**、（イ）**大きく**、（ウ）**高く**、（エ）**排気圧力**、（オ）**熱効率**となる。

ている。

解答：(5)

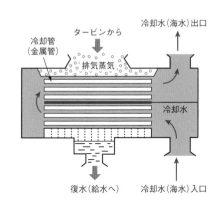

図a　表面復水器

！重要ポイント

●復水器

復水器は、蒸気タービンの排気蒸気を冷却し、凝縮して復水にするとともに、復水器の真空度を高く保持してタービンの排気圧力(背圧)を低くし、蒸気タービンの出力と効率を高めるのが主な役目である。

復水器には各種あるが、現在、最も広く使用されているのは、**表面復水器**(図a参照)である。

表面復水器は、多数の冷却管を備えた密閉された容器で、これに排気蒸気を導き、この冷却管を通る冷却水で冷却させ、復水としてタービンの蒸気排出部分に真空を生じさせる。

蒸気は、その温度に応じた飽和圧力を持っているため、なるべく低温で凝結させれば排気圧力が下がり、同量の蒸気でより多くの仕事をすることができ、復水器の真空度を高く保持することができる。また、**タービン排気圧力を低下させることにより、熱効率を向上させることができる。**

しかし、蒸気を復水に戻すときの熱量を冷却水が持ち去るため、大きな損失が生じる。この損失は、熱サイクルの中で最も大きく、燃料エネルギーの50〔%〕程度となっ

タービン発電機の水素冷却方式の特徴は、以下のとおりである。

（ア）　水素ガスは、空気に比べ(ア)**比熱**および熱伝導率が大きいので、冷却効率が高い。

（イ）　水素ガスは、空気に比べ(イ)**比重**が小さいため、風損が小さい。

（ウ）　水素ガスは(ウ)**不活性**であるため、絶縁物に対して化学反応を起こしにくく、劣化が少ない。また、水素ガス圧力を高めると、大気圧の空気よりコロナ放電が生じ難くなり、絶縁物の劣化が少なくなる。

（エ）　水素ガス濃度が一定範囲(4〜70%)内に入ると爆発の危険性があるので、これを防ぐため自動的に水素ガス濃度を(エ)**90%以上**に維持している。電気設備技術基準・解釈では、85%以下で警報を発するよう定められている。

（オ）　通常運転中の軸貫通部からの水素ガス漏れを防ぐため、軸受の内側に(オ)**油膜**によるシール機能を備えた密封油装置を設けている。

解答：(3)

水車発電機は、水車の定格回転速度が比較的遅いことから多極機となり、風冷効果の面で有利な突極形の界磁、すなわち(ア)**突極機**とすることができる。これに対して、タービン発電機は、蒸気タービンの定格回転速度が速いことから2極機や4極機となり、高速回転での遠心力や風損による制約から円筒形の界磁、すなわち(イ)**円筒機**となる。

鉄機械という呼称は、発電機の短絡比が(ウ)**大きく**なることを示唆している。

同期発電機の短絡比K_Sと、単位法で表した同期インピーダンスZ_S〔p.u.〕との間には、次の関係がある。

$$Z_S = \frac{1}{K_S} \text{〔p.u.〕}$$

鉄機械は短絡比K_Sが大きく、同期インピーダンスZ_S〔p.u.〕が(エ)**小さく**なるため、電圧変動率が小さく、安定度が高く、(オ)**線路充電容量**が大きくなる、といった利点を持つ。

解答：(1)

！重要ポイント

●水車発電機とタービン発電機の比較

	水車発電機	タービン発電機
極数p	6極〜72極程度	2極または4極
回転速度N $N=\frac{120f}{p}$	低速 (例)125min^{-1}	高速 (例)3000min^{-1}
周波数f	50Hzまたは60Hz	50Hzまたは60Hz
回転子	突極形 (直径が大きく、軸方向に短い)	円筒形 (直径が小さく、軸方向に長い)
軸形式	主に立軸形	横軸形
種類	鉄機械(磁束を通す鉄量が多い)	銅機械(電流を通す銅量が多い)
短絡比K_S	大	小
周期インピーダンス $Z_S=\frac{1}{K_S}$〔p.u.〕	小	大
電圧変動率ε	小(安定度大)	大(安定度小)
線路充電容量	大	小

　タービン発電機は熱効率向上のため、蒸気の温度、圧力を高くする。したがって、回転速度は(ア)**高く**なる。

　このため、2極機または4極機が採用される。

　タービン発電機の回転子の外周部分は非常に高速となり、大きな遠心力が加わるので、それに耐える高い(イ)**機械的**強度を要求される。

　回転子の高速回転による空気抵抗を減らすために、突極形回転子よりも凹凸が少ない(ウ)**円筒形**回転子を使用する。

　遠心力を小さくするために、回転子の直径は水車発電機よりも(エ)**小さく**する必要がある。

　水車発電機と同じ出力をタービン発電機で得るためには、回転子の直径を小さくする代わりに、軸方向に(オ)**長く**しなければならない。

解答：(3)

(a) 定格出力にて1日運転したときの発電電力量は、

200×24 〔MW·h〕であるから、発電電力量の熱量換算値Wは、

$W = 200 \times 24 \times 3600 \times 10^3$ 〔kJ〕

∵ 1〔kW·h〕= 3600〔kJ〕、

1〔MW·h〕= 3600×10^3〔kJ〕

このときの石炭燃料の消費重量をB〔kg〕とすると、石炭の発熱量$H = 28000$〔kJ/kg〕であるから、消費熱量(保有全熱量)Qは、

$Q = BH = B \times 28000$〔kJ〕

発電端熱効率を$\eta = 0.36$とすると、ηの定義から次式が成立する。

$$\eta = \frac{\text{発電電力量(熱量換算値)〔kJ〕}}{\text{燃料消費熱量〔kJ〕}}$$

$$= \frac{W\text{〔kJ〕}}{Q\text{〔kJ〕}} = \frac{W\text{〔kJ〕}}{BH\text{〔kJ〕}}$$

上式を変形し、石炭燃料の消費重量B〔kg〕を求めると、

$$B = \frac{W}{H\eta} = \frac{200 \times 24 \times 3600 \times 10^3}{28000 \times 0.36}$$

$$\fallingdotseq 1714 \times 10^3 \text{〔kg〕} \rightarrow \mathbf{1714}\text{〔t〕(答)}$$

解答：(a)-(4)

(b) 小問(a)にて算出した燃料重量1714〔t〕のうち70〔%〕が炭素量〔t〕で、炭素の原子量が12、二酸化炭素の分子量が12 + (16 × 2) = 44

炭素12〔t〕から二酸化炭素44〔t〕が発生する。1日運転したときの二酸化炭素の発生量Mは、

$$M = 1714 \times 0.7 \times \frac{44}{12} \fallingdotseq \mathbf{4399}\text{〔t〕(答)}$$

解答：(b)-(3)

❗重要ポイント

●発電端熱効率 η

$$\eta = \frac{\text{発電電力量(熱量換算値)}W\text{〔kJ〕}}{\text{石炭の消費熱量(保有全熱量)}Q\text{〔kJ〕}}$$

$$= \frac{\text{発電端出力(熱量換算値)}3600P_G\text{〔kJ/h〕}}{\text{毎時の石炭の消費熱量}Q'\text{〔kJ/h〕}}$$

ただし、発電端出力P_G〔kW〕(= kW·h/h)

P_Gの熱量換算値$3600P_G$〔kJ/h〕

※効率を求めるとき、**分子と分母の単位を合わせる**ことが大切である。

(a) 電力量の単位〔MW·h〕を熱量〔kJ〕に換算すると、$1〔kW·h〕= 3600〔kW·s〕= 3600$〔kJ〕

発電電力量 $45000〔MW·h〕$ の熱量換算値 $W〔kJ〕$ は、

$W = 45000〔MW·h〕= 45000 × 10^3〔kW·h〕$

$= 45000 × 10^3 × 3600〔kW·s〕(=〔kJ〕)$

$= 1.62 × 10^{11}〔kJ〕$

重油の保有全熱量 $Q〔kJ〕$ は、重油の消費量 $B = 9.3 × 10^3 × 10^3〔kg〕$

> $9.3 × 10^3〔t〕$ を〔kg〕に換算

重油の発熱量 $H = 44000〔kJ/kg〕$ であるから、

$Q = BH = 9.3 × 10^3 × 10^3 × 44000$

$= 4.092 × 10^{11}〔kJ〕$

よって、発電端熱効率(発電端効率) η は、

$\eta = \dfrac{W}{Q} = \dfrac{1.62 × 10^{11}}{4.092 × 10^{11}}$

$≒ 0.3959 → \textbf{39.6}〔\%〕$(答)

解答:(a)-(3)

(b) 最大出力 $600〔MW〕$ で24時間運転した場合の発電電力量(熱量換算値) $W〔kJ〕$ は、

$W = 600 × 24$

$= 14400〔MW·h〕$

$= 14400 × 10^3〔kW·h〕$

$= 14400 × 10^3 × 3600〔kW·s〕$

$= 5.184 × 10^{10}〔kJ〕$

このとき消費した重油の保有全熱量 Q 〔kJ〕は、発電端熱効率を η とすれば、

$Q = \dfrac{W}{\eta} = \dfrac{5.184 × 10^{10}}{0.40}$

$= 1.296 × 10^{11}〔kJ〕$

重油の発熱量 H は、$H = 44000〔kJ/kg〕$ であるから、重油の消費量 B は、

$B = \dfrac{Q}{H} = \dfrac{1.296 × 10^{11}}{44000}$

$≒ 2.9455 × 10^6〔kg〕$

炭素の含有量 C は、

$C = 2.9455 × 10^6 × 0.85$

$≒ 2.504 × 10^6〔kg〕$

炭素の原子量は12、二酸化炭素の原子量は44であるから、炭素12〔kg〕で44〔kg〕の二酸化炭素が発生する。よって、二酸化炭素の発生量 M は、

$M = 2.504 × 10^6 × \dfrac{44}{12}$

$≒ 9.18 × 10^6〔kg〕→ \textbf{9.18 × 10}^{\textbf{3}}〔t〕$(答)

解答:(b)-(4)

汽力発電所の各種効率の関係を右図に示す。

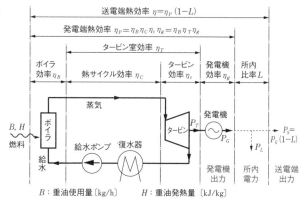

汽力発電所の各種効率

上図より、求めるボイラ効率η_Bは、

$$\eta_B = \frac{\eta_P}{\eta_T \eta_g}$$

タービン室効率η_T、発電機効率η_gは題意より与えられているので、発電端熱効率η_Pがわかればη_Bを求めることができる。

また、汽力発電所は平均した一定電力を送電したものと考えて計算を進める。

送電端出力P_S〔kW〕は、送電端電力量をW_S〔kW・h〕、汽力発電所の運転時間をt〔h〕とすると、次式で表される。

> 5000〔MW・h〕→ 5000 × 10³〔kW・h〕

$$P_S = \frac{W_S}{t} = \frac{5000 \times 10^3}{30 \times 24} \fallingdotseq 6944.4 \text{〔kW〕}$$

送電端出力P_S〔kW〕は、発電機出力をP_G〔kW〕、所内電力をP_L〔kW〕とすると、

$$P_S = P_G - P_L \text{〔kW〕}$$

と表せる。この式を所内率$L = \dfrac{P_L}{P_G}$を用いて表すと、

$$P_S = P_G - P_L = P_G - (L \cdot P_G)$$
$$= P_G(1-L) \text{〔kW〕}$$

上式をP_G〔kW〕を求める式に変形し、発電機出力P_G〔kW〕を次のように求める。

$$P_G = \frac{P_S}{1-L} = \frac{6944.4}{1-0.05} \fallingdotseq 7309.9 \text{〔kW〕}$$

30日間連続運転したときの重油使用量が1100〔t〕（= 1100 × 10³〔kg〕）なので、ボイラの毎時当たりの重油使用量B〔kg/h〕は、

$$B = \frac{1100 \times 10^3}{30 \times 24} \fallingdotseq 1527.8 \text{〔kg/h〕}$$

題意より、重油発熱量Hは、44000〔kJ/kg〕なので、発電端熱効率η_Pは、

> 1〔kW〕= 3600〔kJ/h〕

$$\eta_P = \frac{\text{発電機出力（熱量換算値）}}{\text{重油の保有全熱量}}$$

$$= \frac{3600 P_G}{BH} = \frac{3600 \times 7309.9}{1527.8 \times 44000}$$

$$\fallingdotseq 0.3915$$

したがって、求めるボイラ効率η_Bは、

$$\eta_B = \frac{\eta_P}{\eta_T \eta_g} = \frac{0.3915}{0.47 \times 0.98}$$

$$\fallingdotseq 0.850 \rightarrow \mathbf{85}\text{〔％〕（答）}$$

解答：(4)

(a) 題意の式を変形すると平均発電電力は、

$$平均発電電力 = 最大発電電力 \times \frac{日負荷率}{100}$$

$$= 600 \times \frac{95}{100} = 570 \,〔\text{MW}〕$$

$$= 570 \times 10^3 \,〔\text{kW}〕$$

570×10^3〔kW〕で24時間運転したときの発電電力量P_Gは、

$$P_G = 570 \times 10^3 \times 24$$

$$= 13680 \times 10^3 \,〔\text{kW·h}〕$$

発電電力量P_Gの熱量換算値は、
1〔kW·h〕$= 3600$〔kJ〕なので$3600P_G$〔kJ〕となる。

$$3600P_G = 3600 \times 13680 \times 10^3 \,〔\text{kJ}〕$$

石炭の発熱量$H = 26400$〔kJ/kg〕、消費量$B = 4400 \times 10^3$〔kg〕（4400〔t〕→ 4400×10^3〔kg〕に換算）なので、石炭の総発熱量はBH〔kJ〕となる。

$$BH = 4400 \times 10^3 \times 26400 \,〔\text{kJ}〕$$

したがって、発電端熱効率η_P〔%〕は、

$$\eta_P = \frac{発電電力量（熱量換算値）}{石炭の総発熱量} \times 100$$

$$= \frac{3600P_G}{BH} \times 100$$

$$= \frac{3600 \times 13680 \times 10^3}{4400 \times 10^3 \times 26400} \times 100$$

$$\fallingdotseq 42.4 \,〔\%〕（答）$$

解答：(a)−(3)

(b) 発電端熱効率η_P（p.u.表示）は、ボイラ効率をη_B（p.u.表示）、タービン室効率をη_T（p.u.表示）、発電機効率をη_g（p.u.表示）とすれば、

$$\eta_P = \eta_B \eta_T \eta_g \,〔\text{p.u.}〕$$

となるので、ボイラ効率η_Bはこの式を変形し、

$$\eta_B = \frac{\eta_P}{\eta_T \eta_g} = \frac{0.4}{0.45 \times 0.99}$$

$$\fallingdotseq 0.898 \,〔\text{p.u.}〕 \rightarrow \textbf{89.8}〔\%〕（答）$$

> p.u.（パーユニット）表示とは単位法による表示で、100倍すると%表示に変換できる。

解答：(b)−(4)

注意1

発電端熱効率の計算には所内比率3〔%〕は含まれない。送電端熱効率が与えられた場合は計算に必要となる。

注意2

タービン室効率の名称や定義は文献によって多少の違いがあり、出題されたときは題意を適切に判断する必要がある。

今回の出題では、タービン室効率と思われる低い数値をタービン効率45〔%〕として提示しており、混同して出題された可能性がある。両者は名前は似ているがまったく別のものなので、注意が必要である。

(1) **正しい。**

(2) **誤り。** 復水器の**真空度を高くすると**タービン背圧（排気圧力）が下がり、タービンの熱落差（タービン出入口蒸気のエンタルピーの差）が大きくなって出力が増大する。したがって、「**真空度を低くする**」という記述は誤りである。

(3) **正しい。** 節炭器とは、ボイラで燃焼した排ガスの余熱を利用してボイラ給水を加熱し、熱効率を向上するための設備で、石炭を節約する機器ということから名付けられた。石炭だきボイラ以外でもこの名称を使用している。エコノマイザとも呼ばれる。

(4) **正しい。** 高圧タービンで膨張した蒸気は過熱蒸気から湿り飽和蒸気になるが、このまま低圧タービンに送るとタービン翼（羽根）との摩擦損失が大きく、タービン効率を低下させるばかりでなく、タービン翼を浸食する。このため、高圧タービンから出た湿り飽和蒸気をボイラ内の再熱器で再び過熱蒸気にして低圧タービンに送る再熱サイクルを採用する。

(5) **正しい。** 給水加熱器とは、タービン内で膨張途中の蒸気を一部取り出し（抽気という）、ボイラ給水を加熱し、熱効率を向上するための設備である。

　給水加熱を行う熱サイクルを再生サイクルという。再生サイクルは抽気するため、タービンの仕事量は減少するが復水器での熱損失が少なくなり、全体としての熱効率は向上する。

解答：(2)

！重要ポイント

●真空度が高いとは

　復水器の真空度が高くなると、タービン背圧（排気圧力）が下がり、タービンの熱落差（タービン出入口蒸気のエンタルピーの差）が大きくなって、出力が増す。なお、**真空度が高いとは、絶対真空−101〔kPa〕（760〔mmHgVac〕）に近づくという意味**であり、これを、真空度が低いという逆の意味にとってはならない。

(1)、(2)、(3)、(5)の記述は**正しい**。

(4) **誤り**。ガス中の粒子はコロナ放電で放電電極から放出される**負イオンによって帯電**される。したがって、「**正イオンによって帯電させ**」という記述は誤りである。

解答：(4)

⚠ 重要ポイント

●電気集じん器

煙道に**電気集じん器**を設置する。

電気集じん器は、直流高電界によるコロナ放電を利用し、排煙中の媒じんに負の電荷を与え、これを**クーロン力**によって集じんし、槌打ち除去する装置である。

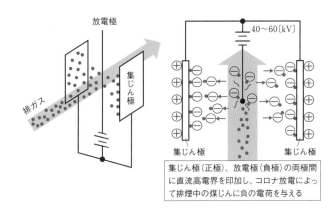

放電極

排ガス

集じん極

40〜60〔kV〕

集じん極　　　集じん極

集じん極（正極）、放電極（負極）の両極間に直流高電界を印加し、コロナ放電によって排煙中の煤じんに負の電荷を与える

電気集じん器

（ア）低く、（イ）低く、（ウ）節炭器、（エ）水蒸気となる。

解答：(4)

❗重要ポイント

●窒素酸化物（NOₓ）対策

窒素酸化物（NOₓ：ノックスという。N_2O_3などの総称）は、**光化学スモッグ**や**酸性雨**などを引き起こす大気汚染原因物質である。

窒素酸化物の生成原因となる**窒素（N）**は、燃料中に含まれるほか、**空気の約80〔％〕**は窒素である。

燃料中に含まれる窒素による窒素酸化物を**フューエルNOₓ**（Fuel：燃料）、燃焼用空気中の窒素による窒素酸化物を**サーマル**NOₓ（Thermal：熱による）という。

NOₓは、高温で、また、過剰酸素で燃焼すると発生しやすいので、**燃焼温度を低く**し、また、**酸素濃度を低くし**、発生を抑える。

この対策には、次のようなものがある。

a.**低窒素燃料の使用**

b.**二段燃焼法**（燃焼用空気を2段階に分けて供給）

c.**排ガス混合燃焼法**（燃焼用空気に排ガスを混合）

d.**排煙脱硝装置**（図a参照）の採用（触媒の存在下でアンモニアによりNOₓを窒素と水蒸気に還元する方法（アンモニア接触還元法）など。触媒とは、化学反応を速める物質）

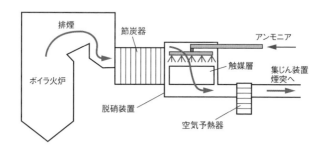

図a　排煙脱硝装置（アンモニア接触還元法）の概要

037 コンバインドサイクル発電

コンバインドサイクル発電の熱効率 η は、ガスタービンの熱効率を η_G、蒸気タービンの熱効率を η_S とした場合、入力を1とすると、ガスタービンの出力が η_G、汽力発電は残りの $(1-\eta_G)$ を入力として出力を取り出すので $(1-\eta_G)\cdot\eta_S$ となる。

これを合わせた $\eta_G+(1-\eta_G)\cdot\eta_S$ が、コンバインドサイクル発電の熱効率 η になる。

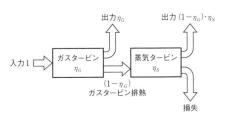

出力 η_G　出力 $(1-\eta_G)\cdot\eta_S$

入力1　ガスタービン η_G　蒸気タービン η_S

$(1-\eta_G)$
ガスタービン排熱

損失

$$\eta=\frac{\text{ガスタービン出力}+\text{蒸気タービン出力}}{\text{入力}}$$

$$=\eta_G+(1-\eta_G)\cdot\eta_S=\eta_G+\eta_S-\eta_G\cdot\eta_S$$

η_S を左辺に移項し、

$$\eta-\eta_S=\eta_G-\eta_G\cdot\eta_S$$

$$\eta-\eta_S=\eta_G(1-\eta_S)$$

両辺を $(1-\eta_S)$ で割ると、

$$\frac{\eta-\eta_S}{1-\eta_S}=\eta_G$$

$$\eta_G=\frac{\eta-\eta_S}{1-\eta_S}=\frac{0.48-0.2}{1-0.2}$$

$$=0.35\rightarrow\mathbf{35}\,[\%]\,(答)$$

解答：(4)

(1)、(3)、(4)、(5)の記述は**正しい**。

(2) **誤り**。コンバインドサイクル発電は、急速起動が可能なガスタービン発電機と小容量の蒸気タービン発電機の組み合わせで構成されているため、起動停止が容易で、しかも**起動停止時間が短い**ことが特徴である。

したがって、「**起動停止時間が長い**」という記述は誤りである。

解答：(2)

⚠️重要ポイント

●ガスタービンコンバインドサイクル発電

ガスタービンコンバインドサイクル発電とは、**ガスタービン**と**蒸気タービン**など異なるサイクルを組み合わせ、熱効率の飛躍的な向上を図ったものである。コンバインドサイクルの種類は多々あるが、運用が容易なことから、わが国で多く採用されている**排熱回収方式**を下図に示す。

排熱回収方式のコンバインドサイクル発電の主な特徴は、次の通り。

a. 熱効率が高く(43～50％)、部分負荷時の効率低下が少ない。

b. 起動停止時間が短い。

c. 単位出力当たりの復水器冷却水量が、汽力発電に比べ少ない。

d. ガスタービンの出力が外気温度の影響を受ける。

e. ガスタービンは高温で燃焼するので、窒素酸化物(NO_X)対策が必要となる。

f. 騒音が大きく、対策が必要である。

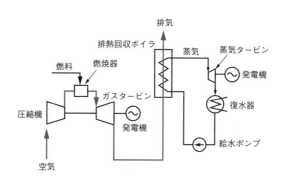

排熱回収方式コンバインドサイクル発電

（ア）**核分裂性物質**、（イ）**親物質**、（ウ）**0.7**、（エ）**低濃縮ウラン**となる。

解答：(2)

！重要ポイント

●核分裂

ウラン235に中性子が当たると核分裂し、2個の核分裂生成物と2～3個の中性子が放出される。これを核反応と呼び、ウラン235のように核分裂を起こす物質を核分裂性物質という。

ウラン235を核分裂させる中性子は、熱中性子と呼ばれる速度の遅い中性子である。この熱中性子がほかのウラン235の原子核に核分裂を起こさせ、これを繰り返す

ことで連続的な核分裂が行われる。この現象を連鎖反応と呼び、連鎖反応が一定の割合で持続することを臨界という。

ウラン鉱山で採取される天然ウランは、核分裂を起こしにくいウラン238がほとんどで、核分裂を起こすウラン235は約0.7％しか含まれていない。原子炉（軽水炉）では、ウラン235の濃度を3～5％程度まで高めた低濃縮ウランを使用している。

なお、ウラン238も中性子を吸収してウラン239になった後に、放射性崩壊を経て、核分裂を起こすプルトニウム239に転換される。

ウラン238は核分裂性物質の元となる物質なので、親物質と呼ばれる。

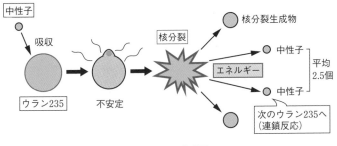

ウラン235の核分裂

ウラン235を核分裂させたときに発生するエネルギーE〔J〕は、質量欠損をm〔kg〕、光速をc〔m/s〕とすると、

$E = mc^2$

$$= M \times 10^{-3} \times \frac{0.09}{100} \times (3 \times 10^8)^2$$

$\boxed{M\text{〔g〕} \to M \times 10^{-3}\text{〔kg〕}}$

$= 8.1 \times 10^{10} \times M$〔J〕

上記エネルギーE〔J〕の30％のエネルギーE'〔J〕は、

$E' = 0.3E = 0.3 \times 8.1 \times 10^{10} \times M$

$= 2.43 \times 10^{10} \times M$〔J〕

エネルギーE'〔J〕を電力量W_A〔kW・h〕に変換すると、

1〔J〕$= 1$〔W・s〕

$$= \frac{1}{1000 \times 3600}\text{〔kW・h〕}$$

であるから、

$$W_A = \frac{E'}{1000 \times 3600} = \frac{2.43 \times 10^{10} \times M}{1000 \times 3600}$$

$= 6.75 \times 10^3 \times M$〔kW・h〕

次に、揚水電力量W_B〔kW・h〕は、揚水できた水量をV〔m³〕、揚程をH〔m〕、電動機とポンプの総合効率をη（小数）とすると、

$$W_B = \frac{9.8VH}{3600\eta} = \frac{9.8 \times 90000 \times 240}{3600 \times 0.84}$$

$= 70000$〔kW・h〕

$W_A = W_B$であるため、

$6.75 \times 10^3 \times M = 70000$

$$M = \frac{70000}{6.75 \times 10^3} ≒ \textbf{10.4}\text{〔g〕（答）}$$

解答：(5)

！重要ポイント

●エネルギーの単位の換算

1〔W・s〕$= 1$〔J〕

1〔kW・h〕$= 1$〔1000W × 3600s〕

$= 1000 \times 3600$〔W・s〕

$= 3.6 \times 10^6$〔J〕

$= 3600$〔kJ〕

●核分裂エネルギーE

$E = mc^2$〔J〕

ただし、m：質量欠損〔kg〕

　　　　c：光速3×10^8〔m/s〕

●揚水に必要な電力P（kW）、電力量W〔kW・h〕

$$P = \frac{9.8QH}{\eta_p \eta_m}\text{〔kW〕}$$

$W = P \cdot t$〔kW・h〕

$$W = \frac{9.8VH}{3600\eta_p \eta_m}\text{〔kW・h〕}$$

ただし、

Q：流量〔m³/s〕、V：揚水量〔m³〕、

H：揚程〔m〕、η_p：ポンプ効率（小数）

η_m：電動機効率（小数）

※QとVとtの関係

Q〔m³/s〕の割合で揚水するとき、1時間の揚水量は$3600Q$〔m³〕、t〔h〕で揚水を終了すると揚水量Vは$V = 3600Q \cdot t$〔m³〕、逆にいえば、V〔m³〕を揚水するための必要な時間tは、

$$t = \frac{V}{3600Q}\text{〔h〕となる。}$$

原子燃料に含まれるウラン235の割合は、

$$1 \,[\mathrm{kg}] \times \frac{3}{100} = 0.03 \,[\mathrm{kg}]$$

質量欠損mは、

$$m = 0.03 \times \frac{0.09}{100}$$

$$= 3 \times 10^{-2} \times 9 \times 10^{-4}$$

$$= 27 \times 10^{-6} \,[\mathrm{kg}]$$

これにより発生するエネルギーEは、光速$c = 3 \times 10^8$ [m/s] とすると、

$$E = mc^2$$

$$= 27 \times 10^{-6} \times (3 \times 10^8)^2$$

$$= 27 \times 10^{-6} \times 9 \times 10^{16}$$

$$= 243 \times 10^{10}$$

$$= \mathbf{2.43 \times 10^{12}} \,[\mathrm{J}] \,(\text{答})$$

解答：(1)

　軽水炉で使用されるウランは、ウラン235の濃度を(ア)**3〜5%**程度に濃縮した低濃縮ウランである。

　使用済燃料からは(イ)**再処理**によってウラン、プルトニウムを分離抽出し、再び燃料として使用する。

　ウランとプルトニウムとを混合して軽水炉で使用できる燃料としたものを(ウ)**MOX燃料**(混合酸化物燃料)という。

　なお、イエローケーキとは、鉱山で採掘された天然ウラン鉱石からウランを溶出し、ウラン化合物として沈殿させたもののことである。

　プルトニウム239を高速中性子で核分裂させるとともに、余剰の中性子をウラン238に吸収させることで、消費した燃料以上にプルトニウム239が生成される(エ)**高速増殖炉**は、軽水炉などの熱中性子炉に比べウラン資源を有効活用できるが、商用発電として実用化されていない。

解答：(1)

！重要ポイント
●核燃料サイクル

製　錬	鉱石からウランをイエローケーキとして回収する
転　換	イエローケーキを濃縮しやすい六フッ化ウラン(気体状)に変える
濃　縮	六フッ化ウランのウラン235の濃度を高める
再転換	濃縮された六フッ化ウランを燃料となる二酸化ウラン(固体状)に変える
加　工	二酸化ウランを焼き固めてペレットを作り、燃料棒(燃料集合体)に加工する
再処理	使用済燃料を、燃え残ったウランと新しく生まれたプルトニウムと放射性廃棄物に分離する

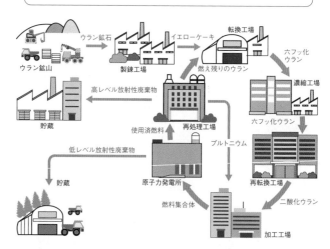

（ア）**低濃縮ウラン**、（イ）**減速材**、（ウ）**沸騰水型**、（エ）**加圧水型**、（オ）**ボイド効果**となる。

解答：**(1)**

⚠重要ポイント

●原子炉の自己制御性

軽水炉においては、出力の増加に対し、**負の反応度フィードバック特性**を持つように設計する。このような特性を、**原子炉の自己制御性**あるいは**固有の安全性**という。

自己制御性には、以下の効果がある。

①**ドップラー効果（燃料温度効果）**……燃料の温度が上昇すると、燃料中の核分裂を起こさないウラン238が中性子を吸収しやすくなる。これを**ドップラー効果（燃料温度効果）**といい、燃料全体として反応度が低下する。

②**減速材温度効果**……減速材（軽水）の温度が上昇すると、軽水の密度が減少して中性子の減速効果が低下し、反応度が低下する。これを**減速材温度効果**という。

③**ボイド効果**……**ボイド効果**は、沸騰水型原子炉の出力制御で利用されている。再循環流量が減少するとボイド（気泡）が増加して、反応度が低下する。

第3章

原子力発電とその他の発電

（ア）1、（イ）1、（ウ）**パワーコンディショナ**、（エ）**日中**となる。

解答：(3)

⚠️重要ポイント

●**太陽光発電の特徴**

a. 光から電気への直接変換であるため、騒音も少なく、保守が容易で、**環境汚染物質の排出がないクリーンな発電方式**である。

b. 太陽光エネルギーは無尽蔵であり、非枯渇（ひこかつ）エネルギーである。

c. 発電が気象条件(日照)に左右される。

d. ほかの発電方式に比べ**エネルギー密度が低い**(晴天時、約1〔kW/m²〕= 1m²当たり1秒間に約1〔kJ〕)ので、大出力を得るには広い面積が必要になる。

e. **エネルギーの変換効率**(熱効率)が、火力発電などほかの発電方式に比べ7～20〔%〕程度と低い。

f. 電池出力が直流であるため、交流として電気を供給するには**インバータ**(直流−交流変換装置)が必要となる。さらに、さまざまな保護機能を備えた装置のことを**パワーコンディショナ**という。

g. 出力は周囲温度の影響を受ける。

h. 太陽光発電の普及に伴い、**日中の余剰電力は揚水発電の揚水に使われている**ほか、大容量蓄電池への電力貯蔵に活用されている。

※太陽電池素子そのものを**セル**と呼び、1個当たりの出力電圧は約1〔V〕である。数十個の**セル**を、直列および並列に接続してパッケージ化したものを**モジュール**という。セルの直列接続により電圧を高め、並列接続により容量(出力)を増大する。

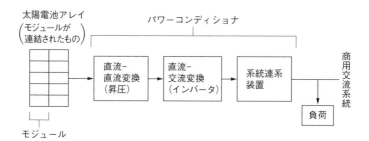

図a　太陽光発電の構成

第3章

原子力発電とその他の発電

　風車のロータ軸出力P〔W〕は、次式で表される。

$$P = \frac{1}{2} C_p \rho A v^3 \text{〔W〕} \cdots\cdots (1)$$

　ただし、

C_p：風車のパワー係数（小数）

ρ（ロー）：空気の密度〔kg/m^3〕

A：風車の受風面積〔m^2〕

v：風速〔m/s〕

　ロータ半径$r = 30$〔m〕であるので、風車の受風面積Aは、

$$A = \pi r^2 = \pi \times 30^2 = 900\pi \text{〔m}^2\text{〕}$$

　与えられた数値を式(1)に代入、

$$P = \frac{1}{2} \times 0.5 \times 1.2 \times 900\pi \times 10^3$$

$$\fallingdotseq 848 \times 10^3 \text{〔W〕} \rightarrow \mathbf{850} \text{〔kW〕（答）}$$

解答：(4)

！重要ポイント

●風車発電の原理

　風車は、風の運動エネルギーを風車の回転運動に変換して取り出す。質量m〔kg〕の空気のかたまりが速度v〔m/s〕で流れると、単位時間当たりの風の持つ運動エネルギーP_0は、次式で表されるように、風速vの2乗に比例する。

$$P_0 = \frac{1}{2} m v^2 \text{〔J/s〕（=〔W〕）}$$

　空気の密度をρ〔kg/m^3〕、風車の受風面積（回転面積）をA〔m^2〕とすれば、単位時間

　では$m = \rho A v$〔kg/s〕となるので、風車面を通過する単位時間当たりの空気の量mは、風速vに比例する。

　風車のパワー係数（出力係数）をC_pとすると、風車で得られる単位時間当たりのエネルギー（風車のロータ軸出力）Pは、

$$P = \frac{1}{2} C_p \rho A v^3 \text{〔W〕}$$

で表される。

　つまり、「風車から取り出せる単位時間当たりのエネルギーPは、空気の密度ρ、風車の受風面積Aに比例し、風速vの3乗に比例する」ことがわかる。

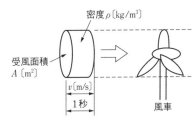

密度ρ〔kg/m^3〕

受風面積 A〔m^2〕

v〔m/s〕
1秒

風車

風を$m = \rho \cdot A \cdot v$〔kg/s〕の空気のかたまりの移動と考える

風のエネルギー

太陽光はクリーンエネルギーとして活用が進められているが、太陽電池の変換効率は、現在広く用いられているシリコン太陽電池では(ア)**7〜20**〔%〕程度である。

太陽光発電に限らず、自然のエネルギーを利用する発電方式では、費用対効果の観点から、当該地点で可能な(イ)**発電電力量**について予想する必要がある。また、太陽電池の傾斜によって変わるのは(イ)**発電電力量**で、日照時間は変わらない。

太陽電池の発電電力量に影響するものとして、第一に太陽電池の方位と傾斜が挙げられる。面積も関係あるが、文脈から判断すれば(ウ)**方位**がより適切である。

太陽電池で発電するのは、直流電力である。これを電気事業者の交流配電系統に連系するためには、直流を交流に変換するだけではなく、さまざまな保護装置を設ける必要があり、この一連の機能を備えた装置のことを(エ)**パワーコンディショナ**という。

解答:(2)

! 重要ポイント

●太陽光発電の特徴

a. 光から電気への直接変換であるため、騒音も少なく、保守が容易で、環境汚染物質の排出がないクリーンな発電方式である。

b. 太陽光エネルギーは無尽蔵であり、**非枯渇エネルギー**である。

c. 発電が気象条件(日照)に左右される。

d. ほかの発電方式に比べ**エネルギー密度が低い**(晴天時、約1〔kW/m²〕)ので、大出力を得るには広い面積が必要になる。

e. **エネルギーの変換効率**(熱効率)が、火力発電などほかの発電方式に比べ7〜20〔%〕程度と低い。

f. 電池出力が直流であるため、交流として電気を供給するには**インバータ**(直流-交流変換装置)や系統連系保護機能などを内蔵した**パワーコンディショナ**が必要となる。

g. 出力は周囲温度の影響を受ける。

h. 太陽光発電の普及に伴い、**日中の余剰電力は揚水発電の揚水に使われているほか、大容量蓄電池への電力貯蔵に活用**されている。

※太陽電池素子そのものを**セル**と呼び、1個当たりの出力電圧は約1〔V〕である。数十個の**セル**を、直列および並列に接続してパッケージ化したものを**モジュール**という。セルの直列接続により電圧を高め、並列接続により容量(出力)を増大する。

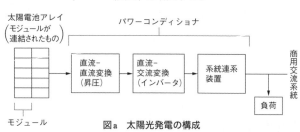

図a　太陽光発電の構成

バイオマスは、「一定量集積した動植物由来の有機性（＝生命活動によって生成される）資源で、化石燃料を除いたもの」をいう。バイオマスは、産生の過程で大気中の二酸化炭素を吸収しているので、これを燃やした際に二酸化炭素が排出されても環境への影響がない（カーボンニュートラルである）とされている。また、生産資源系バイオマスを発電に利用するに当たっては、次のような問題がある。

・重量当たりの発熱量が少ない、面積当たりの生産量が少ない、生産量が季節によって変動するなど、量的確保の問題。

・食料としての用途と競合し、価格への影響があるなど、経済的・倫理的問題。

以上のことから、問題文の空欄に適当な語句を当てはめると、次のようになる。

「バイオマス発電は、植物等の(ア)**有機性**資源を用いた発電と定義することができる。森林樹木、サトウキビ等はバイオマス発電用のエネルギー作物として使用でき、その作物に吸収される(イ)**二酸化炭素**量と発電時の(イ)**二酸化炭素**発生量を同じとすることができれば、環境に負担をかけないエネルギー源となる。ただ、現在のバイオマス発電では、発電事業として成立させるためのエネルギー作物等の(ウ)**量的確保**の問題や(エ)**食料**をエネルギーとして消費することによる作物価格への影響が課題となりつつある。」

解答：(5)

(1)、(3)、(4)、(5)の記述は**正しい**。

(2) **誤り**。燃料は外部から供給され、**直流電力を発生する**。

したがって、「**交流電力を発生する**」という記述は誤りである。

解答：(2)

！重要ポイント

●燃料電池

燃料電池は、水などの電気分解と逆反応であり、化学エネルギーを電気エネルギーに変換し、取り出すものである。電気量と物質の析出量の関係は、電気分解においても電池においても同じであり、ファラデーの法則により求めることができる。燃料電池の出力は直流であり、交流で使用するために**インバータ**（直流－交流変換装置）などの周辺装置が必要となる。特に用途として、需要場所の近くに設置できる**分散形電源**として期待されている。

●燃料電池の特徴

a. 電池の主要部分に燃焼や回転部分などがないので、**環境汚染物質の排出や振動、騒音がほとんどない**クリーンな発電方式である。

b. 燃料の化学エネルギーを、直接、電気エネルギーとして取り出すことができるので、**カルノーサイクルの制約を受けず、熱効率（発電効率）が高い**。

c. 電池出力が直流であるため、交流として電気を供給するには**インバータが必要**となる。

d. 発電に伴って発生する排熱を利用して、**総合熱効率の向上を図れる**。

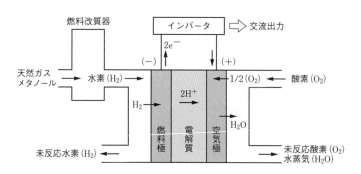

図a　リン酸形燃料電池の原理

(1)、(2)、(3)、(5)の記述は**正しい**。

(4) **誤り**。無効電力調整のため、**重負荷時には電力用コンデンサを投入し、軽負荷時には分路リアクトルを投入して、電圧をほぼ一定に保持する。**したがって、「**重負荷時には分路リアクトルを投入し、軽負荷時には電力用コンデンサを投入して**」という記述は誤りである（▶LESSON 25）。

解答：(4)

⚠️重要ポイント

●変電所の機能とそのための設備・技術

機能	設備・技術
電圧・電流の変成	主変圧器
電力の集中・分配	母線と開閉設備（断路器、遮断器）
送配電線路と変電所機器の保護	保護継電器、計器用変成器、遮断器、保護協調に基づいた設計
電圧調整・無効電力調整	負荷時タップ切換変圧器、調相設備
中性点接地	変圧器の中性点接地
絶縁保護	架空地線（遮へい線）・避雷器、絶縁協調に基づいた設計

●変電所の役割

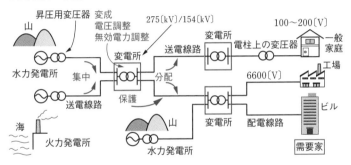

(1)、(3)、(4)、(5)の記述は**正しい**。

(2)　**誤り**。ガス絶縁開閉装置の絶縁ガスは、絶縁性能を増すため、大気圧（約0.1〔MPa〕）を超えた0.3〜0.5〔MPa〕程度の圧力としたSF_6ガスである。

解答：(2)

⚠️重要ポイント

●ガス絶縁開閉装置（GIS）

　ガス絶縁開閉装置（GIS）は、絶縁耐力および消弧能力に優れた**六ふっ化硫黄**（SF_6）ガスを大気圧の3〜5倍程度の圧力で金属容器に密閉し、この中に母線、断路器、遮断器および接地装置などが組み合わされ、一体構成されたもので、66〜500〔kV〕回路まで幅広く採用されている。

　充電部を支持するスペーサなどの絶縁物には、主に**エポキシ樹脂**が用いられる。

　ガス絶縁開閉装置（GIS）の特徴は、次の通り。

a. 設備の縮小化ができる。

b. 充電部が密閉されており、安全性が高い。

c. 不活性ガス中に密閉されているので、装置の劣化も少なくなり、信頼性が高い。

d. 機器を密閉かつ複合一体化しているため、万一の事故時の復旧時間は長くなる。

e. ガス圧、水分などの厳重な監視が必要である。

f. SF_6ガスは地球温暖化の原因となる温室効果ガスであるため、設備の点検時にはSF_6ガスの回収を確実に行う必要がある。

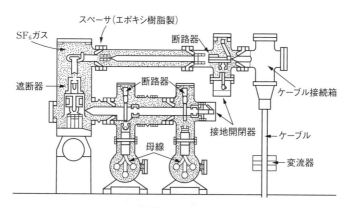

ガス絶縁開閉装置（GIS）

（ア）**消弧装置**、（イ）**負荷電流**、（ウ）**インタロック**、（エ）**充電電流**となる。

解答：(5)

⚠️重要ポイント

●断路器

断路器は、遮断器のような消弧装置を持たない開閉器である。わずかでも電流が流れている線路においては、開路だけではなく閉路も行わないことを建前としている。つまり、断路器では負荷電流の開閉を行わない。

遮断器の直近に直列に接続して、開路時は先に遮断器で開路して無負荷にしてから断路器を開路する一方、閉路時は無負荷の状態で先に断路器を閉じ（＝投入し）て、その後に遮断器を投入する。重要設備においては、このような操作手順を誤ることによる事故を防ぐために、遮断器が投入されているときは、断路器の操作ができないようなしくみ（**インタロック機能**）が設けられている。

なお、断路器の種類によっては、次のような電流の開閉ができるよう考慮されることがある。

①電路の静電容量に流れる微小な電流（静電容量による電流を**充電電流**という）

②ループ電流（母線の切換操作のように、別の回路で流路を確保したあとで当該断路器に流れている電流）

第4章

変電所

変流器は、測定しようとする主回路に流れる一次側大電流 I_1 を、I_1 に比例した二次側小電流 I_2 に変え、電流計や保護継電器などの計器を作動させる役目をする。

変流器の二次端子は、常に計器などの(ア)**低インピーダンス**の負荷(負担)を接続しておかなければならない。

一次電流が流れている状態では、絶対に二次回路を(イ)**開放**してはならない。

これを誤り二次回路を開放すると、一次電流はすべて励磁電流となって過励磁となり、二次側に大きな(ウ)**電圧**が発生し、絶縁を破るだけでなく磁束密度も非常に増大するため、(エ)**鉄損**が過大となり、変流器を焼損するおそれがある。

通常の使用状態では、一次電流が作る磁束は二次電流が流れることにより打ち消すので、変流器の鉄心は低い磁束密度に保たれている。

すなわち、一次電流に占める励磁電流成分はごくわずかである。変流器を使用中に計器などの負担を取り除く際は、まず、変流器の二次端子を短絡しておかなければならない。また、一次端子のある変流器は、次図に示すように、その端子を被測定線路に(オ)**直列**に接続する。

なお、貫通形の変流器は一次端子がなく、一次側の電線を1回または数回貫通させることにより、変流比を変えることができる。

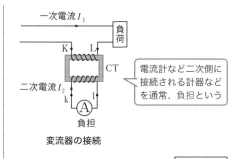

電流計など二次側に接続される計器などを通常、負担という

変流器の接続

解答：(5)

⚠️ 重要ポイント

●変流器の取扱い

a. 変流器の二次側は、絶対に開放してはならない。

b. 開放すると、**一次電流のすべてが励磁電流**となり、二次側に高電圧発生、鉄損が過大となり、変流器を焼損するおそれがある。

　調相設備は、負荷と(ア)**並列**に接続する。調相設備には、電流の位相を進める(進相の)ために使われる(イ)**電力用コンデンサ**、電流の位相を遅らせる(遅相の)ために使われる(ウ)**分路リアクトル**、その両方の調整が可能な(エ)**同期調相機**、リアクトルやコンデンサの容量をパワーエレクトロニクスを用いて制御する(オ)**静止形無効電力補償装置**(SVC)などがある。

解答：(1)

(!)重要ポイント

●各種調相設備の概要

　同期調相機は無負荷運転の同期電動機で、励磁を強めると進相運転となり、電力用コンデンサの働きをする。また、励磁を弱めると遅相運転となり、分路リアクトルの働きをする。

　なお、選択肢にある直列リアクトルは、電力用コンデンサに直列に接続され、高調波電流による基本波波形のひずみを防ぐ働きをする設備である。

第4章

変電所

(a) 遅れ力率 $\cos\theta_1 = 0.9$ の三相負荷 A（$P_A = 500$〔kW〕）が消費する無効電力 Q_A〔kvar〕は、皮相電力を S_A〔kV·A〕とすると、

$$Q_A = S_A \sin\theta_1 = \frac{P_A}{\cos\theta_1}\sin\theta_1$$

$$= P_A\frac{\sqrt{1-\cos^2\theta_1}}{\cos\theta_1}$$

$$= 500 \times \frac{\sqrt{1-0.9^2}}{0.9} \fallingdotseq 242\ 〔kvar〕$$

無効率 $\sin\theta_1 = \sqrt{1-\cos^2\theta_1}$

また、遅れ力率 $\cos\theta_2 = 0.8$ の三相負荷 B（$P_B = 200$〔kW〕）が消費する無効電力 Q_B〔kvar〕は、皮相電力を S_B〔kV·A〕とすると、

$$Q_B = S_B\sin\theta_2 = \frac{P_B}{\cos\theta_2}\sin\theta_2$$

$$= P_B\frac{\sqrt{1-\cos^2\theta_2}}{\cos\theta_2}$$

$$= 200 \times \frac{\sqrt{1-0.8^2}}{0.8} = 150\ 〔kvar〕$$

したがって、三相負荷 A と B を合わせた無効電力 Q〔kvar〕は、

$$Q = Q_A + Q_B$$

$$= 242 + 150 = 392\ 〔kvar〕（答）$$

解答：(a)－(2)

(b) 三相負荷 A と B を合わせた有効電力 P〔kW〕は、

$$P = P_A + P_B$$

$$= 500 + 200 = 700\ 〔kW〕$$

このとき、定格容量 $S_T = 750$〔kV·A〕の

変圧器が過負荷運転を回避できる無効電力 Q_T〔kvar〕は、

$$Q_T = \sqrt{S_T^2 - P^2}$$

$$= \sqrt{750^2 - 700^2} \fallingdotseq 269\ 〔kvar〕$$

変圧器の二次側に接続する電力用コンデンサの容量 Q_C〔kvar〕は、次の関係を満たす必要がある。

$$Q - Q_C \leqq Q_T$$

$$-Q_C \leqq Q_T - Q$$

$$Q_C \geqq Q - Q_T = 392 - 269$$

$$= 123\ 〔kvar〕（答）$$

となることから、$Q_C \geqq 123$〔kvar〕である必要がある。

解答：(b)－(3)

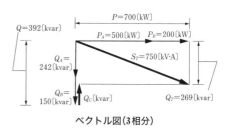

ベクトル図（3相分）

⚠️ 重要ポイント

● 皮相電力 S、有効電力 P、無効電力 Q の関係

$$S = \sqrt{P^2 + Q^2}$$

$$P = S\cos\theta$$

$$Q = S\sin\theta = P\frac{\sin\theta}{\cos\theta}$$

$$= P\frac{\sqrt{1-\cos^2\theta}}{\cos\theta}$$

$$\cos\theta = \frac{P}{S},\quad \sin\theta = \frac{Q}{S}$$

（ア）**波高値**、（イ）**ZnO**、（ウ）**非線形**、（エ）**続流**、（オ）**ギャップレス**となる。

解答：(2)

！重要ポイント

●避雷器

避雷器は、保護される機器の電圧端子と大地との間に設置され、その特性要素の非直線抵抗特性（非線形の抵抗特性）により、過電圧サージに伴う電流のみを大地に放電させ、機器に加わる過電圧の波高値を低減して機器を保護する。避雷器が放電を開始する電圧を放電開始電圧といい、避雷器が放電中に避雷器の端子に現れる電圧を制限電圧という。電圧レベルが商用周波電圧に戻れば、放電を終了し速やかに続流を遮断する。このため、避雷器は電力系統を地絡状態に陥れることなく、過電圧の波高値をある抑制された電圧値（制限電圧）に低減することができる。

避雷器には、直列ギャップ付き避雷器とギャップレス避雷器がある。直列ギャップ付き避雷器は、図bに示すように、直列ギャップといわれる放電電極と、炭化けい素（SiC）素子や酸化亜鉛（ZnO）素子でできた特性要素で構成されているが、ギャップレス避雷器は、図cに示すように、直列ギャップはなく、酸化亜鉛（ZnO）素子だけで構成されている。発変電所用避雷器には、過電圧サージを抑制する効果が大きく、保護特性に優れている酸化亜鉛形ギャップレス避雷器が主に使用されている。一方、**送配電用避雷器**は、避雷器の設置数が多くなり、ギャップレス避雷器を用いると電線路の対地静電容量が大きくなることを考慮して、また、ZnO素子が劣化してもギャップで絶縁を確保し、送配電可能なように、酸化亜鉛形直列ギャップ付き避雷器が多く使用されている。

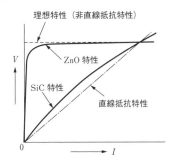

図a　避雷器の特性要素の特性

> 直列ギャップ付き避雷器の特性要素は、従来は炭化けい素（SiC）であったが、現在はほぼ酸化亜鉛（ZnO）が採用されている。

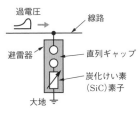

図b　直列ギャップ付き避雷器

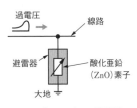

図c　ギャップレス避雷器

　避雷器は、雷または回路の開閉などにより、過電圧の波高値が一定値を超えた場合に、大地に電流を流すことにより(ア)**過電圧**を抑制して、電力機器の絶縁を保護する。電圧が通常の値に戻った後は、電線路から避雷器に流れる(イ)**続流**を短時間のうちに遮断し、系統を正常な状態に復帰させる。

　避雷器には、直列ギャップ付き避雷器とギャップレス避雷器がある。直列ギャップ付き避雷器は、図aに示すように、直列ギャップといわれる放電電極と、炭化けい素(SiC)素子や酸化亜鉛(ZnO)素子でできた特性要素で構成されているが、ギャップレス避雷器は、図bに示すように、直列ギャップはなく、酸化亜鉛(ZnO)素子だけで構成されている。発変電所用避雷器には、過電圧サージを抑制する効果が大きく、保護特性に優れている酸化亜鉛形(ウ)**ギャップレス**避雷器が主に使用されている。一方、送配電用避雷器は、避雷器の設置数が多くなり、ギャップレス避雷器を用いると電線路の対地静電容量が大きくなることを考慮して、また、ZnO素子が劣化してもギャップで絶縁を確保し、送配電可能なように、酸化亜鉛形(エ)**直列ギャップ付き**避雷器が多く使用されている。

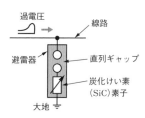

図a　直列ギャップ付き避雷器

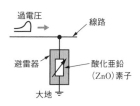

図b　ギャップレス避雷器

　発変電所、送電線などの電力系統に接続されている機器、装置を異常時に保護するための絶縁強度の設計を経済的・合理的に行い、系統全体の信頼度を向上させようとする考え方を(オ)**絶縁協調**という。

解答：(1)

避雷器は、その特性要素の(ア)**非直線抵抗特性**により、過電圧サージによる電流のみを大地に放電させ、過電圧の波高値をある値以下に抑制する。この抑制した電圧を避雷器の(イ)**制限電圧**という。避雷器の処理の対象となる過電圧サージは、雷過電圧と回路の開閉などによって生じる(ウ)**開閉過電圧**である。避雷器の制限電圧により、これらの異常電圧を一定レベル以下に制限し、各機器の絶縁強度設計のほか、発変電所構内の(エ)**機器配置**などを最も経済的かつ合理的に決定し、設備全体の絶縁の調和を図ることを(オ)**絶縁協調**という。

解答：(1)

！重要ポイント

●避雷器

避雷器は、保護される機器の電圧端子と大地との間に設置され、その特性要素の非直線抵抗特性により、過電圧サージに伴う電流のみを大地に放電させ、機器に加わる過電圧の波高値を低減して機器を保護する。避雷器が放電を開始する電圧を**放電開始電圧**といい、避雷器が放電中に避雷器の端子に現れる電圧を**制限電圧**という。電圧レベルが商用周波電圧に戻れば、放電を終了し速やかに続流を遮断する。このため、避雷器は電力系統を地絡状態に陥れることなく、過電圧の波高値をある抑制された電圧値(制限電圧)に低減することができる。

一般に、発変電所避雷器の処理の対象となる過電圧サージは、雷過電圧と回路の開閉などによって生じる開閉過電圧である。避雷器で保護される機器の絶縁は、当該避雷器の制限電圧を基準にして、それより高い電圧に耐えられるように設計する。各機器の絶縁強度設計のほか、発変電所構内の機器配置などを最も経済的かつ合理的に決定し、設備全体の絶縁の調和を図ることを絶縁協調という。

第4章
変電所

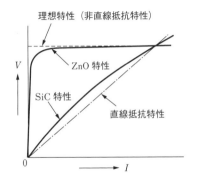

避雷器の特性要素の特性

避雷器には、非直線抵抗特性(低電圧のときにはほとんど電流を流さず、高電圧のときのみ電流を流す特性)を持った素子が組み込まれている。これを特性要素という。特性要素としては、従来は炭化けい素(SiC)が用いられていたが、最近では、優れた非直線抵抗特性を持ち、直列ギャップを省略した酸化亜鉛(ZnO)素子が採用されている。

Y-Y結線には、次のような特徴がある。

・一次側、二次側とも中性点を接地できる。

・1線地絡などの故障に伴い発生する(ア)**異常電圧**の抑制。

・地絡故障時の(イ)**保護リレー**の確実な動作による電線路や機器の保護。

・巻線に加わる電圧が、線間電圧の $\dfrac{1}{\sqrt{3}}$ と小さいので、絶縁に有利。

・特別高圧、超高圧など中性点を接地する送電系統では、中性点に近い部分の絶縁を低減する段絶縁とすることで、経済的な設計ができる。

・Δ結線がないので、相電圧は(ウ)**第三調波**を含むひずみ波形となる。中性点を接地すると、(ウ)**第三調波**電流が線路の静電容量を介して大地に流れることから、通信線への(エ)**電磁誘導**障害の原因となる。

・(オ)**Δ結線**による三次巻線を設けてY-Y-Δ結線とすることにより、第三調波電流をΔ結線内で環流させ、外部に流出させないようにしている。

・三次巻線は、調相設備や変電所の所内負荷を接続することができる。

解答:(3)

059 主変圧器

(1) **正しい。**Y-Y-Δ結線方式の変圧器は、一次側・二次側とも高電圧の送電線路と接続される変電所の主変圧器に適用される。

(2) **誤り。**一次巻線・二次巻線とも Y 結線であり、**中性点を接地することができる。**したがって、「**中性点を接地することができない**」という記述は誤りである。

(3) **正しい。**Y-Y 結線では、位相変位が生じない。位相変位が生じない結線としては、ほかにΔ-Δ結線がある。Y-Δ結線、Δ-Y結線は位相変位が生じる。Y-Y結線は位相変位が生じないことから、一次－二次間を同位相とする必要がある場合に用いられる。

(4) **正しい。**変圧器では、巻線に正弦波電圧を印加しても励磁電流は磁気回路のヒステリシス特性により正弦波にはならず、ひずむ。ひずみ波電流の成分のうち第三調波成分は、三相交流では三相とも同位相の成分となり、Y結線では流れることができないため、これに起因するひずみ波形の誘導起電力が生じる。三相変圧器内にΔ結線があると、第三調波電流を環流させることができるため、誘導起電力のひずみを低減することができる。

(5) **正しい。**

解答：(2)

! 重要ポイント

● **Y-Y-Δ結線の特徴**

(解説文参照)

（ア）、（イ）　星形（Y）結線における線間電圧は相電圧の$\sqrt{3}$倍であり、線電流は相電流に等しい、つまり1倍となる。したがって、（ア）には$\sqrt{3}$、（イ）には1が入る。

（ウ）　一次側巻線は三角形（△）結線なので、巻線には線間電圧の1倍の電圧が加わる。

　　二次側巻線は星形結線なので、巻線電圧の$\sqrt{3}$倍の線間電圧を得ることができ、昇圧に用いたときに変圧比を大きく取れるので、（ウ）には**昇圧**が入る。

（エ）　三角形結線は閉路を構成しているので、同相電流の環流になる。同相電流には第3調波電流や零相電流がある。したがって、ここでは解答を保留し、設問（オ）を検討してから決める。

（オ）　一次側三角形結線と二次側星形結線との位相関係をベクトル図で示すと、下図のようになる（赤矢印は一次、二次の対応する巻線に加わる電圧で同相）。

　　図を見ればわかるように、一次側三角形結線の線間電圧と二次側星形結線の線間電圧との間には、$30° = \dfrac{\pi}{6}$〔rad〕の差がある。なお、これを角変位という。したがって、（オ）には$\dfrac{\pi}{6}$が入る。

　　（ア）、（イ）、（ウ）、（オ）について解答が得られたので、必然的に（エ）の解答は**第3調波**であることがわかる。

解答：(1)

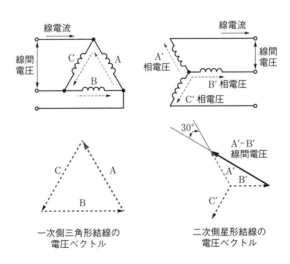

一次側三角形結線と二次側星形結線との位相関係図

　基準容量を変圧器Aの定格容量$S_A =$ 5000〔kV·A〕に合わせると、変圧器Bの$\%Z_B'$ は、

$$\%Z_B' = \%Z_B \times \frac{S_A}{S_B} = 7.5 \times \frac{5000}{1500}$$

$$= 25〔\%〕$$

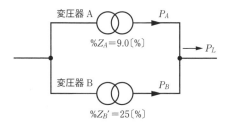

並行運転の負荷分担

> 電圧が同じなので、P_A、P_Bは電流の分流と同じようにインピーダンスに反比例して配分される。

　負荷P_Lは、各変圧器の基準容量を合わせたパーセントインピーダンスに反比例して配分されるので、

　変圧器Aの負荷分担P_A

分子は相手側のB

$$P_A = P_L \times \frac{\%Z_B'}{\%Z_A + \%Z_B'}$$

$$= 6000 \times \frac{25}{9.0 + 25}$$

$$≒ 4411.8〔kV·A〕$$

　変圧器Bの負荷分担P_B

分子は相手側のA

$$P_B = P_L \times \frac{\%Z_A}{\%Z_A + \%Z_B'}$$

$$= 6000 \times \frac{9.0}{9.0 + 25}$$

$$≒ 1588.2〔kV·A〕$$

（または、$P_B = P_L - P_A = 6000 - 4411.8$

$$= 1588.2〔kV·A〕）$$

変圧器Bの過負荷運転状態は、

$$\frac{1588.2}{1500} \times 100 ≒ \mathbf{105.9}〔\%〕（答）$$

解答：(2)

第4章

変電所

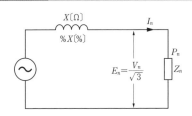

三相変圧器 一次換算 1相分等価回路

「変圧器巻線のインピーダンスZ〔Ω〕は、基準インピーダンス（定格インピーダンス）Z_n〔Ω〕の何〔%〕か」を表したものが、百分率インピーダンス、%Z〔%〕である。

定格一次電圧（線間電圧）をV_n〔V〕、定格一次電圧（相電圧）をE_n〔V〕、定格一次電流をI_n〔A〕、1相分の定格容量を$P_n = \dfrac{80}{3} \times 10^6$〔V・A〕とすれば、

$P_n = E_n \cdot I_n$〔V・A〕となるので

$$I_n = \frac{P_n}{E_n} = \frac{P_n}{\dfrac{V_n}{\sqrt{3}}}$$

$$= \frac{\dfrac{80 \times 10^6}{3}}{\dfrac{66 \times 10^3}{\sqrt{3}}} \quad \overset{外側の積}{\underset{内側の積}{}}$$

$$= \frac{\sqrt{3} \times 80 \times 10^6}{3 \times 66 \times 10^3} \fallingdotseq 699.8 \text{〔A〕}$$

したがって、基準インピーダンスZ_n〔Ω〕は、

$$Z_n = \frac{E_n}{I_n} = \frac{\dfrac{V_n}{\sqrt{3}}}{I_n} = \frac{V_n}{\sqrt{3}\,I_n}$$

$$= \frac{66 \times 10^3}{\sqrt{3} \times 699.8} \fallingdotseq 54.45 \text{〔Ω〕}$$

求める百分率リアクタンス%X〔%〕は、百分率インピーダンス%Z〔%〕のリアクタ

ンス成分であるので、

$$\%X = \%Z = \frac{Z \text{〔Ω〕}}{Z_n \text{〔Ω〕}} \times 100$$

$$= \frac{X \text{〔Ω〕}}{Z_n \text{〔Ω〕}} \times 100 = \frac{4.5}{54.45} \times 100$$

$$\fallingdotseq 8.26 \fallingdotseq \mathbf{8.3} \text{〔%〕（答）}$$

解答：(3)

別解1

百分率インピーダンスは、定格一次電圧（相電圧）E_nに対する$X \cdot I_n$の電圧降下の割合なので、

$$\%X = \frac{X \cdot I_n}{E_n} \times 100$$

$$= \frac{4.5 \times 699.8}{\dfrac{66 \times 10^3}{\sqrt{3}}} \times 100$$

$$= \frac{\sqrt{3} \times 4.5 \times 699.8}{66 \times 10^3} \times 100$$

$$\fallingdotseq \mathbf{8.3} \text{〔%〕（答）}$$

別解2

別解1の式の分子、分母にE_nを乗じると、

$$\%X = \frac{X \cdot I_n \cdot E_n}{E_n{}^2} \times 100$$

$$= \frac{X \cdot P_n}{E_n{}^2} \times 100$$

$$= \frac{4.5 \times \dfrac{80}{3} \times 10^6}{\left(\dfrac{66 \times 10^3}{\sqrt{3}} \right)^2} \times 100$$

$$\fallingdotseq \mathbf{8.3} \text{〔%〕（答）}$$

（ア）漏れ　（イ）交流　（ウ）小さく　（エ）集中　（オ）π

解答：(1)

!重要ポイント

●線路定数

線路定数には、次のようなものがある。

1.抵抗R

線路の抵抗は、電力損失の原因となる。この対策として、太線化すると抵抗は小さくなる。

ただし、ある程度以上の太線化は、交流に対する**表皮効果**により、抵抗の低減効果が低下する。

2.作用インダクタンスL

作用インダクタンスは、線間距離をD、電線半径をrとすると、$\dfrac{D}{r}$が大きいほど大きくなる。

〈参考〉

$L = 0.05\mu_s + 0.4605\log_{10}\dfrac{D}{r}\,[\text{mH/km}]$

μ_s：導体の比透磁率で$\mu_s \fallingdotseq 1$

3.作用静電容量C

$\dfrac{D}{r}$が大きいほど小さくなる。

〈参考〉

$C = \dfrac{0.02413\varepsilon_s}{\log_{10}\dfrac{D}{r}}\,[\mu\text{F/km}]$

ε_s：絶縁体の比誘電率

4.漏れコンダクタンスg

がいし表面を流れるわずかな漏れ電流の原因となる漏れ抵抗の逆数。ほかの線路定数に比べて小さいので、通常無視する。

●送電線路の等価回路

短距離送電線路では、作用静電容量Cと漏れコンダクタンスgを無視した図aが、中距離送電線路では、作用静電容量を無視できなくなり、図bのT形等価回路や図cのπ形等価回路が用いられる。

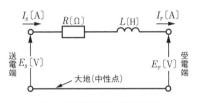

図a　短距離線路の等価回路

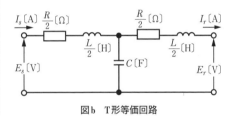

図b　T形等価回路

図c　π形等価回路

第5章

送電

(1)、(2)、(3)、(5)の記述は**正しい**。

(4)　**誤り**。直流電流では電流零点がないため、大電流の遮断が難しい。ここまでの記述は正しい。絶縁については、公称電圧値が同じであれば、一般に**交流電圧より小さな絶縁距離でよい**。

　　したがって、「**交流電圧より大きな絶縁距離が必要**」という記述は誤りである。

　　交流方式の電圧は、波高値が実効値の$\sqrt{2}$倍だが、直流では1倍と小さいので、直流のほうが絶縁設計の面で有利である。

　　　　　　　　　　　　　解答：(4)

⚠重要ポイント

●交流方式の特徴

a. 変圧器により、比較的簡単・高効率で大電力の変成ができる。

b. 交流は電流が零になる瞬間があり、これを利用して比較的容易に大電流を遮断できる。

●直流方式の特徴

a. 作用インダクタンスと作用静電容量の線路定数の影響を受けないので、安定度の問題がなく、電線の許容電流限度まで送電可能である。また、力率は1なので、調相設備が必要ない。

b. 交流方式の電圧は、波高値が実効値の$\sqrt{2}$倍だが、直流では1倍と小さいので、コロナ障害対策や絶縁設計の面で有利になる。

c. 直流方式では、線路に無効電力の流通がないので、交流よりも電流が小さくなって電圧降下と線路損失を低減できる。

d. 周波数が異なる交流系統どうしを連系する用途に用いるときに、それぞれの交流系統の短絡容量を大きくしない効果がある。一方、両端の交流系統には、交直変換設備と調相設備、高調波対策設備が必要になる。

e. 交流と比較して、高電圧・大電流の変成は難しくなる。

f. 交流と比較して、大電流の遮断は難しくなる。

g. 直流電流は、使用方法（大地帰路方式）によっては、地中に埋設された金属構造物に電食を発生させる。

065 安定度

フェランチ効果（フェランチ現象）が生じる場合の線路モデルとベクトル図は、それぞれ図a、図bのようになる。

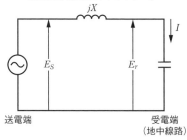

架空線路（誘導性リアクタンス）

図a　線路モデル

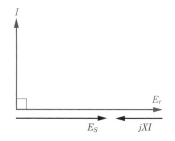

図b　フェランチ効果発生時のベクトル図

(1)　**正しい**。フェランチ効果は、図bのベクトル図のように、受電端電圧E_r〔V〕が送電端電圧E_s〔V〕より高くなる現象をいう。

(2)　**正しい**。フェランチ効果は、夜間など軽負荷時に発生することが多いのが特徴である。これは、日中は電動機に代表される遅れ力率の負荷が加わっているのに対し、軽負荷時にはケーブルの充電電流などにより進み力率の電流が流れることに起因する。電流が小さいこと自体が

フェランチ効果の発生原因ではなく、進み力率の電流が流れることが原因であるが、この記述は正しいといえる。

(3)　**正しい**。フェランチ効果の典型的なモデルは、図aのように、誘導性リアクタンス線路である架空送配電線路に進み電流が流れることで発生するというものである。進み電流の発生源として、架空送配電線路の負荷側に接続されている地中送配電線路（ケーブル線路）が挙げられる。

(4)　**誤り**。フェランチ効果が発生する場合、**線路電流Iは図bのベクトル図のように、送電端電圧E_s・受電端電圧E_rのいずれに対しても位相が進んでいる**（図bは位相が90〔°〕進んでいる場合）。したがって、「**位相が電圧に対して遅れている場合に生じる**」という記述は誤りである。

(5)　**正しい**。フェランチ効果は、進み電流が大きいほど、また、線路の誘導性リアクタンスが大きいほど影響が大きくなる。地中線路のこう長が長いと静電容量が大きくなるので、進み電流も大きくなり、架空線路のこう長が長いと誘導性リアクタンスが大きくなる。いずれにしても、線路のこう長が長い場合にフェランチ効果が発生しやすくなる。

解答：(4)

066 安定度

三相3線式の1相当たりの送電線路は、図aのようなモデルで表すことができる。

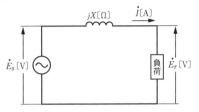

図a　送電線路のモデル(1相分)

ただし、$\dot{E}_s$、$\dot{E}_r$は送電端および受電端の相電圧〔V〕、$jX=j\omega L$〔Ω〕は線路のリアクタンスである。また、$\dot{E}_s$と$\dot{E}_r$との位相差δは**相差角**という。電流を$\dot{I}$〔A〕とし、負荷の**力率角**をθとすると、ベクトル図は図bのようになる。

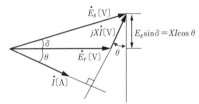

図b　送電線路モデルのベクトル図

ベクトル図から、負荷の1相当たり消費電力は$P'=E_r I\cos\theta$〔W〕であるが、幾何学的に検討して次の関係があることがわかる。

$$E_s\sin\delta=XI\cos\theta$$

$$\therefore I\cos\theta=\frac{E_s}{X}\sin\delta$$

この関係を用いると、消費電力は次のようになる。

1相当たり　$P'=E_r I\cos\theta$

$$=\frac{E_s E_r}{X}\sin\delta\,〔W〕$$

したがって、3相分の消費電力(三相有効電力)Pは、

$$P=3P'=3\frac{E_s E_r}{X}\sin\delta$$

ここで相電圧E_s、E_rと線間電圧V_s、V_rの関係は、

$$E_s=\frac{V_s}{\sqrt{3}}、E_r=\frac{V_r}{\sqrt{3}}\text{ なので、}$$

$$P=3\times\frac{E_s E_r}{X}\sin\delta$$

$$=3\times\frac{\dfrac{V_s}{\sqrt{3}}\times\dfrac{V_r}{\sqrt{3}}}{X}\sin\delta$$

$$=3\times\frac{\dfrac{V_s V_r}{3}}{X}\sin\delta$$

$$=\frac{V_s V_r}{X}\sin\delta\,〔W〕（答）$$

解答：(3)

！重要ポイント

●三相3線式送電線路の受電端電力(負荷の消費電力)P

$$P=\frac{V_s V_r}{X}\sin\delta=\sqrt{3}\,V_r I\cos\theta$$

V_s：送電端電圧(線間電圧)

V_r：受電端電圧(線間電圧)

I：負荷電流

X：線路リアクタンス

δ：相差角(負荷角ともいう。負荷の力率角と混同しないよう注意!!)

θ：負荷の力率角

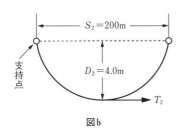

図a

図b

図aにおいて、支持点間距離(径間)$S_1 = 180$m、たるみを$D_1 = 3.0$m、電線の単位長当たりの荷重をW〔N/m〕とすれば、水平張力T_1〔N〕は、

$D_1 = \dfrac{WS_1{}^2}{8T_1}$〔m〕より、

$T_1 = \dfrac{WS_1{}^2}{8D_1} = \dfrac{W \times 180^2}{8 \times 3}$

$= 1350W$〔N〕

同様に図bにおいて水平張力T_2〔N〕は、

$T_2 = \dfrac{WS_2{}^2}{8D_2} = \dfrac{W \times 200^2}{8 \times 4}$

$= 1250W$〔N〕

したがって、

$\dfrac{T_2}{T_1} = \dfrac{1250W}{1350W} = \dfrac{1250}{1350} \fallingdotseq 0.926$

$T_2 = 0.926T_1$

T_2はT_1の0.926倍、つまり**92.6**〔%〕(答)とすればよい。

解答：(2)

！重要ポイント

●電線のたるみと実長

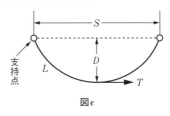

図c

S：径間〔m〕

L：実長〔m〕

D：たるみ〔m〕

T：水平張力〔N〕

W：電線の単位長当たりの荷重〔N/m〕

たるみ$D = \dfrac{WS^2}{8T}$〔m〕

実長$L = S + \dfrac{8D^2}{3S}$〔m〕

第5章

送電

温度が $t_1 = 30$〔℃〕のときの電線実長 L_1 は、

$$L_1 = S + \frac{8D^2}{3S}$$

$$= 100 + \frac{8 \times 2^2}{3 \times 100} ≒ 100.1067 〔m〕$$

温度が $t_2 = 60$〔℃〕になると、電線実長 L_2 は、

$$L_2 = L_1\{1 + \alpha(t_2 - t_1)\} 〔m〕$$

ただし、α：線膨張係数〔1/℃〕

L_1：t_1〔℃〕における長さ〔m〕

L_2：t_2〔℃〕における長さ〔m〕

上式に数値を代入すると、

$$L_2 = 100.1067 \times \{1 + 1.5 \times 10^{-5} \times (60 - 30)\}$$

$$≒ 100.152 〔m〕$$

したがって、60〔℃〕のときのたるみ D_2 は、

$$L_2 = S + \frac{8D_2^2}{3S}$$ を変形して、

$$D_2 = \sqrt{\frac{3S(L_2 - S)}{8}}$$

$$= \sqrt{\frac{3 \times 100 \times (100.152 - 100)}{8}}$$

$$≒ 2.387 → \mathbf{2.39} 〔m〕（答）$$

解答：(3)

重要ポイント

●電線実長 L

$$L_1 = S + \frac{8D^2}{3S} 〔m〕$$

●温度変化による電線の実長の変化

$$L_2 = L_1\{1 + \alpha(t_2 - t_1)\} 〔m〕$$

α：線膨張係数〔1/℃〕

L_1：t_1〔℃〕における長さ〔m〕

L_2：t_2〔℃〕における長さ〔m〕

　隣接する鉄塔間をスパン（径間）といい、多導体方式で使用するスペーサによって区切られた短いスパンをサブスパンという。風などの原因により、このサブスパンの電線が激しく振動することを(ア)**サブスパン振動**という。

　問題文にある「穏やかで一様な空気の流れを受けると、電線の背後に空気の渦が生じ、電線が上下に振動を起こす」という現象を微風振動という。また、空気の渦をカルマン渦という。この振動の対策としては、電線に(イ)**ダンパ**を取り付けて振動そのものを抑制したり、断線防止のために支持点近くを(ウ)**アーマロッド**で補強したりする。

　一定方向の風により氷雪が非対称な形（翼状）に付着した電線に強い水平風が当たると、大きな揚力が発生して電線にゆっくりと複雑な振動が生じる。この現象を(エ)**ギャロッピング**という。

　また、問題文にある「送電線に付着した氷雪が落下したときにその反動で電線が跳ね上がる現象」をスリートジャンプという。

解答：(5)

🔔 重要ポイント

●アーマロッド

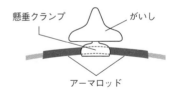

懸垂クランプ　　がいし

アーマロッド

アーマロッドは、懸垂クランプ内の電線に電線と同じ材質の部品を巻き付け補強したもので、振動による電線の損傷を防止する。アーマロッドを巻き付けることには、電線のアーク損傷を防ぐ効果もある。

第5章

送電

(1)、(2)、(4)、(5)の記述は**正しい**。

(3) **誤り**。導体の半径を大きくすると、導体表面の電界強度が下がるので、コロナ放電の発生を抑制できる。**多導体方式は等価的に導体半径が大きくなるので、単導体方式に比べてコロナ放電の発生を抑制できる。**

　　したがって、(3)の記述は誤りである。

解答：(3)

〈参考〉

多導体の等価半径r_e

$r_e = \sqrt[n]{r l^{n-1}}$

r：素導体半径、

l：素導体間隔、n：素導体数

⚠ 重要ポイント

●コロナ障害

　高電圧を使用するには、高い絶縁耐力が必要で、架空送電線ではこれを空気に頼っている。雨天時など絶縁が不足すると、電線の表面付近で空気が絶縁破壊する**コロナ放電**という現象が起き、次のようなさまざまな障害を引き起こす。

a. 放電により損失が発生し、送電効率が低下する(**コロナ損失**)。

b. 発光と可聴騒音(**コロナ騒音**)が発生する。

c. 導体表面の雨滴の先端から強いコロナ放電が発生し、雨滴滴下の反動で導体が振動(**コロナ振動**)する。

d. 主にAMラジオ程度の比較的低い周波数の放送に、雑音(**コロナ雑音**)による受信障害を与える。

空気の絶縁耐力は、約30〔kV/cm〕である。

コロナ放電が起きる最小の電圧をコロナ臨界電圧という。コロナ臨界電圧は、湿度が高いほど、また、気圧が低いほど低くなる。

雨の日など、送電線からジー、ジーと音が聞こえるときがある。これがコロナ騒音である。

●コロナ障害対策

a. 多導体方式の採用など、電線の等価半径を大きくする。

b. 施工時に傷を付けないなど、導体表面を平滑にする。

c. コロナ雑音に対しては、シールド(遮へい)付きケーブルとして、電磁波の影響を受けにくくする。共同受信設備の設置など、代替策をとる。

d. コロナ振動を抑制するため、電線におもりを取り付ける。

流体中に物体を置くと、物体の下流側に流体の渦ができたり消えたりする。この渦をカルマン渦という。架空電線においては、穏やかで一様な水平風が電線に直角に当たることにより、カルマン渦が発生と消滅を繰り返し、電線が垂直方向の振動をする。この現象を微風振動という。微風振動は(ア)**軽い**電線で、径間が(イ)**長い**ほど、また、張力が(ウ)**大きい**ほど発生しやすく、断線の原因となる。

電線に翼形に付着した氷雪に比較的強い水平風が吹きつけると、電線に揚力が働き、複雑で大きな振動が生じる。この現象を(エ)**ギャロッピング**といい、この振動が激しくなると相間短絡事故の原因となる。

また、電線に付着した氷雪が落下したときに発生する振動は、(オ)**スリートジャンプ**と呼ばれる。

解答：(1)

! 重要ポイント

●ギャロッピング

電線に翼状に付着した氷雪に風が当たると、揚力と重力により、電線が上下に低周波振動を起こす。この振動はギャロッピングと呼ばれ、架空電線の継続的な振動現象のうち最も大きな振幅を発生することから、相間短絡事故のおそれがある。

ギャロッピングの対策としては、次のようなものがある。

(a) ギャロッピングの発生が懸念される地域を避けるようなルート選定をする。

(b) 振動エネルギーを消費させ、電線の振動を抑制するため、ダンパを取り付ける。

(c) 相間スペーサ(図a)を取り付けたり、架線をオフセット配列(図b)にしたりして、相間短絡を防止する。

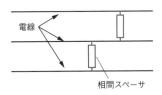

電線

相間スペーサ

図a　相間スペーサ

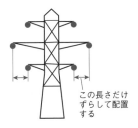

この長さだけずらして配置する

図b　オフセット配列

第5章

送電

(1)～(4)の記述は正しい。

(5) **誤り**。鉄塔塔脚接地抵抗を低減させることで、**鉄塔や架空地線への雷撃**に伴う逆フラッシオーバの発生を抑制できる。

したがって、「**電力線への雷撃**」という記述は誤りである。

なお、電力線への雷撃により、電流ががいしを越えて鉄塔へ流れる現象は逆フラッシオーバではなく、フラッシオーバという。

解答：(5)

⚠️重要ポイント

●架空送電線路の雷害対策

a. 架空地線の施設

架空地線とは、電力線への直撃雷を防ぐため、電力線の上部に設けた導体のことで、鉄塔に直接取り付けられるか、導体によって接地され、通常は大地電位となっている。

遮へい角（架空地線の垂線と電力線とのなす角）が小さいほど効果が大きい（雷が電力線へ落ちるより、架空地線に落ちる確率が高い）。

b. 埋設地線（カウンタポイズ）の施設

鉄塔の塔脚接地抵抗を小さくするため、鉄塔脚部から接地用導体を地中に埋設したもの。これにより、鉄塔に雷撃を受けた場合の鉄塔の電位上昇を抑制し、鉄塔からの逆フラッシオーバを防止する。

c. 不平衡絶縁方式の採用

d. アークホーンの設置

がいし装置でフラッシオーバが発生する場合、アークホーン間でアークを発生させ、がいしがアーク熱で破損することを防止する。

e. 送電用避雷装置の設置

f. 架空地線の多条化

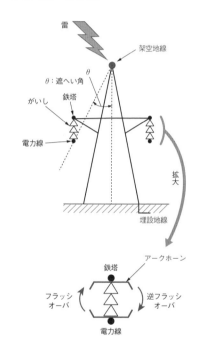

(1)、(2)、(3)、(5)の記述は**正しい**。

(4) **誤り**。電力線と通信線の間に導電率の大きい地線を布設することは、**電磁誘導障害対策**としても、**静電誘導障害対策**としても有効である。したがって、「**静電誘導障害に対してはその効果を期待することはできない**」という記述は誤りである。

解答：(4)

⚠️重要ポイント

●誘導障害とその防止対策

送電線（電力線）からの通信線に対する誘導障害には、**静電誘導障害**と**電磁誘導障害**がある。

〈1〉静電誘導障害

送電線と通信線との間の静電容量を通じて、送電線の電位により通信線に静電誘導電圧を生じ、通信が妨害される。その防止対策として、送電線と通信線の離隔距離を大きくする、送電線や通信線のねん架を行う、通信線の同軸ケーブル化や光ファイバ化を行う、送電線と通信線の間に導電率の大きい地線（遮へい線）を設置する、などが

ある。

〈2〉電磁誘導障害

送電線に電流が流れると周囲に磁界が生じ、通信線に電磁誘導電圧を生じ通信が妨害される。平常時の三相交流ではそれほど大きな誘導はないが、地絡事故時の零相電流や常時の高調波電流は極めて大きな影響を与える。

その対策として、送電線と通信線の離隔距離を大きくする、送電線や通信線のねん架を行う、高抵抗接地方式または消弧リアクトル接地方式を採用する、故障回線の高速遮断、送電線と通信線の間に導電率の大きい地線（遮へい線）を設置する、などがある。

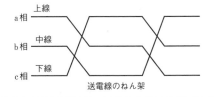

送電線のねん架

送電線の全区間を3等分し、各相に属する電線の位置が一巡するようにねん架を行うと、インダクタンスや静電容量が等しくなり、電気的不平衡を防ぎ、線路の誘導電圧を低減することができる。

第5章

送電

(2)、(3)、(4)、(5)の記述は**正しい**。

(1) **誤り**。誘電体損は、印加電圧と**同相の電流成分**により発生する。したがって、「**位相が90〔°〕進んだ電流成分**により発生する」という記述は誤りである。

※ベクトル図において $\dot{I}_C$ は $\dot{E}$ より90〔°〕進んでいるが、$\dot{I}_R$ は $\dot{E}$ と同相であることに注意。

> 解答：(1)

(!)重要ポイント

●ケーブルの損失

〈1〉抵抗損

抵抗損は、導体のジュール熱による電力損失で、導体電流の2乗に比例する。

〈2〉誘電体損

誘電体損は、絶縁体（誘電体）に発生する電力損失である。

ケーブルの絶縁体（誘電体）の1相当たりの等価回路は次図のように表され、1相当たりの誘電体損 W_1 は次のようにして求められる。誘電体損を生ずる等価抵抗 R に流れる電流 I_R は、

$$I_R = I_C \tan\delta \text{〔A〕}$$

ここで、コンデンサに流れる電流 I_C は、$I_C = \omega CE$ であるから、上式は、

$$I_R = \omega CE \tan\delta \text{〔A〕}$$

ただし、$\omega = 2\pi f$：電源の角周波数

したがって、等価抵抗 R の電力、すなわち誘電体損 W_1 は、

$$W_1 = \omega CE^2 \tan\delta \text{〔W〕}$$

> $\tan\delta$ は誘電体材料によって決まる値で誘電正接という

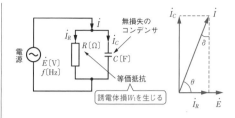

等価回路とベクトル図

絶縁体が劣化している場合には、一般に誘電体損は大きくなる傾向がある。

〈3〉シース損

シースとはケーブルの外装のことである。**シース損**は、金属シースや遮へい層の導体に発生する損失をいい、遮へい導体中を線路方向に流れる電流（シース電流）による抵抗損失（**シース回路損**）や、遮へい導体が交番磁界と鎖交することによる**シース渦電流損**などが含まれる。これらの損失の主要因は、中心導体に流れる電流による磁界であり、送電電流が増加するとシース損も増加する。

シース損の低減対策としては、接地点間の単心ケーブルのシースを適当な間隔で電気的に絶縁し、シース電流が打ち消し合うようにシースを接続する**クロスボンド接地方式**の採用が効果的である。

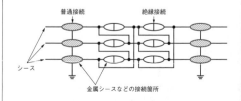

クロスボンド接地方式

075 地中送電線路

問題の地中電線路の等価回路は、次図となる。

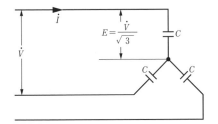

図の等価回路において、ケーブルの心線3線を充電するために必要な容量P_cとは、静電容量Cで消費される無効電力のことである。

こう長1.5〔km〕のケーブル1線当たり、つまり、1相当たりの静電容量Cは、

$$C = 0.35 \times 10^{-6} \times 1.5 = 0.525 \times 10^{-6} \text{〔F〕}$$

0.35〔μF/km〕→
0.35 × 10⁻⁶〔F/km〕と変換

周波数f〔Hz〕のときの容量性リアクタンスX_cは、

$$X_c = \frac{1}{\omega C} = \frac{1}{2\pi f C} \text{〔Ω〕}$$

充電電流Iは、

外側の積
内側の積

$$I = \frac{E}{X_c} = \frac{\dfrac{V}{\sqrt{3}}}{\dfrac{1}{2\pi f C}} = \frac{2\pi f C V}{\sqrt{3}} \text{〔A〕}$$

$I = 2\pi f C E$〔A〕でもよい

したがって、3線の充電容量P_cは、

$$P_c = 3EI = 3 \times \frac{V}{\sqrt{3}} \times \frac{2\pi f C V}{\sqrt{3}}$$

$$= 2\pi f C V^2$$

$$= 2\pi \times 50 \times 0.525 \times 10^{-6} \times (6.6 \times 10^3)^2$$

6.6〔kV〕→6.6 × 10³〔V〕と変換

$$= 2\pi \times 50 \times 0.525 \times 10^{-6} \times 6600^2$$

$$\fallingdotseq 7185 \text{〔var〕} \to \mathbf{7.2} \text{〔kvar〕（答）}$$

※充電容量の単位は、一般に〔kV·A〕ではなく〔kvar〕が用いられる。

解答：(3)

別 解

$$P_c = 3 \times \frac{E^2}{X_c} = 3 \times \frac{E^2}{\dfrac{1}{2\pi f C}}$$

$$= 3 \times 2\pi f C E^2 = 2\pi f C V^2 \text{〔var〕}$$

$$P_c = 3 \times I^2 \times X_c$$

$$= 3 \times (2\pi f C E)^2 \times \frac{1}{2\pi f C}$$

$$= 3 \times 2\pi f C E^2 = 2\pi f C V^2 \text{〔var〕}$$

などと求めてもよい。

第5章

送電

　ケーブルの絶縁体の等価回路とベクトル図は、次のようになる。

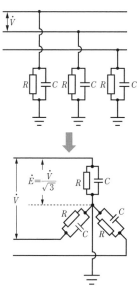

図a　三相回路

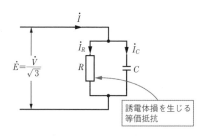

図b　1相当たりの等価回路

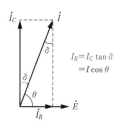

図c　ベクトル図

　誘電体損は、ケーブルに交流電圧を印加したときに絶縁体内部で発生する電力損失である。交流三相3線式地中電線路において、角周波数をω〔rad/s〕、静電容量をC〔F〕（心線1線当たり）、線間電圧をV〔V〕、相電圧をE〔V〕、誘電正接を$\tan\delta$とすると、心線3線合計の誘電体損Wは次式で表される。

$$W = 3EI_R = 3\left(\frac{V}{\sqrt{3}}\right)I_R = \sqrt{3}\,VI_R$$

$$\frac{3}{\sqrt{3}} = \frac{3\cdot\sqrt{3}}{\sqrt{3}\cdot\sqrt{3}} = \frac{3\cdot\sqrt{3}}{3} = \sqrt{3}$$

　ベクトル図より、

$$I_R = I_C\tan\delta$$

　また、静電容量C〔F〕の容量性リアクタンスは、

$$X_C = \frac{1}{\omega C}\ \text{〔}\Omega\text{〕である から、}$$

$$I_C = \frac{E}{X_C} = \frac{E}{\dfrac{1}{\omega C}} = \omega CE$$

$$= \omega C\frac{V}{\sqrt{3}}\quad \text{なので、}$$

$$I_R = \omega C\frac{V}{\sqrt{3}}\tan\delta$$

　したがって、

$$W = \sqrt{3}\,VI_R = \sqrt{3}\,V\omega C\frac{V}{\sqrt{3}}\tan\delta$$

$$= \omega CV^2\tan\delta\text{〔W〕}\cdots\cdots(1)$$

　題意より、式(1)に代入する数値を求めると、

- 角周波数 ω は周波数 f が 60 〔Hz〕なので、

  $\omega = 2\pi f = 2 \times \pi \times 60$ 〔rad/s〕

- こう長 L は 2 〔km〕、1線当たりの静電容量は 0.24 〔μF/km〕(単位を変換して 0.24×10^{-6} 〔F/km〕)なので、

  $C = 0.24 \times 10^{-6}$ 〔F/km〕 $\times 2$ 〔km〕

  $\quad = 0.48 \times 10^{-6}$ 〔F〕

- 線間電圧 V は 33 〔kV〕なので単位を〔V〕に変換して、

  $V = 33 \times 10^3$ 〔V〕

  題意の電圧 33kV は、通常断り書きのない限り線間電圧である

- 誘電正接 $\tan\delta$ は 0.03 〔%〕なので、

  $\tan\delta = 0.03 \times 10^{-2}$

  したがって、心線3線合計の誘電体損 W は、

  $W = (2 \times \pi \times 60) \times (0.48 \times 10^{-6})$

  $\quad\quad \times (33 \times 10^3)^2 \times (0.03 \times 10^{-2})$

  $\quad \fallingdotseq \mathbf{59.1}$ 〔W〕(答)

解答：(4)

❗重要ポイント

●ケーブルの誘電体損

$\quad I_R = \omega CE \tan\delta$

1線当たりの誘電体損 W_1

$\quad W_1 = \omega CE^2 \tan\delta \, (= EI_R)$

3線合計の誘電体損 W_3

$\quad W_3 = \omega CV^2 \tan\delta \, (= 3EI_R)$

⑴～⑷の記述は**正しい**。

⑸　**誤り**。補償リアクトル接地方式は、66kVから154kVの**地中送電線**において、対地静電容量によって発生する地絡故障時の充電電流による通信機器への影響を抑制するために用いられる。中性点接地抵抗器と**並列**に補償リアクトルを接続する。したがって、「**架空送電線**」、「**直列**」という記述は誤りである。

> 解答：⑸

！重要ポイント

●消弧リアクトル接地方式と補償リアクトル接地方式の違い

〈1〉消弧リアクトル接地方式

　この方式は、66〔kV〕、77〔kV〕で雷害の多い架空系統で採用されている。中性点に接続された消弧リアクトル（インダクタンスL）により、1線地絡電流I_gを0近くまで減少させることにより、故障点アークを消滅させて送電を継続させる方式である。

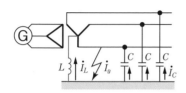

消弧リアクトル接地方式

〈2〉補償リアクトル接地方式

　この方式は、抵抗接地方式をケーブル系統（地中送電線）に適用する場合の問題を解決するために考案されたもので、66〔kV〕～154〔kV〕のケーブル系統で多く採用されている。中性点接地抵抗器と並列に接続した補償リアクトルにより、充電電流を補償する。

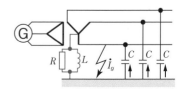

補償リアクトル接地方式

【抵抗接地方式】
中性点を抵抗器を通して接地し、地絡電流を抑制し、通信線への誘導障害を防止する。

●分路リアクトル、直列リアクトル、限流リアクトルの違い

〈1〉分路リアクトル（▶LESSON25）

　分路リアクトルは、遅れ無効電力を消費する負荷設備である。深夜軽負荷時など負荷が進み力率のとき投入し、電流の位相を遅らせ、フェランチ効果による電圧上昇を抑制する。

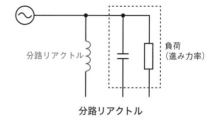

分路リアクトル

〈2〉直列リアクトル（▶LESSON25）

　直列リアクトルは、電力用コンデンサに直列に常時接続されるもので、次のような

目的がある。

(a) コンデンサ投入時に、大きな突入電流が流れ込むことを防ぐ。

(b) 高調波電流による基本波波形のひずみを防ぐ。

　高調波対策の観点から、直列リアクトルは基本波周波数に対して、コンデンサの6〔%〕以上のリアクタンス〔Ω〕とする。

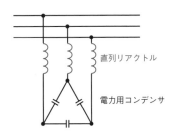

直列リアクトル

〈3〉限流リアクトル

　限流リアクトルは、系統故障時の故障電流を抑制する。

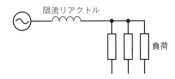

限流リアクトル

電力系統の各種の中性点接地方式の特徴に関する問題である。

(1) **正しい。**非接地方式は、高圧配電線路で用いられる。

(2) **正しい。**消弧リアクトル接地方式は、1線地絡電流が最小となる接地方式なので、電磁誘導障害は小さくなる。この方式は、線路の静電容量に対して適切なリアクトルで中性点を接地することが必要なので、系統切換時などにリアクトルも変更する必要があるなどの理由で設備費が高くなる。

(3) **正しい。**抵抗接地方式は、主に66〜154〔kV〕の送電線路で採用される。この方式は、直接接地方式と非接地方式の中間的な特性を持っており、接地抵抗は線路ごとに検討されるが、おおむね100〜1000〔Ω〕の範囲になる。

(4) **正しい。**直接接地方式は、接地抵抗を0〔Ω〕に近い値とするもので、低い抵抗値での抵抗接地方式はそれに近い特性となる。これらの方式では、接地線に流れる電流は大きくなり、結果として周辺への電磁誘導障害の影響は大きくなる。

(5) **誤り。**直接接地方式は、変圧器の中性点を直接大地に接続する方式で、1線地絡事故時における健全相の対地電圧上昇が小さいことから絶縁設計上有利なため、超高圧の送電線路に用いられる。地絡事故時に中性点を流れる電流が大きくなり、付近の通信線に対して誘導障害を与えるおそれがあることから、市街地を通る電圧の低い送電線路や配電線路には用いられない。したがって、誤った記述である。

解答：(5)

⚠️ 重要ポイント

●中性点接地方式の種類と特徴

表a　中性点接地方式の種類と特徴

項目 ＼ 方式	非接地	直接接地	抵抗接地（補償リアクトル接地）	消弧リアクトル接地
1線地絡電流	小	大	中	最小
電磁誘導障害	小	大	中	最小
保護継電器動作	困難	確実	確実	困難
健全相対地電圧上昇	大（$\sqrt{3}$倍程度）	小	中	大（$\sqrt{3}$倍程度）
使用状況	33〔kV〕以下の特別高圧送電系統 6.6〔kV〕の高圧配電系統	187〔kV〕以上の超高圧送電系統	154〔kV〕以上の特別高圧送電系統（補償リアクトル接地はケーブル系統（地中送電線）に適用）	66〔kV〕、77〔kV〕特別高圧送電系統

079 短絡電流と地絡電流

問題の条件を図示すると、次図のようになる。

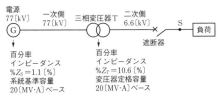

電源 77[kV]　一次側 77[kV]　三相変圧器T　二次側 6.6[kV]　S　負荷
遮断器

百分率インピーダンス %Z_S=1.1[%] 系統基準容量 20[MV·A]ベース

百分率インピーダンス %Z_T=10.6[%] 変圧器定格容量 20[MV·A]ベース

問題の条件の説明図

まず、変圧器の二次側定格線間電圧（基準電圧）をV_n[V]、二次側定格電流（基準電流）をI_n[A]とすると、変圧器Tの定格容量（基準容量）P_n[V·A]は、

$$P_n = \sqrt{3}\ V_n I_n\ [V·A]$$

この式を変形すると、二次側定格電流I_n[A]は、

$$I_n = \frac{P_n}{\sqrt{3}\ V_n}$$

定格容量 20[MV·A] → 20×10⁶[V·A] と変換

$$= \frac{20 \times 10^6\ [V·A]}{\sqrt{3} \times (6.6 \times 10^3\ [V])}$$

$$\fallingdotseq 1750\ [A]$$

次に、短絡故障想定点のS点から電源側を見た全インピーダンス%Z（%Z_T＋%Z_S）[%]は、

$$\%Z = 10.6 + 1.1 = 11.7\ [\%]$$

したがって、短絡電流I_S[A]は、

$$I_S = I_n \times \frac{100}{\%Z}$$

$$= 1750 \times \frac{100}{11.7} \fallingdotseq 14957$$

$$\rightarrow 15.0\ [kA]$$

以上のことから、求める定格遮断電流[kA]の値は、選択肢の中では15.0[kA]より大きい直近の**20.0**[kA]（答）となる。

解答：(4)

(!) 重要ポイント

●三相短絡電流の計算

変圧器の定格定量

$$P_n = \sqrt{3}\ V_n I_n$$

変圧器二次側定格電流

$$I_n = \frac{P_n}{\sqrt{3}\ V_n}$$

変圧器二次側短絡電流

$$I_S = I_n \times \frac{100}{\%Z}$$

第5章

送電

(a) 問題図の複線図を図aに、そのテブナン等価回路を図bに示す。

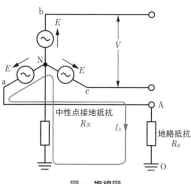

図a　複線図

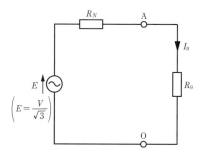

図b　テブナン等価回路

※テブナン等価回路の描き方

①地絡抵抗R_gの両端A、Oを開放する。

②開放端A-Oに現れる電圧は、地絡故障のないときの対地電圧(相電圧)

$$E = \frac{V}{\sqrt{3}} = \frac{66 \times 10^3}{\sqrt{3}} \text{〔V〕}$$

③開放端A-Oから電源側を見た抵抗は、中性点接地抵抗$R_N = 300$〔Ω〕である。

④開放端A-Oに地絡抵抗$R_g = 100$〔Ω〕を接続する。

テブナン等価回路より、地絡電流I_gは、

$$I_g = \frac{E}{R_N + R_g} = \frac{\dfrac{V}{\sqrt{3}}}{R_N + R_g}$$

$$= \frac{\dfrac{66 \times 10^3}{\sqrt{3}}}{300 + 100} ≒ \mathbf{95}\text{〔A〕(答)}$$

解答：(a)－(1)

(b) 故障点A点から電源側を見たインピーダンスマップは、図cのようになる。

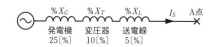

図c　インピーダンスマップ　10000〔kV·A〕基準

A点から電源側を見た合成パーセントリアクタンス%Xは、

$$\%X = \%X_G + \%X_T + \%X_L$$

$$= 25 + 10 + 5 = 40\text{〔%〕}$$

$V = 66$〔kV〕系統の基準電流をI_Bとすると、基準容量P_Bは、$P_B = \sqrt{3} V I_B$で表されるから、

$$I_B = \frac{P_B}{\sqrt{3} V} = \frac{10000 \times 10^3}{\sqrt{3} \times 66 \times 10^3}$$

$$≒ 87.48\text{〔A〕}$$

したがって、短絡電流I_Sは、

$$I_S = \frac{100}{\%X} \times I_B = \frac{100}{40} \times 87.48$$

$$≒ \mathbf{219}\text{〔A〕(答)}$$

解答：(b)－(2)

(a) 基準容量 $P_l = 100$ [MV·A] の送電線から電源側を見た百分率インピーダンス $\%Z_l = 5.0$ [%] を基準容量 $P_n = 10$ [MV·A] へ換算した値 $\%Z_l'$ [%] は、

$$\%Z_l' = \%Z_l \times \frac{P_n}{P_l} = 5.0 \times \frac{10}{100}$$

$$= 0.5 \text{ [%]}$$

また、自己容量 $P_T = 20$ [MV·A] 基準の変圧器の百分率インピーダンス $\%Z_T = 15.0$ [%] を基準容量 $P_n = 10$ [MV·A] へ換算した値 $\%Z_T'$ [%] は、

$$\%Z_T' = \%Z_T \times \frac{P_n}{P_T} = 15.0 \times \frac{10}{20}$$

$$= 7.5 \text{ [%]}$$

したがって、変圧器の二次側から電源側を見た百分率インピーダンス $\%Z$ [%] は、

$$\%Z = \%Z_l' + \%Z_T' = 0.5 + 7.5$$

$$= 8.0 \text{ [%]} \text{ (答)}$$

解答：(a)−(2)

(b)

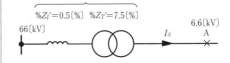

%Z = 8.0 [%]（基準容量 10 [MV·A]）

%Z_l' = 0.5 [%]　%Z_T' = 7.5 [%]

66 [kV]　　　　　　　　　　I_S　　6.6 [kV]　　A

基準電圧 $V_n = 6.6$ [kV] の A 点で三相短絡事故が発生したときの事故電流 I_S は、

$$I_S = I_n \times \frac{100}{\%Z} = \frac{P_n}{\sqrt{3}\,V_n} \times \frac{100}{\%Z}$$

$$= \frac{10 \times 10^6}{\sqrt{3} \times 6.6 \times 10^3} \times \frac{100}{8.0}$$

$$= 10.93 \times 10^3 \text{ [A]} \rightarrow 10.93 \text{ [kA]}$$

$$\fallingdotseq 11 \text{ [kA] (答)}$$

$P_n = \sqrt{3}\,V_n I_n$ より $I_n = \dfrac{P_n}{\sqrt{3}\,V_n}$
I_n：基準電流

解答：(b)−(4)

082 配電系統の構成

　スポットネットワーク方式は、供給信頼度が極めて高い受電方式である。

　一般的に、スポットネットワーク方式が採用されている地域は高負荷密度である大都市で、配電電圧は特別高圧であり、需要家に対して複数回線（通常は3回線）の配電線で供給する。スポットネットワーク方式の一般的な受電系統構成を、特別高圧配電系統から順に並べると、(ア)**断路器**・(イ)**ネットワーク変圧器**・(ウ)**プロテクタヒューズ**・(エ)**プロテクタ遮断器**・(オ)**ネットワーク母線**となる。

　スポットネットワーク方式は、特別高圧配電線を通常3系統使用しており、そのうち1系統が故障停電した場合にも残りの2回線で電力供給を継続できることが特徴である。一方、ネットワーク母線は1系統なので、ネットワーク母線の故障は直ちに停電につながる。

解答：(5)

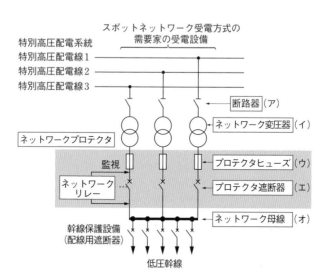

図a　スポットネットワーク方式

　低圧配電方式のうち、放射状方式は、配電用変電所から需要地点直近までを高圧幹線とし、その先に(ア)**配電用変圧器**を設けて低圧幹線を引き出す方式である。

　バンキング方式(低圧バンキング方式)は、1つの高圧配電系統に接続された複数の変圧器の低圧幹線どうしを接続しているもので、変圧器の並行運転を行っている。負荷側から系統の電源側を見ると、各変圧器のインピーダンスが並列接続されているので、系統のインピーダンスが低くなり、(イ)**電圧降下**や線路損失が軽減される。

　バンキング方式では、1つの変圧器が故障しても直ちに停電に至ることはないので、供給信頼度はやや高くなる。ただし、1つの変圧器が停止することで他の変圧器が過負荷となり、連鎖的に停止して広範囲に停電を引き起こす(ウ)**カスケーディング**事故の懸念があるので、隣接区間との連系点には適当なヒューズ(区分ヒューズ)を設ける。

　区分ヒューズは、他の変圧器が過負荷で停止することを避けるために設けるものである。したがって、区分ヒューズの選定に当たっては、変圧器一次側に設けられた高圧カットアウト内のヒューズの動作時間より、区分ヒューズの動作時間が(エ)**短く**なるよう保護協調をとる必要がある。

解答：(3)

(!)重要ポイント

●バンキング方式の特徴

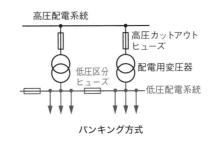

高圧配電系統
高圧カットアウトヒューズ
低圧区分ヒューズ
配電用変圧器
低圧配電系統

バンキング方式

a. **カスケーディング**事故の懸念がある。

b. 電圧降下と線路損失が軽減される。

第6章

配電

(1)、(3)、(4)、(5)の記述は**正しい**。

(2)　**誤り**。単相3線式は、変圧器の低圧巻線の両端と中点から合計3本の線を引き出して、低圧巻線の**中点から引き出した線を接地する**。したがって、「**両端から引き出した線の一方を接地する**」という記述は誤りである。

　　図bの単相3線式の解説図において、中点から引き出した線を接地してあれば、他の電圧線(非接地線)の対地電圧は105〔V〕で比較的安全であるが、仮に両端から引き出した線の一方を接地した場合は、残りの一方の電圧線(非接地線)の対地電圧は210〔V〕となり、感電した場合危険である。なお、図aや図bの低圧側の接地は、変圧器高低圧混触時の危険防止、および低圧回路の漏電検出のため施される。

　　(4)V結線は、将来の負荷設備増設時に備えて用いられる(増設時はΔ結線として容量を増やす)。また、Δ結線の単相変圧器が1台故障時に用いることもできる。

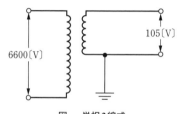

図a　単相2線式

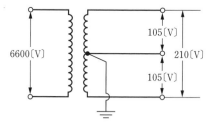

図b　単相3線式

解答：(2)

　次図に示すように、三相3線式の導体1本の断面積をS_3、単相2線式の導体1本の断面積をS_1とし、線路こう長をLとする。題意より、両低圧配電方式のこう長と導体量が等しいことから、次式が成立する。

$$3S_3 L = 2S_1 L \quad \therefore \frac{S_3}{S_1} = \frac{2}{3}$$

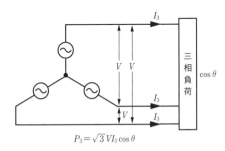

$$P_3 = \sqrt{3}\, VI_3 \cos\theta$$

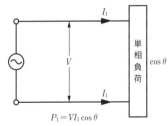

$$P_1 = VI_1 \cos\theta$$

三相3線式（上）と単相2線式（下）の回路図

　題意より、許容電流は導体の断面積に比例することから、三相3線式の許容電流をI_3、単相2線式の許容電流をI_1とすると、

$$\frac{I_3}{I_1} = \frac{S_3}{S_1} = \frac{2}{3}$$

　ここで、三相3線式の最大送電電力をP_3、単相2線式の最大送電電力をP_1、線間電圧をV、力率を$\cos\theta$とすると、題意より、線間電圧と力率は等しいことから、

$$\frac{P_3}{P_1} = \frac{\sqrt{3}\, VI_3 \cos\theta}{VI_1 \cos\theta} = \sqrt{3} \times \frac{I_3}{I_1}$$

$$= \sqrt{3} \times \frac{2}{3} \fallingdotseq 1.15 \rightarrow \mathbf{115}\,(\%)\,(答)$$

解答：(2)

第6章

配電

(a) (ア)の部分の電流は、下図に示された値から、キルヒホッフの第1法則により、20－15＝**5**〔A〕(答)となる。(イ)の部分の電流は、20－15＝**5**〔A〕(答)となる。(ウ)の部分の電流は、15－15＝**0**〔A〕(答)となる。

解答：(a)－(2)

(b) 回路の各線に流れる電流から、電圧降下を計算する。

下図中B″の電位を基準(0〔V〕)とすると、A″の電位は105〔V〕。

A′の電位$V_{A'}$〔V〕は、

$V_{A'} = V_{A''} - 0.1 \times 5$

$= 105 - 0.1 \times 5 = 104.5$〔V〕

Aの電位V_A〔V〕は、

$V_A = V_{A'} + 0.1 \times 15$

$= 104.5 + 0.1 \times 15 = 106$〔V〕

B′の電位$V_{B'}$〔V〕は、

$V_{B'} = V_{B''} + 0.1 \times 5$

$= 0 + 0.1 \times 5 = 0.5$〔V〕

B点の電位V_B〔V〕は、B-B′間に電流が流れていないことから、B′点と同じ0.5〔V〕。よって、求めるV_{AB}〔V〕は、

$V_{AB} = V_A - V_B$

$= 106 - 0.5 = \mathbf{105.5}$〔V〕(答)

解答：(b)－(4)

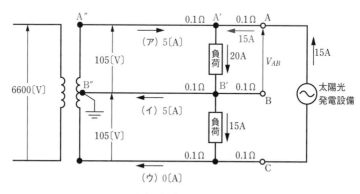

回路の各線に流れる電流

バランサ接続前後の各部の電流の記号を図のように定める。

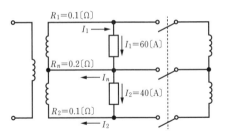

図a　バランサ接続前

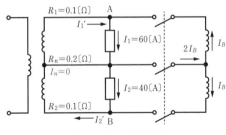

図b　バランサ接続後

(a) バランサ接続前、中性線に流れる電流I_nは、

$I_n = I_1 - I_2 = 60 - 40 = 20$〔A〕

　バランサを接続すると、バランサの両巻線の端子電圧が等しくなるように中性線に流れていた$I_n = 20$〔A〕はバランサ側に流れる。この電流を$2I_B = 20$〔A〕とする。

　電流$2I_B$は、バランサの両巻線に半分ずつ分流するので、求めるバランサに流れる電流I_Bは、

$I_B = \dfrac{20}{2} = 10$〔A〕（答）

解答：(a)−(3)

(b) バランサ接続前の線路損失P_lは、

$$P_l = R_1 I_1{}^2 + R_n I_n{}^2 + R_2 I_2{}^2$$
$$= 0.1 \times 60^2 + 0.2 \times 20^2 + 0.1 \times 40^2$$
$$= 600$$〔W〕

　バランサ接続後は$I_n = 0$となり、両外線に流れる電流$I_1{}'$と$I_2{}'$は等しくなる。

　A点、B点にキルヒホッフの第1法則を適用すると、

$I_1 = I_1{}' + I_B$

$I_1{}' = I_1 - I_B = 60 - 10 = 50$〔A〕

$I_2{}' = I_2 + I_B = 40 + 10 = 50$〔A〕

　したがって、バランサ接続後の線路損失$P_l{}'$は、

$$P_l{}' = R_1 I_1{}'^2 + R_2 I_2{}'^2$$
$$= 0.1 \times 50^2 + 0.1 \times 50^2$$
$$= 500$$〔W〕

　よって、線路損失の減少量ΔP_lは、

$$\Delta P_l = P_l - P_l{}'$$
$$= 600 - 500 = 100$$〔W〕（答）

解答：(b)−(4)

各部の電圧電流の記号を図aのように定める。

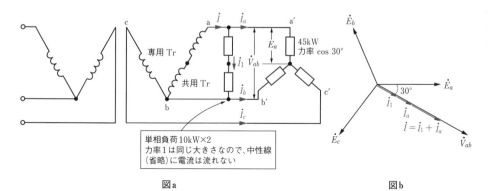

図a   図b

共用変圧器（共用Tr）には、単相負荷の電流$\dot{I}_1$と三相負荷の電流$\dot{I}_a$のベクトル和の電流$\dot{I}$が流れるが、題意によって、三相負荷の力率が$\theta = 30°$であるから、$\dot{I}_1$と$\dot{I}_a$は同相となり、単なる代数和となる（$\dot{V}_{ab}$は$\dot{E}_a$より30°遅れ、$\dot{I}_1$は$\dot{V}_{ab}$と同相、$\dot{I}_a$は$\dot{E}_a$より30°遅れであるため）。また、三相の負荷電力をP_3〔kW〕、単相の負荷電力をP_1〔kW〕、線間電圧$|\dot{V}_{ab}| = V$とすると、次式が成り立つ。

$$P_3 = \sqrt{3}\,V \times I_a \times \cos 30°$$

$$I_a = \frac{P_3}{\sqrt{3} \times V \times \cos 30°}$$

$$= \frac{45}{\sqrt{3} \times V \times \cos 30°}$$

$$P_1 = V \times I_1$$

$$I_1 = \frac{P_1}{V} = \frac{10 \times 2}{V}$$

したがって、求める共用変圧器の容量P_{ab}〔kV·A〕は、

$$P_{ab} = V(I_a + I_1)$$

$$= V\left\{ \frac{45}{\sqrt{3} \times V \times \cos 30°} + \frac{10 \times 2}{V} \right\}$$

$$= 30 + 20 = \mathbf{50}\,〔\text{kV·A}〕（答）$$

となる。

一方、専用変圧器（専用Tr）には、三相負荷の電流$|\dot{I}_a| = |\dot{I}_b| = |\dot{I}_c| = I_c$が流れ、線間電圧$|\dot{V}_{cb}| = V$であるから、求める専用変圧器の容量$P_{cb}$〔kV·A〕は、

$$P_{cb} = VI_c = V\left(\frac{45}{\sqrt{3} \times V \times \cos 30°} \right)$$

$$= \mathbf{30}\,〔\text{kV·A}〕（答）$$

解答：(5)

専用変圧器に必要な容量P_{cb}を求めるため、共用変圧器の単相負荷を取り除いて考える。

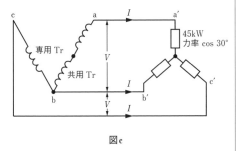

図c

図cより、

三相負荷電力$P_3 = \sqrt{3}\, VI\cos30° = 45$〔kW〕

$$P_{cb} = VI = \frac{45}{\sqrt{3}\cos30°} = \frac{45}{\sqrt{3}\times\dfrac{\sqrt{3}}{2}} = \frac{45}{\dfrac{3}{2}}$$

$$= \mathbf{30}\,〔\mathrm{kV\cdot A}〕(答)$$

それぞれの変圧器巻線には、線間電圧Vが加わり、線電流Iが流れている。三相動力専用変圧器に必要な容量P_{cb}は、VI〔kV·A〕にほかならない。

さらに、三相負荷電流と単相負荷電流が同相という条件のもと、共用変圧器は、上記のほかに単相負荷$10 \times 2 = 20$〔kV·A〕の容量が必要となるので、共用変圧器の容量P_{ab}は、

$P_{ab} = 30 + 20 = \mathbf{50}$〔kV·A〕(答)

(a) 単相変圧器T_1は、単相負荷と三相平衡負荷に電力を供給する共用変圧器、単相変圧器T_2は三相平衡負荷にのみ電力を供給する専用変圧器である。

出題では、相順が a→b→c となっているので、相電圧$\dot{V}_a$、$\dot{V}_b$、$\dot{V}_c$ および ab間の線間電圧$\dot{V}_{ab}(=\dot{V}_a-\dot{V}_b)$、三相負荷電流$\dot{I}_a$、単相負荷電流$\dot{I}_1$のベクトル図は、下図のようになる。

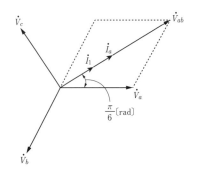

単相負荷電流$\dot{I}_1$は、力率1なので、線間電圧$\dot{V}_{ab}$と同相となる。

三相平衡負荷は、進み$\dfrac{\pi}{6}$〔rad〕なので、相電圧$\dot{V}_a$に対して線電流$\dot{I}_a$は$\dfrac{\pi}{6}$〔rad〕進みとなり、電圧$\dot{V}_{ab}$と同相になる。

したがって、位相関係を表す図は(2)(答)となる。

解答：(a)-(2)

(b) 三相平衡負荷P_3は、$P_3=\sqrt{3}\,VI\cos\theta$から、この電力を供給するために必要な単相変圧器$T_1$の容量$VI(V_{ab}\times I_a)$は、

$$VI=\frac{P}{\sqrt{3}\cos\theta}$$
$$=\frac{45\times10^3}{\sqrt{3}\cos\dfrac{\pi}{6}}=\frac{45\times10^3}{\sqrt{3}\times\dfrac{\sqrt{3}}{2}}$$
$$=30\times10^3\,〔\text{V·A}〕\rightarrow30\,〔\text{kV·A}〕$$

単相変圧器T_1の容量は75〔kV·A〕なので、求める単相負荷$P_1=P$(力率1)のとり得る最大電力は、

$$P_1=P=75-VI=75-30$$
$$=\mathbf{45}\,〔\text{kW}〕(答)$$

解答：(b)-(3)

(b) 別解

三相平衡負荷$P_3=45$〔kW〕の皮相電力S_3は、

$$S_3=\frac{P_3}{\cos\theta}=\frac{45}{\dfrac{\sqrt{3}}{2}}\fallingdotseq51.96\,〔\text{kV·A}〕$$

$$\frac{\sqrt{3}\,VI}{2VI}\fallingdotseq0.866$$

V結線変圧器の利用率は86.6〔%〕であるから、V結線変圧器T_1、T_2の2台に必要な容量$2VI$は、

$$2VI=\frac{51.96}{0.866}=60\,〔\text{kV·A}〕$$

1台の変圧器T_1に必要な容量は、上記の半分なので、

$$VI=\frac{60}{2}=30\,〔\text{kV·A}〕$$

以下、本解と同じ

$$P_1=P=75-VI=75-30=\mathbf{45}\,〔\text{kW}〕(答)$$

「支持物及び支線柱が受ける水平方向の力は、それぞれ平衡している」という条件から、水平方向の力のつり合いの図は、図aのようになる。

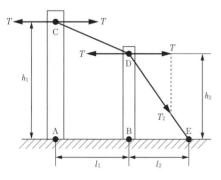

図a　水平方向の力のつり合い

この図より、追支線にかかる張力T_2は図bのように考えてよい。

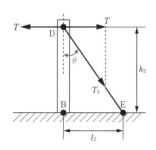

図b　追支線にかかる張力T

図bより、

$$T = T_2 \sin \theta$$

$$T_2 = \frac{T}{\sin \theta}$$

$$\sin \theta = \frac{l_2}{\sqrt{{h_2}^2 + {l_2}^2}}$$

であるから、これを上式に代入して、

$$T_2 = \frac{T}{\dfrac{l_2}{\sqrt{{h_2}^2 + {l_2}^2}}} = \frac{T \sqrt{{h_2}^2 + {l_2}^2}}{l_2} \ \text{〔N〕（答）}$$

解答：(1)

第6章

配電

(3)のDV線（引込用ビニル絶縁電線）は、低圧回路用として、電柱から一般家庭への引込用として使用される。よって、高圧架空配電線路を構成する材料として使用されることはない。(1)、(2)、(4)、(5)は、高圧架空配電線路で使用される。

解答：(3)

〈参考〉

●絶縁電線の分類

①屋外用ビニル絶縁電線（OW線）：導体の上をビニルで絶縁被覆したもの。屋外の低圧回路用として使用される。

②引込用ビニル絶縁電線（DV線）：低圧配電線の支持点から一般家屋に引き込むのに用いるビニル絶縁電線。ビニル絶縁の厚さはOW線より厚く、より合わせ形と平形がある。

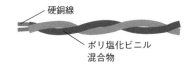

硬銅線

ポリ塩化ビニル混合物

引込用ビニル絶縁電線（DV線）

③ポリエチレン絶縁電線（OE線）：ポリエチレンで絶縁した電線で、高圧用である。

④架橋ポリエチレン絶縁電線（OC線）：絶縁に架橋ポリエチレンを用いた電線で、高圧架空線として広く用いられている。架橋ポリエチレンとは、ポリエチレンに放射線を当てて、分子間の結合を高めた

絶縁体で、耐熱性に優れているので、電線の許容電流をより大きくできる特徴がある。

⑤引下げ用高圧絶縁電線（PD線）：主に柱上変圧器の高圧側引下げ用に使用する。絶縁体には架橋ポリエチレンやビニルなどがあり、厚さは一般の高圧絶縁電線より厚い。

※全部覚えるのは困難。DV線は覚えておこう。

(1) **正しい。**配電用変電所では、高圧配電線路の保護のため、短絡保護と過電流保護のための過電流継電器、地絡保護のための地絡方向継電器が設けられている。

(2) **正しい。**柱上変圧器は、ヒューズを内蔵した高圧カットアウトを一次側（高圧系統側）に設けて、変圧器内部および二次側（低圧配電系統）での短絡事故が高圧系統に波及させないようにしてある。

(3) **正しい。**高圧配電系統では、一般に三相3線式6.6〔kV〕の配電方式が用いられる。電力需要が多く、6.6〔kV〕配電では供給能力不足となる地域においては、22～33〔kV〕の特別高圧配電方式が用いられる。この場合も三相3線式である。

(4) **正しい。**低圧配電線路では、電灯用に単相3線式、動力用に三相3線式が用いられる。これら2種類の配電方式を同時に変成する目的で、変圧器をV結線三相4線式（異容量V結線）とすることも一般的である。

(5) **誤り。**低圧需要家への低圧引込線を過電流から保護するために、**低圧架空配電線から低圧引込線への分岐箇所（電柱側取付点）にケッチヒューズを設ける。**したがって、誤った記述である。需要場所の取付点にヒューズを設けた場合、低圧引込線の短絡（図aのF点での短絡）に対して動作せず、低圧引込線の確実な保護ができない。

解答：(5)

第6章

配電

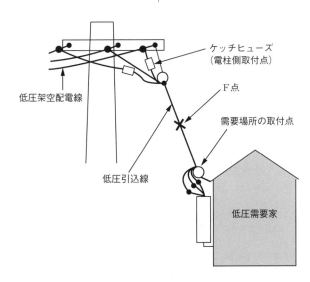

図a　低圧引込線の保護

　高圧配電線路では、故障時に配電線を停電させるが、電気の安定供給の観点から、故障区間と無関係の需要家に対しては停電時間を短くする必要があるため、自動再閉路が行われる。このためには、故障区間を切り離す必要があり、故障区間は故障の原因が取り除かれるまで停電したままとなる。故障区間を判断するために一般的に用いられる方法として(エ)**時限順送方式**があり、次のような手順をとる。

■時限順送方式の手順

①高圧配電線路に短絡故障または地絡故障が発生すると、配電用変電所に設置された(ア)**保護継電器**により故障を検出して、遮断器にて送電を停止する。

②この際、配電線路に設置された区分用開閉器はすべて(イ)**開放**する。その後に配電用変電所からの送電を再開すると、配電線路に設置された区分用開閉器は電源側からの送電を検出し、一定時間後に投入動作をする。その結果、区分用開閉器は電源側から順番に(ウ)**投入**される。故障原因が消滅していれば送電は完了する。

③故障が継続している場合は、故障区間直前の区分用開閉器が投入動作をした直後に、配電用変電所に設置された保護継電器により故障を検出して、遮断器にて送電を再度停止する。

④この送電再開から送電を再度停止するまでの時間を計測することにより、配電線路の故障区間を判別することができる。

　時限順送方式と併せて、自動事故区間分離装置(故障区間の直前の区分用開閉器を投入しないよう制御する装置)を使用することで、停電区間を局限化することができる。

　本問の場合、配電用変電所で故障を検出したら、変電所の遮断器を開放し、図aの区分用開閉器ABCDもすべて開放します。時刻0秒に遮断器を投入して区間aだけに送電します。7秒で開閉器Aを投入して区間bへ、14秒で開閉器Bを投入して区間cへ、21秒で開閉器Cを投入して区間dへ送電します。21秒の時点で再び故障を検出し、1秒後の時刻22秒で再び変電所遮断器を開放したとすると、故障区間は3台目の区分用開閉器Cの負荷側の(オ)**d**であると判断される。

解答：(3)

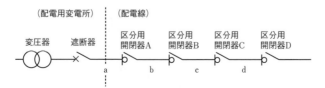

図a　問題図の区分用開閉器と故障区間

(a) 開閉器Sは開いた状態なので、回路は次のようになる。

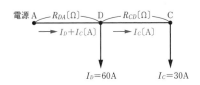

$$電源A \quad R_{DA}[\Omega] \quad D \quad R_{CD}[\Omega] \quad C$$
$$\longrightarrow I_D + I_C [A] \qquad \longrightarrow I_C [A]$$
$$I_D = 60A \qquad I_C = 30A$$

DA間の抵抗R_{DA}、CD間の抵抗R_{CD}は、

$$R_{DA} = 0.2 \times 2 = 0.4 [\Omega]$$
$$R_{CD} = 0.2 \times 1.5 = 0.3 [\Omega]$$

電源A点から見たD点の線間（相間）の電圧降下ΔV_{DA}は、

$$\begin{aligned} \Delta V_{DA} &= \sqrt{3} \times (I_D + I_C) \times R_{DA} \\ &= \sqrt{3} \times (60 + 30) \times 0.4 \\ &= 36\sqrt{3} [V] \end{aligned}$$

D点から見たC点の線間（相間）の電圧降下ΔV_{CD}は、

$$\begin{aligned} \Delta V_{CD} &= \sqrt{3} \times I_C \times R_{CD} \\ &= \sqrt{3} \times 30 \times 0.3 \\ &= 9\sqrt{3} [V] \end{aligned}$$

求める電源A点から見たC点の線間（相間）の電圧降下ΔV_{CA}は、ΔV_{DA}とΔV_{CD}を加えたものとなるので、

$$\begin{aligned} \Delta V_{CA} &= \Delta V_{DA} + \Delta V_{CD} \\ &= 36\sqrt{3} + 9\sqrt{3} \\ &= 45\sqrt{3} \\ &\fallingdotseq \textbf{77.9} [V]（答） \end{aligned}$$

解答：(a)-(4)

(b) 開閉器Sを投入したとき、A-B間の抵抗R_{AB}、B-C間の抵抗R_{BC}は、

$$R_{AB} = 0.2 \times 1.5 = 0.3 [\Omega]$$

$$R_{BC} = 0.2 \times 1.5 = 0.3 [\Omega]$$

R_{CD}、R_{DA}は(a)で求めたように、$R_{CD} = 0.3 [\Omega]$、$R_{DA} = 0.4 [\Omega]$。

開閉器Sを流れる電流をiとし、各区間の電流を図のように定める。

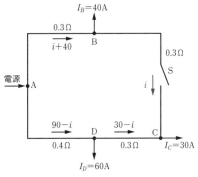

$$I_B = 40A$$
$$0.3\Omega \quad B$$
$$i + 40$$
$$0.3\Omega \quad S$$
$$電源 \quad A \qquad i$$
$$90 - i \quad D \quad 30 - i \quad C$$
$$0.4\Omega \qquad 0.3\Omega \qquad I_C = 30A$$
$$I_D = 60A$$

※D-C間を流れる電流をI_{DC}とすると、

$$I_{DC} + i = I_C$$
$$I_{DC} = I_C - i = 30 - i となる。$$

また AD間を流れる電流をI_{AD}とすると、

$$\begin{aligned} I_{AD} &= I_D + (30 - i) = 60 + (30 - i) \\ &= 90 - i となる。 \end{aligned}$$

キルヒホッフの第2法則（A-B-C間の電圧降下とA-D-C間の電圧降下は等しい）から、C点の線間の電圧降下について、次式が成り立つ。

$$\sqrt{3} \times \{0.3 (i + 40) + 0.3 i\} = \sqrt{3} \times \{0.4 (90 - i) + 0.3 (30 - i)\}$$

> 1線の電圧降下は等しいとして、$\sqrt{3}$を最初から外した立式としてもよい

$$0.6i + 12 = -0.7i + 45$$
$$1.3i = 33$$
$$i \fallingdotseq \textbf{25.4} [A]（答）$$

解答：(b)-(2)

各部の電圧、電流などの記号を次図のように定める。

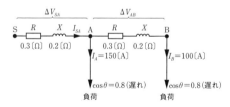

A-B区間の線間の電圧降下 ΔV_{AB} は、

$$\Delta V_{AB} = \sqrt{3}\, I_B (R\cos\theta + X\sin\theta)$$
$$= \sqrt{3} \times 100 \times (0.3 \times 0.8 + 0.2 \times 0.6)$$
$$= 36\sqrt{3} \ (\text{V})$$

> $\sin\theta = \sqrt{1 - \cos^2\theta}$
> $\quad\quad = \sqrt{1 - (0.8)^2} = 0.6$
> 暗記しよう。
> $\cos\theta$ が 0.8 なら $\sin\theta$ は 0.6
> $\sin\theta$ が 0.8 なら $\cos\theta$ は 0.6

S-A区間の線間の電圧降下 ΔV_{SA} は、

$$\Delta V_{SA} = \sqrt{3}\, I_{SA} (R\cos\theta + X\sin\theta)$$
$$= \sqrt{3} \times 250 \times (0.3 \times 0.8 + 0.2 \times 0.6)$$

> I_A と I_B は力率 $\cos\theta$ が等しいことから同相なので、
> $I_{SA} = I_A + I_B = 150 + 100$
> $\quad\quad = 250\,[\text{A}]$ となる。

$$= 90\sqrt{3} \ (\text{V})$$

求める B 点の線間電圧 V_B は、

$$V_B = V_S - (\Delta V_{AB} + \Delta V_{SA})$$
$$= 6900 - (36\sqrt{3} + 90\sqrt{3})$$
$$= 6900 - 126\sqrt{3}$$
$$\fallingdotseq \mathbf{6682}\,[\text{V}]\,(\text{答})$$

解答：(3)

！重要ポイント

●配電線路電圧降下の近似式

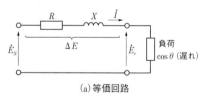

(a) 等価回路

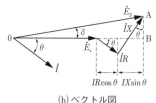

(b) ベクトル図

1相当たりの等価回路とベクトル図

※ベクトル図は通常1相当たりで表される。

E_s、E_r：相電圧

線間電圧 V_s、V_r は、相電圧の $\sqrt{3}$ 倍となるので、

$$V_s = \sqrt{3}\, E_s$$
$$V_r = \sqrt{3}\, E_r$$

となる。

相差角（E_s と E_r の位相角）δ が小さいときの近似式

1相当たりでは、

$$\Delta E = E_s - E_r$$
$$= I(R\cos\theta + X\sin\theta)\,[\text{V}]$$

3相分では、

$$\Delta V = V_s - V_r$$
$$= \sqrt{3}\, I(R\cos\theta + X\sin\theta)\,[\text{V}]$$

(2)、(3)、(4)、(5)の記述は**正しい**。

(1) **誤り**。誘電正接($\tan\delta$)が大きいと、誘電体損が大きくなる。誘電体損は無駄なエネルギー損失である。したがって、変圧器、電力ケーブル、コンデンサなどに使用する**絶縁油の誘電正接は小さいほうがよいので、「コンデンサに使用する場合には大きいものが適している」**という記述は、誤りである。

　なお、粘度については、変圧器や電力ケーブルの絶縁油は、絶縁のほか、冷却する目的で循環させるので、粘度の低い（流動性の高い）ものが適している。コンデンサ用途には、適当に粘度が高いものが適している。

解答：(1)

⚠️重要ポイント

●誘電正接($\tan\delta$)と誘電体損

　誘電体損は、絶縁体（誘電体）に発生する損失である。

　絶縁体（誘電体）の等価回路は次図のように表され、誘電体損Wは、次のようにして求められる。誘電体損を生ずる等価抵抗Rに流れる電流I_Rは、

$$I_R = I_C \tan\delta \,[\mathrm{A}]$$

　ここで、コンデンサに流れる電流I_Cは、$I_C = \omega CE$であるから、上式は、

$$I_R = \omega CE \tan\delta \,[\mathrm{A}]$$

ただし、$\omega = 2\pi f$：電源の角周波数

　したがって、等価抵抗Rの電力、すなわち誘電体損Wは、

$$W = \omega CE^2 \tan\delta \,[\mathrm{W}]$$

> $\tan\delta$は誘電体材料によって決まる値で、誘電正接という

　上式で示されるように、誘電体損は誘電正接$\tan\delta$に比例する。

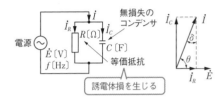

等価回路とベクトル図

　絶縁体が劣化している場合には、一般に誘電体損は大きくなる傾向がある。

(1) **誤り**。SF$_6$ガスは、化学的に安定した不活性、不燃性、無色、無臭、無毒の気体である。また、腐食性や爆発性がなく、熱安定的にも優れている。絶縁耐力は空気と比較して、同一圧力で2～3倍である。環境面では、SF$_6$ガスは、**温室効果ガス**であるが、オゾン層破壊物質ではない。したがって、「**オゾン層破壊への影響が大きいガスである**」という記述は誤りである。なお、オゾン層を破壊するガスは、冷凍機の冷媒に使用されていたフロンガスなどである。

(2) **正しい**。変圧器の絶縁油は、主に原油から精製した鉱物油(鉱油)が使用されている。絶縁油は、絶縁以外に熱を外部に放散する役割も担っている。

(3) **正しい**。CVケーブルに用いられる架橋ポリエチレンは、ポリエチレンの優れた絶縁特性と、ポリエチレンの分子構造を立体網目状分子構造にすることで、耐熱変形性を改善した絶縁材料である。

(4) **正しい**。最近では、がいしに使用される絶縁材料は、軽量化や耐衝撃性の観点から、ポリマがいしが普及している。

(5) **正しい**。電気絶縁機器の絶縁物の主な劣化原因には、熱的要因、電気的要因、機械的要因のほかに、化学薬品・放射線・紫外線・水分などがある。

解答：(1)

(1)、(3)、(4)、(5)の記述は**正しい**。

(2)　**誤り**。六ふっ化硫黄（SF_6）ガスは、無色、無臭、無毒、不燃で、**化学的に安定**した気体である。したがって、「**化学的な安定性に欠ける**」という記述は誤りである。

> 解答：(2)

⚠️重要ポイント

●**六ふっ化硫黄（SF_6）ガスの特徴**

　絶縁性ガスとしてさまざまな優れた特性を持つものに、六ふっ化硫黄（SF_6）ガスがある。ガス遮断器などに利用され、物質としての特性、および空気と比較した場合の特徴として、次のようなことが挙げられる。

a. 無色、無臭、無毒、不燃で、化学的に安定した気体である。

b. 絶縁耐力は空気の2〜3倍と高く、空気より優れている。

c. 消弧能力が優れている。

> 六ふっ化硫黄（SF_6）ガスは、絶縁性ガスとして優れた特徴を持つ一方で、近年、温室効果（大気中に放出されると地球温暖化への悪影響がある）ガスとしての性質が問題視されるようになってきている。

(1)、(2)、(3)、(5)の記述は**正しい**。

(4) **誤り**。20〔℃〕において、最も抵抗率の低い金属は、**銀**である。したがって、「最も抵抗率の低い金属は、銅である」という記述は誤りである。

　金属の抵抗率を低い順に並べると、「銀・銅・金・アルミニウム」の順となる。「金・銀・銅・アルミニウム」と誤認しないよう注意しよう。

解答：(4)

●軟銅と硬銅

　導電材料の銅には、銅鉱石を電気分解の手法で得られた電気銅を精製したものが用いられる。軟銅は、硬銅を焼きなます(熱したものを徐々に冷ます)ことによって得られる。

⚠ 重要ポイント

●代表的な導電材料

%導電率は、20〔℃〕の軟銅を100とした相対的な値

金属元素	導電率〔％〕	特　徴
銀	107	高価なので、大量の使用には適さない。接点の信頼性向上のために、局所的に使用されることがある。
銅	軟銅100 硬銅97	軟銅は曲げやすく、CVケーブルなどに使用される。硬銅は、機械的強度が要求される架空送配電線や整流子片などに使用される。
金	75	高価だが、接点の信頼性を高めるためのめっきに使用される。また、加工性が優れているので、IC(集積回路)で配線に使用される。
アルミニウム	61	上に挙げた3種類の金属よりも導電率が低いが、質量密度が小さいので軽量な電線を作ることができ、架空送電線の導体として一般に使用されている。
鉄	18	導電率が低いので、電線として用いるのには適さないが、雷害防止のための架空地線には鋼線として使用される。

　鉄心材料（磁心材料）は、永久磁石材料と比較すると保磁力は**(ア)小さく**、磁界の強さの変化により生じる磁束密度の変化は**(イ)大きい**。B-H特性曲線の傾きで示される透磁率は**(ウ)大きい**。また、同一の交番磁界のもとでは、同じ飽和磁束密度を有する磁心材料どうしでは、保磁力が小さいほどヒステリシス損は**(エ)小さい**。

解答：(2)

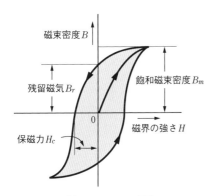

磁気ヒステリシス特性

> ヒステリシス損は、ヒステリシスループの面積（図の色の付いた部分）に比例する。残留磁気と保磁力が小さいと、この面積が小さくなる。

⚠ 重要ポイント

●鉄心材料（磁心材料）に必要な性質

a. **透磁率**が大きい。

b. **飽和磁束密度**が高い。

c. **ヒステリシス損**が少ない（残留磁気と保磁力が小さい）。

d. **抵抗率**が大きい。

●永久磁石材料に必要な性質

a. 残留磁気と保磁力が大きい。

> 鉄心材料（磁心材料）と逆であることに注意しよう！

memo

memo

memo

memo

memo

memo

memo